Oldenbourg Lehrbücher für Ingenieure

Herausgegeben von
Prof. Dr.-Ing. Helmut Geupel

Das Gesamtwerk
Assmann, Technische Mechanik
umfaßt folgende Bände:

Band 1: Statik
Band 2: Festigkeitslehre
Band 3: Kinematik und Kinetik
Aufgaben zur Festigkeitslehre
Aufgaben zur Kinematik und Kinetik

Technische Mechanik

Lehr- und Übungsbuch

Band 2 · Festigkeitslehre

von
Bruno Assmann
Fachhochschule Frankfurt/Main

14., verbesserte Auflage

Mit 304 Abbildungen, 21 Tabellen
und 86 Beispielen

Oldenbourg Verlag München Wien

Die Deutsche Bibliothek - CIP-Einheitsaufnahme

Assmann, Bruno:
Technische Mechanik : Lehr- und Übungsbuch / von Bruno
Assmann. – München ; Wien : Oldenbourg
    Literaturangaben

    Bd. 2. Festigkeitslehre : mit 21 Tabellen und 86 Beispielen. – 14.,
    verb. Aufl. - 1999
    ISBN 3-486-25286-0

© 1999 Oldenbourg Wissenschaftsverlag GmbH
Rosenheimer Straße 145, D-81671 München
Telefon: (089) 45051-0, Internet: http://www.oldenbourg.de

Das Werk einschließlich aller Abbildungen ist urheberrechtlich geschützt. Jede Verwertung außerhalb der Grenzen des Urheberrechtsgesetzes ist ohne Zustimmung des Verlages unzulässig und strafbar. Das gilt insbesondere für Vervielfältigungen, Übersetzungen, Mikroverfilmungen und die Einspeicherung und Bearbeitung in elektronischen Systemen.

Lektorat: Martin Reck
Herstellung: Rainer Hartl
Umschlagkonzeption: Kraxenberger Kommunikationshaus, München
Titelbild: Mit freundlicher Genehmigung von Herrn Professor Dr.-Ing. Wolfgang Steinchen, Universität Gesamthochschule Kassel. Das Bild zeigt eine spannungsoptische Aufnahme eines aus Plexiglas nachgebauten Kranhakens, an dem eine Last hängt.
Gedruckt auf säure- und chlorfreiem Papier
Druck: R. Oldenbourg Graphische Betriebe Druckerei GmbH

Inhalt

Vorwort		9
Verwendete Bezeichnungen		11
1.	**Einführung**	13
1.1	Aufgabe der Festigkeitsberechnung	13
1.2	Einiges zur Lösung von Aufgaben	15
2.	**Grundlagen**	17
2.1	Normal- und Schubspannungen	17
2.2	Der einachsige Belastungszustand	19
2.2.1	Spannung, Formänderung, das HOOKEsche Gesetz	19
2.2.2	Das Festigkeitsverhalten verschiedener Werkstoffe	21
2.3	Der ebene Belastungszustand für Schubspannung	24
2.4	Die Belastungsfälle nach BACH	25
2.5	Die Dauer-, Zeit- und Betriebsfestigkeit	28
2.6	Die Kerbwirkung	31
2.7	Die zulässige Spannung und der Bemessungsfaktor	34
2.8	Zusammenfassung	35
3.	**Zug und Druck**	37
3.1	Die Spannung	37
3.1.1	Schnitt senkrecht zur Achse	37
3.1.2	Beliebiger Schnitt	39
3.2	Die Formänderung	46
3.3	Die Formänderungsarbeit	58
3.4	Flächenpressung, Lochleibung	64
3.5	Zusammenfassung	66
4.	**Biegung**	69
4.1	Allgemeines	69
4.2	Die Grundgleichung der Biegung	71
4.3	Das Biegemoment und die Querkraft	84
4.3.1	Analytische Lösung für Träger auf zwei Stützen und eingespannten Träger	84
4.3.2	Graphische Bestimmung des Biegemomentendiagramms	108
4.3.3	Rahmen	110
4.4	Axiale Flächenträgheitsmomente und Widerstandsmomente	118

4.4.1	Flächenträgheitsmomente einfacher Flächen für eine vorgegebene Achse	118
4.4.2	Umrechnung eines Flächenträgheitsmomentes auf eine parallele Achse (STEINERscher Satz)	120
4.4.3	Flächenträgheitsmomente zusammengesetzter Flächen	123
4.4.4	Das Widerstandsmoment	130
4.5	Die Formänderung	138
4.5.1	Die Integrationsmethode	138
4.5.2	Überlagerung einzelner Belastungsfälle	151
4.5.3	Bestimmung der Deformation aus der Formänderungsarbeit (Sätze von CASTIGLIANO/Kraftgrößenverfahren)	155
4.5.4	Verfahren nach MOHR und FÖPPL	162
4.6	Die schiefe Biegung	173
4.6.1	Profile mit zwei senkrecht zueinander stehenden Symmetrieachsen	173
4.6.2	Symmetrieachse senkrecht zur Belastungsebene	178
4.6.3	Unsymmetrische Profile und Hauptachsen	180
4.7	Zusammenfassung	196
5.	**Schub**	**201**
5.1	Der Satz von den zugeordneten Schubspannungen	201
5.2	Schubspannungen in einem auf Biegung beanspruchten Träger	201
5.3	Der Schubmittelpunkt	211
5.4	Abscheren	212
5.5	Zusammenfassung	215
6.	**Verdrehung**	**217**
6.1	Verdrehung eines Kreiszylinders	217
6.1.1	Die Spannungen	217
6.1.2	Die Formänderung	224
6.2	Verdrehung beliebiger Querschnitte	231
6.2.1	Der Vollquerschnitt	231
6.2.2	Der Hohlquerschnitt	235
6.3	Die Formänderungsarbeit	239
6.4	Zusammenfassung	241
7.	**Knickung**	**243**
7.1	Einführung	243
7.2	Die Knickspannung und der Schlankheitsgrad	245
7.3	Die elastische Knickung nach EULER	248
7.4	Die plastische Knickung	252
7.5	Die Einspannbedingungen	253
7.6	Das ω-Verfahren	260
7.7	Zusammenfassung	265

8.	**Der ebene Spannungszustand**	267
8.1	Das Hauptachsenproblem; der MOHRsche Spannungskreis	267
8.2	Die verschiedenen Beanspruchungsarten	279
8.2.1	Zug	279
8.2.2	Druck	280
8.2.3	Verdrehung	282
8.3	Zusammenfassung	282
9.	**Zusammengesetzte Beanspruchung**	285
9.1	Addition von Normalspannungen	285
9.1.1	Zug und Biegung	285
9.1.2	Druck und Biegung	288
9.2	Zusammensetzung von Normal- und Schubspannung	289
9.2.1	Bruchhypothesen und Vergleichsspannungen	289
9.2.2	Biegung und Verdrehung	297
9.2.3	Biegung und Schub	304
9.2.4	Verdrehung und Zug/Druck	307
9.2.5	Mehrachsiger Zug/Druck	310
9.3	Zusammenfassung	310
10.	**Versuch einer wirklichkeitsgetreuen Festigkeitsberechnung**	311
10.1	Allgemeines	311
10.2	Die Kerbwirkung	315
10.3	Die Festigkeitsberechnung für gekerbte Werkstücke unter Berücksichtigung von Oberflächenbeschaffenheit und Größe	321
10.4	Betriebsfestigkeit	330
10.5	Zusammenfassung	333
11.	**Die statisch unbestimmten Systeme**	337
11.1	Allgemeines	337
11.2	Zug	340
11.3	Biegung	345
11.3.1	Integrations-Verfahren	345
11.3.2	Das Kraftgrößenverfahren	351
11.3.3	Überlagerung bekannter Belastungsfälle	353
11.4	Zusammenfassung	355
12.	**Verschiedene Anwendungen**	357
12.1	Die Wärmespannung	357
12.1.1	Die Wärmedehnungszahl	357
12.1.2	Die Spannungen	358
12.2	Umlaufende Bauteile	363
12.2.1	Der umlaufende Stab	363
12.2.2	Der umlaufende Ring	364

12.2.3	Die umlaufende Scheibe gleicher Dicke	366
12.2.4	Scheibe gleicher Festigkeit	371
12.3	Zylinder und Kugel unter Innendruck	372
12.3.1	Der dünnwandige Behälter	372
12.3.2	Der dickwandige Zylinder	375
Anhang		376

Tabellenanhang 381

Tabelle 1	Werkstoffeigenschaften	381
Tabelle 2	Elastizitätszahlen verschiedener Werkstoffe	381
Tabelle 3	Zulässige Spannungen nach BACH	382
Tabelle 3a	Bezeichnung der Festigkeiten bei unterschiedlicher Beanspruchung	383
Tabelle 4	Übliche Bemessungsfaktoren im allgemeinen Maschinenbau	383
Tabelle 5	Verhältnis von Streckgrenze und Zugfestigkeit	383
Tabelle 6	Biege-Wechselfestigkeit für C-Stähle (Richtwerte)	383
Tabelle 7	Zulässige Abscherspannungen	383
Tabelle 8	Voraussetzungen für die Gültigkeit der Biegegleichung	384
Tabelle 9	Trägheits- und Widerstandsmomente geometrischer Grundfiguren	385

Berechnungsgrundlagen für warmgewalzte Stähle

Tabelle 10A	I-Träger	386
Tabelle 10B	Winkelstahl	387
Tabelle 10C	U-Stahl	388
Tabelle 10D	Z-Stahl	389
Tabelle 11	Gleichungen der Biegelinien für Träger konstanter Biegesteifigkeit	390
Tabelle 12	Integrationstafel	391
Tabelle 13	Verdrehung beliebiger Querschnitte	392
Tabelle 14	Knickspannung σ_k	393
Tabelle 15	Knickung-Belastungsfälle	393
Tabelle 16	Knickzahlen ω	394
Tabelle 17	Vergleichungsspannungen $\sigma_v \leq \sigma_{zul}$	395
Tabelle 18	Formzahlen für verschiedene Beanspruchungen und Stabformen	396
Tabelle 19	Bezogenes Spannungsgefälle	398
Tabelle 20	Lineare Wärmeausdehnungszahlen	398
Tabelle 21	Funktion q für verschiedene Einzelheiten einer Belastung	399

Literaturverzeichnis 401

Sachwortverzeichnis 403

Vorwort

Dieses Buch ist die Fortsetzung meines im gleichen Verlag erschienenen Buches „Technische Mechanik; Band 1; Statik". Wie jenes ist es als Lehrbuch für Fachhochschulen gedacht.

Welches Lernziel versuche ich mit diesem Lehrbuch zu erreichen? Jeder praktisch arbeitende Ingenieur weiß, daß man gerade in der Festigkeitslehre mit einer Fülle von Formeln auch ohne viel Verständnis für die Probleme und die tatsächlichen Vorgänge im Werkstoff rechnen und sogar zu verwendbaren Ergebnissen kommen kann. Dieser Arbeitsmethode sind natürlich enge Grenzen gesetzt. Nur wenn man diese Grenzen bzw. die vielen vereinfachenden Voraussetzungen, unter denen praktisch alle Gleichungen der Festigkeitslehre gelten, kennt, kann man u.U. gefährliche Irrtümer vermeiden. Aus diesem Grunde habe ich mich bemüht, die physikalischen Zusammenhänge ausführlich darzustellen und die Vorgänge im Werkstoff – soweit mit einfachen Mitteln überhaupt möglich – verständlich zu machen. Daran anknüpfend habe ich auch der Diskussion über die Voraussetzungen, unter denen die einzelnen Gleichungen gelten, breiten Raum eingeräumt.

Nach diesen Ausführungen ist es klar, daß dieses Buch kein Rezeptbuch für die Lösung von Standardaufgaben aus dem Bereich der Festigkeitslehre sein will. Im Band 1 (Statik) habe ich versucht, neben der rechnerischen Lösung von Problemen aus der Statik dem Studenten ein Gefühl für Kräfte und Belastungen an technischen Gebilden zu vermitteln. Die Festigkeitslehre geht einen Schritt weiter. Nachdem die Belastung erkannt ist, muß man sich über deren Wirkung *im* Werkstück klar werden. Es ist ein Hauptanliegen dieses Buches, über das rein Rechnerische hinaus, dem zukünftigen Ingenieur ein Gefühl für die Wirkungen von Spannungen (z.B. Kraftfluß, Spannungskonzentration) mitzugeben. In diesem Zusammenhang sehe ich die Kapitel 2 (Grundlagen), Kapitel 8 (Der ebene Spannungszustand), Kapitel 9 (Zusammengesetzte Beanspruchung, Spannungshypothesen), Kapitel 10 (Versuch einer wirklichkeitsgetreuen Festigkeitsberechnung) als besonders wichtig an. Dieses Gefühl entwickelt sich erst nach vielfältiger Anwendung der einzelnen Gleichungen und dem Durchdenken und kritischen Verarbeiten der Ergebnisse. Die Beispiele und die getrennt herausgegebenen Übungsaufgaben sind aus dem oben beschriebenen Bestreben heraus ausgewählt worden.

In diesem Buch wird neben den konventionellen Methoden das FÖPPLsche Verfahren bei der Integration angewendet. Dieses ist in einem Anhang getrennt erläutert. Es wird bei der Ermittlung von Querkräften, Biegemomenten und der elastischen Linie verwendet. Das zeichnerische

Verfahren von MOHR für die Bestimmung der elastischen Linie abgesetzter Wellen habe ich in eine Berechnung mit Hilfe des FÖPPLschen Formalismus umgesetzt. Das Ergebnis ist ein gut programmierbares Rechenverfahren, das ein für die Praxis des Maschinenbauers wichtiges Problem mit vernünftigem Zeitaufwand löst. Es liegt im Trend, zeichnerische Methoden dem PC zu erschließen. Auch zur Lösung statisch unbestimmter Systeme kann man die FÖPPLschen Klammern mit Vorteil anwenden, was im Kapitel 11 gezeigt wird.

Die hier vorliegende 13. Auflage ist umfassend neu gestaltet worden. Das Grundkonzept des Buches hat sich in 12 Auflagen bewährt. Fast jede ist durch Austausch, Erweiterung und Neufassung der Entwicklung angepaßt worden. In Anbetracht dieser Tatsache ist eine völlige Neufassung durchaus problematisch. Immerhin besteht die Gefahr, Bewährtes gegen weniger Gutes zu tauschen. Ich habe mich entschlossen, die Art der Darstellung zu erhalten.

Das Thema „Abscherung" wurde im Kapitel „Schub" eingebaut. Damit ist eine Neueinteilung der Kapitel verbunden.

Die Einführung in das Stabilitätsprogramm „Knickung" (Kapitel 7) erfolgt auf einem neuen Wege.

Den Abschnitt 4.5 „Formänderung bei Biegung" habe ich um das vor allem im Stahlbau angewendete Kraftgrößenverfahren erweitert. Dieses ist auch vorteilhaft bei der Berechnung statisch unbestimmter Systeme. Das wird im Abschnitt 11.3.2 gezeigt.

Eine Reihe von Beispielen wurde ausgetauscht, erweitert oder zusätzlich aufgenommen.

Besondere Sorgfalt habe ich auf die Neufassung vieler Textpassagen verwendet. Das Ziel war, klar und gut verständlich zu formulieren.

Nach einer umfassenden Bearbeitung der 13. Auflage habe ich mich auf einige Korrekturen beschränken können. Dem Verlag sei an dieser Stelle für die stetigen Bemühungen um dieses Buch gedankt.

Frankfurt am Main im Mai 1999　　　　　　　　　　　　*Bruno Assmann*

Verwendete Bezeichnungen
(Auswahl)

A	Fläche
a, b, h, l, s	Längen allgemein
C	Integrationskonstante
D, d	Durchmesser
E	Elastizitätsmodul
F	Kraft
G	Gleitmodul
I	Flächenträgheitsmoment
i	Trägheitsradius
M	Moment
m	Masse, Maßstabsbeiwert
o	Oberflächenbeiwert
P	Leistung
p	Flächenpressung
q	Streckenlast
R, r	Radius
R	Zugfestigkeit (s. Tabelle 3a)
S	Seil- bzw. Stabkraft
u	bezogene Formänderungsarbeit
V	Volumen
W	Widerstandsmoment
W	Formänderungsarbeit
w	Durchbiegung
x, y, z	Koordinaten
α	Winkel; Formzahl; lineare Ausdehnungszahl
β	Kerbwirkungszahl
γ	Winkeländerung; Volumendehnungszahl
δ	Bruchdehnung
ε	Dehnung; Kürzung
φ	Winkeländerung Biegelinie; Verdrehwinkel
η, ζ	Koordinaten
λ	Schlankheitsgrad
μ	Querkontraktionszahl (POISSONsche Zahl)
ν	Bemessungsfaktor
ϱ	Krümmungsradius; Dichte
σ	Normalspannung
τ	Schubspannung
ω	Knickzahl; Winkelgeschwindigkeit

Indizes

A, B, C, D	bezogen auf die so bezeichneten Punkte
A	Ausschlag
a	Abscheren; Ausschlag
B	Bruch
b	Biegung
D	Dauer
d	Druck
E	Elastizitätsgrenze
erf	erforderlich
F	Formänderung
G	Gewicht
g	Gestalt
K	Knick; Kerb
L	Lochleibung
M, m	mittlere
max	maximal
min	minimal
n	Nenn; normal
o	Oberspannung; Ausgangszustand
P	Proportionalitätsgrenze
p	polar
q	quer/Querkraft
r	radial
res	resultierend
Sch	Schwell
t	Torsion; tangential
u	Umfang; Unterspannung
v	Vergleich; Volumen
W	Wechsel
z	Zug
zul	zulässig
x, y, z	Richtungssinn nach vorgegebenem Koordinatensystem
α, ζ, η	
e	
p 0,2	Indizes von R (s. Tabelle 3a)
m	

1. Einführung

1.1 Aufgabe der Festigkeitsberechnung

In der *Statik* wurde die Wirkung von Kräften auf starre Körper behandelt. Es zeigte sich, daß es einen absolut starren Körper nicht gibt. Jeder Stoff deformiert sich unter der Einwirkung von Kräften. Sind diese Deformationen sehr klein verglichen mit den Gesamtabmessungen des Bauteils, dann kann man sie in vielen Fällen vernachlässigen.

Die Aufgaben der Statik (im Rahmen der Technischen Mechanik) beschränken sich im wesentlichen auf Bestimmung von Auflager-, Gelenk- und Stabkräften von statisch bestimmten Systemen.

Die *Festigkeitslehre* geht einen Schritt weiter und stellt zunächst die Frage nach den *durch* diese *Kräfte verursachten Wirkungen im Bauteil*. Um darüber Aussagen machen zu können, ist es notwendig, das Teil durch einen gedachten Schnitt zu zerlegen. Das Freimachen, wie es im Kapitel 5 des Bandes 1 behandelt wurde, wird hier in der Anwendung auf einzelne Abschnitte eines Bauteiles erweitert. Als Beispiel soll ein statisch bestimmt gelagerter Träger mit beliebiger Belastung betrachtet werden. Die Auflagerreaktionen werden aus den Gleichgewichtsbedingungen für den freigemachten Träger berechnet. Die von der Festigkeitslehre zunächst gestellte Frage nach der Wirkung *im* Träger, erfordert ein nochmaliges *Freimachen eines Teilabschnittes*. Von diesem Teilabschnitt kann man sagen, daß er genau so im Gleichgewicht sein muß wie der ganze Träger (vergleiche RITTERscher Schnitt Band 1, Abschnitt 9.3.1). Aus den Gleichgewichtsbedingungen am Teilabschnitt erhält man die Schnittreaktion, d.h. Momente und Kräfte, die von den Werkstoffteilen im untersuchten Querschnitt übertragen werden müssen, soll der Träger in der vorgegebenen Lage die Lasten aufnehmen.

Die Bestimmung der in den einzelnen Schnitten übertragenen Momente und Kräfte ist aber noch nicht, z.B. für die Berechnung der Abmessungen eines Trägers, ausreichend. Es ist notwendig, in einem weiteren Schritt von den *Schnittreaktionen auf die Belastungsintensität* der einzelnen Querschnittsteile zu schließen. Ein Maß für diese Belastungsintensität ist die *Spannung*. Die Herstellung einer Beziehung zwischen den Schnittreaktionen und der Spannung ist nur möglich, wenn es gelingt, Aussagen über die *Deformation* des Bauteiles zu machen. Das ist der Punkt, wo die Vorstellung vom starren Körper nicht mehr aufrecht erhalten werden kann. Die konstante Zugspannung in einem zylindrischen Stab unter zentrischem Zug resultiert aus der Überlegung, daß sich alle gedachten Längsfasern um den gleichen Betrag dehnen. Die maximale

Spannung in den Außenfasern eines gebogenen Trägers haben ihren Grund in der Tatsache, daß dort die Verlängerung bzw. Zusammendrükkung der Fasern am größten ist.

Die somit unumgänglich notwendige Betrachtung der u.U. sehr kleinen Deformation gestattet es, *statisch unbestimmte Systeme* zu behandeln. Ein System ist statisch unbestimmt, wenn die Zahl der Auflagerreaktionen größer ist als die Zahl der Gleichgewichtsbedingungen. Als Beispiel soll ein dreifach gelagerter Träger betrachtet werden. Wird dieser als völlig starr betrachtet, ist eine Lösung unmöglich, denn schon eine beliebig geringe Abweichung eines Lagers von der Verbindungslinie der beiden anderen Lager hat zur Folge, daß der völlig starre Träger nur auf zwei Stützen liegt und somit statisch bestimmt geworden ist. Das entspricht aber nicht dem tatsächlichen Verhalten. Die von einem überschüssigen Lager auf den Träger übertragene Kraft ist gerade so groß, daß sie die dort ohne dieses Lager vorhandene Durchbiegung wieder rückgängig macht. *Die Lösung statisch unbestimmter Systeme setzt also voraus, die Werkstoffe als nicht starr anzusehen.*

Die wichtigste *Aufgabe der Festigkeitslehre* ist es, *Grundlagen für eine Vorausberechnung von Bau- und Maschinenteilen* zu schaffen. Danach soll ein Konstrukteur in der Lage sein, z.B. die Abmessungen einer Welle so festzulegen, daß sie ohne Schaden die geforderte Leistung bei einer bestimmten Drehzahl übertragen kann. Das setzt voraus, daß einmal eine *Beziehung zwischen den Schnittreaktionen* im Bauteil *und den Spannungen* im betrachteten Querschnitt abgeleitet wurde (z.B. $\sigma = F/A$) und zum anderen, daß für die in Frage kommenden Werkstoffe die *Belastbarkeiten,* d.h. die zulässigen Spannungen aus Versuchen bekannt sind. Hier ist die Nahtstelle zwischen Werkstoffkunde, Werkstoffprüfung und Festigkeitslehre.

Die Beziehungen zwischen den Schnittreaktionen und den Spannungen (z.B. zwischen Biegemoment und Biegespannung usw.) werden in der einfachen Festigkeitslehre, wie sie in diesem Buch fast ausschließlich behandelt wird, unter einer Vielzahl von einschränkenden Bedingungen aufgestellt. Nur einige sollen an dieser Stelle genannt werden.

1. Das Bauteil ist im unbelasteten Zustand spannungsfrei.
   Diese Bedingung ist z.B. bei kalt verformten Teilen, bei Gußstücken und Schweißkonstruktionen (sofern nicht spannungsfrei geglüht) auch nicht annähernd erfüllt.
2. Die Beziehungen gelten mathematisch exakt für unendlich weit entfernte Einleitung der Kräfte und Momente. Für eine Welle heißt das, Lager und Zahnräder sind von der untersuchten Stelle sehr weit entfernt.
   Auch diese Bedingung ist in den meisten, den Konstrukteur interessierenden Fällen, nicht erfüllt.

3. Vorausgesetzt ist (außer in Kapitel 10), daß keine schroffen Querschnittsübergänge vorhanden sind (Kerbwirkung).
Für sehr viele Bauteile (z.B. Schraube) ist die Bedingung nicht erfüllt.

Weitere Einschränkungen werden an den betreffenden Stellen des Buches behandelt. Es stellt sich die Frage, ob es überhaupt sinnvoll ist, mit Gleichungen zu arbeiten, die die Verhältnisse nur bedingt beschreiben.

Die einfachen Formeln der elementaren Festigkeitslehre wären in der Tat für die Ingenieurpraxis unbrauchbar, wollte man sie in der Anwendung auf Fälle beschränken, für die sie exakt gelten. Gerade deshalb ist es besonders wichtig, die *Grenzen der Formeln* zu wissen. Durch vorsichtige Wahl z.B. der zulässigen Spannung können sie auf Fälle übertragen werden, die außerhalb des exakten Geltungsbereichs liegen.

Die mit Hilfe der elementaren Festigkeitslehre berechneten Spannungen können sehr erheblich von den tatsächlichen Spannungen abweichen. Auf der anderen Seite sind die zulässigen Festigkeitswerte für die verschiedenen Stoffe unter idealisierten Verhältnissen gewonnen (zylindrische Form, polierte Oberfläche usw.). Hinzu kommt, daß die berechnete Spannung nicht unmittelbar selbst Ursache einer zu vermeidenden Zerstörung sein muß (Festigkeitshypothesen).

Es mag überraschen, daß demnach in den meisten Anwendungsfällen weder die tatsächlichen Spannungen, noch die wirkliche Festigkeit und nicht einmal die Größe bekannt ist, die bei Überschreitung eines kritischen Wertes zur Zerstörung führt. Viele Berechnungsverfahren der elementaren Festigkeitslehre erfassen nur sehr ungenau die tatsächlichen Vorgänge im Werkstoff. Nur auf Grund von Kenngrößen, die das Ergebnis langer Erfahrung sind (z.B. Vergleichsspannungen), führen sie zu brauchbaren Ergebnissen.

Der Ingenieur sollte sich davor hüten, schematisch ohne Verständnis zu rechnen. Das kann man aber nur vermeiden, wenn man sich in die Vorgänge hineindenkt und den Ursprung und die Grenzen von verwendeten Gleichungen und Formeln verstanden hat und sie immer beachtet.

1.2 Einiges zur Lösung von Aufgaben

Der angehende Ingenieur sollte sich möglichst früh das exakte und systematische Arbeiten beim Lösen einer technischen Aufgabe aneignen. Dadurch werden Fehler vermieden und Kontrollen sind viel leichter, auch von anderen Personen, durchführbar. Nachfolgend sollen dafür einige Hinweise gegeben werden, die sinngemäß angewendet, für alle technischen Aufgaben gelten.

Nach dem Durchdenken der Aufgabe sollte immer eine Skizze angefertigt werden, die in den Proportionen möglichst genau sein sollte, um Täuschungen vorzubeugen. Die wirkenden Kräfte werden eingetragen. Oft ist es der besseren Übersichtlichkeit wegen zweckmäßig, mit mehreren Farben zu arbeiten. Die Skizze soll so groß sein, daß Bezeichnungen eingetragen werden können.

Zur Bestimmung der Schnittreaktionen sollte vor allem der im Stoff Ungeübte für jeden freigemachten Teilabschnitt eine neue Skizze anfertigen. Die verwendeten Gleichungen sollen in allgemeiner Form, am besten links außen, geschrieben werden, z.B.

$$\Sigma M_x = 0; \quad aF_1 - bF_2 = 0$$

$$\sigma = \frac{M_b}{W}; \quad \sigma = \frac{12 \cdot 10^4 \,\text{Ncm}}{12{,}0 \,\text{cm}^3} \cdot \frac{1 \,\text{cm}^2}{10^2 \,\text{mm}^2} = 100 \,\frac{\text{N}}{\text{mm}^2}.$$

Es sollte soweit wie möglich mit allgemeinen Größen gearbeitet werden, da die Rechnung damit leichter kontrollierbar ist. Bei der Ausarbeitung der Lösung soll kein Schritt übersprungen werden, eventuell sind einzelne Schritte durch kurze Bemerkungen zu erläutern. Bei Zahlenwertgleichungen ist dringend zu empfehlen, die Maßeinheiten mitzuschreiben.

Die reine Zahlenrechnung kann durch Anwendung der 10er-Potenzen übersichtlicher gehalten werden.

Ein Ergebnis muß immer kritisch und mit dem gesunden Menschenverstand daraufhin untersucht werden, ob es überhaupt technisch möglich ist. Zur Kontrolle sollten nach Möglichkeit die errechneten Werte in noch nicht benutzen Gleichungen eingesetzt werden. Auch ist manchmal eine Kontrolle durch eine andere Lösungsmethode möglich.

Bei Kräften muß neben dem Betrag auch eindeutig die Wirkungsrichtung angegeben werden. Am besten geschieht das durch einen Pfeil, der in Klammern hinter der Maßzahl und der Einheit erscheint, z.B.

$F_x = 125 \,\text{kN} \,(\leftarrow)$ 125 kN nach links wirkend

$F_y = -230 \,\text{kN} \,(\uparrow \text{am Teil II})$ 230 kN nach oben wirkend.

Für Kräfte senkrecht zur Zeichenebene benutzt man

⊙ aus der Ebene herausragend,

⊗ in die Ebene hineinragend.

Bei einer graphischen Lösung soll die Zeichnung wegen der notwendigen Genauigkeit nicht zu klein ausgeführt werden. Die Maßstäbe müssen eindeutig angegeben sein. Lage- und Kräfteplan sind sauber zu trennen. Alle gezeichneten Linien sind sofort zu bezeichnen. Die Ergebnisse sollen getrennt zusammengestellt werden.

2. Grundlagen

2.1 Normal- und Schubspannungen

An einem Körper *außen* angreifende Kräfte bzw. Momente haben eine Beanspruchung (Belastung) der *inneren* Materialteile zur Folge.

Eine auf den Block Abb. 2-1 wirkende Kraft wird durch den Block hindurch auf das Fundament übertragen. Es soll untersucht werden, welche Kräfte z.B. im Querschnitt *BB* dieses Blockes wirksam sind. Zu diesem Zwecke muß man durch diese Ebene einen gedachten Schnitt legen. Der fragliche Teilabschnitt des Blockes muß freigemacht werden (Abb. 2-1b). Die Gleichgewichtsbedingungen an diesem Teilabschnitt ergeben die Größe der Kraft F_B, die in die Komponenten tangential und normal zur Ebene *BB* zerlegt werden kann.

Es ist einleuchtend, daß die angreifende Kraft im Block nicht entlang einer Linie übertragen wird, sondern daß sie sich innerhalb des Körpers verteilt und die einzelnen Teile verschieden beansprucht. Die vorhin ermittelten Komponenten der Kraft F_B sind die Resultierenden einer auf den Querschnitt verteilten *Flächenbelastung* nach Abb. 2-1c. Diese Flächenbelastung ist um so größer, je größer die durch eine bestimmte Flächeneinheit des Querschnitts übertragene Kraft, ist d.h. je größer der *Quotient Kraft pro Flächeneinheit* ist. Diese Größe wird *Spannung* genannt. Sie kann sich von Punkt zu Punkt eines betrachteten Querschnitts ändern. Für die durch die Normalkraft verursachte *Normalspannung* σ gilt danach allgemein:

$$\sigma = \lim_{\Delta A \to 0} \frac{\Delta F_n}{\Delta A} = \frac{dF_n}{dA}.$$

und analog für die durch die Tangentialkraft verursachte *Schubspannung* τ

$$\tau = \lim_{\Delta A \to 0} \frac{\Delta F_t}{\Delta A} = \frac{dF_t}{dA}$$

Sind die Spannungen über einen Querschnitt konstant, dann erhält man

$$\sigma = \frac{F_n}{A} \qquad \tau = \frac{F_t}{A}$$

$$F_n \perp A \qquad F_t \| A$$

Gl. 2-1

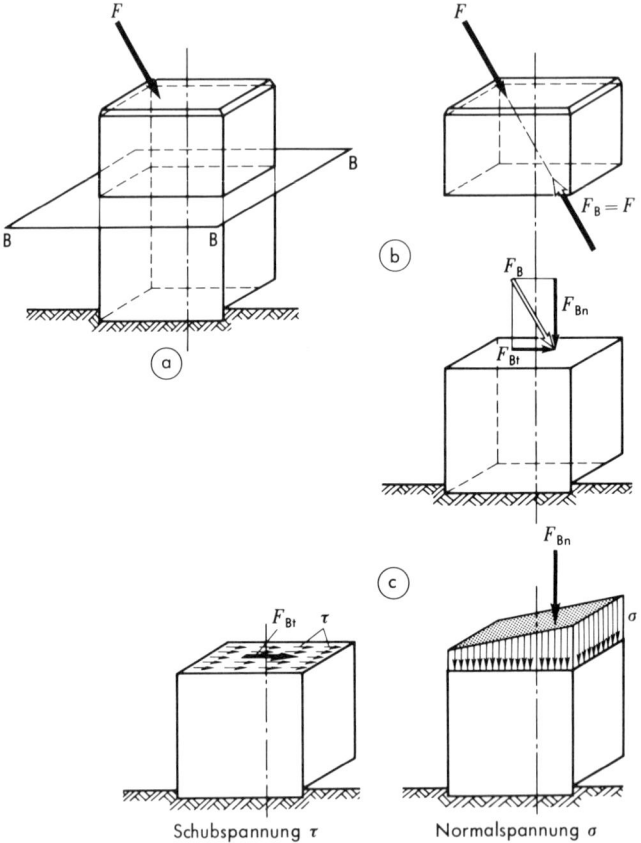

Abb. 2-1: Zur Definition des Begriffs Spannung

Die Dimension der Spannung ist Kraft pro Fläche, als Maßeinheit ist in der Festigkeitslehre N/mm² üblich.

Aus den Gleichungen 2-1 folgt, daß zur Übertragung einer Kraft immer eine bestimmte Querschnittsfläche notwendig ist, denn für $A \to 0$ wird $\sigma \to \infty$. Die Übertragung entlang einer Wirkungs*linie* ist demnach nicht möglich. Die Kraft wird in Wirklichkeit z.B. von einem Seil oder einem Stab übertragen, dessen Querschnittsabmessungen klein gegenüber den Gesamtabmessungen des Systems sind.

Für alle Belastungsarten kann die Beanspruchung des Materials auf die Normal- und/oder Schubspannung zurückgeführt werden.

2.2 Der einachsige Belastungszustand

2.2.1 Spannung, Formänderung, das HOOKEsche*) Gesetz

Ein zylindrischer Stab, der unbelastet die Länge l_0 hat wird mit der axialen Kraft F gezogen (Abb. 2-2). Diese Zugbeanspruchung hat eine Verlängerung des Stabes um den Betrag Δl zur Folge. Setzt man eine konstante Spannungsverteilung voraus, dann hat die durch die Kraft F verursachte Spannung σ in allen Querschnitten die Größe

$$\sigma = \frac{F}{A}.$$

Die oben gemachte Voraussetzung ist gerechtfertigt. Man kann sich den Stab aus vielen parallelen Drähten gleicher Länge und gleicher Querschnittsfläche zusammengesetzt denken. Es ist offensichtlich, daß für

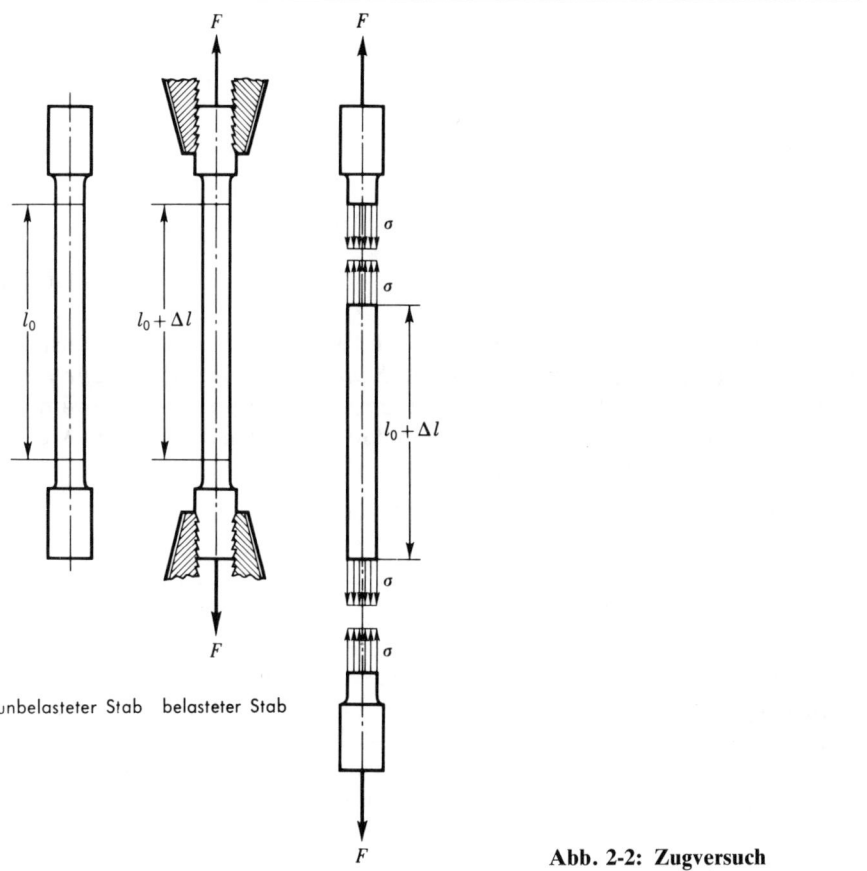

unbelasteter Stab   belasteter Stab

Abb. 2-2: Zugversuch

---

*) HOOKE (1635-1703), englischer Physiker

diesen Fall durch eine zentral eingeleitete Zugkraft alle Drähte gleich beansprucht werden. Sie stehen unter gleicher Spannung.

Die Verlängerung Δl eines Stabes wird um so größer sein, je größer die angreifende Kraft F und die Ausgangslänge l_0 des Stabes ist. Sie wird um so kleiner sein, je größer die Querschnittsfläche A ist. Setzt man voraus, daß die oben angegebenen Abhängigkeiten einem linearen Gesetz folgen (z.B. doppelte Kraft bedingt doppelte Verlängerung), dann kann man eine Proportion folgendermaßen formulieren

$$\Delta l \sim \frac{l_0 \cdot F}{A} \qquad \Rightarrow \qquad \frac{\Delta l}{l_0} \sim \sigma \ .$$

Das Verhältnis Verlängerung zur Ausgangslänge nennt man *Dehnung* und bezeichnet die Größe mit

$$\varepsilon = \frac{\Delta l}{l_0} \ .$$

Es gilt demnach

$$\sigma \sim \varepsilon \ .$$

Nach Einführung der Proportionalitätskonstante E erhält man

$$\boldsymbol{\sigma = E \cdot \varepsilon} \qquad\qquad\qquad \textbf{Gl. 2-2}$$

Die Gleichung 2-2 formuliert das HOOKEsche Gesetz für Normalspannung. Dieses Gesetz sagt aus, daß die *Spannung proportional zur Dehnung* ist. In dem Maße, in dem in einem Stab die Spannung zunimmt, wird auch die Dehnung größer. Diesem Gesetz folgen die meisten Metalle bei nicht zu hoher Beanspruchung.

Man kann die Gleichung 2-2 in der Form

$$E = \frac{\sigma}{\varepsilon}$$

schreiben. Je größer die zur Erreichung einer bestimmten Dehnung ε aufzubringende Spannung σ ist, um so größer ist der Quotient σ/ε und damit der Elastizitätsmodul E. Der *E-Modul* ist demnach *eine Maßzahl für die Starrheit eines Werkstoffes. Je schwerer elastisch deformierbar ein Werkstoff ist, um so größer ist der E-Modul* (siehe Tabelle 2).

2.2 Der einachsige Belastungszustand

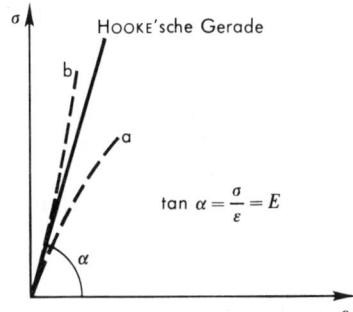

Abb. 2-3: Spannungs-Dehnungsdiagramm und Definition des E-Moduls

In einem σ-ε-Diagramm nach Abb. 2-3, ergibt das HOOKEsche Gesetz eine vom Ursprungspunkt des Koordinatensystems ausgehende Gerade, die HOOKEsche Gerade genannt wird. Der Tangens des Steigungswinkels entspricht dem *E*-Modul.

Viele Werkstoffe deformieren sich nicht nach dem HOOKEschen Gesetz. Beton, Kupfer, Grauguß z.B. folgen einem durch die Linie a angedeuteten Verlauf, während Leder bei zunehmender Dehnung immer schwerer deformierbar wird. Dieses Verhalten entspricht dem Linienzug b. Wegen der Einfachheit der Berechnung ersetzt man in vielen Fällen die Kurvenzüge durch Gerade und gibt damit einen etwa mittleren *E*-Modul an (siehe Tabelle 2).

2.2.2 Das Festigkeitsverhalten verschiedener Werkstoffe

Das bei einem Zug- bzw. Druckversuch aufgenommene σ-ε-Diagramm läßt Rückschlüsse auf das Festigkeitsverhalten eines Werkstoffes ziehen. Die Abb. 2-4 zeigt das σ-ε-Diagramm für einen weichen Stahl.

Bei einem Zugversuch erfolgt die Dehnung des Stabes bis zur Spannung σ_P, der *Proportionalitätsgrenze P* nach dem HOOKEschen Gesetz. Bei zunehmender Belastung nimmt die Dehnung stärker zu als die Spannung. Die *Elastizitätsgrenze* (Punkt E im Diagramm) gibt die maximale Spannung an, bei der nach einer Entlastung der Stab *keine bleibende Verlängerung* aufweist. Bei höherer Belastung wird der Stab bleibend gedehnt. Nach Erreichen der *Streckgrenze* S(R_e) nimmt die Dehnung merklich zu, obwohl die Spannung zunächst konstant ist oder kleiner wird. Diesen Vorgang nennt man *Fließen* Der Werkstoff verhält sich jetzt bei der Deformation *plastisch*. Die vorher polierte Oberfläche wird matt und rauh und es erscheinen z.T. Linien unter einem Winkel von ca. 45° zur Achse. Diese Linien werden *Fließlinien* genannt. Verursacht wird diese Erscheinung durch das Abgleiten der ineinander verhakten Gefügeteile unter einem Winkel von ca. 45°. Auf diesen Vorgang wird im Kapitel 3 eingegangen.

Nach der nach dem Fließen einsetzenden *Kaltverfestigung* (ansteigender Kurvenverlauf) erfolgte die Zerstörung des Stabes an einer Stelle, die durch eine vorher erfolgte Einschnürung geschwächt wurde (*Gewaltbruch*). Es ergeben sich im Diagramm zwei Linienzüge, je nachdem, ob bei der Berechnung der Spannung die Kraft auf den Ausgangsquerschnitt A_0 oder auf den an der Stelle der Einschnürung minimalen Querschnitt A bezogen wird. Die Einschnürung setzt etwa bei der maximalen Spannung R_m ein (*Zugfestigkeit*).

Eine vom Endpunkt des Diagrammes gezogene Parallele zur HOOKE-schen Geraden schneidet die Abszisse im Punkt δ. Das ist die bleibende Dehnung des gebrochenen Stabes (*Bruchdehnung* δ). Da die Verlängerung im plastischen Bereich jedoch hauptsächlich auf das Gebiet der Einschnürstelle konzentriert ist, erhält man verschiedene Werte, je nachdem, ob bei einem kurzen Stab auf eine kleine oder bei einem langen Stab auf eine große Ausgangslänge bezogen wird. Das ist ein Grund für die Normung der Stababmessungen für den Zugversuch (DIN 50 145/6).

Es gibt Stähle, die keine ausgeprägte Streckgrenze haben. Für diese wird ersatzweise die Spannung bestimmt, bei der eine bleibende Dehnung von 0,2% nach der Entlastung zurückbleibt. Diese nennt man 0,2-Grenze $R_{p0,2}$ (s. Tabelle 3a).

Wenn der Zugversuch sehr schnell durchgeführt wird, die Belastung eher schlagartig erfolgt, ergeben sich deutlich abweichende σ-ε-Diagramme.

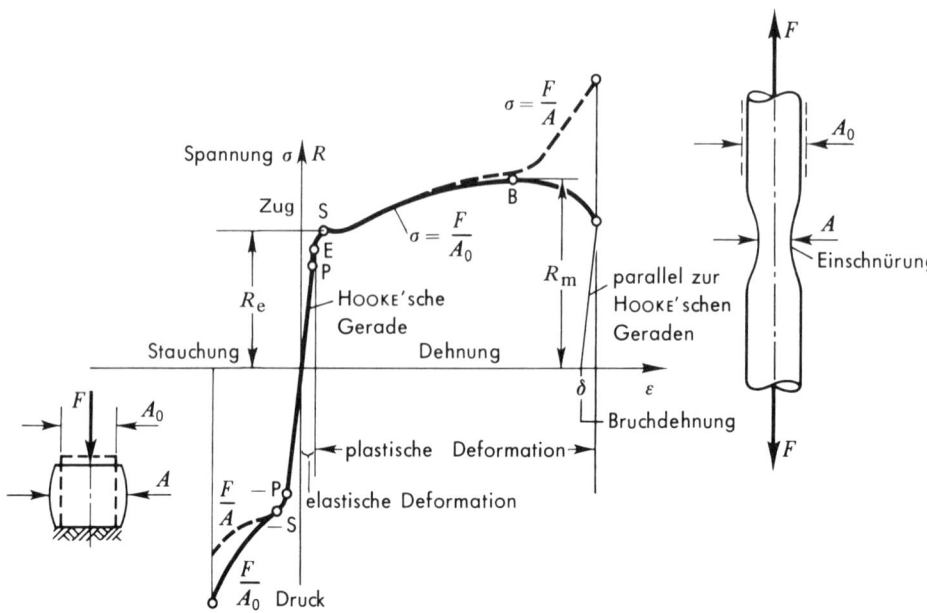

Abb. 2-4: Spannungs-Dehnungsdiagramm eines weichen Stahls

2.2 Der einachsige Belastungszustand

Das Fließen, das eine bestimmte Zeit erfordert, wird z.T. unterdrückt bzw. zu höheren Belastungen verschoben. Das ist der Grund für die Zunahme der Festigkeit bei dieser Belastungsart. Die für den Zugversuch aufzuwendende Zeit ist deshalb so festgelegt, daß ein Einfluß nicht mehr meßbar ist.

Einen weiteren Einfluß auf den Verlauf des Diagramms stellt die *Versuchstemperatur* dar. Sehr kalte Proben eines weichen Stahls tendieren im Verhalten zum härteren Stahl, während bei erhöhten Temperaturen die Festigkeit abnimmt. Für den Versuch ist eine Temperatur von 20°C genormt.

Der Druckversuch wird vom linken Ast des Diagramms Abb. 2-4 dargestellt. Die Quetschgrenze (Punkt -S) entspricht der Streckgrenze. Dieser Versuch ist vor allem für Werkstoffe wichtig, die ein stark unterschiedliches Verhalten bei Druck- und Zugbeanspruchung aufweisen. Das sind vor allem GG, Beton, Stein, Keramik, Porzellan, die bei Druck z.T. weit höher belastbar sind als bei Zug.

Die vom σ-ε-Diagramm *eingeschlossene Fläche* kann als die zur Zerstörung des Werkstoffes *aufgebrachte Arbeit* pro Volumeneinheit gedeutet werden. Das Produkt σ · ε hat die Maßeinheit Nmm/mm^3. Darauf wird ausführlich in Abschnitt 3.3 eingegangen.

Die Abb. 2-5 zeigt die Zerreißdiagramme von Werkstoffen mit verschiedenen Eigenschaften. Ein harter Stahl erreicht die höchsten Spannungswerte und wird fast ohne Fließen und bleibende Dehnung zerstört. Auf der anderen Seite erreicht weichgeglühtes Kupfer bei geringer Festigkeit hohe bleibende Dehnung.

Besonders wichtig in bezug auf das Festigkeitsverhalten ist der Vergleich der zur Zerstörung notwendigen *Arbeiten*, die durch die im σ-ε-Diagramm eingeschlossenen Flächen dargestellt werden. Es ergibt sich die zunächst überraschende Tatsache, daß der harte Stahl mit hoher Festigkeit u.U. mit weniger *Arbeit* zerstört werden kann als der weiche Stahl mit kleineren Festigkeitswerten. Bedingt ist dieses Verhalten durch die geringe bleibende Dehnung eines hochfesten oder durchgehärteten

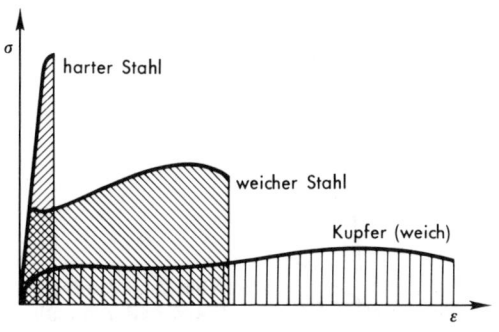

Abb. 2-5: Spannungs-Dehnungsdiagramme verschiedener Werkstoffe

Stahls. Einen Werkstoff dieser Eigenschaft nennt man *spröde*, im Gegensatz zu einem *zähen* Werkstoff, der erst nach größerer Deformation zerstört wird. Wie oben ausgeführt, spielen auch die Belastungsgeschwindigkeit und die Temperatur eine Rolle. Ein weicher Stahl kann sich bei schlagartiger Beanspruchung bei tiefen Temperaturen wie ein sprödes Material verhalten, da das Fließen und damit die große bleibende Deformation verbunden mit der Aufnahme einer großen Formänderungsarbeit nicht auftritt.

Viele Anwendungen in der Technik erfordern in erster Linie einen Werkstoff, der in der Lage ist, verhältnismäßig viel Energie schadlos zu absorbieren. Bei stoßartiger Beanspruchung wird z.B. ein Maschinenteil trotz hoher Festigkeitswerte zerstört, wenn es nicht in der Lage ist, die Stoßenergie aufzunehmen. Eine klare Unterscheidung der verschiedenen Werkstoffeigenschaften ist hier besonders wichtig. Aus diesem Grunde sind diese in der Tabelle 1 zusammengefaßt.

2.3 Der ebene Belastungszustand für Schubspannung

An einem Block der Höhe *h* greift, wie in Abb. 2-6 gezeigt, eine Kraft an. Dabei wird der vorher quadratische Block zu einem Parallelepiped deformiert. Der Winkel γ ist um so größer, je größer die Kraft *F* ist und je kleiner die Querschnittsfläche *A* senkrecht zur Zeichenebene ist. Setzt man auch hier eine lineare Abhängigkeit voraus, dann erhält man

$$\gamma \sim \frac{F}{A}.$$

Die Gleichung 2-1 liefert unter der weiteren Voraussetzung einer konstanten Spannungsverteilung die Beziehung

$$\tau \sim \gamma.$$

$$\tau = G \cdot \gamma \qquad \qquad \text{Gl. 2-3}$$

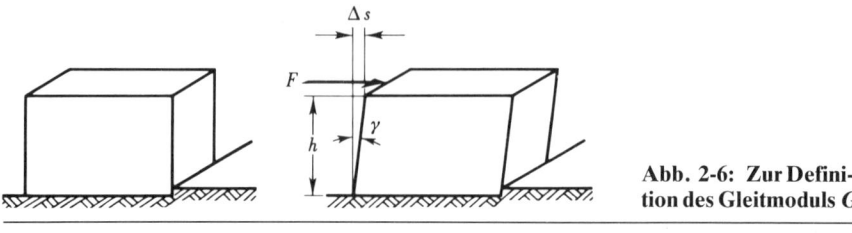

Abb. 2-6: Zur Definition des Gleitmoduls *G*

Die Größe *G* wird *Gleitmodul* genannt. Ihre Dimension ist Kraft pro Fläche, die gebräuchliche Einheit N/mm². Aus versuchstechnischen Gründen wird der Gleitmodul im Torsionsversuch (Abschnitt 6.1.2) und nicht wie in der Abb. 2-6 angedeutet, ermittelt.

Die Gleichung 2-3 formuliert das HOOKEsche Gesetz für Schubspannung. Der Gleitmodul *G* entspricht dem *E*-Modul in Gleichung 2-2, der Winkel γ der Dehnung ε. Für kleine Deformationen kann γ genau wie ε als Verhältnis zweier Längen definiert werden, denn es gilt für kleine Winkel

$$\gamma \approx \tan \gamma = \frac{\Delta s}{h}.$$

Genau wie der *E*-Modul ist auch der *Gleitmodul* eine *Maßzahl für die Starrheit* eines Stoffes *und zwar bei* einer *elastischen Deformation durch Schubspannungen*.

Für verschiedene Werkstoffe sind die Elastizitäts- und Gleitmoduln in der Tabelle 2 gegeben.

2.4 Die Belastungsfälle nach BACH*)

Man kann grundsätzlich zwischen einer zügigen, d.h. *ruhenden* Belastung und einer *schwingenden Belastung* unterscheiden.

Für den ersten Fall bleibt eine einmal aufgebrachte Last konstant und damit auch die durch die Last verursachte Spannung. Eine solche Beanspruchung wird z.B. durch die Eigengewichte eines Bauwerks verursacht.

Maschinenteile sind fast nie ruhend, d.h. statisch belastet. Normalerweise ergeben sich je nach Maschine, Bauteil usw. zeitlich veränderliche Belastungen, wie sie als Beispiel Abb. 2-7 zeigt. In vielen Fällen ist es kaum möglich, eine mittlere Spannung oder mittlere Belastung anzugeben. Die

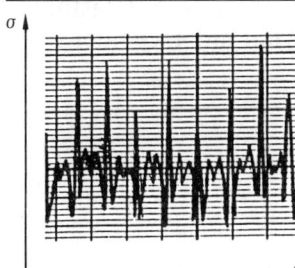

Abb. 2-7: Schwingende Belastung eines Maschinenteils

---

*) BACH (1847-1931), deutscher Ingenieur

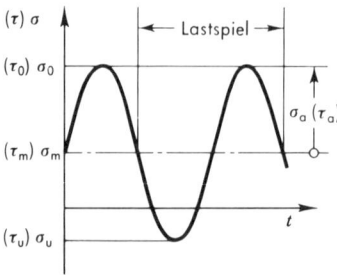

Abb. 2-9: Schwingende Belastung nach einer sin-Funktion

Belastungsrichtung kann wechseln, an der gleichen Stelle im Bauteil treten dann nacheinander wechselnd Zug- und Druckspannungen auf.

Die Zerstörung hat bei dieser Beanspruchungsart grundsätzlich andere Ursachen als bei der ruhenden Belastung. Die schwingende Beanspruchung hat bei genügend hoher Anzahl von Lastwechsel eine *Zerrüttung des Gefüges* zur Folge, die zum Bruch führen kann, obwohl die auftretende Maximalspannung kleiner als die Streckgrenze, geschweige denn die Bruchgrenze ist. Man beachte dabei auch, daß bei sich sehr schnell ändernden Belastungen das Fließen entweder ganz unterdrückt oder nach oben verschoben wird (siehe Abschn. 2.2.2). Da die Streckgrenze nicht erreicht wird, mithin Fließen nicht eintreten kann, erfolgt der *Bruch* auch eines zähen Materials *ohne plastische Deformation*. Die Bruchstelle sieht aus wie die eines spröden Materials. Ein solcher Bruch – er wird *Dauerbruch* genannt – geht von der Oberfläche aus und führt durch allmählich weiterlaufende Risse schließlich zu einer kritischen Querschnittminderung, bei der ein Gewaltbruch eintritt.

Ein Bruchbild dieser Art zeigt Abb. 2-8. Die außen liegenden, älteren Bruchflächen sind dunkler und können Korrosionserscheinungen zeigen. Die erkennbaren Linien – *Rastlinien* genannt – zeigen an, wie die einzelnen Risse zum Stillstand gekommen sind. Der durch den Gewaltbruch zerstörte Querschnitt hat ein gröberes Korn.

Um das Verhalten von Werkstoffen bei schwingender Beanspruchung zu untersuchen, ist es notwendig, von idealisierten Belastungen auszugehen. Besonders einfach läßt sich in einer Prüfmaschine eine Belastungsänderung nach einer sin-Funktion realisieren. Man unterscheidet nach Abb. 2-9 folgende Begriffe

    Mittelspannung σ_m bzw. τ_m
    Oberspannung σ_o bzw. τ_o
    Unterspannung σ_u bzw. τ_u
    Spannungsausschlag σ_a bzw. τ_a

Aus der Vielzahl der möglichen Varianten wählt man nach BACH drei typische Fälle aus. Sie sind in der Abb. 2-10 dargestellt.

2.4 Die Belastungsfälle nach BACH

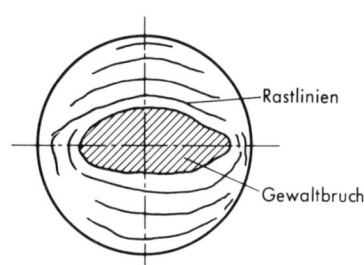
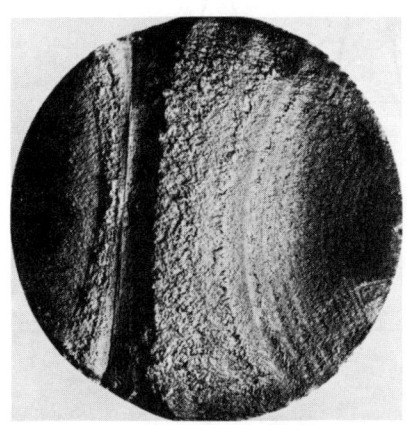

Abb. 2-8: Bruchflächen eines Dauerbruchs

Belastungsfall I – Ruhende Belastung

$$\sigma_o = \sigma_u = \sigma_m \qquad \sigma_a = 0$$

Belastungsfall II – Schwellende Belastung

Die Belastung schwankt zwischen Null und einem Maximalwert

$$\sigma_o = \sigma_{max} = 2\,\sigma_a \qquad \sigma_m = \sigma_a \qquad \sigma_u = 0$$

Belastungsfall III – Wechselnde Belastung

Es liegt ein Richtungswechsel der Belastung vor. Die Spannung wechselt zwischen einem positiven und gleich großen negativen Wert.

$$\sigma_o = \sigma_{max} = \sigma_a \qquad \sigma_u = -\sigma_{max} \qquad \sigma_m = 0$$

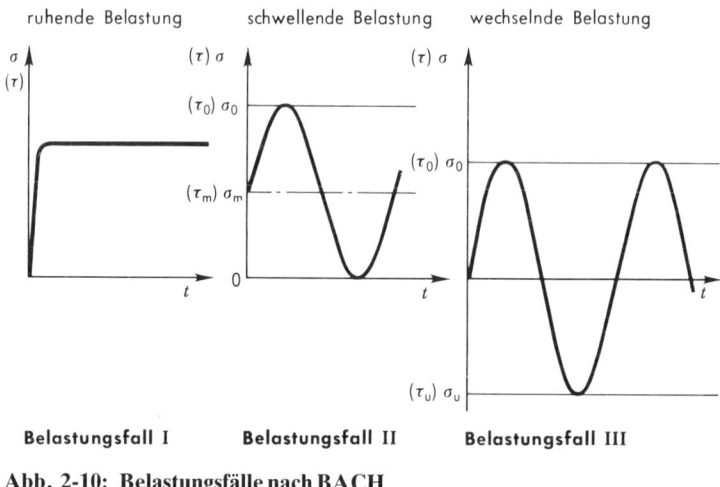

Abb. 2-10: Belastungsfälle nach BACH

2.5 Die Dauer-, Zeit- und Betriebsfestigkeit

Wie im vorigen Abschnitt erläutert, kann eine wechselnde Beanspruchung zur Zerstörung des Materials führen, obwohl die maximal auftretenden Spannungen die Fließgrenze bzw. Zugfestigkeit nicht erreichen. Aus diesem Grunde kann für diesen Fall ein Zugversuch nach Abschnitt 2.2 keinen ausreichenden Aufschluß über das Festigkeitsverhalten geben.

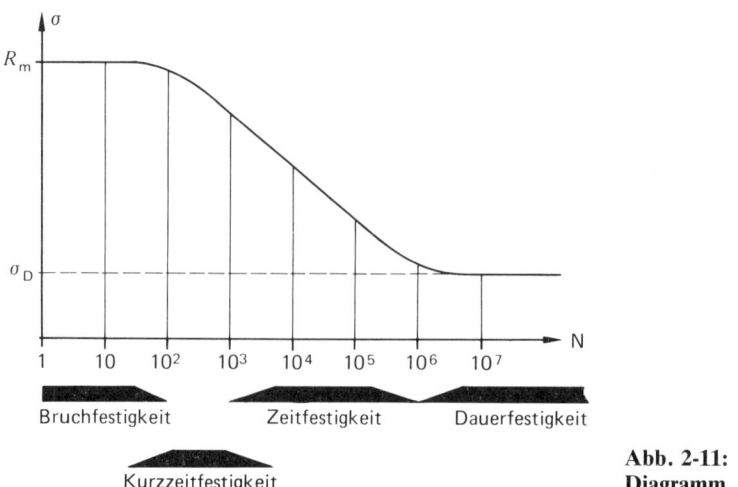

Abb. 2-11: WÖHLER-Diagramm

2.5 Die Dauer-, Zeit- und Betriebsfestigkeit

Das Verhalten der Werkstoffe bei schwingender Beanspruchung wird folgendermaßen untersucht. Probestäbe genormter Abmessungen werden bei konstanter Mittelspannung mit einer überlagerten Schwingungsamplitude belastet. Wird diese Amplitude groß gewählt, kommt es bei verhältnismäßig wenig Lastspielen zum Bruch der Probe. Es bietet sich deshalb an, die Oberspannung in einem Diagramm über der Anzahl der ertragenen Lastspiele N aufzutragen. Man erhält so das WÖHLER-Diagramm*) nach Abb. 2-10. Wegen des großen Bereichs der Lastspiele erfolgt die Auftragung logarithmisch. Die Spannungsachse kann logarithmisch oder linear geteilt sein. Bis zu einer Lastspielzahl von etwa 10 bis 100 erfolgt die Zerstörung bei einer Oberspannung, die der Bruchfestigkeit R_m bei ruhender Beanspruchung entspricht. Im Bereich von ca. 100 bis 1000 bzw. 10000 Lastwechseln spricht man von *Kurzzeitfestigkeit*. Die zur Zerstörung führende Spannung hat sich verringert. Die Proben werden teilweise plastisch deformiert. Höhere Lastwechselzahlen – bis etwa 1 Million – führen bei weiterhin abnehmenden Spannungen zu verformungsfreien Brüchen. Das ist der Bereich *Zeitfestigkeit*. Eine Oberspannung, die von Stahl bei ca. 10 Millionen Lastwechseln gerade noch ertragen wird, führt erfahrungsgemäß auch bei noch höheren Lastwechselzahlen nicht zum Bruch. Diese Spannung entspricht der Asymtote im WÖHLER-Diagramm. Sie wird *Dauerfestigkeit* σ_D (τ_D) genannt. Leichtmetalle verhalten sich anders. Die Dauerfestigkeit liegt bei wesentlich höheren Lastspielzahlen. Das Arbeiten mit den WÖHLER-Diagrammen wird durch sehr starke Streuungen der Meßwerte erschwert. Es ist notwendig, für jeden Belastungsfall eine Vielzahl von Probestäben zu untersuchen, um zu verwertbaren Ergebnissen zu kommen.

Die Dauerfestigkeit σ_D bzw. τ_D ist eine besonders wichtige Größe, die man dem WÖHLER-Diagramm entnehmen kann. Sie hängt von der Größe der Mittelspannung ab, z.B. für schwellende oder wechselnde Belastung. Es liegt nahe, für einen Werkstoff und eine Beanspruchungsart (Zug-Druck, Biegung oder Torsion) die aus der Vielzahl der WÖHLER-Diagramme ermittelten Dauerfestigkeiten in einem einzigen Diagramm zusammenzufassen. Dieses nennt man *Dauerfestigkeitsschaubild*. Die Abb. 2-12 zeigt den grundsätzlichen Aufbau des Diagramms nach SMITH.

In diesem Diagramm sind die Grenzspannungen σ_o σ_u über der Mittelspannung σ_m aufgetragen. Die beiden Kurvenzüge σ_o und σ_u geben an, in welchem Bereich in Abhängigkeit von σ_m die wechselnde Beanspruchung schwanken kann, so daß eine Zerstörung trotz beliebig hoher Lastwechsel gerade noch nicht eintritt. Bei zähen Werkstoffen kann wegen der vorher eintretenden bleibenden Deformation die Zugfestigkeit für eine Dimensionierung nicht zu Grunde gelegt werden. Deshalb wird das Dauerfestigkeitsschaubild solcher Werkstoffe oben von der Streckgrenze,

---
*) WÖHLER (1819-1914), deutscher Ingenieur

unten von der Quetschgrenze begrenzt. Für Werkstoffe mit unterschiedlichem Verhalten bei Zug- und Druckbeanspruchung (z.B. GG) ergeben sich unsymmetrische Dauerfestigkeitsschaubilder.

Die Dauerfestigkeit für den Belastungsfall III wird *Wechselfestigkeit* σ_W und für den Belastungsfall II *Schwellfestigkeit* σ_{Sch} genannt, wobei man im letzten Fall zwischen Druck- und Zugbereich unterscheidet σ_{zSch} und σ_{dSch}. Die Wechselfestigkeit für Normalspannungen kann man sowohl im Zug-Druck- als auch im Biegeversuch ermitteln. Es ergeben sich z.T. un-

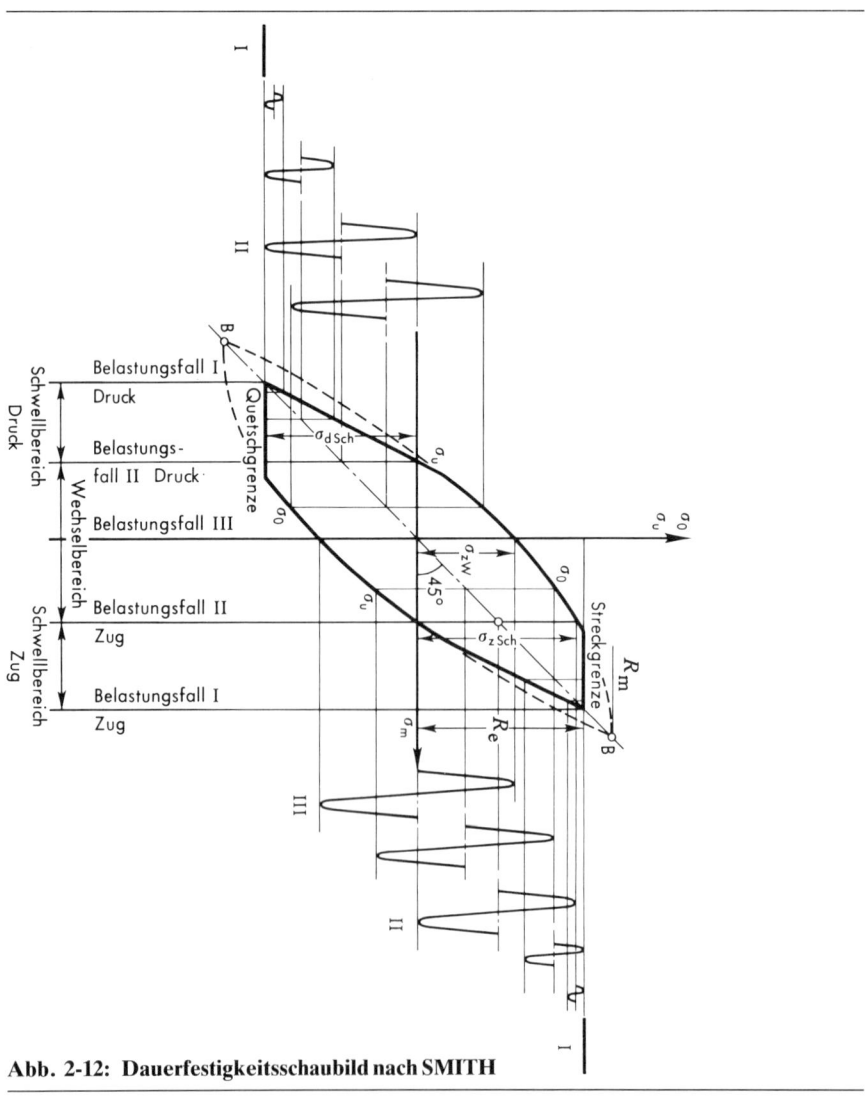

Abb. 2-12: Dauerfestigkeitsschaubild nach SMITH

terschiedliche Werte. Deshalb muß man zwischen Zug-Druck-Wechselfestigkeit σ_{zdW} und Biegewechselfähigkeit σ_{bW} unterscheiden. Dabei kennzeichnen die kleinen Buchstaben: z = Zug; d = Druck; b = Biegung; t = Torsion. Eine Zusammenstellung ist in der Tabelle 3a gegeben.

Grundsätzlich erhält man auch für Schubspannung das gleiche Diagramm.

Wie bereits im Abschnitt 2.4 dargestellt, entspricht die tatsächliche Beanspruchung in einer Maschine normalerweise weder einer sinus-Schwingung noch ist die Spannungsamplitude konstant. Um die eher zufälligen Belastungen rechnerisch erfassen zu können, verfährt man folgendermaßen. Von Versuchen, bzw. von Annahmen ausgehend, legt man fest, wie oft eine bestimmte Spannungsspitze zu erwarten ist. Zugehörige Wertepaare Spannung – Anzahl werden in einem Diagramm dargestellt. Dieses nennt man *Beanspruchungskollektiv*. Liegt ein Teil der Spannungen über der Dauerfestigkeit, muß untersucht werden, ob die Gefahr eines Bruches besteht. Man spricht von *Betriebsfestigkeit*. Dazu wird im Abschnitt 10.4 etwas ausgeführt.

2.6 Die Kerbwirkung

In diesem Abschnitt soll qualitativ untersucht werden, welchen *Einfluß eine Querschnittsänderung* eines z.B. auf Zug beanspruchten Stabes auf die Spannungsverteilung im Querschnitt hat. Zu diesem Zwecke kann man sich folgendes Gedankenmodell schaffen (Abb. 2-13).

Man denkt sich einen Flachstab zunächst durch Einsägen von Schlitzen in einzelne Vierkantstäbe vom Querschnitt ΔA aufgeteilt. Diese Vierkantstäbe ersetzt man wiederum durch einzelne Drähte. Durch das Einsägen sind vorher vorhandene Querverbindungen zerstört worden. Die durch diese möglicherweise übertragenen Kräfte sollen jetzt von quer gespannten Federn aufgenommen werden.

Für den Stab ohne Querschnittsänderung ergibt sich, wie schon oben erläutert, eine konstante Spannungsverteilung. Alle Drähte sind bei einer Zugbeanspruchung des Systems gleich gespannt.

Ein Modell für einen gelochten Stab erhält man, wenn bei entsprechender Anordnung der Drähte und Querfedern ein Zylinder durch das System Abb. 2-13 gesteckt wird. Das Ergebnis ist in der Abb. 2-14 dargestellt. Dieses Modell wird einer Zugbeanspruchung unterworfen. Dabei kann man beobachten, daß der Zylinder zu einem Oval deformiert wird, weil die benachbarten Drähte zur Zylindermitte ausweichen. Der Abstand der Drähte zueinander verringert sich dabei. Das heißt aber, die *Kraftübertragung* ist an dieser Stelle *konzentriert* und damit muß die Spannung in diesem Bereich größer sein als in den Außenbereichen. Diesen Effekt einer Spannungserhöhung in der Nähe von verhältnismäßig

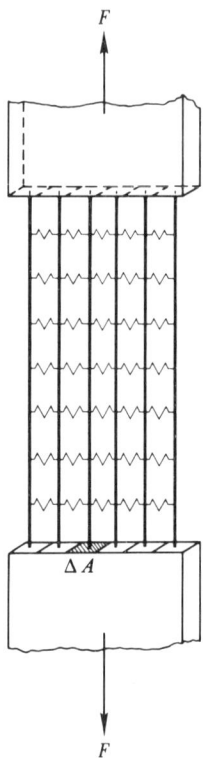
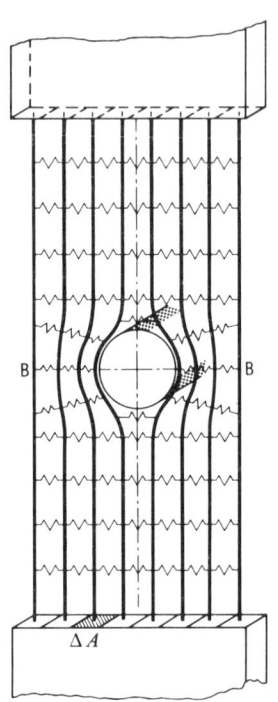

Abb. 2-13: Modell eines Zugstabes

Abb. 2-14: Modell eines gelochten Zugstabes

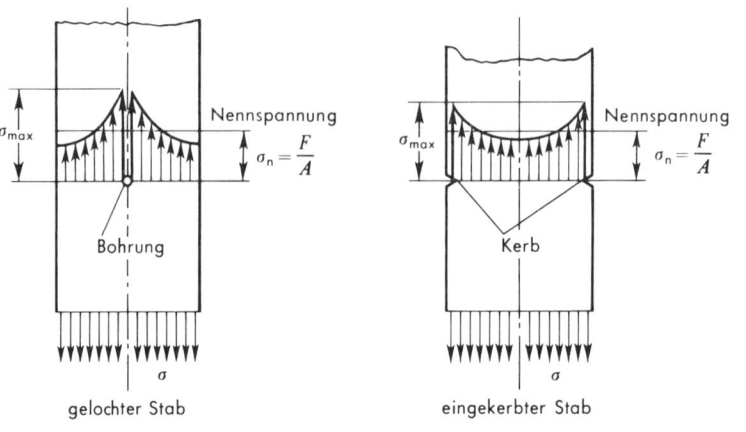

Abb. 2-15: Spannungsverteilung im gekerbten Querschnitt

2.6 Die Kerbwirkung

schroffen Querschnittsübergängen nennt man *Kerbwirkung*. Die ohne Berücksichtigung der Kerbwirkung nach der elementaren Festigkeitslehre berechneten Spannungen bezeichnet man auch als *Nennspannungen*. Sie können u.U. wesentlich unter den tatsächlichen Werten liegen. Für einen gezogenen, gelochten bzw. gekerbten Stab zeigt Abb. 2-15 die Verteilung der Spannungen.

Die Spannungserhöhung ist um so größer, je kleiner der Krümmungsradius des Kerbgrundes ist. Da eine ungleichmäßige Spannungsverteilung eine ungleichmäßige Werkstoffausnutzung zur Folge hat, ist sie unerwünscht und sollte nach Möglichkeit vermieden werden. Deshalb sollten Querschnittsübergänge immer mit möglichst großen Abrundungsradien ausgeführt werden. Einige Beispiele zeigt Abb. 2-16. Eine Verminderung der Kerbwirkung einer scharfen Kerbe läßt sich durch *Entlastungskerben* nach Abb. 2-17 erreichen. Die in Abb. 2-16/17 eingezeichneten Linien veranschaulichen den Kraftfluß. Eine Konzentration dieser Linien deutet auf eine Spannungserhöhung hin. Sie sind vergleichbar mit Stromlinien in einem entsprechend geformten, von Flüssigkeit durchströmten Kanal.

Bei zähen Werkstoffen kann u.U. im Kerbgrund Fließen einsetzen, wodurch Spannungen abgebaut werden. Deshalb sind diese Werkstoffe im Gegensatz zu spröden nicht so kerbempfindlich.

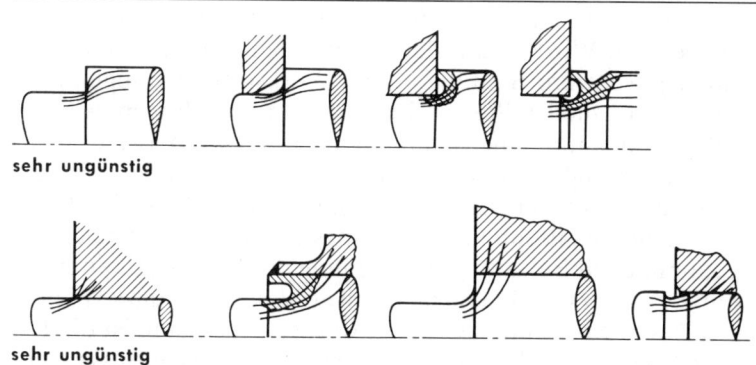

Abb. 2-16: Kraftfluß in einer abgesetzten Welle und in einer Welle-Nabe-Verbindung

Abb. 2-17: Spannungsminderung im Kerbgrund durch Entlastungskerbe

Das Verhalten eines Werkstoffes in der Nähe einer Kerbe wird wesentlich von den dort wirkenden Spannungen in Querrichtung beherrscht. Im oben angeführten Modell sind sie durch Kräfte dargestellt, die von den Querfedern in der Nähe des Zylinders übertragen werden. Eine Deformation des Zylinders durch Zug ist nur möglich bei einer Verlängerung, d.h. Belastung der Querfedern. Es handelt sich in diesem Gebiet nicht mehr um einen einachsigen Spannungszustand. Das ist der Grund dafür, daß ein eingekerbter Stab aus zähem Material ohne Einschnürung und bleibende Dehnung wie sprödes Material reißt. Seine Festigkeit nimmt beim Zerreißversuch zu, da das Fließen unterdrückt wird und damit die Querschnittsverminderung durch Einschnürung unterbunden ist. Demgegenüber steht eine erhebliche Herabsetzung der Dauerfestigkeit. Dabei machen sich kleinste Kerben bemerkbar, so daß dieser Effekt schon eintritt, wenn die Probestücke nicht poliert, sondern nur geschlichtet oder geschruppt sind oder wenn die Oberfläche korrodiert ist (siehe Abschnitt 8.2.1).

Genau genommen kann man also die *Begriffe spröde und zäh nur im Zusammenhang mit der Beanspruchungsart und der Gestalt des Bauteiles benutzen*.

2.7 Die zulässige Spannung und der Bemessungsfaktor

Für die Dimensionierung eines Bauteils muß eine Spannung zugrunde gelegt werden. Diese darf nicht zu einer bleibenden Deformation des Teils oder gar zu seiner Zerstörung führen. Sie darf demnach nicht zu hoch gewählt werden. Wird sie auf der anderen Seite zu niedrig festgelegt, erhält man zu schwere Bauteile, deren Werkstoff ungenügend genutzt ist. Könnte man alle Einflüsse sehr genau berücksichtigen, wäre es sinnvoll für die Bemessung eine Spannung zu wählen (zulässige Spannung), die fast die ertragbare Grenzspannung erreicht. Zu den Einflüssen kann man zählen: ungleichmäßige Spannungsverteilung, Kerbwirkung, Oberflächenbeschaffenheit, Fertigungstoleranzen, Abweichung von den angenommenen Belastungen, Streuung der Werkstoffkennwerte usw. Je weniger dieser Größen rechnerisch erfaßbar sind, um so niedriger muß die zulässige Spannung festgelegt werden. Trotzdem ist die Dimensionierung des Bauteils eher unsicher, eben weil viele Einflüsse nicht berücksichtigt sind. Das Verhältnis der je nach Beanspruchung bzw. Werkstoff gewählten *Grenzspannung* zu der zugrunde gelegten zulässigen Spannung wird in diesem Buch deshalb *Bemessungsfaktor v* und nicht, wie sonst üblich, Sicherheitsgrad genannt

$$v = \frac{\sigma_{Grenz}}{\sigma_{zul}}$$ **Gl. 2-4**

Dieser Wert muß nach dem vorher Gesagten immer größer als 1 sein. Als Grenzspannung wählt man zweckmäßig bei ruhender Belastung für Stähle mit ausgeprägter Fließgrenze die Elastizitäts- bzw. Streckgrenze R_e, für spröde Werkstoffe die 0,2 Grenze $R_{p0,2}$ bzw. die Zugfestigkeit R_m, für schwingende Belastung die Dauerfestigkeit σ_D.

Wie oben ausgeführt, wird die zulässige Spannung um so kleiner gewählt, je unsicherer die in die Berechnung eingehenden Annahmen sind. Je kleiner die zulässige Spannung ist, um so größer ist aber nach Gleichung 2-4 der Bemessungsfaktor. Daraus folgt, daß der Begriff „Sicherheitsgrad" für diesen Quotienten irreführend ist.

Für den Stahlhochbau sind die zulässigen Spannungen vorgeschrieben (DIN 1050). Im allgemeinen Maschinenbau ist das wegen der Vielfalt an Maschinenteilen und Werkstoffen bis auf Ausnahmen nicht möglich. Die Annahme einer zulässigen Spannung oder des Bemessungsfaktors ist hier meistens dem Konstrukteur überlassen.

In vielen Fällen genügen die von BACH angegebenen Werte für die zulässigen Spannungen (siehe Tabelle 3). Sie liegen im allgemeinen verhältnismäßig niedrig. In Tabelle 4 sind Anhaltswerte für die Wahl der Bemessungsfaktoren gegeben. Dabei ist es zweckmäßig, den Zusammenhang zwischen der Streckgrenze und der Zugfestigkeit zu kennen. Für Stähle und Leichtmetalle ist das Verhältnis beider Spannungen in Tabelle 5 gegeben. Auf Grund vieler Messungen kennt man auch den Zusammenhang von Zug- und Wechselfestigkeit für Stahl. Diese Abhängigkeit ist jedoch nicht eindeutig, da auch hier die Streckgrenze eingeht. Tabelle 6 enthält die zugeordneten Werte.

2.8 Zusammenfassung

An einem Körper außen angreifende Kräfte bzw. Momente haben eine Beanspruchung der inneren Materialteile zur Folge. Ein Maß für diese Beanspruchung ist die Spannung. Je nachdem, ob innere Kräfte an einem betrachteten Schnitt senkrecht oder tangential angreifen, entstehen Normalspannungen σ oder Schubspannungen τ.

Die Normalspannungen σ verursachen eine Verlängerung bzw. Verkürzung eines Teilelementes, während die Schubspannung eine Winkeländerung zur Folge hat.

Das HOOKEsche Gesetz besagt:

    Normalspannung $\sim$ Dehnung
    Schubspannung $\sim$ Winkeländerung.

Mathematisch formuliert

$$\sigma = E \cdot \varepsilon \qquad \text{Gl. 2-2}$$

$$\tau = G \cdot \gamma \qquad \text{Gl. 2-3}$$

Diesen Gesetzen folgen vor allem Metalle. Die Elastizitätsmoduln E und die Gleitmoduln G sind für verschiedene Werkstoffe in Tabelle 2 gegeben.

Der wichtigste Versuch zur Beurteilung verschiedener Werkstoffeigenschaften ist der Zugversuch. Zusammengestellt und erklärt sind die wichtigsten Begriffe in Tabelle 1. Man sollte sich darüber im Klaren sein, daß sich ein Werkstoff je nach Belastungsart (z.B. ruhend, wechselnd), nach Belastungsgeschwindigkeit (z.B. zügige oder schlagartige Belastung), nach Form (z.B. Kerbwirkung) und Temperatur (z.B. starke Unterkühlung) einmal mehr oder weniger zäh bzw. spröde verhalten kann. Für die Auswahl von Werkstoffen für Konstruktionsteile ist es wichtig zu bedenken, daß hochfeste Stähle wegen ihrer geringen bleibenden Dehnung mit geringerem Energieaufwand zerstört werden können als weichere Stähle geringerer Festigkeit.

Eine schwingende Beanspruchung in Maschinen erfolgt in der Regel ungeordnet. Für Festigkeitsuntersuchungen hat man nach BACH idealisierte Belastungen durch konstante Mittelspannung und überlagerte sinus-Belastung eingeführt. Das führt auf die Begriffe Schwellfestigkeit und Wechselfestigkeit (Tabelle 3a). Das sind jeweils Dauerfestigkeiten, die der Asymptote der WÖHLERkurve entsprechen. Dargestellt werden sie im Dauerfestigkeitsschaubild nach Abb. 2-12.

Schroffe Querschnittsübergänge und Kerbe führen zu örtlichen Spannungskonzentrationen, die möglichst zu vermeiden sind (Kerbwirkung; siehe Kapitel 10).

Für die Dimensionierung von Bauteilen ist eine zulässige Spannung so festzulegen, daß weder eine bleibende Deformation noch ein Bruch zu erwarten ist. Wegen der Unmöglichkeit, alle Einflüsse in einer Festigkeitsberechnung zu erfassen, ist so notwendig, nur einen gewissen Teil einer Grenzspannung als zulässige Spannung für eine Dimensionierung zu Grunde zu legen. Der Bemessungsfaktor wird folgendermaßen definiert

$$v = \frac{\sigma_{Gr}}{\sigma_{zul}} \qquad \text{Gl. 2-4}$$

Die Wahl der Grenzspannung und des Bemessungsfaktors hängt vom Belastungsfall und Werkstoff ab. Anhaltswerte gibt die Tabelle 4.

3. Zug und Druck

3.1 Die Spannung

3.1.1 Schnitt senkrecht zur Achse

An einem prismatischen Stab greift zentrisch eine Kraft nach Abb. 3-1 an. Zur Ermittlung der Spannung im Schnitt BB wird ein entsprechendes Teilstück herausgetrennt, d.h. freigemacht. Die Gleichgewichtsbedingung ergibt

$$\Sigma F = 0 \qquad -\sigma A + F = 0$$

und damit für die Spannung

$$\sigma_{z;d} = \frac{F}{A} \qquad \text{Gl. 3-1}$$

Index z für Zug, Index d für Druck.

Diese Gleichung gilt unter den folgenden Voraussetzungen:
1. Die Querschnittfläche A steht senkrecht zur Achse des Stabes.
2. Die Wirkungslinie der Kraft fällt mit der Schwerpunktachse zusammen.
3. Die Spannungsverteilung über dem Querschnitt ist konstant.

Für Stäbe mit veränderlichem Querschnitt gilt

$$\sigma_{max} = \frac{F}{A_{min}} \qquad \text{Gl. 3-2}$$

Für diesen Fall trifft die 3. der vorher aufgeführten Bedingungen nur bedingt zu. Ist der Querschnittsübergang sehr schroff, muß die Kerbwirkung berücksichtigt werden (siehe Abschnitt 2.6 und Kapitel 10).

Für die Dimensionierung z.B. einer Zugstange wird die oben angegebene Gleichung in der Form

$$A_{erf} = \frac{F}{\sigma_{z;d\,zul}}$$

benutzt. Man berechnet demnach den mindestens erforderlichen Stabquerschnitt unter Zugrundelegung einer zulässigen Spannung, die nach den im Abschnitt 2.7 diskutierten Gesichtspunkten festgelegt wird.

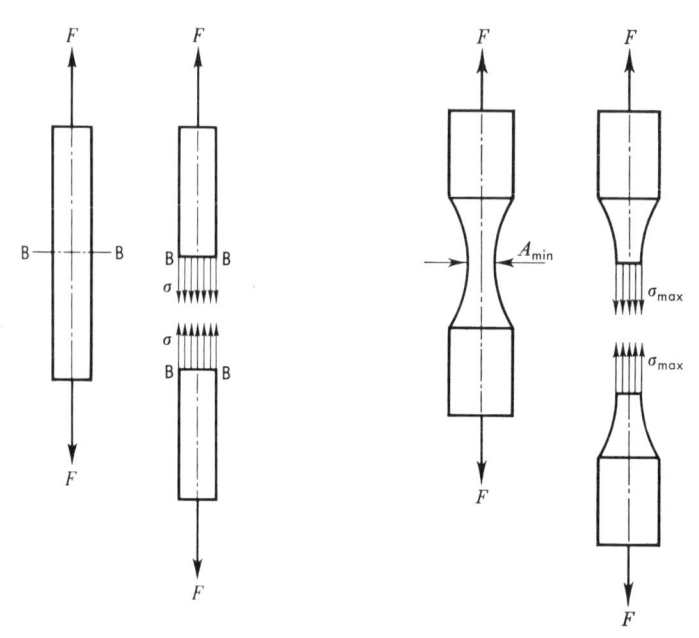

Abb. 3-1: Geschnittener Zugstab

Abb. 3-2: Zugstab mit veränderlichem Querschnitt

Die oben angebebenen Gleichungen gelten auch für eine Druckbeanspruchung jedoch unter einer zusätzlichen Voraussetzung. Die Form des gedrückten Prismas muß so sein, daß unter der gegebenen Belastung ein seitliches Ausweichen nicht eintritt (Abb. 3-3). Für welche Stabformen bzw. Belastungen ein solches Ausweichen zu erwarten ist, wird im Kapitel 7 (Knickung) behandelt. Die Gefahr des Knickens eines Druckstabes ist in erster Näherung um so größer, je länger er ist und je kleiner die Querschnittsfläche bei einer gegebenen Querschnittsform ist. Demnach gelten die in dem Abschnitt angegebenen Gleichungen im wesentlichen für auf Druck beanspruchte Blöcke.

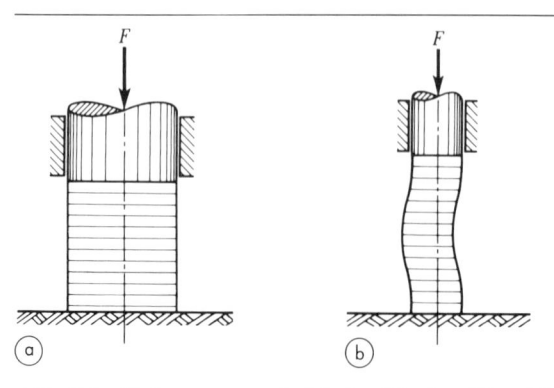

Abb. 3-3: Gedrungener und schlanker Block auf Druck beansprucht

3.1 Die Spannung

3.1.2 Beliebiger Schnitt

In diesem Abschnitt soll untersucht werden, welche Spannungen in einem beliebigen Schnitt eines auf Zug oder Druck beanspruchten Stabes auftreten. Zu diesem Zweck wird durch einen gezogenen Stab nach Abb. 3-4a ein Schnitt B−B gelegt, der unter dem Winkel α zu dem vorher untersuchten senkrechten Schnitt liegt. Das so abgetrennte, d.h. freigemachte Teilsystem muß im Gleichgewicht sein. Es müssen die Gleichungen $\Sigma F_x = 0$ und $\Sigma F_y = 0$ erfüllt sein. Das ist nur möglich, wenn in der gedachten Schnittfläche sowohl die Normalspannungen σ als auch die Schubspannungen τ wirksam sind. Das Bild c zeigt das freigemachte System mit den eingetragenen Schnittkräften $\sigma \cdot A$ und $\tau \cdot A$ für das die Gleichgewichtsbedingungen für ein gedrehtes Koordinatensystem aufgestellt werden:

$\Sigma F_y = 0$

$F \cdot \cos \alpha - \sigma \cdot A = 0.$

Daraus folgt nach Einsetzen von $A = \dfrac{A_0}{\cos \alpha}$.

$\sigma = \dfrac{F}{A_0} \cos^2 \alpha.$

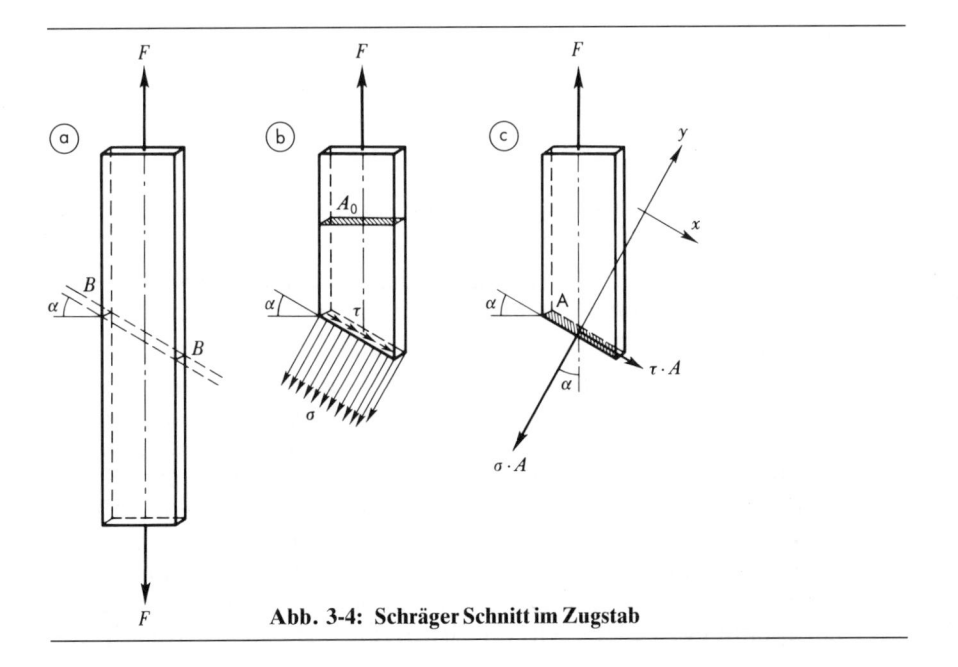

Abb. 3-4: Schräger Schnitt im Zugstab

Der Quotient F/A_0 ist aber die Spannung im Schnitt senkrecht zur Achse. Zur Unterscheidung von σ soll diese Spannung mit $σ_0$ bezeichnet werden.

$$σ = σ_0 \cdot \cos^2 α \qquad \text{Gl. 3-3}$$

$$\sum F_x = 0 \qquad τA - F\sin α = 0$$

$$τ = \frac{F}{A_0} \cos α \cdot \sin α = \frac{F}{A_0} \cdot \frac{1}{2} \sin 2α$$

$$τ = \frac{1}{2} σ_0 \sin 2α \qquad \text{Gl. 3-4}$$

Die Gleichungen 3-3/4 zeigen die Abhängigkeit von σ und τ vom Neigungswinkel α der Schnittebene. Für den Fall α = 0 erhält man, wie zu erwarten

$$σ = σ_0 \quad \text{und} \quad τ = 0.$$

Besonders interessant ist der Schnitt unter dem Winkel von 45°. Man erhält für

$$σ_{45°} = σ_0 \cdot \cos^2 45° = \frac{1}{2} σ_0$$

und für

$$τ_{45°} = \frac{1}{2} σ_0 = τ_{max}.$$

Da sin 2α nicht größer als 1 sein kann, entsteht unter 45° die maximale Schubspannung.

In einem gezogenen oder gedrückten Stab sind in einem *Schnitt unter 45° zur Stabachse die maximale Schubspannung $τ_{max} = σ_0/2$ zusammen mit einer Normalspannung von $σ_0/2$ wirksam.*

Diese maximale Schubspannung ist von außerordentlicher Bedeutung für die Zerstörung eines Bauteils. Es soll an den im Abschnitt 2.2.2 erläuterten Zugversuch eines weichen Stahls angeknüpft werden. Vor dem Bruch beginnt sich der Versuchsstab an einer vorher nicht bestimmbaren Stelle einzuschnüren. Einzelne Gefügeteile gleiten unter 45° aneinander ab. An der Oberfläche erscheinen z.T. Linien in dieser Richtung, die man als Fließlinien bezeichnet. Diese Einschnürung führt zu einer erheblichen Minderung des Stabquerschnitts. Verbunden damit ist eine Zunahme der örtlichen Spannung, die letztlich zum Bruch führt. Dieser wird durch Ab-

3.1 Die Spannung

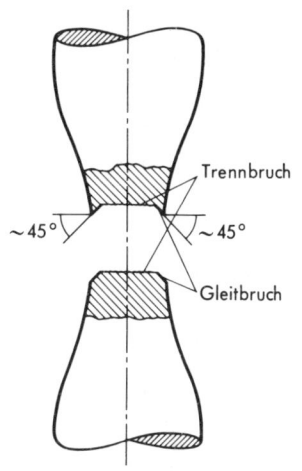

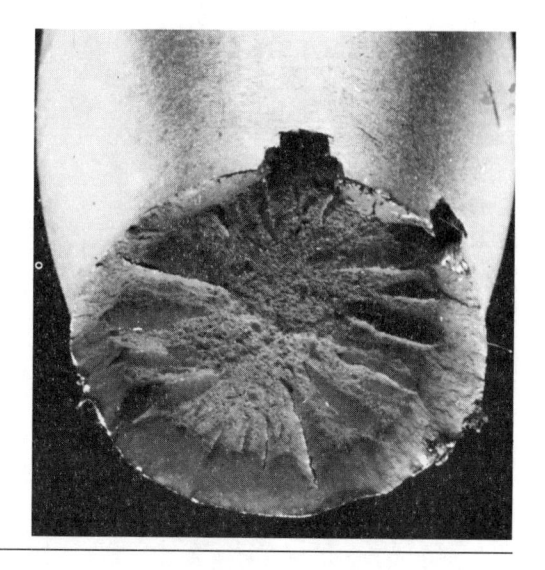

Abb. 3-5: Bruchflächen eines Zugstabs aus weichem Stahl

gleiten und einen Anriß unter 45° eingeleitet. Die Abb. 3-5 zeigt eine Bruchfläche der beschriebenen Art. Offensichtlich wird die Zerstörung nicht durch die Normalspannung sondern weitgehend durch die maximale Schubspannung verursacht.

Wie im Abschnitt 2.6 bereits erläutert, erhöht eine Kerbe die Festigkeit eines Zugstabes. Dabei entspricht die Querschnittsfläche im Kerbgrund der des ungekerbten Stabes. Im Bereich des Kerbgrundes wirken auch in Querrichtung Normalspannungen. Diese vermindern die Schubspannung unter 45° z.T. erheblich. Im Abschnitt 8.2.1 wird dieser Effekt ausführlich beschrieben. Die Ursache des Fließens und damit der Einschnürung entfällt. Der Querschnitt bleibt erhalten, deshalb kann eine höhere Kraft übertragen werden als im ungekerbten Stab. Wegen des völlig anderen Zerstörmechanismus gilt das nicht für schwingende Beanspruchung. Hier führt ein Kerb immer zur Verminderung der Festigkeit.

In Abb. 3-6 wird die durch die maximale Schubspannung verursachte Deformation eines auf Zug beanspruchten Bandes gezeigt. Grauguß, Porzellan, Stein, Beton usw. werden im Druckversuch bei genügender Länge des Versuchsstückes in einer etwa unter 45° liegenden Ebene zerstört. Dabei können auch seitlich keilförmige Stücke unter 45° zur Druckrichtung herausbrechen (Abb. 3-7). Die maximale Schubspannung leitet ein Abgleiten der einzelnen Gefügeteile in diesen Ebenen ein.

Die für die Berechnung zu Grunde gelegte Normalspannung σ ist demnach eine reine Rechengröße, die die wirkliche Ursache der Zerstörung nicht erfaßt. Die Gleichung 3-1 liefert trotz dieser Tatsache brauchbare Ergebnisse, weil die Zugfestigkeit auf Grund eines Zugversuchs aus der gleichen Beziehung berechnet wird.

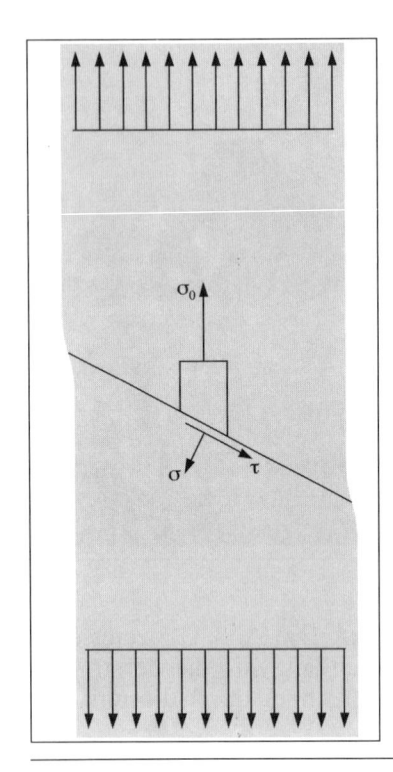

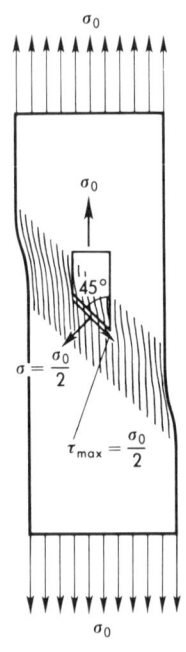

Abb. 3-6: Wirkung der maximalen Schubspannung bei Zug

Beispiel 1 (Abb. 3-8)
Ein Gelenkträger ist in der skizzierten Weise gelagert und belastet. Der Zuganker soll aus zwei gegeneinander gesetzten und miteinander verbundenen U-Profilen gefertigt werden. Zu bestimmen ist die notwendige Profilgröße für $\sigma_{zul} = 140\,\text{N/mm}^2$.

Lösung (Abb. 3-9)
Das System wird freigemacht. Die Gelenkkraft in C ergibt sich aus der symmetrischen Belastung des rechten Teils. Für den linken Teil wird die Momentengleichung für A aufgestellt.

$$\Sigma M_A = 0 \qquad F_S \cdot \sin\alpha \cdot 8{,}0\,\text{m} - 150\,\text{kN} \cdot 12{,}0\,\text{m} - 300\,\text{kN} \cdot 6{,}0\,\text{m} = 0$$

Mit $\quad \tan\alpha = \dfrac{6{,}0\,\text{m}}{8{,}0\,\text{m}} \qquad \alpha = 36{,}9°$

$$F_S = \frac{1}{8{,}0\,\text{m} \cdot \sin 36{,}9°}\,(150 \cdot 12 + 300 \cdot 6)\,\text{kNm}$$

$$F_S = 750\,\text{kN}$$

3.1 Die Spannung

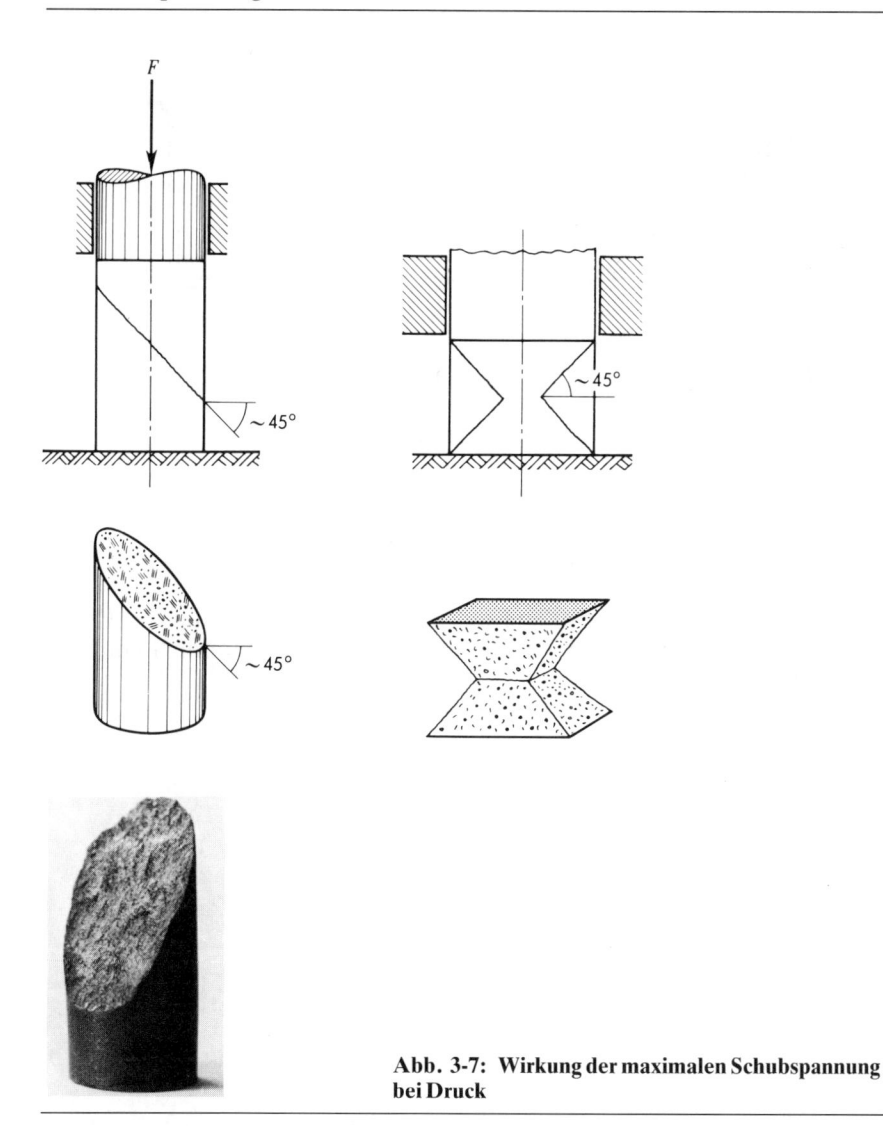

Abb. 3-7: Wirkung der maximalen Schubspannung bei Druck

Die mindestens erforderliche Querschnittsfläche beträgt für beide Profile

$$A_{\text{erf ges}} = \frac{F}{\sigma_{\text{zul}}} = \frac{750 \cdot 10^3 \, \text{N} \cdot \text{mm}^2}{140 \, \text{N}} \cdot \frac{\text{cm}^2}{100 \, \text{mm}^2} = 53{,}6 \, \text{cm}^2.$$

Für einen Träger sind es

$$A_{\text{erf}} = 26{,}8 \, \text{cm}^2.$$

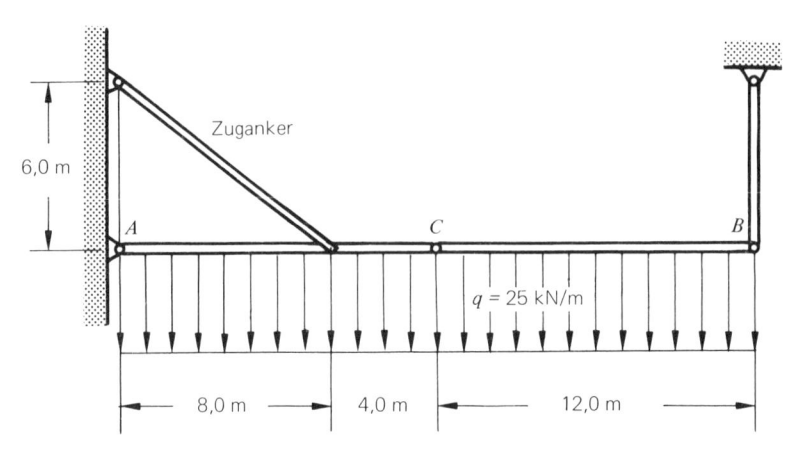

Abb. 3-8: Gelenkträger

Aus der Tabelle 10 C im Anhang des Buches entnimmt man das Profil U 180 mit $A = 28{,}0 \text{ cm}^2$. Jetzt kann die tatsächlich auftretende Spannung berechnet werden.

$$\sigma = \frac{F}{A} = \frac{750 \cdot 10^3 \text{ N}}{2 \cdot 28{,}0 \cdot 100 \text{ mm}^2}$$

$\sigma = \mathbf{133{,}9 \text{ N/mm}^2} < 140 \text{ N/mm}^2.$

Das ist der Nachweis für die richtige Dimensionierung des Zugankers.

Beispiel 2 (Abb. 3-10)
Für die abgebildete Nietverbindung ist die maximale Zugspannung σ_{max} für eine Belastung von $F = 20$ kN zu bestimmen.

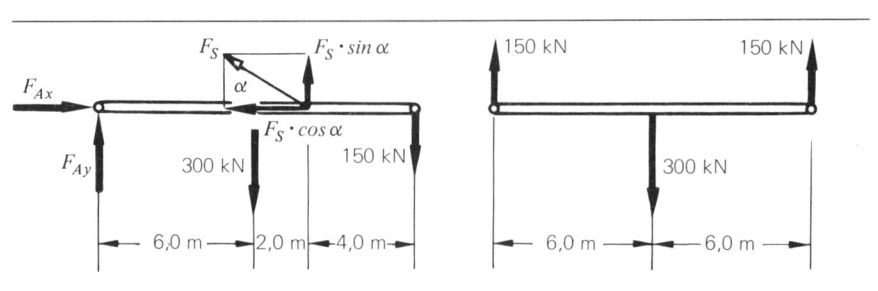

Abb. 3-9: Freigemachter Gelenkträger

3.1 Die Spannung

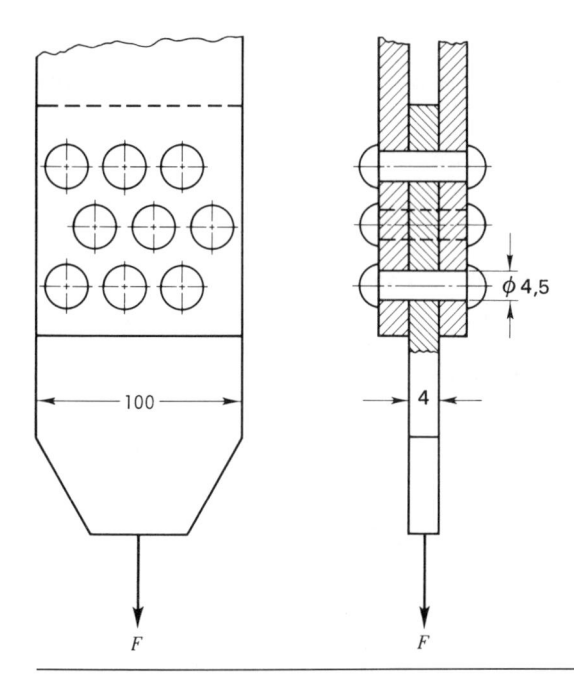

Abb. 3-10: Nietverbindung

Lösung (Abb. 3-11)
Die maximale Spannung ist im minimalen Querschnitt wirksam. Da das Band durch drei Nietbohrungen geschwächt ist, ergibt sich eine minimale Querschnittsfläche wie sie in Abb. 3-11 skizziert ist.

$$A_{min} = (100 \cdot 4 - 3 \cdot 4 \cdot 4,5) \text{ mm}^2 = 346 \text{ mm}^2$$

$$\sigma_{max} = \frac{F}{A_{min}} = \frac{20 \cdot 10^3 \text{ N}}{346 \text{ mm}^2} = \mathbf{57,8 \text{ N/mm}^2}$$

Beispiel 3
An einem zylindrischen Versuchsblock mit dem Durchmesser $d = 30$ mm wird ein Druckversuch durchgeführt. Bei einer Druckbelastung von $F = 378$ kN bricht der Probenkörper unter 45°. Zu bestimmen sind

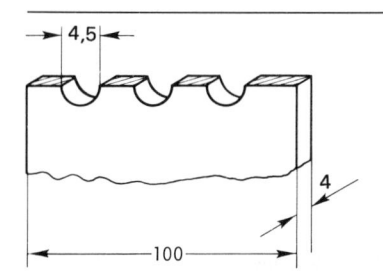

Abb. 3-11: Geschnittene Nietverbindung

a) die Druckfestigkeit R_m,
b) Normal- und Schubspannung in der Bruchebene unmittelbar vor dem Bruch.

Lösung
zu a)

$$R_m = \sigma_0 = \frac{F}{A} = \frac{378 \cdot 10^3 \,\text{N} \cdot 4}{\pi \cdot 30^2 \,\text{mm}^2} = 535 \,\text{N/mm}^2$$

zu b) Nach den Gleichungen 3-3/4 gilt

$$\tau_{max} = \frac{\sigma_0}{2} = \sigma$$

$\tau_{max} = 267 \,\text{N/mm}^2$; $\sigma = 267 \,\text{N/mm}^2$

3.2 Die Formänderung

Ein auf Zug beanspruchter Stab erfährt eine Formänderung nach Abb. 3-12. Er wird sowohl länger als auch im Durchmesser kleiner. Die auf die Ursprungslänge l_0 bezogene *Verlängerung* Δl bezeichnet man als *Dehnung* (siehe Abschnitt 2.2).

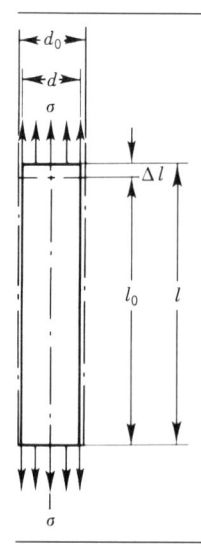

Abb. 3-12: Formänderung bei einachsigem Zug

3.2 Die Formänderung

$$\varepsilon = \frac{\Delta l}{l_0} \qquad \textbf{Gl. 3-5}$$

Analog dazu bezieht man die Änderung des Durchmessers $\Delta d = d_0 - d$ auf den ursprünglichen Durchmesser d_0. Dieser Quotient wird *Querkürzung* oder Querkontraktion genannt und mit ε_q bezeichnet.

$$\varepsilon_q = \frac{\Delta d}{d_0}. \qquad \textbf{Gl. 3-6}$$

Das Verhältnis von Querkürzung zu Dehnung wird *Querkontraktionszahl* oder *Querzahl* μ genannt. Auch die Bezeichnung POISSONsche[*]) Zahl ist üblich, die jedoch manchmal für den Kehrwert steht.

$$\mu = \frac{\varepsilon_q}{\varepsilon}. \qquad \textbf{Gl. 3-7}$$

Für Metalle im elastischen Bereich liegt der Wert μ bei etwa 0,3. Es gibt für ideal elastische Stoffe eine Beziehung (Gl. 3-10), die die Berechnung von μ aus dem Elastizitäts- und Gleitmodul ermöglicht.

Für Druckbeanspruchung beiben alle Beziehungen erhalten. Die Dehnung und die Querkontraktion werden negativ wegen der negativen Werte Δl und Δd. Analog zu den obengenannten Begriffen spricht man in diesem Falle von *Verkürzung, Stauchung* anstatt Dehnung und *Querverlängerung* anstatt Querkürzung.

An dieser Stelle soll die Änderung des Volumens bei einer Zug- bzw. Druckbeanspruchung berechnet werden.

Das ursprüngliche Volumen betrug

$$V_0 = A_0 l_0 \qquad \text{mit} \qquad A_0 = \frac{\pi}{4} d_0^2.$$

Das Volumen nach der Deformation beträgt

$$V = A \cdot l \qquad \text{mit} \qquad A = \frac{\pi}{4} d^2.$$

---

[*]) POISSON (1781-1840), französischer Physiker

Die Volumenänderung ist

$$\Delta V = V - V_0$$

$$= A\,l - A_0\,l_0 \quad \text{mit} \quad A = A_0 \left(\frac{d}{d_0}\right)^2 \quad \text{und} \quad l = l_0 + \Delta l$$

$$\Delta V = A_0 \left(\frac{d}{d_0}\right)^2 (l_0 + \Delta l) - A_0 l_0$$

Mit $d = d_0 - \Delta d$ erhält man

$$\Delta V = A_0 \left[\left(\frac{d_0}{d_0}\right)^2 - \frac{2\,\Delta d\,d_0}{d_0^2} + \left(\frac{\Delta d}{d_0}\right)^2\right] (l_0 + \Delta l) - A_0 l_0$$

$$\Delta V = A_0 (1 - 2\,\varepsilon_q + \varepsilon_q^2)(l_0 + \Delta l) - A_0 l_0.$$

Bei Deformation im elastischen Bereich ist die Querkontraktion ε_q sehr klein. Deshalb ist in der obigen Gleichung ε_q^2 viel kleiner als ε_q und wird deshalb vernachlässigt. Nach dem Ausklammern und Zusammenfassen erhält man

$$\Delta V = A_0 (\Delta l - 2\,\varepsilon_q\,l_0 - 2\,\varepsilon_q\,\Delta l).$$

Dieser Wert wird auf das ursprüngliche Volumen bezogen

$$\frac{\Delta V}{V_0} \quad \frac{A_0 (\Delta l - 2\,\varepsilon_q\,l_0 - 2\,\varepsilon_q\,\Delta l)}{A_0\,l_0}$$

$$\frac{\Delta V}{V_0} = \varepsilon - 2\,\varepsilon_q - 2\,\varepsilon_q\,\varepsilon.$$

Das letzte Glied dieses Ausdruckes ist als Produkt von zwei Dehnungen um eine Größenordnung kleiner als die anderen Glieder. Aus diesem Grunde wird es vernachlässigt.

$$\frac{\Delta V}{V_0} = \varepsilon - 2\,\varepsilon_q.$$

Nach Einführung von $\varepsilon_q = \mu \cdot \varepsilon$ (Gl. 3-7) ergibt sich für die Volumenänderung

$$\boldsymbol{e = \frac{\Delta V}{V_0} = (1 - 2\mu)\,\varepsilon}. \qquad\qquad \textbf{Gl. 3-8}$$

3.2 Die Formänderung

Es ist leicht einzusehen, daß für eine Zugbeanspruchung das Volumen größer und für eine Druckbeanspruchung kleiner werden muß. Da aber für Zug ε positiv, für Druck ε negativ ist, muß die Klammer immer positiv sein, d.h.

$$1 > 2\mu \qquad \mu < \frac{1}{2}.$$

Für Werkstoffe, die unter Belastung bei gleichbleibendem Volumen nur die Gestalt ändern, ist im Extremfall $\mu = 0{,}50$. Dieser Wert gilt für Gummi. Das ist beim Einbau von O-Ringen zu beachten. Die Nut für den O-Ring muß so groß sein, daß der durch die Dichtkraft deformierte Ring genügend Platz hat, denn die Kraft kann den Ring nicht „zusammendrücken", sondern ihn nur deformieren.

Nach dem HOOKEschen Gesetz (Abschnitt 2.2) kann man für elastische Stoffe die Verlängerung oder Verkürzung eines zug- oder druckbeanspruchten Teiles berechnen

$$\sigma = E \cdot \varepsilon \qquad \sigma = E \frac{\Delta l}{l_0}$$

$$\Delta l = \frac{\sigma}{E} l_0 = \frac{F \cdot l_0}{A \cdot E}. \qquad \text{Gl. 3-9}$$

Diese Beziehung bestätigt die einleuchtenden Überlegungen, daß die Verlängerung bzw. Verkürzung um so größer ist, je größer die Kraft und die Ausgangslänge und je kleiner die Querschnittsfläche und der E-Modul sind.

Der *E*-Modul ist eine Kenngröße für das elastische Verhalten bei Normalspannung, der *G*-Modul bei Schubspannung. Von beiden hängt deshalb das räumliche Dehnungsverhalten ab, über das auch die Querzahl eine Aussage macht. Aus diesem Grunde muß es für elastische Stoffe einen Zusammenhang zwischen den drei Größen geben. Dieser wird nachfolgend abgeleitet.

Die Abb. 3-13 zeigt links ein unbelastetes, rechts das gleiche durch Normalspannung belastete Element. Das hochkant stehende Quadrat ABCD deformiert sich zu der Raute EHIK. Das erfolgt durch die in schrägen Schnitten wirkenden Schubspannungen. Der oben liegende *rechte* Winkel des Quadrats verringert sich um den Winkel γ, dessen Größe nach dem HOOKEschen Gesetz (Gl. 2-3)

50 3. Zug und Druck

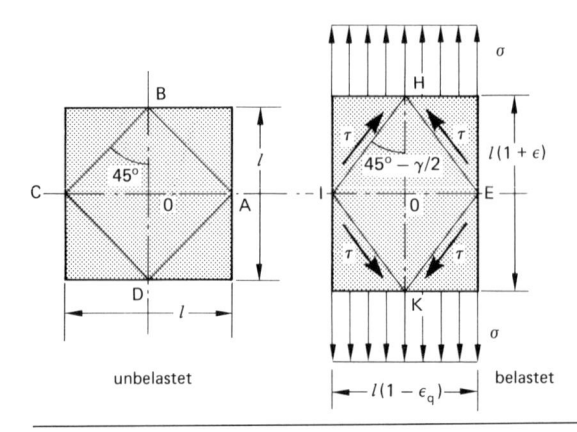

Abb. 3-13: Formänderung eines Elementes bei Zugbelastung

$$\gamma = \frac{\tau}{G}$$

ist. Aus dem Dreieck IOH am belasteten Element der Abb. 3-13 erhält man mit $\varepsilon_q = \mu \cdot \varepsilon$

$$\tan\left(45° - \frac{\gamma}{2}\right) = \frac{\frac{l}{2}(1 - \mu \cdot \varepsilon)}{\frac{l}{2}(1 + \varepsilon)} = \frac{1 - \mu \cdot \varepsilon}{1 + \varepsilon} \qquad (1)$$

Das Additionstheorem für den Tangens führt auf

$$\tan\left(45° - \frac{\gamma}{2}\right) = \frac{\tan 45° - \tan\frac{\gamma}{2}}{1 + \tan 45° \cdot \tan\frac{\gamma}{2}}$$

Dabei sind $\tan 45° = 1$ und $\tan\frac{\gamma}{2} = \frac{\gamma}{2}$ (sehr kleine Winkel).

$$\tan\left(45° - \frac{\gamma}{2}\right) = \frac{1 - \frac{\gamma}{2}}{1 + \frac{\gamma}{2}} \qquad (2)$$

3.2 Die Formänderung

Die Gleichungen (1) und (2) werden gleichgesetzt

$$(1 - \mu \cdot \varepsilon)\left(1 + \frac{\gamma}{2}\right) = (1 + \varepsilon)\left(1 - \frac{\gamma}{2}\right)$$

Das Produkt $\varepsilon \cdot \gamma$ ist von höherer Ordnung klein und wird deshalb vernachlässigt. So erhält man nach Vereinfachungen

$$\gamma = \varepsilon(1 + \mu)$$

und mit Hilfe der HOOKEschen Gesetze (Gl. 2-2/3)

$$\frac{\tau}{G} = \frac{\sigma_0}{E}(1 + \mu)$$

Jetzt muß ein Zusammenhang zwischen der Schubspannung im Schnitt unter 45° und der am Element wirkenden Normalspannung hergestellt werden. Diesen liefert die Gl. 3-4. Es gilt

$$\tau = \frac{\sigma_0}{2},$$

was nach einfachen Umwandlungen auf

$$\boldsymbol{\mu = \frac{E}{2G} - 1} \qquad\qquad \textbf{Gl. 3-10}$$

führt.

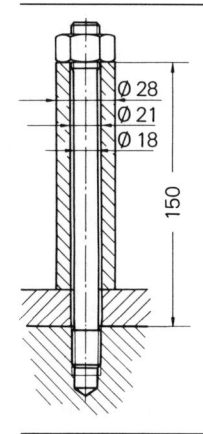

Abb. 3-14: Dehnschraube

Beispiel 1 (Abb. 3-14)
Abgebildet ist eine Dehnschraube M 20 × 1,5, die über eine Hülse einen Flansch anzieht. Die Wirkung solcher Dehnschrauben ist im nachfolgenden Abschnitt 3.3 behandelt. Nach erfolgtem Anzug der Mutter soll die Hülse mit 70 kN gegen den Flansch drücken. Für diese Bedingung ist zu ermitteln, um welchen Winkel der Schraubenschlüssel nach erfolgtem Anschlag weiter anzuziehen ist. Dieser Anschlag muß so sein, daß sich alle Auflageflächen (Gewinde, Flansch und Hülse) „setzen". Die Zusammendrückung des Flansches soll folgendermaßen berücksichtigt werden: nur Werkstoffteile die unmittelbar unter der Aufsatzfläche der Hülse liegen, sind belastet. Es gibt genauere Verfahren, diesen Effekt zu berücksichtigen, jedoch ist bei den vorgegebenen Proportionen der Einfluß des Flansches sehr gering. Schraube, Hülse und Flansch sind aus Stahl gefertigt.

Lösung
Es muß ermittelt werden, um welchen Betrag Δl sich beim Anzug nach dem Anschlag der Abstand Mutter – Schraubenende ändert. Dieser setzt sich aus der Verlängerung der Schraube und der Verkürzung der Hülse zusammen.

$$\Delta l = \Delta l_S + \Delta l_H.$$

Nach der Gleichung 3-9 erhält man

$$\Delta l = \frac{l_S \cdot F_S}{E \cdot A_S} + \frac{l_H \cdot F_H}{E \cdot A_H}.$$

Die wirksamen Längen *l* und die wirkende Kraft *F* sind gleich

$$\Delta l = \frac{l \cdot F}{E} \left(\frac{1}{A_S} + \frac{1}{A_H} \right)$$

$$= \frac{150 \text{ mm} \cdot 70 \cdot 10^3 \text{ N}}{2,1 \cdot 10^5 \text{ N/mm}^2} \left(\frac{1}{254,5 \text{ mm}^2} + \frac{1}{269,4 \text{ mm}^2} \right)$$

$$\Delta l = 0,382 \text{ mm}.$$

Bei einer Gewindesteigung von 1,5 mm ergibt sich

$$Z = \frac{\Delta l}{1,5 \text{ mm}} = \frac{0,382 \text{ mm}}{1,5 \text{ mm}} = 0,25.$$

Nach erfolgtem Anschlag muß die Mutter um etwa 1/4 Umdrehung angezogen werden, um eine axiale Belastung von 70 kN zu bewirken.

3.2 Die Formänderung

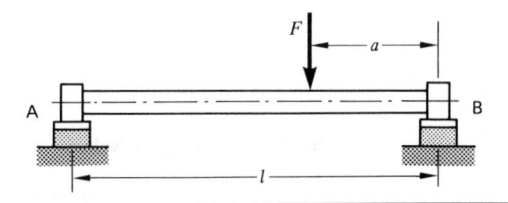

Abb. 3-15: Starre Achse auf elastischen Lagern

Beispiel 2 (Abb. 3-15)
Die Abbildung zeigt eine mit $F = 1200$ N belastete Welle, die auf zwei Gummilagern aufliegt. Von diesen ist bekannt, daß sie sich bei einer Druckbelastung von $F_L = 1{,}0$ kN um $y_L = 1{,}0$ mm zusammendrücken und sich dabei weitgehend elastisch verhalten. Unter Annahme einer starren Welle, deren Masse nicht berücksichtigt werden soll, sind für $l = 1000$ mm; $a = 300$ mm die Verlagerung des Lastangriffspunktes und die Schiefstellung der Welle zu berechnen.

Lösung
Für die Gummilager sind nur die zugeordneten Werte Belastung-Deformation gegeben. Das genügt für die Lösung der Aufgabe. Die Abmessungen des Lagers l; A und der E-Modul der Gummimischung sind unbekannt, jedoch kann nach Gl. 3-9 die Kombination dieser Größen berechnet werden.

$$\frac{l_0}{A \cdot E} = \frac{\Delta l}{F} = \frac{1 \text{ mm}}{10^3 \text{ N}} = 10^{-3} \frac{\text{mm}}{\text{N}}$$

Das ist der Kehrwert der Federkonstanten. Die Lagerkräfte betragen

$$F_A = \frac{a}{l} \cdot F = \frac{300 \text{ mm}}{1000 \text{ mm}} \cdot 1200 \text{ N} = 360 \text{ N}$$

$$F_B = \frac{l-a}{l} \cdot F = \frac{700 \text{ mm}}{1000 \text{ mm}} \cdot 1200 \text{ N} = 840 \text{ N}$$

Damit sind die Verlagerungen der Auflager nach Gl. 3-9

$$y_A = \frac{F_A \cdot l}{A \cdot E} = 360 \text{ N} \cdot 10^{-3} \frac{\text{mm}}{\text{N}} = 0{,}36 \text{ mm}$$

$$y_B = \frac{F_B \cdot l}{A \cdot E} = 840 \text{ N} \cdot 10^{-3} \frac{\text{mm}}{\text{N}} = 0{,}84 \text{ mm}$$

54   3. Zug und Druck

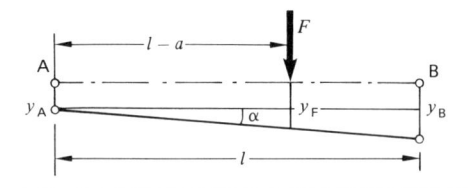

Abb. 3-16: Verlagerung der Achse nach Abb. 3-15

Nach Abb. 3-16 ergibt sich für die Schiefstellung der Welle

$$\tan \alpha = \alpha = \frac{y_B - y_A}{l} = \frac{(0{,}84 - 0{,}36)\,\text{mm}}{1000\,\text{mm}}$$

$$\alpha = 4{,}80 \cdot 10^{-4} \qquad \alpha^0 = \frac{180°}{\pi} \cdot \alpha = 0{,}028°$$

Die Velagerung des Lastangriffspunktes liefert die gleiche Abbildung

$$y_F = y_A + (l - a)\tan \alpha$$

$$\mathbf{y_F = 0{,}36\,\text{mm} + 700\,\text{mm} \cdot 4{,}8 \cdot 10^{-4} = 0{,}696\,\text{mm}}$$

Diesen Wert braucht man z.B. für die Berechnung der kritischen Drehzahl der Welle.

Beispiel 3 (Abb. 3-17)
Ein Balken ist wie abgebildet gelagert. Die zulässige Spannung für die Zugstange besträgt $\sigma_{zul} = 140\,\text{N/mm}^2$.

Zu bestimmen sind

a) der erforderliche Durchmesser der Zugstange,
b) die Verschiebung des Punktes B für einen starr angenommenen Balken.

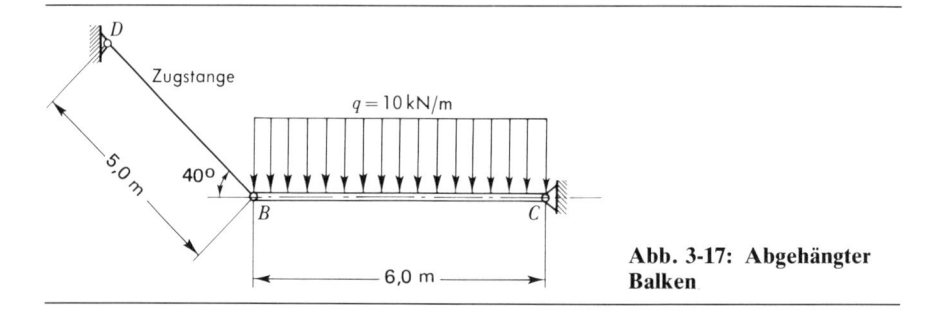

Abb. 3-17: Abgehängter Balken

3.2 Die Formänderung

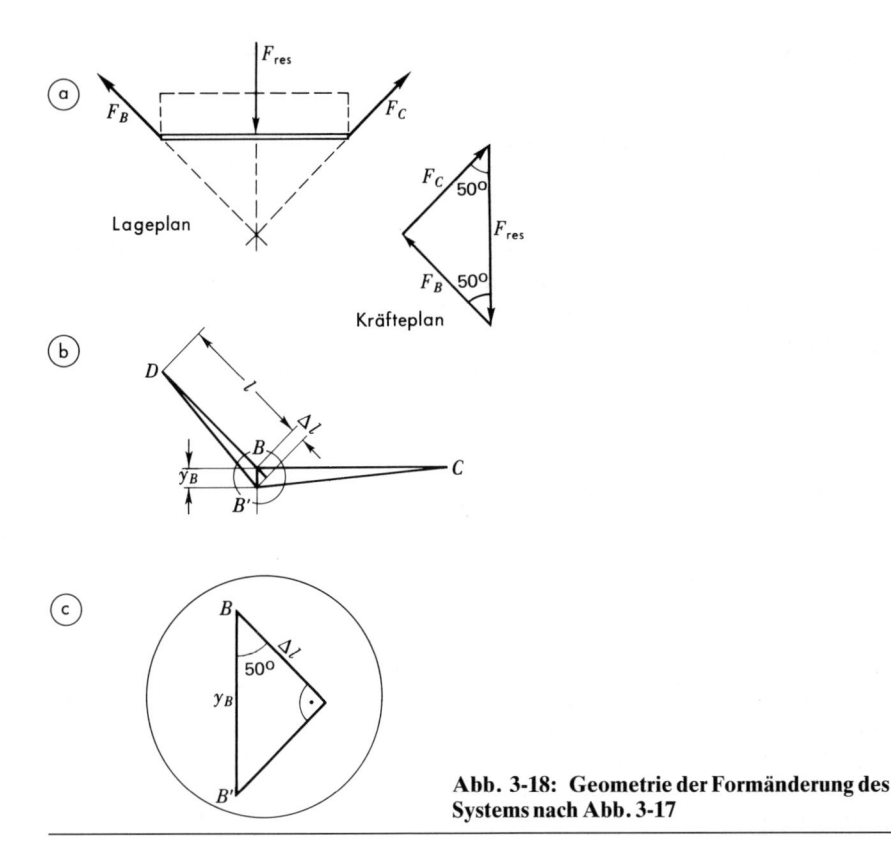

Abb. 3-18: Geometrie der Formänderung des Systems nach Abb. 3-17

Lösung (Abb. 3-18)
Der Kräfteplan des freigemachten Systems nach Abb. a) liefert mit $F_{res} = 60\,\text{kN}$

$$F_B = \frac{F_{res}}{2 \cdot \cos 50°} = 46{,}67\,\text{kN}$$

Der erforderliche Querschnitt der Zugstange ist damit

$$A_{erf} = \frac{F}{\sigma_{zul}} = \frac{46{,}67 \cdot 10^3\,\text{N}}{140\,\text{N/mm}^2} = 334\,\text{mm}^2$$

Für Rundstahl erhält man den Durchmesser

$$d_{erf} = \sqrt{\frac{4A}{\pi}} = 20{,}6\,\text{mm}$$

Wird die Stange mit 22 mm ausgeführt, führt die Gl. 3-9 auf eine Verlängerung

$$\Delta l = \frac{F \cdot l_0}{A \cdot E} = \frac{46{,}67 \cdot 10^3 \, \text{N} \cdot 5 \cdot 10^3 \, \text{mm} \cdot 4}{\pi \cdot 22^2 \, \text{mm}^2 \cdot 2{,}1 \cdot 10^5 \, \text{N/mm}^2} = 2{,}92 \, \text{mm}$$

Infolge dieser Verlängerung erfolgt eine Verschiebung des Puktes B nach B'. Der Punkt B' ist der Schnittpunkt des Kreisbogens mit dem Radius $l_0 + \Delta l$ und des Kreisbogens mit dem Radius der Balkenlänge (Bild b). Wegen der sehr kleinen Dehnung kann man die Bögen durch Geraden ersetzen. Man erhält ein Dreieck wie es vergrößert Bild c zeigt. Aus diesem folgt für die Verschiebung

$$y_B = \frac{\Delta l}{\cos 50°} = \mathbf{4{,}54 \, mm}$$

Der Punkt B verlagert sich 4,54 mm nach unten.

Beispiel 4 (Abb. 3-19)
Zwei Stahldrähte sind wie skizziert mit der Kraft F belastet. Für die unten gegebenen Daten ist die Verschiebung des Lastangriffspunktes zu bestimmen. Es handelt sich hier um das Grundelement eines Fachwerks: zwei Stäbe im belasteten Knoten vereinigt. Auf der unten erarbeiteten Methode basiert ein Verfahren für die Ermittlung der Deformation von Fachwerken.

$$F = 200 \, \text{N} \, ; \qquad l_1 = l_2 = 1{,}00 \, \text{m} \, ; \qquad d_1 = d_2 = 1{,}0 \, \text{mm}$$

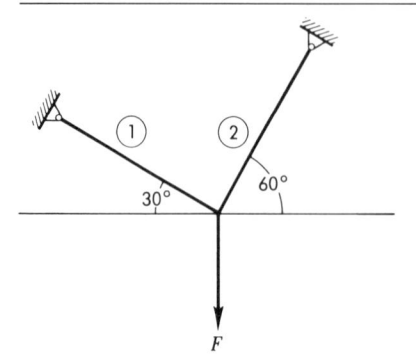

Abb. 3-19: Kraft an zwei Drähten

3.2 Die Formänderung

Lösung (Abb. 3-20)
Aus dem Kräftedreieck folgt

$$S_1 = F \cdot \sin 30° = 100 \, \text{N}$$

$$S_2 = F \cdot \cos 30° = 173 \, \text{N}$$

Damit ist

$$\sigma_1 = \frac{S_1}{A} = 127 \, \text{N/mm}^2 \qquad \sigma_2 = \frac{S_2}{A} = 221 \, \text{N/mm}^2$$

und nach Gleichung 3-9

$$\Delta l_1 = \frac{\sigma_1 \cdot l}{E} = \frac{127 \, \text{N/mm}^2 \cdot 1000 \, \text{mm}}{2{,}1 \cdot 10^5 \, \text{N/mm}^2} = 0{,}61 \, \text{mm}$$

$$\Delta l_2 = \frac{\sigma_2 \cdot l}{E} = 1{,}05 \, \text{mm}$$

Der verlagerte Lastangriffspunkt ergibt sich nach Abb. b) als Schnittpunkt der beiden Kreisbögen mit den Radien $l + \Delta l_1$ und $l + \Delta l_2$. Da aber $\Delta l \ll l$ ist, kann man die Kreisbögen durch die Tangenten ersetzen und die Winkeländerung der Seile vernachlässigen. Die Strecken Δl_1 und (Δl_1) bzw. Δl_2 und (Δl_2) sind deshalb im vergrößert gezeichneten Ausschnitt (Bild c) parallel. Damit erhält man

$$y_F = \Delta l_1 \cdot \sin 30° + \Delta l_2 \cdot \cos 30°$$

$$y_F = 0{,}61 \, \text{mm} \cdot \sin 30° + 1{,}05 \, \text{mm} \cdot \cos 30°$$

$y_F = 1{,}21 \, \text{mm}$

$$x_F = \Delta l_1 \cdot \cos 30° - \Delta l_2 \cdot \sin 30°$$

$$x_F = 0{,}61 \, \text{mm} \cdot \cos 30° - 1{,}05 \, \text{mm} \cdot \sin 30°$$

$x_F = 0$

Der Lastangriffspunkt verschiebt sich lotrecht nach unten um den Betrag $y_F = 1{,}21 \, \text{mm}$.

Abb. 3-20: Verlagerung des Knotens von Abb. 3-19

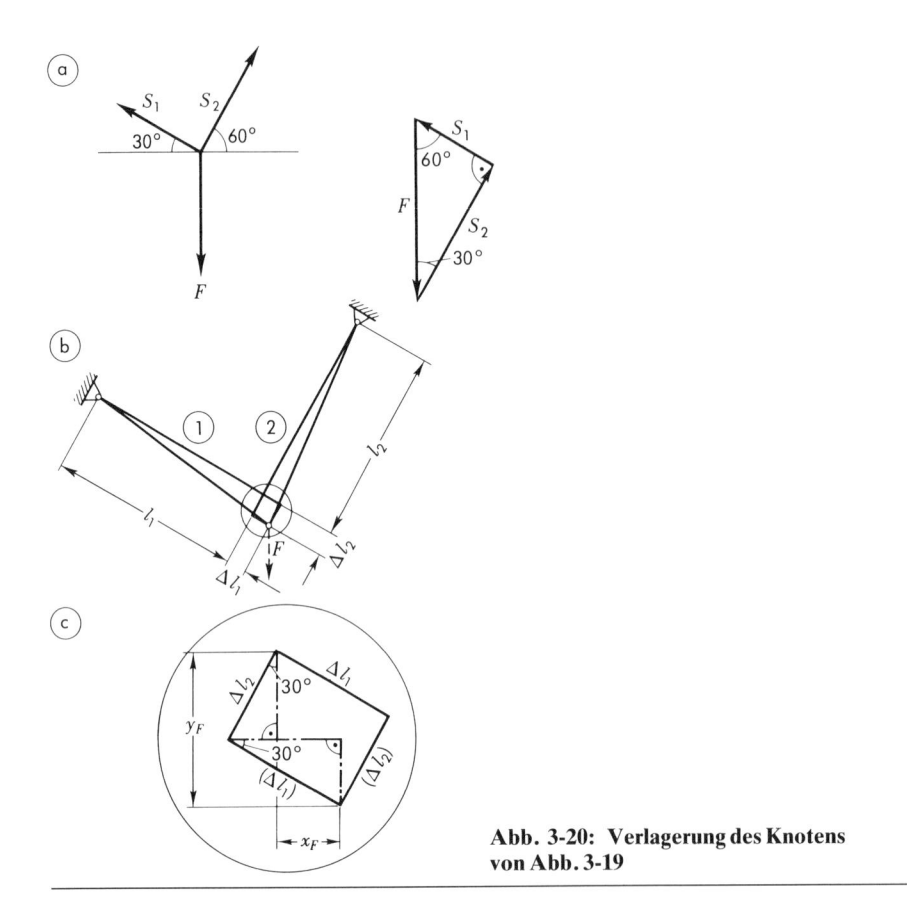

3.3 Die Formänderungsarbeit

Es soll untersucht werden, welche Arbeit notwendig ist, um die im vorigen Abschnitt beschriebenen Deformationen zu bewirken. Diese Arbeit nennt man *Formänderungsarbeit*.

Die Kraft ist während eines Zugversuchs nicht konstant. Das kann man dem Zerreißdiagramm Abb. 2-4 entnehmen. Aus diesem Grunde ist die Formänderungsarbeit

$$W_F = \int F \cdot dl$$

Analog zu $\Delta l = l \cdot \varepsilon$ ist $dl = l \cdot d\varepsilon$ und für F wird $\sigma \cdot A$ eingeführt

$$W_F = A \cdot l \int \sigma \cdot d\varepsilon$$

3.3 Die Formänderungsarbeit

Das Volumen des Stabes beträgt $V = A \cdot l$. Die pro Volumen aufgebrachte Arbeit ist damit

$$u = \frac{W_F}{V} = \int \sigma \cdot d\varepsilon \qquad \text{Gl. 3-11}$$

Man nennt diese Größe *bezogene Formänderungsarbeit u*. Sie entspricht der Fläche des σ-ε-Diagramms. Falls bis zur Zerstörung belastet wird, ist es die Gesamtfläche, bei geringerer Belastung der entsprechende Teil der Fläche. Bleibt die Deformation im elastischen Bereich, gilt das HOOKEsche Gesetz. Es verbleibt die Dreiecksfläche nach Abb. 3-21. Mit $\sigma = E \cdot \varepsilon$ erhält man

$$u = E \int \varepsilon \cdot d\varepsilon = E \frac{\varepsilon^2}{2}$$

$$u = \frac{1}{2} \sigma \cdot \varepsilon = \frac{1}{2} \frac{\sigma^2}{E} \qquad \text{Gl. 3-12}$$

Die von einem Stab aufgenommene Formänderungsarbeit im elastischen Bereich ist

$$W_F = u \cdot V = \frac{1}{2} \frac{F^2}{A^2 \cdot E} \cdot A \cdot l$$

$$W_F = \frac{F^2 \cdot l}{2 \cdot A \cdot E} \qquad \text{Gl. 3-13}$$

Die physikalische Deutung der Gleichungen 3-12/13 ist: der Stab nimmt um so mehr Formänderungsarbeit auf, je höher die Spannung ist, bzw. je kleiner die Querschnittsfläche bei vorgegebener Belastung ist. Auf diese Fähigkeit, viel Arbeit aufzunehmen, kommt es vor allem bei dynamischen Belastungen an. Das sind z.B. Stöße an einem Bauteil.

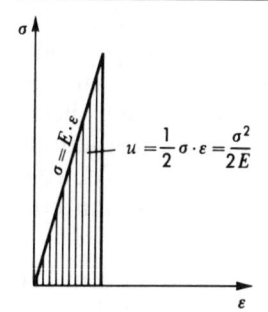

Abb. 3-21: Darstellung der Formänderungsarbeit im σ-ε Diagramm im elastischen Bereich

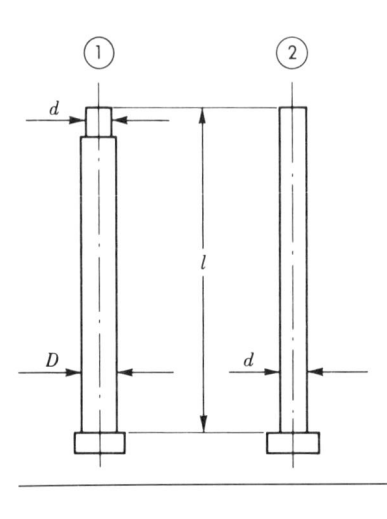

Abb. 3-22: Zwei Zugbolzen unterschiedlicher Formänderungsarbeit

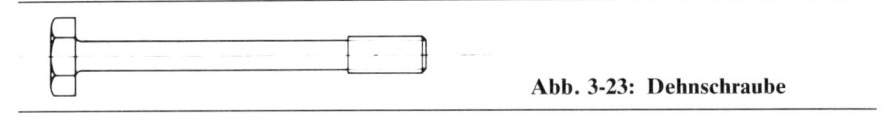

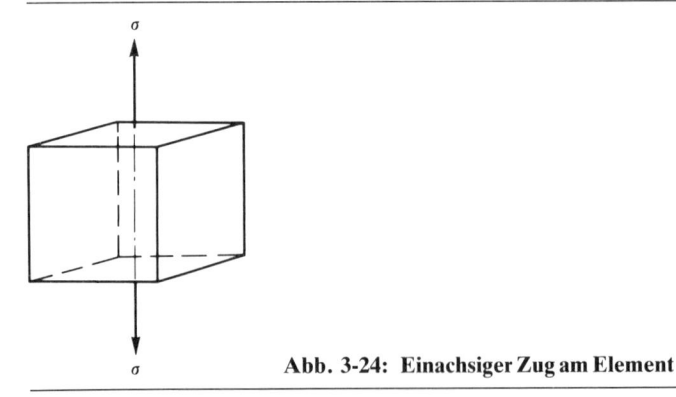

Abb. 3-23: Dehnschraube

Abb. 3-24: Einachsiger Zug am Element

Die beiden Stäbe der Abb. 3-22 seien mit der gleichen Kraft auf Zug belastet. Nach Gl. 3-13 ist die Formänderungsarbeit umgekehrt proportional zur Querschnittsfläche A. Danach kann der schlanke Stab eine im Verhältnis $(D/d)^2$ größere Formänderungsarbeit aufnehmen als der dicke. Deshalb sind Dehnschrauben (Abb. 3-23) im Schaft auf den Kerndurchmesser abgedreht. Damit erhöht man die Spannung im Schaft auf den des Kernquerschnitts im Gewinde. Bei dynamischer Belastung kann eine Dehnschraube so eine erhöhte Energie absorbieren.

Die Formänderungsarbeit kann in zwei Anteile zerlegt werden. Ein Teil der Energie wird aufgewendet, um das Volumen zu vergrößern bzw. zu

3.3 Die Formänderungsarbeit

verkleinern und ein Teil um die Gestalt zu verändern. Diese beiden Anteile werden *Volumenänderungsarbeit* u_v und *Gestaltänderungsarbeit* u_g genannt. Als Beispiel soll ein Würfel angeführt werden, der in einer Achse nach Abb. 3-24 auf Zug beansprucht wird. Dabei vergrößert sich sein Volumen und es verändert sich zu einem Quader. Man könnte den Vorgang demnach in zwei Phasen zerlegen. Im ersten Schritt dehnt sich das Volumen unter Beibehaltung der Würfelform, im zweiten Schritt wird die Gestalt unter Beibehaltung des Volumens zum Quader umgewandelt (Abb. 3-25). Es muß demnach gelten

$$u = u_v + u_g$$

Zunächst soll die Volumenänderungsarbeit u_v berechnet werden. Ein Würfel kann unter Beibehaltung der Form sein Volumen nur ändern, wenn er, wie in Abb. 3-26 dargestellt, allseitig gezogen wird. Da vorher nur einachsiger Zug vorlag, gilt

$$\sigma_m = \frac{1}{3}\sigma$$

Nach Gleichung 3-8 ist mit $\varepsilon = \dfrac{\sigma}{E}$ die bezogene Volumenänderung

$$e = \frac{(1-2\mu)\sigma}{E}.$$

Abb. 3-25: Zu den Begriffen Volumen- und Gestaltänderungsarbeit

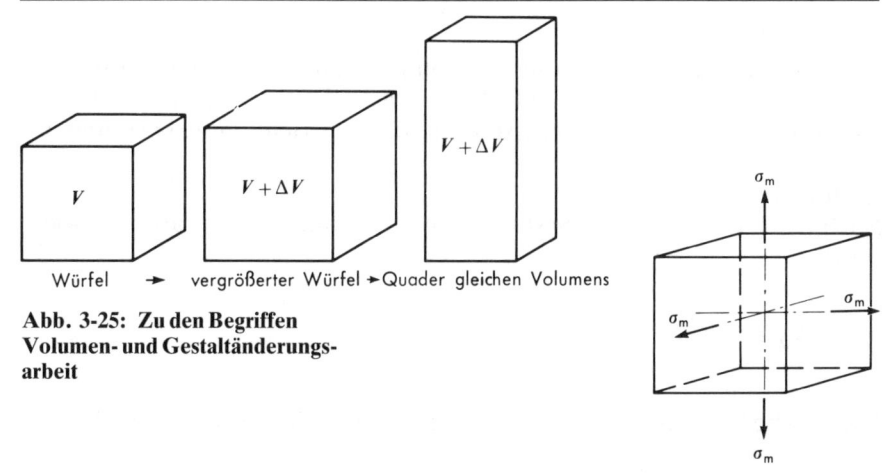

Abb. 3-26: Allseitiger Zug am Element

Analog zur Gleichung 3-12 kann man schreiben

$$u_v = \frac{1}{2} \sigma_m \cdot e$$

$$= \frac{1}{2} \cdot \frac{1}{3} \cdot \sigma \cdot \frac{1-2\mu}{E} \sigma$$

$$\boldsymbol{u_v = \frac{1-2\mu}{6E} \sigma^2}.$$
 Gl. 3-14

Wie vorher ausgeführt, muß gelten

$$u = u_g + u_v$$

$$u_g = u - u_v$$

$$u_g = \frac{\sigma^2}{2E} - \frac{1-2\mu}{6E} \sigma^2$$

$$u_g = \frac{\sigma^2}{E} \left(\frac{1}{2} - \frac{1-2\mu}{6} \right).$$

Damit erhält man für die Gestaltungsänderungsarbeit

$$\boldsymbol{u_g = \frac{1+\mu}{3E} \sigma^2}.$$
 Gl. 3-15

Beispiel 1 (Abb. 3-19)
Das Beispiel 4 des Abschnittes 3.2 soll mit dem Begriff der Formänderungsarbeit gelöst werden. Jedoch ist es auf diesem Wege nur möglich, die Verlagerung des Lastangriffspunktes in Kraftrichtung zu bestimmen.

Lösung
Nach Gl. 3-13 wird in dem System folgende Formänderungsarbeit gespeichert

$$W_F = \frac{S_1^2 \cdot l_1}{2 A_1 \cdot E_1} + \frac{S_2^2 \cdot l_2}{2 A_2 \cdot E_2}.$$

Für gleiche Stäbe ist unter Beachtung $S_1 = F \cdot \sin 30°$; $S_2 = F \cdot \cos 30°$

$$W_F = \frac{F^2 \cdot l}{2 A \cdot E} (\sin^2 30° + \cos^2 30°) \quad = \frac{F^2 \cdot l}{2 A \cdot E}.$$

3.3 Die Formänderungsarbeit

Diese Arbeit wird beim Aufbringen der Kraft F am elastischen System verrichtet. Für ein elastisches System gilt allgemein (s. z.B. Abb. 3-21)

$$W_F = \frac{1}{2} \cdot F \cdot y_F.$$

Die Gleichsetzung führt auf

$$y_F = \frac{F \cdot l}{A \cdot E} = \frac{200 \, \text{N} \cdot 1000 \, \text{mm}}{(\pi/4) \, 1{,}0^2 \, \text{mm}^2 \cdot 2{,}1 \cdot 10^5 \, \text{N/mm}^2} = \mathbf{1{,}21 \, mm}.$$

Die Verlagerung in x-Richtung kann hier nicht berechnet werden, da die nach unten gerichtete Kraft horizontal keine Arbeit verrichtet. Es ergeben sich bei dem oben vorgeführten Ansatz immer nur die Verlagerungen in Kraftrichtung. Besonders beachtenswert ist, daß man ohne Untersuchung einer u.U. komplizierten Geometrie nach Abb. 3-20 zum Ergebnis kommt, was einen erheblichen Vorteil bringen kann.

Beispiel 2
Welche Arbeit muß etwa aufgewendet werden, um einen genormten Zerreißstab $d = 10$ mm; $l = 100$ mm aus Stahl mit der Zugfestigkeit $R_m = 398 \, \text{N/mm}^2$ und der Bruchdehnung $\delta = 34{,}8\%$ zu zerreißen?

Lösung
Es muß näherungsweise die vom σ-ε-Diagramm eingeschlossene Fläche bestimmt werden. Es sind nur die Abmessungen des Rechteckes bekannt, in die dieses Diagramm eingeschrieben ist, und zwar $R_m \times \delta$ (s. Abb. 2-4). Für Stahl mit dieser Bruchdehnung kann man annehmen, daß etwa 80% dieses Rechteckes von der Fläche des Zerreißdiagramms eingenommen werden.

$$W_F = u \cdot V \approx 0{,}80 \cdot R_m \cdot \delta \cdot \frac{\pi}{4} d^2 \cdot l$$

$$W_F \approx 0{,}8 \cdot 398 \, \frac{\text{N}}{\text{mm}^2} \cdot 0{,}348 \cdot \frac{\pi}{4} \cdot 10^2 \, \text{mm}^2 \cdot 100 \, \text{mm} \cdot 10^{-3} \, \frac{\text{m}}{\text{mm}}.$$

$$\mathbf{W_F \approx 870 \, Nm}.$$

3.4 Flächenpressung, Lochleibung

Eine Kraft kann von einem zum anderen Bauteil nur über eine bestimmte Querschnittsfläche übertragen werden. Soll z.B. eine schwere Maschine aufgestellt werden, dann ist zu untersuchen, ob die Auflagefläche nicht so stark belastet ist, daß sie sich unzulässig deformiert. Für ebene Berührungsflächen kann man eine etwa gleichmäßige Verteilung der Kraft auf die Fläche voraussetzen (Abb. 3-27). Die *Druckbelastung pro Flächeneinheit* nennt man *Flächenpressung* und bezeichnet sie mit p

$$p = \frac{F}{A}.$$

Die Flächenpressung hat die gleiche Dimension wie die Spannung, sie ist aber im Gegensatz zur Spannung ein Maß für eine *außen* an der Oberfläche eines Bauteils wirkende Belastung, demnach etwa mit der Streckenlast vergleichbar.

Die Flächenpressung eines in einem Zylinder eingesetzten Bolzens ist nicht konstant. In Richtung der angreifenden Kraft ist die maximale Flächenpressung wirksam. Qualitativ ist die Belastung am Bolzen in der Abb. 3-28 dargestellt. Da die komplizierte Verteilung der Pressung rech-

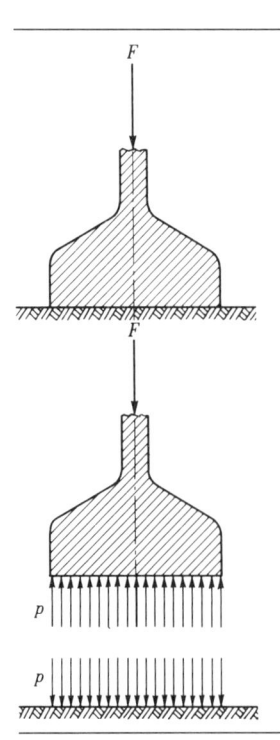

Abb. 3-27: Zur Definition des Begriffs Flächenpressung

3.4 Flächenpressung, Lochleibung

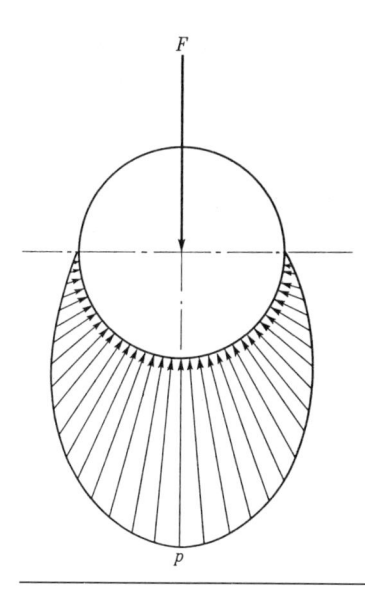

Abb. 3-28: Ungleichmäßige Flächenpressung an einem Bolzen

nerisch kaum erfaßbar ist, führt man als Rechengröße die auf die projizierte Fläche des Bolzens nach Abb. 3-29 bezogene Kraft F ein. Man nennt diese Größe *Lochleibung*.

$$p_L = \frac{F}{d \cdot l}.$$

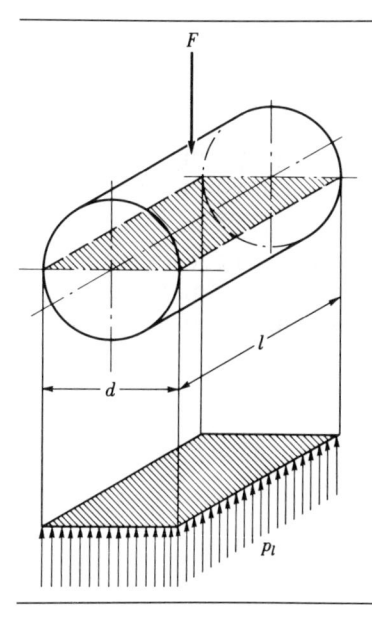

Abb. 3-29: Zur Definition des Begriffs Lochleibung

Durch Annahme entsprechender Werte für die zulässige Lochleibung p_L berücksichtigt man die Tatsache, daß örtlich die Flächenpressung viel größer sein kann, als diese reine Rechengröße.

Beispiel
Die Lochleibung der Niete Abb. 3-10 (Beispiel 2, Abschnitt 3.1) soll unter der Annahme gleicher Lastverteilung auf alle Niete berechnet werden.

Lösung
Die Belastung pro Niet beträgt

$$F = \frac{20 \cdot 10^3\,\text{N}}{9} = 2222\,\text{N}$$

Die Lochleibung ist damit

$$p_L = \frac{F}{A} = \frac{2222\,\text{N}}{4{,}0\,\text{mm} \cdot 4{,}5\,\text{mm}} = \mathbf{124\,N/mm^2}$$

3.5 Zusammenfassung

Die Berechnung der Zug- oder Druckspannung im Querschnitt eines Prismas bei zentrischer Krafteinleitung erfolgt nach der Gleichung

$$\sigma_{z;d} = \frac{F}{A}. \qquad \text{Gl. 3-1}$$

Die Formel ist nicht anwendbar für Druckbeanspruchung von Stäben (siehe Knickung Kapitel 7) und bei Vorhandensein von Kerben (siehe Kapitel 10).

Im Schnitt, der nicht senkrecht zur Belastungsachse liegt, treten neben Normalspannungen zusätzlich Schubspannungen auf. Im *Schnitt unter 45° zur Achse* wirken die maximalen Schubspannungen von der Größe

$$\tau_{max} = \frac{1}{2}\frac{F}{A} = \frac{1}{2}\sigma_0$$

neben den Normalspannungen

$$\sigma_{45°} = \frac{1}{2}\frac{F}{A} = \frac{1}{2}\sigma_0.$$

3.5 Zusammenfassung

Die Schubspannungen haben eine entscheidende Bedeutung bei der Zerstörung des Werkstoffes (Fließlinien, Einschnürung, Bruch spröder Werkstoffe bei Druck; siehe auch Abschnitt 8.2 und 9.2.1).

Zugspannungen verursachen Dehnung und Querkürzung:

$$\varepsilon = \frac{\Delta l}{l_0} \qquad \varepsilon_q = \frac{\Delta d}{d_0}. \qquad \text{Gl. 3-5/6}$$

Das Verhältnis dieser beiden Werte ist die Querzahl

$$\mu = \frac{\varepsilon_q}{\varepsilon}. \qquad \text{Gl. 3-7}$$

Für Metalle ist $\mu \approx 0,3$.

Zwischen den drei wichtigsten Kenngrößen eines Werkstoffs E-Modul, G-Modul und Querzahl besteht die Beziehung

$$\mu = \frac{E}{2G} - 1. \qquad \text{Gl. 3-10}$$

Diese Gleichung gilt für ideal homogenes und elastisches Material.

Aus dem HOOKEschen Gesetz kann man die Verlängerung bzw. Verkürzung eines zylindrischen Stabes unter der Einwirkung einer axialen Kraft berechnen

$$\Delta l = \frac{\sigma}{E} \cdot l_0 = \frac{F \cdot l_0}{A \cdot E}. \qquad \text{Gl. 3-9}$$

Die bezogene Formänderungsarbeit eines im elastischen Bereich gezogenen (gedrückten) Stabes beträgt

$$u = \frac{1}{2} \sigma \cdot \varepsilon = \frac{\sigma^2}{2E} \qquad \text{Gl. 3-12}$$

Daraus folgt die Formänderungsarbeit

$$W_F = \frac{F^2 \cdot l}{2 A \cdot E} \qquad \text{Gl. 3-13}$$

Dieser Gleichung entnimmt man, daß ein schlanker Stab, der hoch belastet ist, eine größere Formänderungsarbeit aufnehmen kann als ein dikker bei gleicher Belastung (Anwendung: Dehnschraube).

Bei Belastung über die E-Grenze hinaus ist eine Berechnung der Formänderungsarbeit nicht möglich. In diesem Falle entspricht die vom σ-ε-Diagramm eingeschlossene Fläche der bezogenen Arbeit u.

Daraus folgt, daß hochfeste Werkstoffe mit geringer Dehnung u.U. mit weniger Arbeit – jedoch größerer Kraft – zerstört werden können als zähe Stoffe geringerer Bruchfestigkeit. Das ist bei der Auswahl von Werkstoffen zu beachten.

Die Flächenpressung, die im Gegensatz zur Spannung eine äußere Belastung ist, berechnet sich nach der Gleichung

$$p = \frac{F}{A}.$$

Die Pressung von Bolzen bezieht man auf die Fläche $d \cdot l$. Als Lochleibung definiert man

$$p_L = \frac{F}{d \cdot l}.$$

4. Biegung

4.1 Allgemeines

Ein Träger bzw. Balken ist auf Biegung beansprucht, wenn in der Ebene, in der die Trägerachse liegt, Momente angreifen.

Abb. 4-1a zeigt einen unbelasteten Träger. Dieser Träger wird auf Biegung beansprucht, wenn an den beiden Trägerenden zwei gleich große, entgegengesetzt gerichtete Momente M angreifen (Bild b). Er deformiert sich dabei in der skizzierten Form. Ersetzt man beide Momente durch je ein Kräftepaar, von der Größe $F \cdot a$, dann erhält man einen Belastungsfall, wie ihn Abb. 4-1c zeigt. Das entspricht z.B. der Belastung einer Wagenachse. Die Achse unterliegt zwischen dem Lager und dem Rad zusätzlich einer Beanspruchung durch die Kräfte F, die versuchen, die einzelnen Querschnitte gegeneinander zu verschieben. In diesem Bereich handelt es sich demnach um eine zusammengesetzte Beanspruchung. Zwischen den Lagern entspricht die Belastung der in Abb. 4-1b. Man spricht hier von *reiner Biegung*.

An einem symmetrischen Träger mit Einzellast nach Abb. 4-2 ist zunächst ein Moment nicht erkennbar. Es entstehen jedoch Kräftepaare, wenn man sich das System geteilt denkt. Das Moment dieser Kräftepaare hat die Größe $(F/2) \cdot (l/2)$. Da auch der Teilträger im Gleichgewicht ist, muß an der Trennstelle *im* Träger ein *inneres Moment* gleicher Größe im eingezeichneten Sinn wirken. Dieses wird *Biegemoment* M_b genannt. Der Wirkung des Biegemoments ist die der quer wirkenden Kräfte überlagert. Diese ist jedoch für einen langen Träger klein. Umgekehrt formuliert: für lange Träger überwiegt bei weitem die Wirkung der Biegung, die im diskutierten Fall keine reine Biegung ist.

Als Träger, bzw. Balken bezeichnet man ein Bauteil, dessen Länge wesentlich größer ist als seine Querabmessung ($l \gg h$) und das durch Momente belastet wird, die in der Ebene der Trägerachse wirken. Im Gegensatz dazu steht z.B. ein Niet, dessen Durchmesser von gleicher Größenordnung ist wie seine Länge. Hier überwiegt die Abscherwirkung der quer angreifenden Kräfte gegenüber der Biegebeanspruchung. Dieser Fall wird im Abschnitt 5.4 dargestellt.

Die nachfolgenden Abschnitte behandeln gerade Träger. Für Trägerteile, die in der Nähe von Kraftangriffspunkten liegen, liefern die Gleichungen nur angenähert richtige Ergebnisse. An dieser Stelle sei nochmals an die Schwierigkeiten erinnert, alle Einflüsse in einer Festigkeitsrechnung richtig zu berücksichtigen. Deshalb ist es durchaus sinnvoll, eine Berechnung nur für die dominierende Beanspruchung durchzuführen. In der

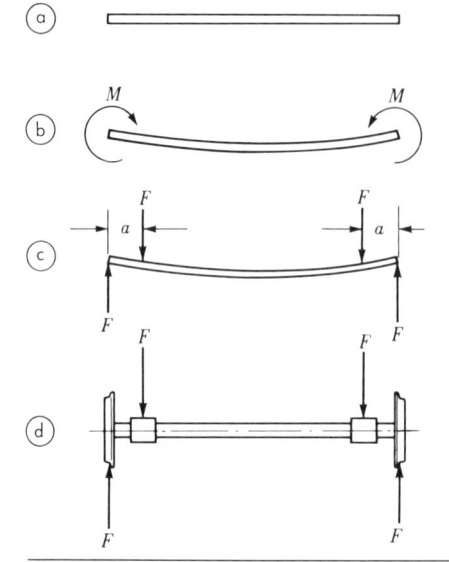

Abb. 4-1: Beanspruchung durch Biegung

Regel werden z.B. Träger so berechnet, als würden sie reiner Biegung unterliegen. In diesem Zusammenhang sei auf den Abschnitt 2.7 verwiesen, in dem die richtige Wahl eines Bemessungsfaktors diskutiert wird.

Es wird zuerst die Biegung des Trägers dargestellt, dessen Querschnittsfläche symmetrisch in bezug auf die Belastungsebene ist. Beispiele dafür zeigt die Abb. 4-3. Diese Belastung nennt man *gerade Biegung*. Im Gegensatz dazu steht die *schiefe Biegung* (Abschnitt 4.6). Hier ist die Symmetrie nicht gegeben, wofür die Abb. 4-4 Beispiele bringt.

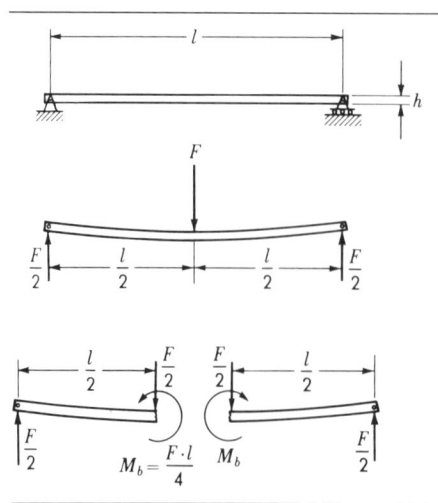

$$M_b = \frac{F \cdot l}{4}$$

Abb. 4-2: Biegemomente in einem Träger

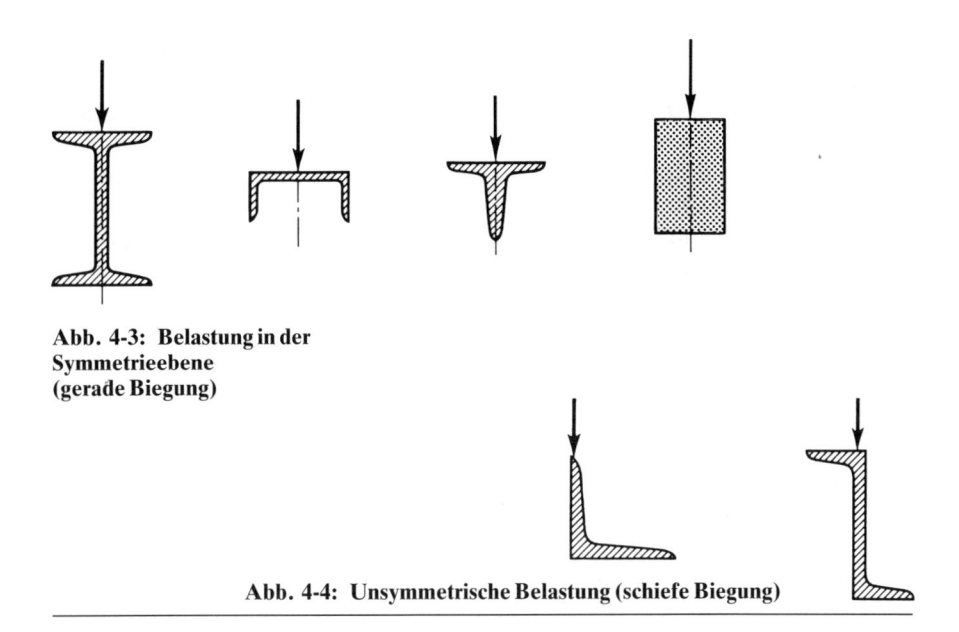

Abb. 4-3: Belastung in der Symmetrieebene (gerade Biegung)

Abb. 4-4: Unsymmetrische Belastung (schiefe Biegung)

4.2 Die Grundgleichung der Biegung

Es soll untersucht werden, welche Kräfte und Momente in den einzelnen Querschnitten eines auf Biegung beanspruchten Trägers wirken und welche Spannungen sie verursachen. Um dies festzustellen, wird genau so vorgegangen wie in den vorigen Abschnitten bei der Behandlung der Zug- und Druckbeanspruchung. Teilabschnitte werden freigemacht und für diese werden die zur Verfügung stehenden Gleichgewichtsbedingungen aufgestellt. Dabei geht man von der schon weiter oben getroffenen einfachen Überlegung aus, daß, wenn ein Bauelement im Gleichgewicht ist, auch seine Teilabschnitte es sein müssen.

Es soll z.B. festgestellt werden, welche Kräfte von den Gefügeteilen des Trägers nach Abb. 4-5 im Querschnitt a bei der gezeichneten Belastung übertragen werden. Bei der Zerlegung des Trägers durch einen gedachten Schnitt an dieser Stelle entstehen zwei Teile. Für diese stehen jeweils zwei Gleichgewichtsbedingungen zur Verfügung, da es sich um ein System paralleler Kräfte handelt. Am linken Abschnitt greift nur die Lagerkraft F_A an. Die Bedingung $\Sigma F = 0$ ergibt eine im Querschnitt *a* wirkende Kraft gleicher Größe im entgegengesetzten Wirkungssinn. Diese mit F_q bezeichnete Kraft wird wegen ihrer Richtung quer zur Trägerachse *Querkraft* genannt. Sie versucht, die einzelnen Querschnitte gegeneinander abzuschieben. Die Querkraft ergibt mit F_A ein Kräftepaar. Dieses kann nur durch ein im Querschnitt wirkendes Moment, nämlich das *Biegemoment* M_b ins Gleichgewicht gebracht werden ($\Sigma M = 0$). Ersetzt man dieses seinerseits durch ein Kräftepaar, dann ergeben sich die beiden *inneren Kräfte* F_i im Abstand e. Die *Gleichgewichtsbedingungen reichen* jedoch *nicht aus, um die Größe von* F_i *und* e *zu bestimmen*. Lediglich das Produkt dieser beiden ist aus der Bedingung $\Sigma M = 0$ bekannt: $F_i \cdot e = F_A \cdot x$. Trotzdem liefert die oben angestellte Überlegung die Erkenntnis, daß insgesamt im oberen Bereich des Trägers Kräfte übertragen werden müssen, die einzelne Gefügeteile auf Druck beanspruchen, während im unteren Bereich die Teile gezogen werden. Für die Proportionen eines Trägers – im Gegensatz zu denen eines Niets – gilt $x \gg e$ und damit $F_i \gg F_A$ bzw. $F_i \gg F_q$. Die das Biegemoment erzeugenden Kräfte F_i sind wesentlich größer als die Querkräfte F_q. Damit sind die oben gemachten Ausführungen bestätigt, wonach die *Biegewirkung in einem Träger gegenüber der Querkraftwirkung überwiegt*. Man kann auch am rechten Teilträger der Abb. 4-5 die Gleichgewichtsbedingungen anwenden. Wenn beim Freimachen der Lehrsatz der Statik actio = reactio beachtet wurde, erhält man für M_b und F_q die gleichen Ergebnisse.

Nach den Ausführungen oben ergibt sich zwanglos die *mathematische Bedingung für reine Biegung* $F_q = 0$. Für den betrachteten Träger müßte für diese Bedingung im Abschnitt x eine nach unten gerichtete äußere Kraft der Größe F_A angreifen und so ein Kräftepaar mit F_A bilden.

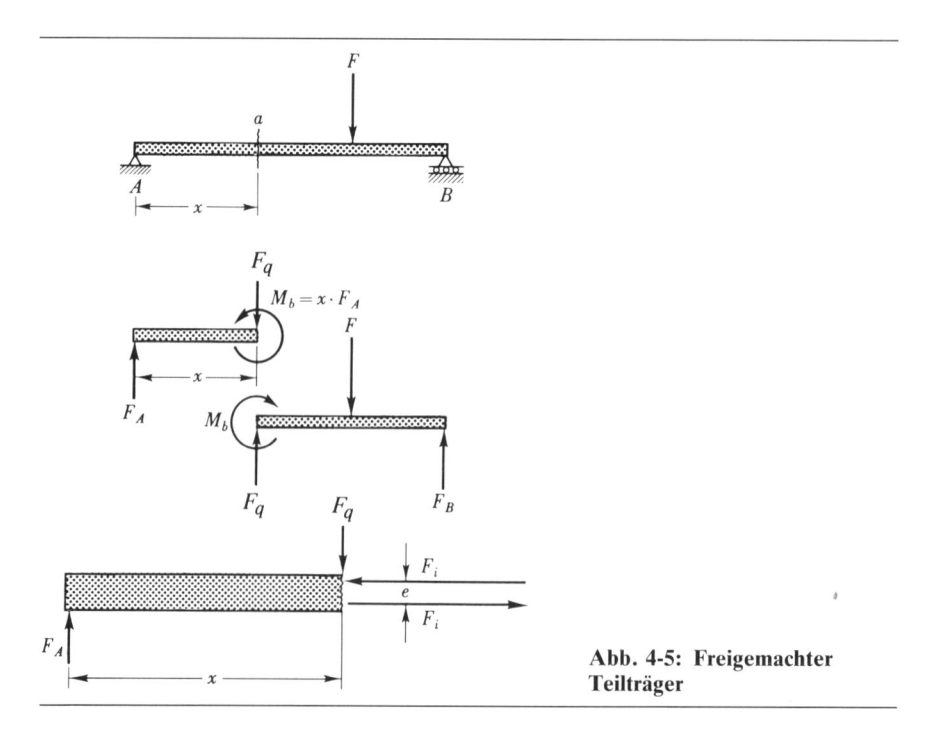

Abb. 4-5: Freigemachter Teilträger

4.2 Die Grundgleichung der Biegung

Die oben durchgeführten Untersuchungen haben eine Zug- bzw. Druckbeanspruchung durch die Kräfte F_i im auf Biegung beanspruchten Träger ergeben. Die *Biegung verursacht* demnach *Normalspannungen*, deren Größe und Verteilung im Querschnitt bestimmt werden sollen. Vor allem zur Klärung der zweiten Frage ist es notwendig, die *Deformation* eines gebogenen Trägers zu betrachten. Dazu wird auf einen Teilabschnitt eines elastischen Trägers mit Rechteckquerschnitt eine quadratisches Netz nach Abb. 4-6 gezeichnet. Reine Biegung verursacht folgende Deformation. Die Strecken AB und ED verformen sich zu flachen Kreisbögen. Die Strecken AE und BD bleiben als Geraden erhalten, stellen sich aber schräg. Das hat bereits JAKOB BERNOULLI[*] angenommen, auf den die Grundgleichung der Biegung zurückgeht. Zeichnet man das unbelastete und belastete Netz übereinander, können folgende Schlußfolgerungen gezogen werden:

1. Die Strecke DE wird auf D'E' verkürzt.
2. Die Strecke AB wird auf A'B' verlängert.
3. Die Strecke CG bleibt in der Länge erhalten.
4. Von C bzw. G ausgehend nimmt die Verlängerung bzw. Verkürzung linear zu.

Die in der Länge unveränderte Schicht (hier CG) wird *neutrale Faser* genannt. Für Stoffe, deren Deformation im HOOKEschen Gesetz folgt, nimmt wegen des Punktes 4 die Normalspannung von der neutralen Faser ausgehend, linear zu. *In den Außenfasern wirkt die maximale Zug- bzw. Druckspannung* nach Abb. 4-7.

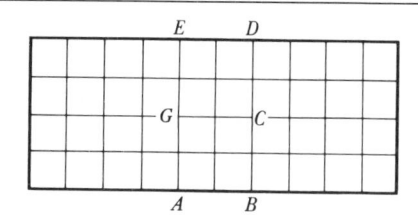

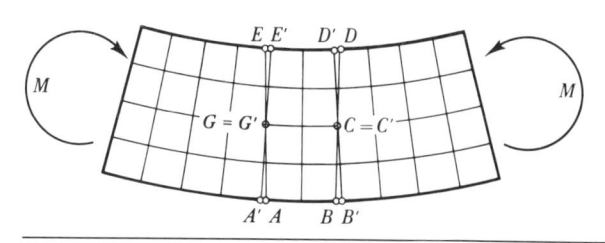

Abb. 4-6: Durch Biegung verursachte Verformung

---

[*] BERNOULLI, Jakob (1654-1705 Basel), Mathematiker.

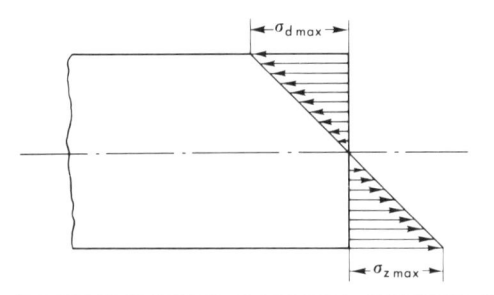

Abb. 4-7: Spannungsverteiler im Querschnitt

Für die nunmehr bekannte Spannungsverteilung kann man in einer Gleichung die Abhängigkeit der Spannung σ_{max} von dem Biegemoment M_b und von den Querschnittsabmessungen bzw. entsprechenden Querschnittswerten aufstellen. Um die Zusammenhänge besonders deutlich zu machen, soll zuerst die Ableitung für den Balken mit Rechteckquerschnitt ohne Zuhilfenahme der Integralrechnung durchgeführt werden. Ausgegangen wird dazu von der Abb. 4-8. Die innere Kraft F_i ist die Resultierende der durch die Spannung verursachten Flächenbelastung.

$$F_i = \frac{1}{2} \cdot \sigma_{max} \cdot \frac{h}{2} \cdot b$$

Ihre Lage entspricht der einer dreieckförmigen Streckenlast. Das ergibt einen Abstand der inneren Kräfte

$$e = h - 2 \cdot \frac{1}{3} \cdot \frac{h}{2} = \frac{2}{3} h .$$

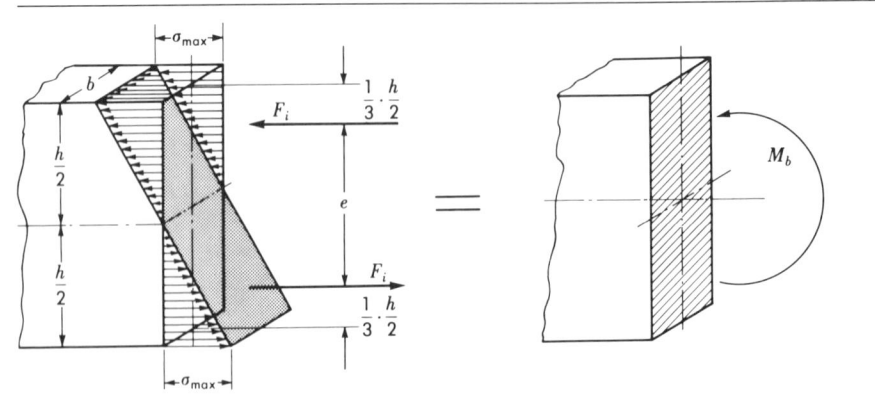

Abb. 4-8: Spannungsverteiler und innere Kräfte bei Biegung eines Trägers mit Rechteckquerschnitt

4.2 Die Grundgleichung der Biegung

Das Moment M_b ist unter Verwendung der oben abgeleiteten Größen

$$M_b = F_i \cdot e = \frac{1}{2} \sigma_{max} \cdot \frac{h}{2} \cdot b \cdot \frac{2}{3} h \, .$$

$$M_b = \sigma_{max} \frac{b h^2}{6} \, .$$

Der Wert $\frac{b h^2}{6}$ ist ein Maß für den Widerstand, den der Balken mit Rechteckquerschnitt der Biegebeanspruchung entgegensetzt. Man nennt diesen Wert deshalb das *Widerstandsmoment* des Rechteckquerschnitts. Seine Dimension ist Länge^3, die übliche Maßeinheit cm^3.

Die beiden Hauptabmessungen des Querschnittes h und b gehen nicht gleichberechtigt in das Widerstandsmoment ein. Die in Richtung der Belastung gemessene Höhe h geht quadratisch ein, die Breite b linear. Man weiß aus allgemeiner Erfahrung, daß ein hochkant gestelltes Brett einen weit höheren Widerstand gegen eine Biegebeanspruchung hat als ein flach hingelegtes (Abb. 4-9). Es soll jedoch hier schon angemerkt werden, daß die Durchbiegung nicht unbedingt ein Maß für die Biegespannung ist.

Die Bedingung $\sigma_{z\,max} = \sigma_{d\,max} = \sigma_{max}$ gilt auch für einen Kreisquerschnitt. Bei einer auf Biegung belasteten, rotierenden Welle wird die äußere Fa-

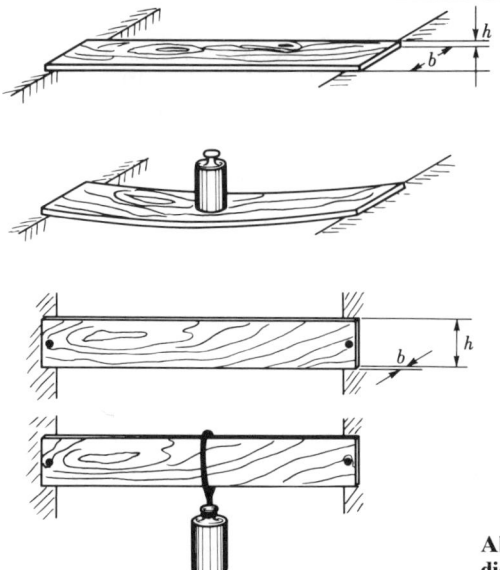

Abb. 4-9: Einfluß der Balkenhöhe auf die Steifigkeit eines Balkens

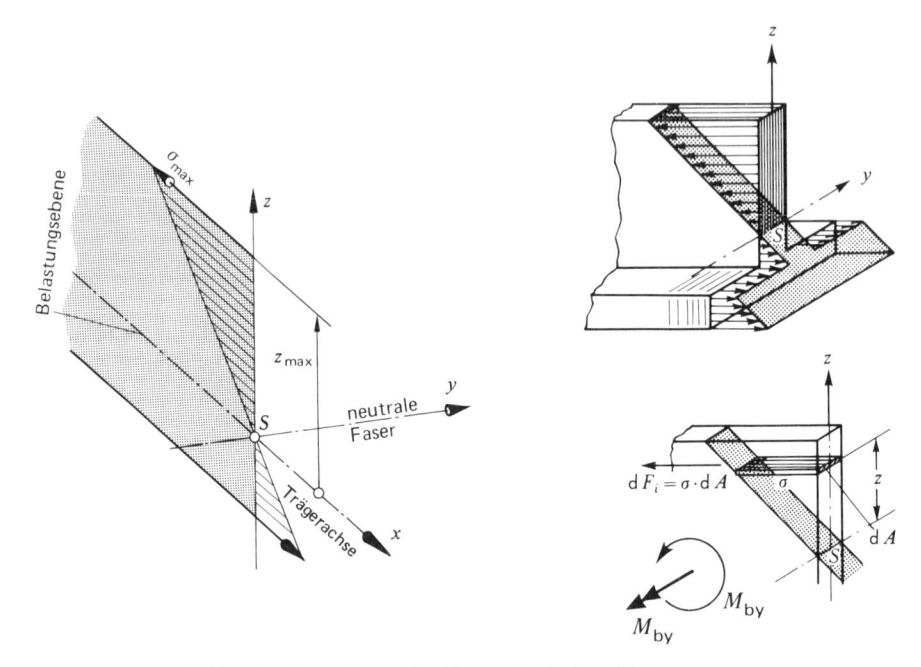

Abb. 4-10: Definition der Koordinaten im Querschnitt eines Trägers

ser während einer Umdrehung einmal mit σ_{max} gezogen und einmal gedrückt. Es handelt sich demnach hier um den Belastungsfall III. Das macht man sich zu Nutze, um auf entsprechenden Prüfmaschinen die Biege-Wechselfestigkeit σ_{bW} zu bestimmen.

Die Ableitung für beliebige Profile erfordert eine Aufteilung der Querschnittsfläche in schmale Streifen von der Größe dA senkrecht zur Belastungsebene nach Abb. 4-10. Die Gefügeteile eines jeden Streifens übertragen eine Kraft

$$dF_i = \sigma \cdot dA.$$

Für den untersuchten Schnitt muß die Gleichgewichtsbedingung $\Sigma F_x = 0$ gelten. Wegen der Aufteilung in Flächen- bzw. Kraftdifferentiale geht diese über in

$$\int dF_i = 0$$

$$\int \sigma \cdot dA = 0.$$

Die Spannung σ ist vom Abstand z abhängig. Auf Grund der ähnlichen Dreiecke (s. Abb. 4-10) kann man die Abhängigkeit folgendermaßen formulieren

4.2 Die Grundgleichung der Biegung

$$\frac{\sigma}{\sigma_{max}} = \frac{z}{z_{max}} \quad \Rightarrow \quad \sigma = \frac{z}{z_{max}} \cdot \sigma_{max}. \tag{1}$$

Damit erhält man

$$\int \sigma_{max} \cdot \frac{z}{z_{max}} \cdot dA = 0.$$

Da σ_{max} und z_{max} Konstanten sind, gilt $\int z \cdot dA = 0$.

Dieses Integral ist gleich Null, wenn die Koordinatenachse durch den Flächenschwerpunkt geht (siehe Band 1 Abschnitt 4.3, Gl. 4-8). Damit ist bewiesen, daß die *neutrale Faser im Schwerpunkt der Querschnittsfläche* liegt.

Im bezug auf die neutrale Faser hat die Kraft dF_i das Moment

$$dM_y = z \cdot dF_i = z \cdot \sigma \cdot dA.$$

Die Addition dieser Momente ergibt das Moment M_{by}

$$M_{by} = \int dM_y = \int z \cdot \sigma \cdot dA.$$

Man ersetzt σ nach Gleichung (1)

$$M_b = \int \frac{z^2}{z_{max}} \cdot \sigma_{max} \cdot dA.$$

Da die Größen σ_{max} und z_{max} Konstanten sind, erhält man

$$M_b = \sigma_{max} \left[\frac{\int z^2 \cdot dA}{z_{max}} \right]. \tag{2}$$

Der Wert in der eckigen Klammer ist offensichtlich – siehe Gleichung für Rechteckquerschnitt – das *Widerstandsmoment* eines beliebigen Querschnitts für Belastung in z-Richtung, wobei die neutrale Faser in y-Richtung liegt.

$$W_y = \frac{\int z^2 \cdot dA}{z_{max}}.$$

Analog ergibt sich für die Belastung in y-Richtung, d.h. durch ein Moment M_{bz}

$$W_z = \frac{\int y^2 \cdot dA}{y_{max}}.$$

Die Integrale werden *Flächenträgheitsmomente I* genannt

$$\mathbf{I_y} = \int \mathbf{z^2 \cdot dA} \qquad \mathbf{I_z} = \int \mathbf{y^2 \cdot dA} \qquad \text{Gl. 4-1}$$

Man erhält so die *Widerstandsmomente W*

$$\mathbf{W_y} = \frac{\mathbf{I_y}}{\mathbf{z_{max}}} \qquad \mathbf{W_z} = \frac{\mathbf{I_z}}{\mathbf{y_{max}}}. \qquad \text{Gl. 4-2}$$

Allgemein kann man schreiben

$$\mathbf{W} = \frac{\mathbf{I_S}}{\mathbf{e_{max}}}. \qquad \text{Gl. 4-3}$$

Dabei ist I_S das Trägheitsmoment der Querschnittsfläche bezogen auf die Schwerpunktachse senkrecht zur Belastungsebene (neutrale Faser). Der maximale Abstand Schwerpunkt – Außenkante e_{max} wird senkrecht zur neutralen Faser gemessen, d.h. die Strecke e_{max} liegt in der Belastungsebene (Abb. 4-10).

Die Vereinigung der Gleichungen (1); (2) und 4-1 ergibt die Spannung in einer Faser, die den Abstand z von der neutralen Faser hat

$$\sigma_b(z) = \frac{\mathbf{M_{by}}}{\mathbf{I_y}} \cdot \mathbf{z} \qquad \text{Gl. 4-4}$$

Angewendet für eine Belastung in y-Richtung gilt (Biegemomentvektor liegt dabei in der z-Achse)

$$\sigma_b(y) = \frac{\mathbf{M_{bz}}}{\mathbf{I_z}} \cdot \mathbf{y} \qquad \text{Gl. 4-5}$$

Allgemein ist

$$\sigma_b = \frac{M_b}{I_S} \cdot e$$

4.2 Die Grundgleichung der Biegung

wobei auf die richtigen Bezugsachsen zu achten ist. *Die Fächenträgheitsmomente sind immer auf die Schwerpunktachsen der Querschnittsfläche bezogen.*

In den nachfolgenden Rechnungen wird die maximale Spannung mit σ_b (b = Biegung) bezeichnet. Der Index „max" kennzeichnet die Spannung im am höchsten beanspruchten Querschnitt des Trägers. Zusammenfassend kann man schreiben

$$\sigma_b = \frac{M_b}{I_S} \cdot e_{max} = \frac{M_b}{W} \qquad \text{Gl. 4-6}$$

Die Gleichung 4-6 ist die *Grundgleichung der Biegung*. Sie gilt unter den folgenden Voraussetzungen, die oben z.T. bereits diskutiert wurden bzw. sich aus der Ableitung ergeben.

Eine lineare Spannungsverteilung im Trägerquerschnitt, wie sie die Ableitung voraussetzt, erfordert die Erfüllung folgender Bedingungen:

1. Die *Trägerachse ist gerade* oder nur wenig gekrümmt. In einem stark gekrümmten Träger ist infolge der Krümmung der Spannungslinien eine Spannungskonzentration genau wie in der Nähe eines Kerbs zu verzeichnen (Abb. 4-11).

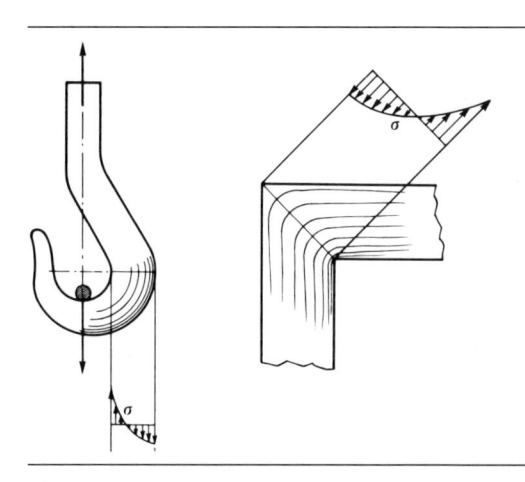

Abb. 4-11: Nichtlineare Spannungsverteilung in stark gekrümmten Trägern

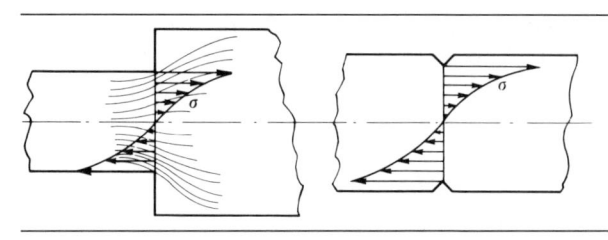

Abb. 4-12: Nichtlineare Spannungsverteilung bei Kerbwirkung

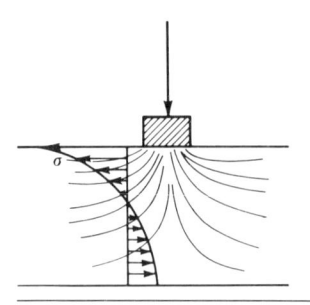

Abb. 4-13: Nichtlineare Spannungsverteilung in der Nähe der Krafteinleitung

2. Der untersuchte Querschnitt liegt *nicht* in der *Nähe von schroffen Übergängen*, die zu einer Konzentration der Spannung führen (Kerbwirkung Abb. 4-12).
3. Der untersuchte Querschnitt liegt *nicht* in der *Nähe eines Lastangriffspunktes* bzw. eines Auflagers. An den Stellen der Krafteinleitung erfolgt normalerweise eine örtliche Konzentration der Werkstoffbelastung, die zu einer nichtlinearen Spannungsverteilung im Querschnitt führt (Abb. 4-13). Wie in den beiden oben ausgeführten Punkten handelt es sich hier um einen mehrachsigen Spannungszustand.
4. Der Werkstoff muß bei der *Deformation* dem *HOOKEschen Gesetz* folgen. Bei der Deformation müssen dabei die Querschnitte eben bleiben. Diese Bedingung wird von vielen Werkstoffen (z.B. GG, Beton) nicht erfüllt. Für Grauguß ergibt sich eine Spannungsverteilung nach Abb. 4-14. Da dieser Werkstoff außerdem ein anderes Verhalten in bezug auf Druck- und Zugbeanspruchung aufweist, verschiebt sich auch die neutrale Faser. Da die tatsächliche Spannungsverteilung rechnerisch sehr schwierig erfaßbar ist, rechnet man mit der oben abgeleiteten Grundgleichung der Biegung und berücksichtigt die nichtlineare Spannungsverteilung durch eine entsprechende Festlegung der zulässigen Biegespannung.
5. Die maximal auftretende *Spannung* in den Randfasern darf *nicht größer als die Proportionalitätsgrenze* sein. Wird diese Bedingung nicht eingehalten, erhält man eine Spannungsverteilung wie sie Abb. 4-15a zeigt. Wegen der größeren Völligkeit der Spannungskurve wird ein größeres Moment übertragen, als es die Berechnung nach der Grundgleichung ergibt. Wird in einem weichen Stahl in den Randzonen die Streckengrenze erreicht, setzt dort Fließen ein. Ein weiterer Anstieg der Spannung ist an dieser Stelle nicht möglich. Eine solche Spannungsverteilung zeigt Abb. 4-15b. Bei weiterer Zunahme der Belastung kann sich das Gebiet der plastischen Deformation bis auf die neutrale Faser ausdehnen (Abb. 4-15c). Das bei einer solchen Beanspruchung übertragene Moment hat für den Rechteckquerschnitt $b \cdot h$ die Größe

$$M_b = \frac{h}{2} \cdot \left(b \cdot \frac{h}{2} \right) \cdot \sigma_s \quad = \sigma_s \cdot \frac{b h^2}{4}.$$

4.2 Die Grundgleichung der Biegung

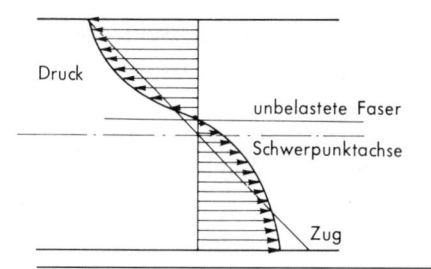

Abb. 4-14: Spannungsverlauf im Grauguß

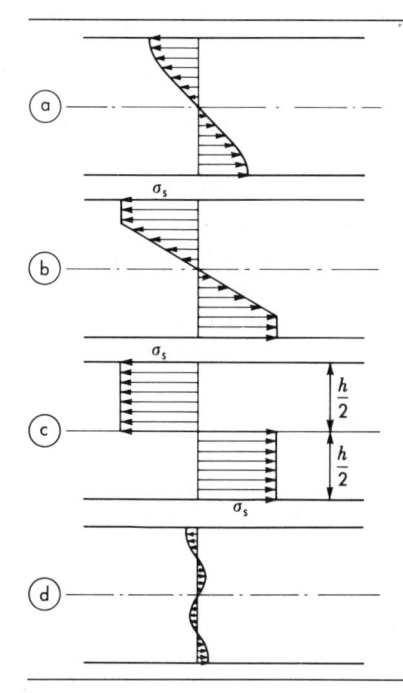

Abb. 4-15: Gestörte Spannungsverteilung im plastischen Bereich

Das Widerstandsmoment eines Rechteckquerschnittes ist, wie oben abgeleitet, $bh^2/6$. Das bei einer vollplastischen Deformation übertragene Moment ist 1,5 mal so groß wie bei der vollelastischen Deformation.

Eine plastische Deformation der Außenzonen verursacht eine bleibende Dehnung bzw. Stauchung der dort liegenden Fasern. Bei einer Entlastung des Balkens gehen diese Teile nicht auf ihre Ursprungslänge zurück. Das hat Spannung im entlasteten Zustand zur Folge (Abb. 4-15d).

6. Die *Elastizitätsmodulen für Zug und Druck sind gleich.*
Diese Bedingung trifft nicht zu für Träger, die aus verschiedenen Werkstoffen im gezogenen bzw. gedrückten Teil bestehen. Als Beispiel soll hier der Betonträger genannt werden. Beton ist auf Druck

wesentlich höher belastbar als auf Zug. Um dieses unterschiedliche Verhalten auszugleichen, werden die gezogenen Bereiche eines Betonträgers mit Stahl armiert.

Die Grundgleichung der Biegung berücksichtigt naturgemäß nur eine Biegebeanspruchung. Daraus resultieren folgende Bedingungen.

7. Die *Länge des Trägers* muß mindestens um eine Größenordnung (Dezimalstelle) größer sein als die Querschnittsabmessungen.

    Nur unter dieser Voraussetzung können die normalerweise auftretenden Querkräfte und damit die Beanspruchung durch Schubspannungen vernachlässigt werden.

8. Die *Abmessungen des Querschnittes* müssen so sein, daß der Träger nicht schon auf andere Weise versagt, bevor die Biegespannung einen kritischen Wert erreicht.

    Ein hochkant gestellter, auf Biegung beanspruchter Balken kann bei Überlastung „kippen" (Abb. 4-16a). Der Biegung ist dann eine Drehbeanspruchung überlagert. Der Balken kann nicht das nach Gleichung 4-6 errechnete Moment übertragen. Ein ähnlicher Fall ergibt sich für einen I-Träger mit verhältnismäßig dünnen Flanschen. Auf der auf Druck beanspruchten Seite kann der Flansch „beulen", was zu einer vorzeitigen Zerstörung führt.

Die Grundgleichung der Biegung wurde mit Hilfe der Gleichgewichtsbedingung $\Sigma M = 0$ abgeleitet. Für eine Belastung eines Trägers in z-Richtung nach Abb. 4-17 bezog sich die Momentengleichung auf die y-Achse. Die Gleichgewichtsbedingung muß jedoch auch für die z-Achse erfüllt sein. Daraus folgt:

9. Die Belastungsebene muß *Symmetrieebene* des Balkenquerschnitts sein. Allgemein formuliert: die Belastung muß in Richtung einer *Hauptachse* erfolgen.

    Der Begriff Hauptachse wird im Abschnitt 6 dieses Kapitels definiert. Es soll hier vorweggenommen werden, daß Symmetrieachsen gleichzeitig Hauptachsen sind. Wird ein Träger nach Abb. 4-18a auf Biegung in angegebener Weise beansprucht, dann entstehen oben z.B. Druckspannungen und unten Zugspannungen. In der Zeichnung ist oben eine in die Zeichenebene hineinragende Kraft gezeichnet, unten eine aus der Ebene herausragende Kraft. Diese beiden Kräfte können die Bedingung $\Sigma M_z = 0$ nicht erfüllen. Das ist nur möglich, wenn man den vorgegebenen Querschnitt zu einem I-Profil ergänzt (Abb. 4-18b).

Das Biegemoment wird durch äußere Kräfte verursacht. Daraus folgt:

10. Der Träger ist *unbelastet spannungsfrei*.

    Im Bauteil bereits vorhandene Spannungen – verursacht z.B. durch Schweißen – überlagern sich mit den Biegespannungen.

4.2 Die Grundgleichung der Biegung

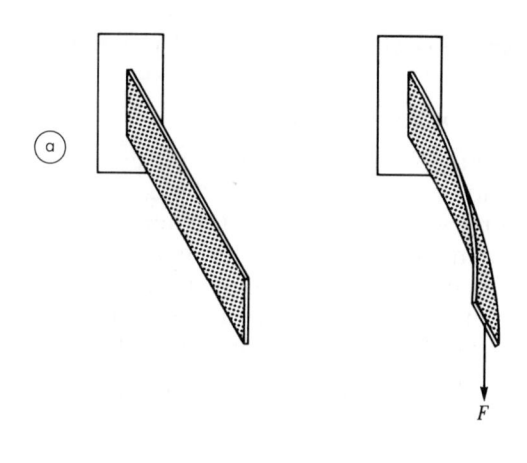

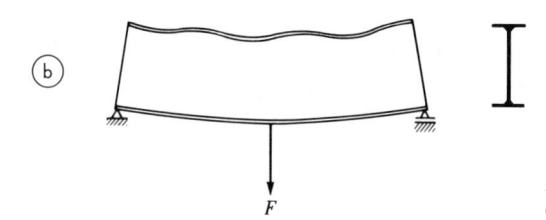

Abb. 4-16: Kippen und Beulen eines Biegeträgers

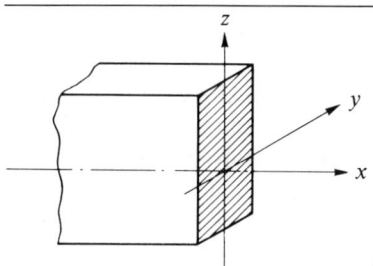

Abb. 4-17: Koordinaten im Trägerquerschnitt

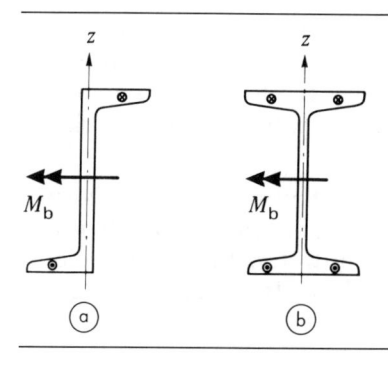

Abb. 4-18: Zum Begriff Hauptachse

In der Ableitung sind Trägheitskräfte (siehe Band 3 Kinetik) nicht berücksichtigt, deshalb gilt:

11. Der Träger unterliegt *keiner stoßartigen Belastung*.

Würde man die Grundgleichung nur für Fälle anwenden, für die die angeführten 11 Bedingungen erfüllt sind, dann wäre die Gleichung wertlos, weil kaum anwendbar. Es ist sehr wichtig, die Grenzen einer Berechnungsgleichung zu kennen. Nur dann kann man sie durch vorsichtige Wahl einer zulässigen Spannung auch außerhalb ihres eigentlichen Geltungsbereichs anwenden. Der besseren Übersichtlichkeit wegen sind die oben aufgeführten Voraussetzungen in Tabelle 8 zusammengestellt.

Die Bestimmung der Spannung nach der Grundgleichung der Biegung setzt die Berechnung folgender Größen voraus.

1. Größe des Biegemomentes,
2. Lage des Schwerpunktes der Balkenquerschnittsfläche,
3. Größe des Flächenträgheitsmomentes für den Querschnitt.

Die Berechnung von Flächenschwerpunkten wurde bereits in Band 1 behandelt. Die nachfolgenden Abschnitte befassen sich deshalb mit den Punkten 1 und 3 der obigen Aufzählung.

4.3 Das Biegemoment und die Querkraft

4.3.1 Analytische Lösung für Träger auf zwei Stützen und eingespannten Träger

Wie im vorigen Abschnitt ausführlich erläutert, wird die Wirkung der Querkraft bei der Berechnung der Biegespannung nach der Grundgleichung vernachlässigt. Es bestehen jedoch mathematische Zusammenhänge zwischen Querkraft und Biegemoment, die eine Berechnung des Biegemoments aus der Querkraft ermöglichen. Aus diesem Grunde sollen nachfolgend für einen Balken beide Größen für jeden Querschnitt bestimmt werden.

Dieses Problem wurde grundsätzlich im Band 1 für einen Fachwerkträger gelöst. Mit Hilfe des RITTERschen[*] Schnitts (Band 1, Abschnitt 9.3.1) wurden für eine beliebige Stelle die Stabkräfte ermittelt. Das Moment (hier Biegemoment) wird in einem Fachwerk z.B. als Kräftepaar von einem Ober- und Untergurtstab aufgenommen, während die Querkraft von einem Diagonalstab übertragen wird.

Das Biegemoment und die Querkraft sind Schnittreaktionen. Es sind Momente bzw. Kräfte, die in den einzelnen Querschnitten eines belasteten, im Gleichgewicht befindlichen Trägers auftreten. Sie unterscheiden sich grundsätzlich nicht von den inneren Kräften z.B. in den Stäben eines

---

[*] RITTER (1847-1900), deutscher Ingenieur.

4.3 Das Biegemoment und die Querkraft

Fachwerkes, in den Gelenken eines Dreigelenkbogens oder eines Gelenkträgers. Wie bei der Behandlung des Dreigelenkbogens die Gelenkkräfte aus den Gleichgewichtsbedingungen am Einzelteil berechnet wurden (Band 1), muß die Berechnung der Biegemomente und Querkräfte aus den Gleichgewichtsbedingungen am freigemachten Teilabschnitt des Trägers erfolgen.

Folgende Vorzeichendefinition soll zunächst für den Träger getroffen werden (siehe auch Abschnitt 4.5.1. Gleichung 4-13):

Für einen betrachteten Teilabschnitt des Trägers ist das Moment positiv, wenn es links vom Abschnitt im Uhrzeigersinn, rechts umgekehrt wirkt.
Für einen betrachteten Teilabschnitt des Balkens ist die Querkraft positiv, wenn sie links vom Abschnitt nach oben, rechts nach unten wirkt.
Eine Merkskizze für die Festlegung ist in Abb. 4-19 gegeben.

Ein unsymmetrisch belasteter Träger mit Einzellast nach Abb. 4-20 soll untersucht werden. Für den linken Teilabschnitt hat das Biegemoment im Abstand x vom Auflager A die Größe:

$$\Sigma M_I = 0 \qquad M_b - F_A \cdot x = 0$$

$$M_b = F_A \cdot x = \frac{b}{l} \cdot F \cdot x.$$

Das ist eine Geradengleichung, die über x aufgetragen eine lineare Änderung des Momentes entlang der Achse ergibt. Die Querkraft erhält man aus

$$\Sigma F = 0 \qquad F_q = F_A$$

Die Querkraft ist im linken Teilabschnitt konstant. Für den rechten Teilabschnitt erhält man analog

$$\Sigma M_{II} = 0 \qquad M_b - F_B \cdot x = 0$$

$$M_b = \frac{a}{l} \cdot x \cdot F$$

$$\Sigma F = 0 \qquad F_q + F_B = 0$$

$$F_q = -F_B$$

Für den Lastangriffspunkt muß sich aus beiden Abschnitten das gleiche Biegemoment ergeben.

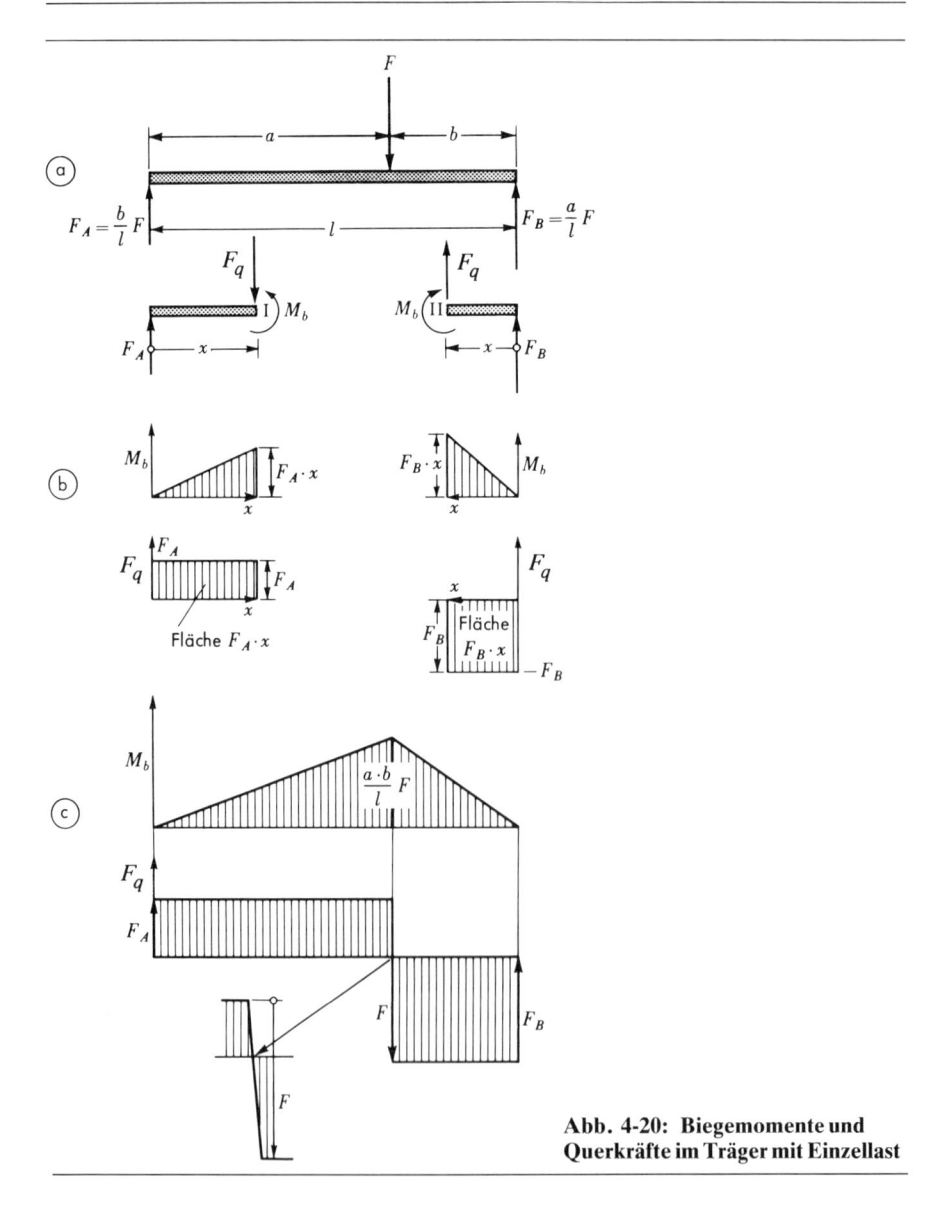

Abb. 4-19: Vorzeichendefinition von Biegemoment und Querkraft

M_b Moment positiv

F_q Querkraft positiv

Abb. 4-20: Biegemomente und Querkräfte im Träger mit Einzellast

4.3 Das Biegemoment und die Querkraft

Linker Abschnitt   Rechter Abschnitt

$x = a$ $x = b$

$M_{bF} = \dfrac{a \cdot b}{l} F$ $M_{bF} = \dfrac{a \cdot b}{l} \cdot F$.

Die Biegemomente und die Querkraft sind in Abb. 4-20c über der Achse aufgetragen.

Das maximale Biegemoment entsteht am Lastangriffspunkt. Damit herrscht dort bei konstantem Querschnitt die maximale Spannung. Das stimmt mit der Erfahrung überein, daß ein so belasteter Träger bei Überlastung am Lastangriffspunkt versagt.

Das Querkraftdiagramm ist am Lastangriffspunkt mehrdeutig. An dieser Stelle ist zu bedenken, daß die entlang einer Linie wirkende Kraft eine Abstraktion ist. In Wirklichkeit wird die Kraft einen kleinen Abschnitt des Trägers belasten. In diesem Bereich ändert sich die Querkraft von $+ F_A$ nach $- F_B$, wie in der Skizze unten dargelegt. Mit einer verteilten Last befaßt sich die nächste Aufgabe.

Für einen nach Abb. 4-21a mit konstanter Streckenlast beanspruchten Träger sollen der Biegemomenten- und Querkraftverlauf bestimmt werden. Dazu werden für einen Teilabschnitt nach Abb. 4-21b die Gleichgewichtsbedingungen aufgestellt.

$\Sigma M_1 = 0 \qquad M_b - F_A x + \dfrac{q x^2}{2} = 0$

$\qquad\qquad\qquad M_b = F_A x - \dfrac{q x^2}{2} \quad ; \quad F_A = \dfrac{q \cdot l}{2}$

$\qquad\qquad\qquad M_b = \dfrac{q}{2}(lx - x^2) \qquad\qquad\qquad\qquad (1)$

$\Sigma F_y = 0 \qquad F_q - F_A + q x = 0$

$\qquad\qquad\qquad F_q = F_A - q x$

$\qquad\qquad\qquad F_q = \dfrac{q}{2}(l - 2x) \qquad\qquad\qquad\qquad (2)$

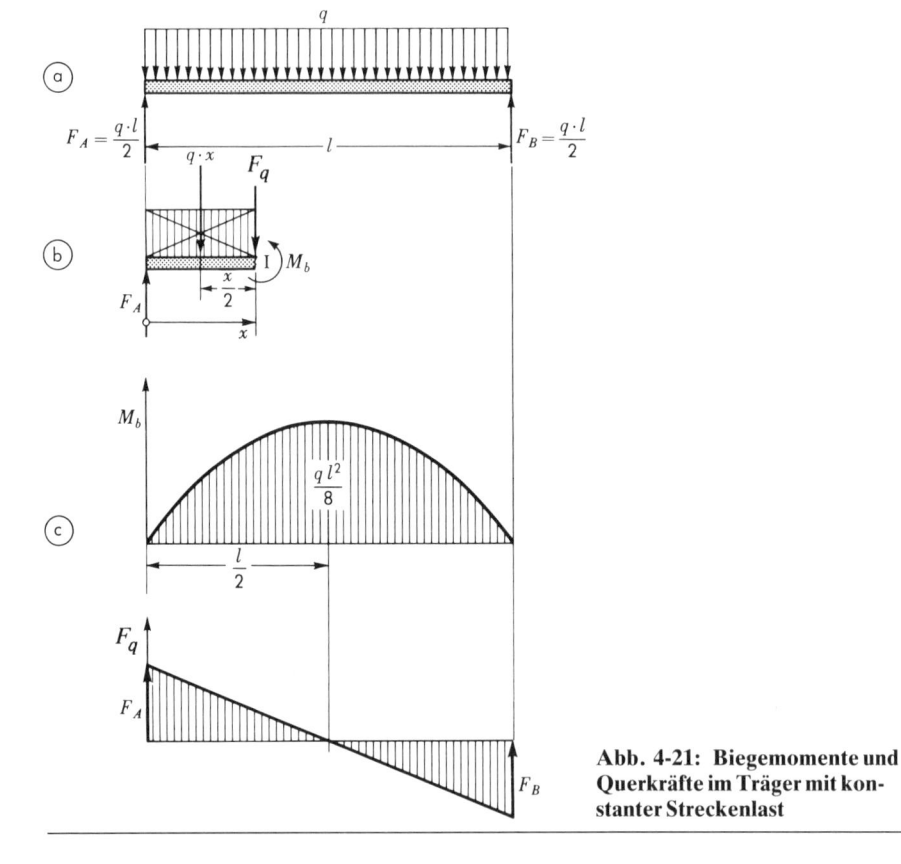

Abb. 4-21: Biegemomente und Querkräfte im Träger mit konstanter Streckenlast

Nach Gleichung (1) ist das Momentendiagramm eine Parabel. An den Trägerenden ist das Moment null, in der Mitte $x = l/2$ ist es am größten:

$$M_{b\,max} = \frac{q}{2}\left[l \cdot \frac{l}{2} - \left(\frac{l}{2}\right)^2\right] = \frac{q\,l^2}{8}.$$

Den Querkraftverlauf gibt die Gleichung (2) wieder. Dargestellt ist er auch in Abb. 4-21c. Für $x = l/2$ ergibt sich ein Nulldurchgang. An dieser Stelle ist $F_q = 0$ und das Biegemoment ein Maximum.

Der besseren Übersichtlichkeit wegen, sollen die Gleichungen für M_b und F_q für die beiden Belastungsfälle hier zusammengefaßt werden.

4.3 Das Biegemoment und die Querkraft

Einzellast   Streckenlast

$$M_b = \frac{b}{l} \cdot x \cdot F \qquad M_b = \frac{q}{2}(lx - x^2)$$

$$F_q = \frac{b}{l} \cdot F \qquad F_q = \frac{q}{2}(l - 2x).$$

Man erkennt, daß die *Gleichungen für F_q gleich den Ableitungen der Momentengleichung* sind. Auch die Diagramme Abb. 4-20c/21c zeigen diesen Zusammenhang. Für die Einzellast ist links vom Lastangriffspunkt die Steigung der M_b-Linie positiv und konstant, rechts negativ und konstant. Für die Streckenlast ist links die Steigung positiv, nimmt aber zur Mitte hin ab, und entsprechend ist es auf der rechten Seite.

Umgekehrt muß demnach gelten, daß die M_b-*Kurve* gleichzeitig die *Integralkurve des Querkraftverlaufs* ist. Die von der F_q-Linie eingeschlossene Fläche muß gleich dem Moment an dieser Stelle sein. Auch diese Bedingung ist, wie die Abbildungen zeigen, erfüllt.

Es fehlt jetzt noch der Beweis für die Allgemeingültigkeit dieser Beziehungen. Für ein Teilelement eines Trägers von der Länge dx nach Abb. 4-22 werden die Gleichgewichtsbedingungen angesetzt. Dazu muß dieses Element freigemacht werden. An der Stelle x hat das Moment die Größe M_b, an der Stelle $(x + dx)$ hat es sich um dM_b geändert, es hat die Größe $M_b + dM_b$. Das Gleiche gilt für die Querkraft F_q. Als Resultierende der Streckenlast wirkt auf dem Element die Kraft $q \cdot dx$. Es stehen als Gleichgewichtsbeziehungen zwei Gleichungen zur Verfügung.

$$\Sigma M_I = 0$$

$$M_b + dM_b - M_b - (F_q + dF_q) dx - q \cdot dx \frac{dx}{2} = 0$$

$$dM_b - F_q \cdot dx - dF_q \cdot dx - \frac{q}{2}(dx)^2 = 0.$$

Die Größen, in denen das Produkt von zwei Differentialen auftritt, können gegenüber den anderen Größen vernachlässigt werden.

$$\mathrm{d}M_\mathrm{b} - F_\mathrm{q} \cdot \mathrm{d}x = 0$$

$$F_\mathrm{q} = \frac{\mathrm{d}M_\mathrm{b}}{\mathrm{d}x}; \quad M_\mathrm{b} = \int F_\mathrm{q} \cdot \mathrm{d}x \qquad \text{Gl. 4-7}$$

$$\Sigma F_y = 0$$
$$F_\mathrm{q} - q \cdot \mathrm{d}x - (F_\mathrm{q} + \mathrm{d}F_\mathrm{q}) = 0$$
$$-q \cdot \mathrm{d}x - \mathrm{d}F_\mathrm{q} = 0$$

$$q = -\frac{\mathrm{d}F_\mathrm{q}}{\mathrm{d}x} = -\frac{\mathrm{d}^2 M_\mathrm{b}}{\mathrm{d}x^2}; \quad F_\mathrm{q} = -\int q \cdot \mathrm{d}x. \qquad \text{Gl. 4-8}$$

Die Gleichungen 4-7/8 stellen den Zusammenhang zwischen Streckenlast q, Querkraft F_q und Biegemoment M_b dar. Sie sagen folgendes aus

1. Die Integration der Streckenlastfunktion ergibt den Querkraftverlauf.
2. Die Integration des Querkraftverlaufs liefert das Biegemomentendiagramm.
3. Durch Ableitung der Biegemomentenkurve erhält man den Querkraftverlauf.
4. Die Ableitung der Querkraftkurve (2. Ableitung der Momentenkurve) führt auf die Streckenlast.

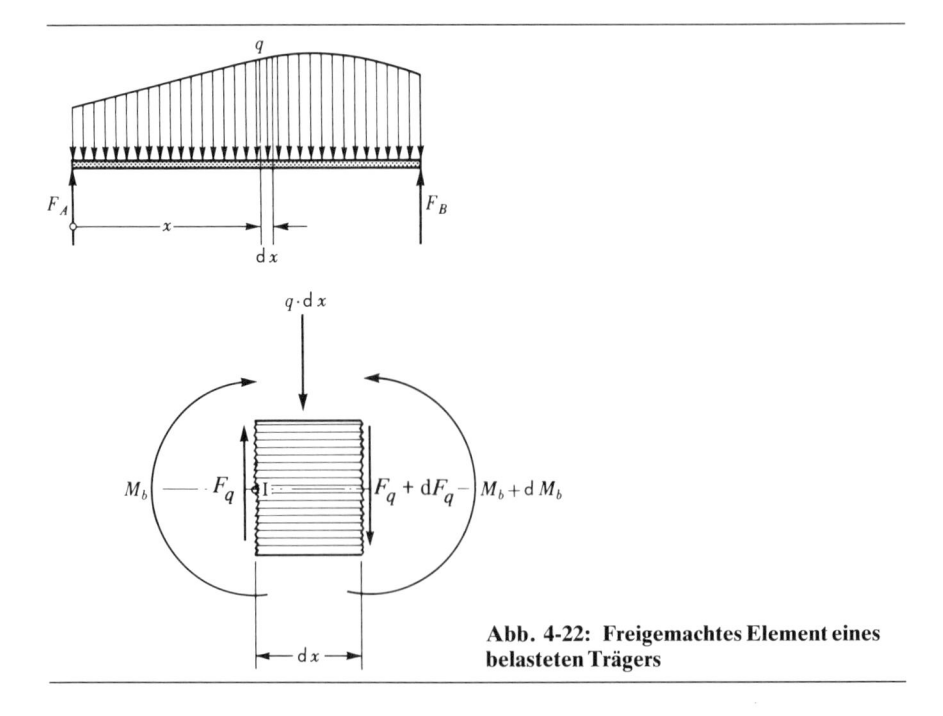

Abb. 4-22: Freigemachtes Element eines belasteten Trägers

4.3 Das Biegemoment und die Querkraft

Dieser Zusammenhang zwischen Momenten und Querkraftverlauf eignet sich einmal zur Berechnung der Biegemomente, zum anderen aber zu einer qualitativen Kontrolle.

Die Berechnung der Biegemomente und Querkräfte soll hier auf drei Arten durchgeführt werden.

1. Teilabschnitte des Trägers werden freigemacht und für verschiedene Querschnitte werden aus den Gleichgewichtsbedingungen M_b und F_q bestimmt. Bei Einzellasten bleibt zwischen zwei Lasten die Querkraft konstant, das Biegemoment ändert sich linear. Für konstante Streckenlasten ändern sich die Querkräfte linear, die Momente quadratisch. Die Gleichungen 4-7 dienen zur Kontrolle.

2. Es wird der Querkraftverlauf gezeichnet. Das ist vor allem für Einzellasten sehr einfach, denn dieser Verlauf ist lediglich eine zeichnerische Addition der Kräfte, z.B. in Abb. 4-20c

$$F_A - F + F_B = 0.$$

Die „Fläche" unter der Querkraftlinie ergibt die Momente.

3. Mit Hilfe des von FÖPPL* angegebenen Verfahrens, das im Anhang dieses Buches erläutert ist, werden von der Streckenlast ausgehend, die Gleichungen 4-7/8 ausgewertet. Das führt auf je eine Berechnungsgleichung für den Querkraftverlauf und den Biegemomentenverlauf. Dieses Verfahren eignet sich hervorragend für eine Programmierung und kann besonders vorteilhaft bei der Bestimmung der Deformationen des gebogenen Trägers (Abschnitt 4.5) angewendet werden. Für verschiedene Übergangsstellen des Querkraftverlaufs sind in der Tabelle 21 die Ansätze nach FÖPPL gegeben. Sie folgen unmittelbar aus der Darstellung des Verfahrens im Anhang.

An Hand von Beispielen sollen diese Verfahren näher erläutert werden.

Beispiel 1 (Abb. 4-23)
Für den abgebildeten Träger sollen Momenten- und Querkraftdiagramm ermittelt werden.

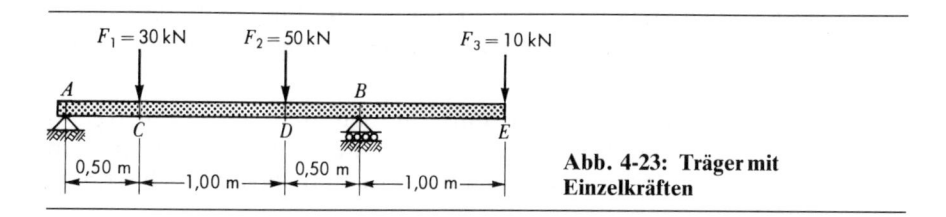

Abb. 4-23: Träger mit Einzelkräften

---

*) FÖPPL, August (1854-1924), Prof. T.H. München.

92 4. Biegung

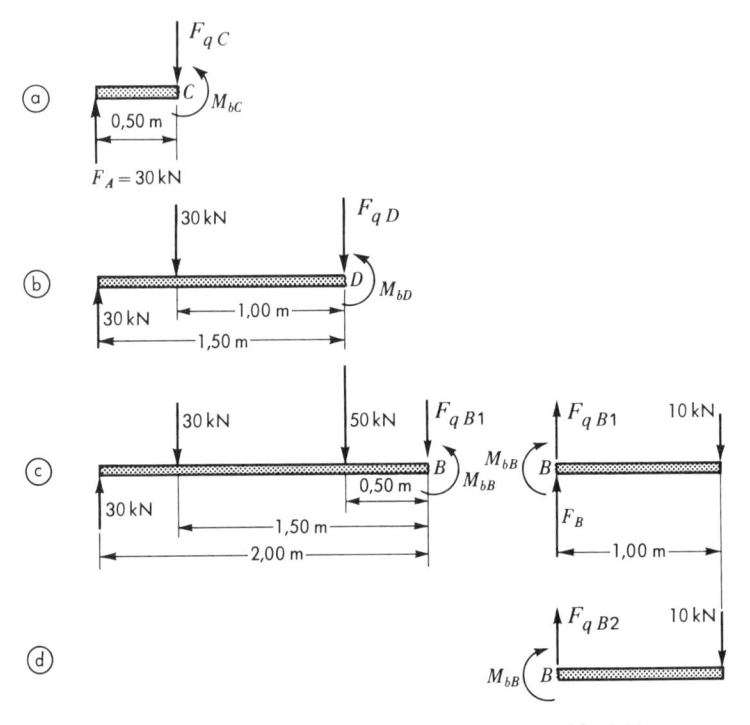

Abb. 4-24: Freigemachte Abschnitte des Trägers nach Abb. 4-23

Lösung
Methode 1 (Abb. 4-24/25)
Die Gleichgewichtsbedingungen für den Träger ergeben die Auflagerreaktionen

$$F_A = 30\,\text{kN}\,(\uparrow) \qquad F_B = 60\,\text{kN}\,(\uparrow).$$

Der Biegemomentenverlauf hat an jeder Lastangriffsstelle eine Knick und verläuft zwischen zwei solchen Punkten linear. Die Querkraft ist zwischen zwei Kraftangriffspunkten konstant. Es genügt demnach, die Biegemomente an den Stellen C, D, B zu bestimmen. Für die Punkte A und E muß $M_b = 0$ sein, da die Gleichgewichtsbedingungen $\Sigma M = 0$ für das Gesamtsystem erfüllt ist.

Der Träger wird jeweils durch Schnitte an den Stellen C, D, B freigemacht, wobei der Schnitt links von der angreifenden Kraft geführt sein soll. Moment und Querkraft werden für alle Schnitte positiv nach Abb. 4-19 eingeführt.

4.3 Das Biegemoment und die Querkraft

Die Gewichtsbedingungen ergeben für C (Abb. 4-24a)

$\Sigma M_C = 0 \qquad M_{bC} = +15\,\text{kNm}$

$\Sigma F = 0 \qquad F_{qC} = +30\,\text{kN}$ (links von F_1)

für D (Abb. 4-24b)

$\Sigma M_D = 0 \qquad M_{bD} = +15\,\text{kNm}$ (Kräftepaar $F_A\,F_1$)

$\Sigma F = 0 \qquad F_{qD} = 0$ (zwischen C und D)

für B (Abb. 4-24c)

$\Sigma M_B = 0 \qquad M_{bB} = -10\,\text{kNm}$ (Kontrolle rechter Balkenabschnitt)

$\Sigma F = 0 \qquad F_{qB1} = -50\,\text{kN}$ (zwischen D und B)

Querkraft rechts von B nach Abb. 4-24d

$\Sigma F = 0 \qquad F_{qB2} = +10\,\text{kN}.$

Die Ergebnisse sind in Abb. 4-25 aufgetragen. Im Bereich positiver Biegemomente sind die unteren Fasern gezogen, im Bereich negativer Werte die oberen. Das folgt sowohl aus der Definition der Vorzeichen nach Abb. 4-19, als auch aus der Anschauung im vorliegenden einfachen Belastungsfall.

Die Diagramme können folgendermaßen kontrolliert werden:
1. An den Enden muß $M_b = 0$ sein.
2. Am Anfang geht der Querkraftverlauf von Null aus und geht am Balkenende auf den Wert Null zurück.
3. An den Stellen $M =$ konst. muß $\dfrac{dM}{dx} = 0 = F_q$ sein. Das ist hier im Bereich CD erfüllt.
4. Wo die Querkraft Null wird, muß das Moment einen Extremwert erreichen. Das ist hier im Bereich CD und B erfüllt.

Methode 2
Ausgegangen wird vom Querkraftdiagramm. Nach Berechnung der Lagerkräfte wird dieses folgendermaßen gezeichnet (Abb. 4-25).

In A wird F_A dem Wirkungssinn nach gezeichnet. F_q bleibt konstant bis C, wo F_1 nach unten angesetzt wird. Der sich ergebende Wert (hier Null) bleibt konstant bis D, wo wiederum F_2 abgetragen wird usw. Am Trägerende muß der Linienzug bei $F_q = 0$ schließen.

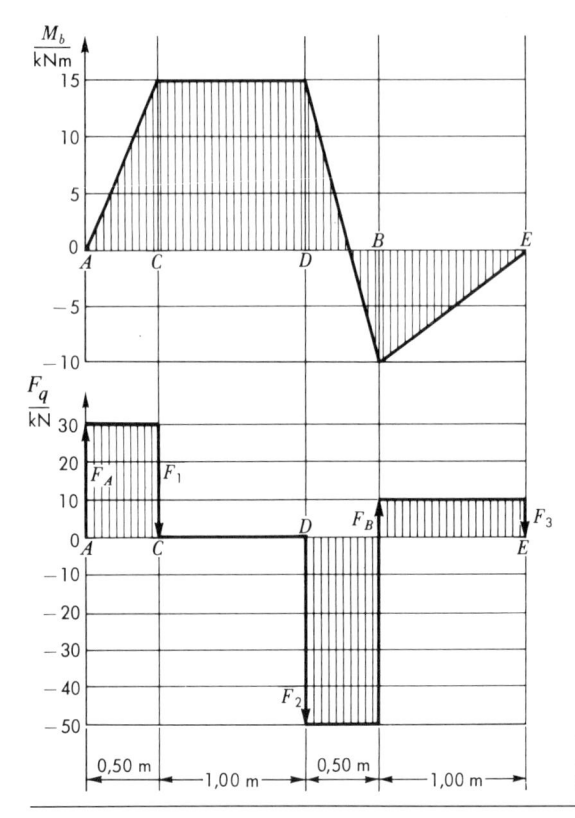

Abb. 4-25: M_b- und F_q-Diagramme für den Träger nach Abb. 4-23

Mit Hilfe dieses Diagramms kann nach den Gleichungen 4-7 der Momentenverlauf ermittelt werden. Die von der F_q-Linie eingeschlossenen Flächen entsprechen den Momenten.

Links vom Punkt C hat die eingeschlossene Fläche die Größe
30 kN · 0,5 m = 15 kNm,

$M_{bC} = + 15$ kNm.

Bis zum Punkt D kommt keine Fläche dazu

$M_{bD} = + 15$ kNm.

Die Gesamtfläche links von B ist

$M_{bB} = + 15$ kNm $- 50$ kN · 0,50 m $= - 10$ kNm.

Damit liegt der Biegemomentenverlauf fest. Es ist zweckmäßig, $M_{bE} = 0$ zu kontrollieren. Die über der Null-Linie liegenden Querkraftflächen müssen gleich den unter der Null-Linie liegenden sein.

4.3 Das Biegemoment und die Querkraft

$M_{bE} = 15 \text{ kNm} - 25 \text{ kNm} + 10 \text{ kNm} = 0.$

Methode 3
Die Gleichungen 4-7/8 werden nach dem FÖPPLschen Verfahren, das im Anhang erläutert ist, ausgewertet. Die Integration von q ergibt die Querkraft

$$F_q = -\int q \cdot dx.$$

Die Integrationskonstante wäre aus der Bedingung bei $x = 0$ ist $F_q = F_A$ zu bestimmen. Sie muß sicherstellen, daß der Querkraftverlauf bei $x = 0$ mit dem Sprung von 0 auf F_A einsetzt. Ein Sprung an der Stelle 0 wird mit dem FÖPPL-Symbol durch $\langle x \rangle^0$ dargestellt. In den weiteren Kraftangriffsstellen sind Unstetigkeitsstellen (Sprünge) der F_q-Funktion (s. Abb. 4-25). Man kann deshalb schreiben

$$F_q = \int q \cdot dx + \underbrace{\langle x \rangle^0 \cdot F_A}_{\text{Integrationskonstante}} + \underbrace{\sum_i \langle x - a \rangle^0 \cdot F_i}_{\text{restliche Kräfte}}.$$

Es ist wesentlich einfacher – wie oben geschehen – die Auflagerkräfte vorher zu berechnen und sie wie die übrigen Belastungen zu behandeln. Das Integral wird als bestimmtes Integral (Grenzen von 0 bis x) geschrieben. Damit entfällt eine aus Randbedingungen zu bestimmende Integrationskonstante. Die Auflagerkräfte werden unter dem Summenzeichen mit erfaßt.

$$\boldsymbol{F_q = -\int_0^x q \cdot dx + \sum_i \langle x - a \rangle^0 \cdot F_i} \qquad \text{Gl. 4-9}$$

Das gewählte Koordinatensystem erfordert eine Vorzeichenregelung für q; F_q; und M, wie sie die Abb. 4-26 zeigt.
Im vorliegenden Fall soll mit zugeschnittenen Größengleichungen gerechnet werden, die für folgende Einheiten gelten.

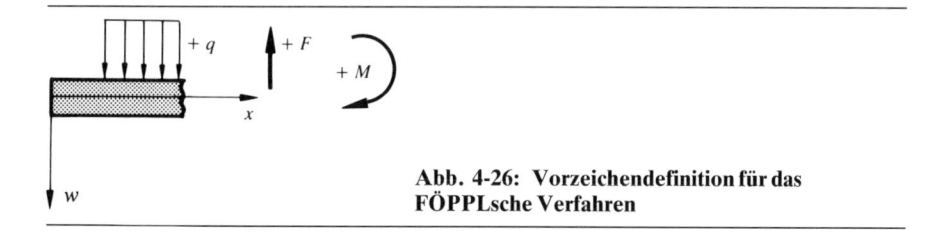

Abb. 4-26: Vorzeichendefinition für das FÖPPLsche Verfahren

x	F_q	M
m	kN	kNm

Unter Beachtung, daß im vorliegenden Beispiel $q = 0$ ist, erhält man aus dem Querkraftdiagramm Abb. 4-25

$$F_q = \langle x \rangle^0 \cdot 30 + \langle x - 0{,}50 \rangle^0 (0 - 30) + \langle x - 1{,}5 \rangle^0 (-50 - 0)$$
$$+ \langle x - 2{,}0 \rangle^0 (10 - (-50))$$

$$F_q = \langle x \rangle^0 \cdot 30 - \langle x - 0{,}50 \rangle^0 \cdot 30 - \langle x - 1{,}5 \rangle^0 \cdot 50 + \langle x - 2{,}0 \rangle^0 \cdot 60 \quad (1)$$

$\qquad F_A \qquad\qquad F_1 \qquad\qquad F_2 \qquad\qquad F_B$

Diese Gleichung stellt den Querkraftverlauf dar. Es ist nicht notwendig, die Kraft am Ende F_3 einzuführen, denn definitionsgemäß gilt $\langle x - 3{,}0\,\text{m} \rangle = 0$.

Nach Gl. 4-7 ist

$$M = \int F_q \cdot dx\,.$$

Sind die Auflagerkräfte richtig bestimmt, d.h. die Gewichtsbedingungen erfüllt, dann ergibt sich an den freien Enden $M = 0$. Das zeigen die oben durchgeführten Lösungen. Die Integrationskonstante M_0 ist hier gleich Null, denn es gilt $M = 0$ für $x = 0$. Da aber am Träger grundsätzlich einzelne Momente angreifen können, die im M_b-Diagramm Unstetigkeitsstellen (Sprünge) verursachen, wird geschrieben

$$\boldsymbol{M = \int_0^x F_q \cdot dx + \sum_j \langle x - a \rangle^0 \cdot M_j}\,. \qquad \text{Gl. 4-10}$$

Für dieses Beispiel ist der zweite Term in dieser Bezeichnung gleich Null. Man erhält durch Integration aus der Gleichung (1)

$$M = \langle x \rangle \cdot 30 - \langle x - 0{,}5 \rangle \cdot 30 - \langle x - 1{,}5 \rangle \cdot 50 + \langle x - 2{,}0 \rangle \cdot 60 \quad (2)$$

Diese Gleichung stellt den Momentenverlauf für den ganzen Balken dar. Die Auswertung soll tabellarisch erfolgen

4.3 Das Biegemoment und die Querkraft

Stelle	A	C	D	B	E
$\langle x \rangle = x$	0	0,5	1,5	2,0	3,0
$\langle x - 0,5 \rangle$	0	0	1,0	1,5	2,5
$\langle x - 1,5 \rangle$	0	0	0	0,5	1,5
$\langle x - 2,0 \rangle$	0	0	0	0	1,0
F_q/kN	0/30	30/0	0/−50	−50/+10	+10
M/kNm	0	15	15	−10	0

An der Stelle E ergibt sich eine Querkraft, die zusammen mit F_3 auf Null führt. Dort wirkt auch kein Biegemoment. Diese Bedingungen müssen an einem freien Trägerende immer erfüllt sein (Kontrolle).

An den Kraftangriffspunkten ergeben sich im Querkraftverlauf Sprünge (zwei Werte), den die FÖPPLsche Klammer mit dem Exponenten 0 darstellt. Für z.B. die Stelle B ($x = 2,0$ m) ist $\langle x - 2 \rangle^0 = 0$. Für einen beliebig kleinen Zuwachs zu den 2,0 m gilt jedoch $\langle x - 2 \rangle^0 = 1$. Einmal ist für $x = 2$ nach Gleichung (1)

$$F_{qB} = 1 \cdot 30 - 1 \cdot 30 - 1 \cdot 50 + 0 \cdot 60 = -50 \text{ kN}$$

und zum anderen ist

$$F_{qB} = 1 \cdot 30 - 1 \cdot 30 - 1 \cdot 50 + 1 \cdot 60 = +10 \text{ kN}.$$

Zum besseren Verständnis soll hier noch das Biegemoment an der Stelle $x = 1,70$ m mit Hilfe der Gleichung (2) berechnet werden:

$$M_{1,7} = 1,70 \cdot 30 - 1,20 \cdot 30 - 0,20 \cdot 50 + 0 = +5,0 \text{ kNm}.$$

Analog könnten auch Querkräfte für Zwischenpunkte bestimmt werden.

Um dem Leser ein besseres Verständnis für die Querkräfte und Momente zu vermitteln, sollen hier noch besonders die Fälle $F_q = 0$ und $M_b = 0$ diskutiert werden.

Wirkt ein konstantes Moment (reine Biegung), dann ist keine Querkraft vorhanden. Demnach kann eine Verschiebung einzelner Querschnitte nicht erfolgen, auch wenn man sie verschieblich gestaltet. Die Abb. 4-27 zeigt ein Modell, das in Proportionen und Belastung dem Beispiel entspricht. Zwischen C und D, wo $F_q = 0$ ist, ist der Träger durch zwei parallele, gelenkig gelagerte Stäbe ersetzt. Diese übertragen das Biegemoment in Form eines Kräftepaares (oben Druckstab, unten Zugstab). Eine Verschiebung erfolgt nicht, obwohl sie möglich ist. Auch ein Fachwerk kann wie ein Träger aufgefaßt werden. In jedem Schnitt müssen ein Moment und eine Querkraft übertragen werden (vgl. RITTERscher Schnitt,

Band 1). Ist die Querkraft an einer Stelle mit zwei parallelen Stäben gleich Null, dann sind nur diese Stäbe belastet. Ein dritter, querliegender Stab ist dann ein Blindstab (vgl. z.B. Band 1 Fachwerk Abb. A 9-13; $S_{11} = 0$).

Ein Gelenk kann kein Moment übertragen, wohl aber im Gelenkbolzen eine Kraft. An einer Stelle, wo $M_b = 0$ ist, kann man deshalb in den Träger ein Gelenk einbauen. Eine Verdrehung ist zwar möglich, erfolgt aber nicht. Die vorhandene Querkraft kann aufgenommen werden. Am Modell Abb. 4-27 ist auch diese Tatsache demonstriert.

Die Abb. 4-28 zeigt den gleichen Träger unter einer veränderten Belastung. Jetzt ist Gleichgewicht ohne eine entsprechend starke Verformung nicht möglich.

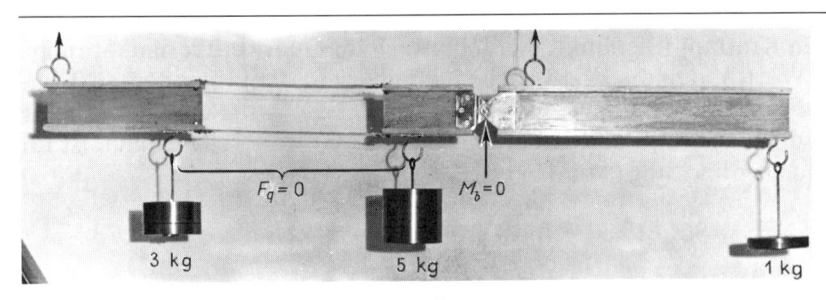

Abb. 4-27: Träger nach Abb. 4-23 im Modell

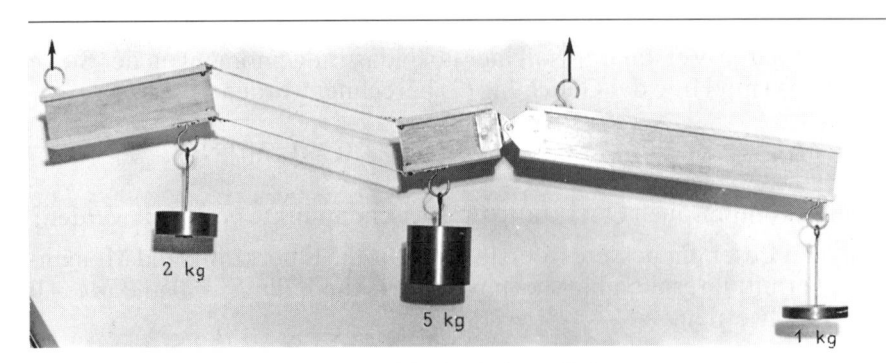

Abb. 4-28: Modellträger nach Abb. 4-27 bei geänderter Belastung

Beispiel 2 (Abb. 4-29)
Der abgebildete Träger wird von einer konstanten Streckenlast beansprucht. Zu bestimmen sind das Biegemomenten- und Querkraftdiagramm.

4.3 Das Biegemoment und die Querkraft

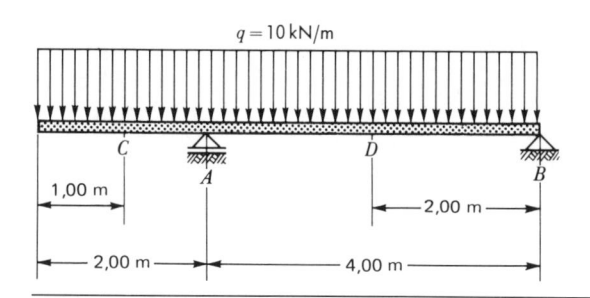

Abb. 4-29: Träger mit konstanter Streckenlast

Lösung (Abb. 4-30/31/32)

Methode 1

Die Gleichgewichtsbedingungen für den Träger ergeben die Auflagerreaktionen

$F_A = 45,0 \text{ kN}; \quad F_B = 15,0 \text{ kN}.$

Nach Abb. 4-30 werden Teilabschnitte freigemacht und in den angegebenen Schnitten das Biegemoment und die Querkraft berechnet.

Schnitt C; Abb. a)

$\Sigma M_C = 0 \quad M_{bC} = -5,0 \text{ kNm}$

$\Sigma F = 0 \quad F_{qC} = -10,0 \text{ kN}$

Schnitt A; Abb. b)

$\Sigma M_A = 0 \quad M_{bA} = -20,0 \text{ kNm}$

$\Sigma F = 0 \quad F_{qA1} = -20,0 \text{ kN}$ (links von A)

Abb. c)

$\Sigma F = 0 \quad F_{qA2} = +25,0 \text{ kN}$ (rechts von A)

Schnitt D; Abb. d)

$\Sigma M_D = 0 \quad M_{bD} = +10,0 \text{ kNm}$

$\Sigma F = 0 \quad F_{qD} = +5,0 \text{ kN}$

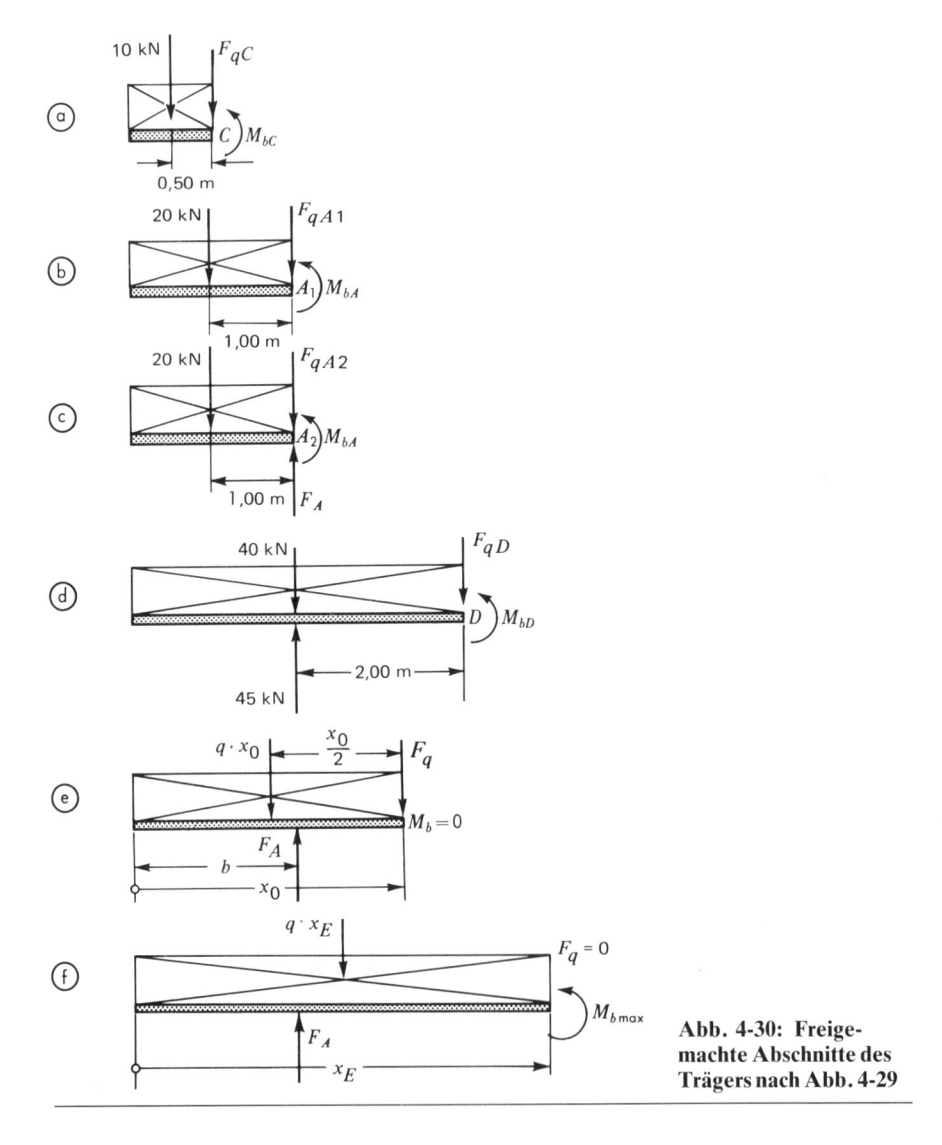

Abb. 4-30: Freigemachte Abschnitte des Trägers nach Abb. 4-29

Eine Streckenlast verursacht einen parabolischen Momentenverlauf und eine lineare Änderung der Querkraft. Sowohl M als auch F_q müssen an den freien Enden des Trägers Null sein. Wenn man das bedenkt, erleichtert es das Zeichnen der Diagramme. Zusätzlich zu den gerechneten Werten sollen die Nullstelle und das maximale Moment ermittelt werden. Dazu wird zunächst ein Teilabschnitt nach Abb. e) freigemacht, für den an der Schnittstelle $M_b = 0$ gelten soll.

4.3 Das Biegemoment und die Querkraft

$$\Sigma M = 0 \qquad \frac{q}{2} x_0^2 - F_A (x_0 - b) = 0$$

$$x_0^2 - \frac{2 F_A}{q} x_0 + \frac{2 F_A \cdot b}{q} = 0$$

Für den vorliegenden Fall hat die Gleichung die Lösungen

$$x_{01} = 6{,}0 \text{ m}; \qquad x_{02} = 3{,}0 \text{ m}.$$

Die erste Lösung bestätigt $M_b = 0$ für das rechte Trägerende, die zweite liefert die gesuchte Nullstelle. Ein Maximum der Momentenkurve ist durch die Bedingung $F_q = 0$ gegeben (s. Gl. 4-7). Ein entsprechend freigemachter Abschnitt nach Bild f) führt auf

$$\Sigma F = 0 \qquad q \cdot x_E = F_A \;\Rightarrow\; x_E = \frac{F_A}{q} = 4{,}50 \text{ m}$$

$$\Sigma M = 0 \qquad M_{b\,\text{max}} = F_A (x_E - b) - q \frac{x_E^2}{2} = +11{,}25 \text{ kNm}$$

Kontrolle: $\Sigma M = 0$ für den rechten Abschnitt.

Die Diagramme zeigt die Abb. 4-32. Das absolut größte Moment, nach dem der Träger dimensioniert wird, wirkt im Auflager A.

Da es sich hier um einen einfachen Fall mit durchgehender Belastung handelt, hätte man für die beiden Abschnitte nach Abb. 4-31 allgemeine Gleichungen für M und F_q aufstellen können.

1. Abschnitt $\qquad 0 < x < 2{,}0 \text{ m}$

$$\Sigma M = 0 \qquad M_b = -\frac{q \cdot x^2}{2}$$

$$\Sigma F = 0 \qquad F_q = -q \cdot x$$

2. Abschnitt $\qquad 2{,}0 < x < 6{,}0 \text{ m}$

$$\Sigma M = 0 \qquad M_b = -\frac{q \cdot x^2}{2} + (x - b) F_A$$

$$\Sigma F = 0 \qquad F_q = -q \cdot x + F_A$$

Die Auswertung dieser Gleichungen für die verschiedenen Schnitte ergibt die Verläufe nach Abb. 4-32.

Kontrollen.
1. Querkraft und Biegemoment sind an den freien Enden des Trägers Null.
2. An den Stellen, wo der Querkraftverlauf eine Nullstelle hat, erreichen die Momente einen Extremwert (Schnitte A und E).
3. In den Bereichen, wo die Querkraft positiv ist, ist es auch die Steigung der Momentenkurve (Bereich AE). Es gilt auch die entsprechende Umkehrung.
4. Dort wo die Querkraft in x-Richtung kleiner wird, nimmt die Steigung der Momentenkurve ab, d.h. sie wird flacher. Das ist z.B. im Bereich AE der Fall. Auch hier gilt die Umkehrung.

Man sollte auf diese qualitativen Kontrollen, die auf den Gleichungen 4-7/8 beruhen, nicht verzichten.

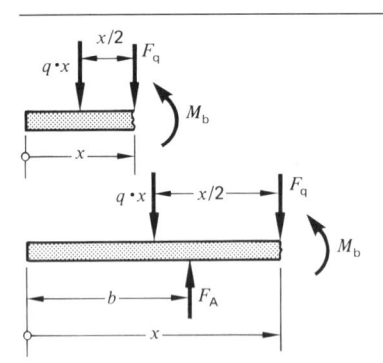

Abb. 4-31: Freigemachte Abschnitte des Trägers nach Abb. 4-29 (Allgemeine Lösung)

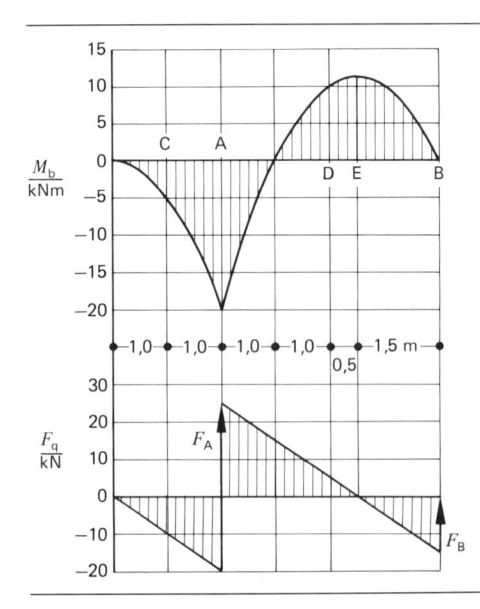

Abb. 4-32: M_b- und F_q-Diagramme für den Träger nach Abb. 4-29

4.3 Das Biegemoment und die Querkraft

Methode 2

Ausgegangen wird vom Querkraftverlauf. Dieser stellt eine Addition der Kräfte dar und kann deshalb folgendermaßen gezeichnet werden. Die nach unten gerichtete Resultierende der Streckenlast bis zum Lager A beträgt 20,0 kN. Der Verlauf ist linear. In A wird anschließend F_A angetragen. In B muß der Kraftpfeil von F_B auf der Achse enden ($F_q = 0$). Dazwischen ist der Verlauf linear. Nach den Gleichungen 4-7 entspricht die Fläche im F_q-x-Diagramm dem Moment.

Schnitt C:

$$M_{bC} = -\frac{1}{2} \cdot 1{,}0\,\text{m} \cdot 10\,\text{kN} = -5{,}0\,\text{kNm}$$

Schnitt A:

$$M_{bA} = -\frac{1}{2} \cdot 2{,}0\,\text{m} \cdot 20\,\text{kN} = -20{,}0\,\text{kNm}$$

Schnitt D:

Die Querkraft in D beträgt $F_{qD} = 5{,}0\,\text{kN}$. Das entnimmt man einem genau gezeichneten Diagramm oder kann es aus ähnlichen Dreiecken berechnen. Damit ist

$$M_{bD} = -20{,}0\,\text{kNm} + \frac{25{,}0 + 5{,}0}{2}\,\text{kN} \cdot 2{,}0\,\text{m} = +10{,}0\,\text{kNm}$$

Die Nullstelle der Querkraft liegt 2,50 m rechts von A (Strahlensatz).

$$M_{b\,\text{max}} = -20{,}0\,\text{kNm} + \frac{1}{2} \cdot 25{,}0\,\text{kN} \cdot 2{,}5\,\text{m} = +11{,}25\,\text{kNm}$$

Mit diesen Werten kann das Biegemomentendiagramm gezeichnet werden.

Methode 3

Das FÖPPLsche Verfahren geht von der Streckenlast aus, die hier am linken Ende bei $x = 0$ einsetzt (Tabelle 21).

$$q = \langle x \rangle^0 \cdot q_0$$

Das rechte Ende des Trägers $x = l$, an dem die Streckenlast auf Null zurückgeht, muß nicht eingefügt werden, da $\langle x - l \rangle = 0$ für alle Abschnitte gilt. Es soll mit zugeschnittenen Größengleichungen für folgende Einheiten gearbeitet werden.

x	q	F_q	M
m	kN/m	kN	kNm

Mit der Vorzeichendefinition nach Abb. 4-26 ist damit

$$q = \langle x \rangle^0 \cdot 10.$$

Die Gleichung 4-9

$$F_q = - \int_0^x q \cdot dx + \sum_i \langle x - a \rangle^0 \cdot F_i$$

führt mit $F_A = 45{,}0$ kN und dem Abstand des Lagers $x_A = 2{,}0$ m auf

$$F_q = - \langle x \rangle \cdot 10 + \langle x - 2{,}0 \rangle^0 \cdot 45{,}0. \tag{1}$$

Die Lagerkraft F_B muß nicht eingeführt werden, weil sie am Ende $x = l$ wirkt. Die Gleichung (1) gibt den Querkraftverlauf wieder. Beispielhaft sollen einige Werte berechnet werden.

Schnitt C

$$x = 1{,}0 \text{ m}; \quad F_{qC} = -1{,}0 \cdot 10 + 0 = -10{,}0 \text{ kN}$$

Schnitt A

$$x = 2{,}0 \text{ m}; \quad F_{qA} = -2{,}0 \cdot 10 = -20{,}0 \text{ kN} \quad \text{mit } \langle x - 2 \rangle^0 = 0$$

$$F_{qA} = -2{,}0 \cdot 10 + 1 \cdot 45 = +25{,}0 \text{ kN} \quad \text{mit } \langle x - 2 \rangle^0 = 1$$

Lager B

$$x = 6{,}0 \text{ m}; \quad F_{qB} = -6{,}0 \cdot 10 + 1 \cdot 45 = -15 \text{ kN}$$

Addiert man $F_B = 15{,}0$ kN hinzu, erhält man als Kontrolle $F_q = 0$ rechts vom Auflager.

Die Lage der Nullstelle des Querkraftverlaufs kann man aus der Gleichung (1) berechnen ($x = x_E$)

$$0 = -x_E \cdot 10 + 1 \cdot 45 \quad \Rightarrow \quad x_E = 4{,}50 \text{ m}.$$

4.3 Das Biegemoment und die Querkraft

Dabei wurde vorausgesetzt, daß diese Stelle rechts von A liegt: $\langle x_E - 2{,}0\rangle^0 = 1$. Das folgt aus der Anschauung. Hier ist ein Extremwert des Biegemomentes.

Die Gleichung 4-10 bzw. die Integration der Gleichung (1)

$$M = \int_0^x F_q \cdot dx + \sum_j \langle x - a\rangle^0 \cdot M_j$$

führt mit $\langle x\rangle^1 = \langle x\rangle = x$ auf

$$M = -x^2 \cdot 5{,}0 + \langle x - 2{,}0\rangle \cdot 45{,}0 . \tag{2}$$

Das ist der Momentenverlauf für den Träger. Auch hier sollen einige Werte berechnet werden.

Schnitt C

$\quad x = 1{,}0\,\text{m} \qquad M_{bC} = -1{,}0^2 \cdot 5{,}0 + 0 = -5{,}0\,\text{kNm}$

Schnitt A

$\quad x = 2{,}0\,\text{m} \qquad M_{bA} = -2{,}0^2 \cdot 5{,}0 + 0 = -20{,}0\,\text{kNm}$

Schnitt D

$\quad x = 4{,}0\,\text{m} \qquad M_{bD} = -4{,}0^2 \cdot 5 + 2{,}0 \cdot 45{,}0 = +10{,}0\,\text{kNm}.$

Die Nullstelle der Biegemomentenlinie muß rechts vom Auflager A liegen. Für diesen Bereich gilt $\langle x - 2{,}0\rangle = (x - 2{,}0)$. Mit $x = x_0$ erhält man aus Gleichung (2)

$$0 = -x_0^2 \cdot 5{,}0 + (x_0 - 2{,}0) \cdot 45{,}0.$$

Die Normalform dieser quadratischen Gleichung

$$x_0^2 - 9{,}0 \cdot x_0 + 18{,}0 = 0$$

hat die Lösungen

$\quad x_{01} = 6{,}0\,\text{m}\,; \qquad x_{02} = 3{,}0\,\text{m}.$

Die erste Lösung entspricht dem Lager B. Da der Verlauf parabolisch ist, liegt der Scheitel in der Mitte zwischen den Nullstellen. Das ist der Schnitt E. Das maximale Moment erhält man mit $x_E = 4{,}50$ m aus (2)

$$M_E = -4{,}5^2 \cdot 5{,}0 + 2{,}5 \cdot 45 = 11{,}25 \text{ kNm}.$$

Das ist jedoch nicht der absolut höchste Wert. Ein Träger gleichen Querschnitts müßte für das Moment $M_A = 20{,}0$ kNm dimensioniert werden.

Beispiel 3 (Abb. 4-33)
Für den eingespannten Träger sind das Momenten- und Querkraftdiagramm zu zeichnen.

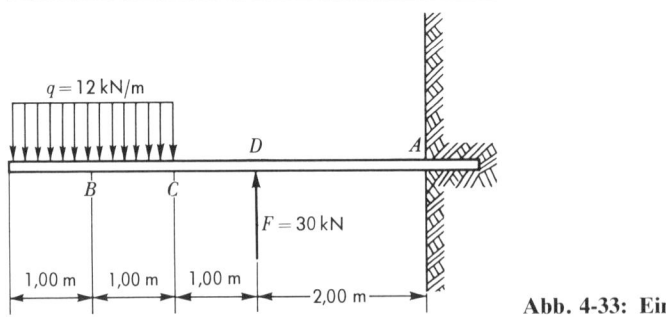

Abb. 4-33: Eingespannter Träger

Lösung (Abb. 4-34)
Die Auflagerreaktionen betragen

$$\boldsymbol{F_A = 6{,}0 \text{ kN}} (\downarrow) \quad \text{und} \quad \boldsymbol{M_A = 36{,}0 \text{ kNm}} (\curvearrowleft)$$

Der Querkraftverlauf wird analog zu dem vorigen Beispiel gezeichnet. Nach der Methode 2 erhält man mit Hilfe der Abb. 4-34 folgende Momente.

Schnitt B $\qquad M_{bB} = -\dfrac{1}{2} \cdot 12 \text{ kN} \cdot 1{,}0 \text{ m} = -6{,}0 \text{ kNm}$

Schnitt C $\qquad M_{bC} = -\dfrac{1}{2} \cdot 24 \text{ kN} \cdot 2{,}0 \text{ m} = -24 \text{ kNm}$

Schnitt D $\qquad M_{bD} = -24 \text{ kNm} - 24 \text{ kN} \cdot 1{,}0 \text{ m} = -48 \text{ kNm}$

Schnitt A $\qquad M_{bA} = -48 \text{ kNm} + 6 \text{ kN} \cdot 2 \text{ m} = -36 \text{ kNm}.$

Mit diesen Werten kann der Momentenverlauf gezeichnet werden. Im Bereich der Streckenlast ist er parabolisch, sonst linear. Die qualitativen

4.3 Das Biegemoment und die Querkraft

Kontrollen nach den Gleichungen 4-7/8, wie sie im vorigen Beispiel (Methode 1) durchgeführt wurden, sind erfüllt und sollten nachvollzogen werden. Dabei ist zu beachten, daß A hier *kein freies* Trägerende, sondern eine Einspannung bezeichnet. Deshalb ist das Biegemoment an dieser Stelle gleich dem Einspannmoment.

Methode 3
Nach der FÖPPLschen Methode wird von der Streckenlast ausgegangen. Dabei wird der 0-Punkt der x-Achse in das linke Trägerende gelegt. Es wird mit zugeschnittenen Größengleichungen für folgende Einheiten gearbeitet

x	q	F	M
m	kN/m	kN	kNm

Die Vorzeichen sind in Abb. 4-26 gegeben (s. auch Tabelle 21)

$$q = \langle x \rangle^0 \cdot 12 + \langle x-2 \rangle^0 \cdot (0-12)$$

$$q = \langle x \rangle^0 \cdot 12 - \langle x-2 \rangle^0 \cdot 12 \tag{1}$$

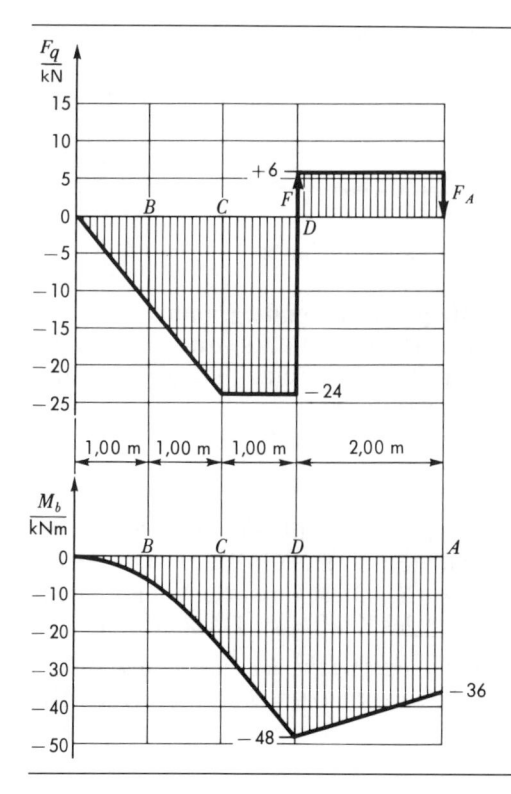

Abb. 4-34: M_b- und F_q-Diagramme für den Träger nach Abb. 4-33

Die Integration (Gl. 4-9) liefert

$$F_q = -\int_0^x q \cdot dx + \sum_i \langle x-a \rangle^0 \cdot F_i$$

$$F_q = -x \cdot 12 + \langle x-2 \rangle \cdot 12 + \langle x-3 \rangle^0 \cdot 30 \,. \tag{2}$$

Den Momentenverlauf erhält man durch eine nochmalige Integration (Gl. 4-10)

$$M = \int_0^x F_q \cdot dx + \sum_j \langle x-a \rangle^0 \cdot M_j \,.$$

Da keine äußeren Momente angreifen, ist der zweite Term gleich Null.

$$M = -x^2 \cdot 6 + \langle x-2 \rangle^2 \cdot 6 + \langle x-3 \rangle \cdot 30 \,. \tag{3}$$

Die Gleichungen (2) und (3) stellen den Querkraft- und Biegemomentenverlauf dar. Im vorliegenden Fall kann man mit diesen die Auflagerreaktionen berechnen ($x = 5,0$ m)

$$F_{q5} = -5 \cdot 12 + 3 \cdot 12 + 1 \cdot 30 = +6,0 \text{ kN} \,.$$

Diese Kraft muß mit der Auflagerreaktion $F_A = -6,0$ kN ins Gleichgewicht gebracht werden.

$$M_5 = -5^2 \cdot 6 + 3^2 \cdot 6 + 2 \cdot 30 = -36,0 \text{ kNm} \,.$$

Dieses Biegemoment entspricht dem Einspannmoment.

4.3.2 Graphische Bestimmung des Biegemomentendiagramms

Die Bestimmung von Momenten mit Hilfe des Seilecks wurde im Band 1 im Abschnitt 3.4.2 behandelt. Einen Teilabschnitt eines Trägers zeigt die Abb. 4-35. Das Biegemoment berechnet sich aus

$$M_b = F \cdot x = H \cdot \eta$$

Dabei ist η der in Kraftrichtung gemessene Abstand der beiden Seilstrahlen, wobei der Längenmaßstab zu beachten ist. Die Größe H ist die Horizontalkomponente der Seilkräfte S_0 und S_1. Diese entspricht der mit dem Kräftemaßstab umgerechneten „Höhe" des Kraftecks. Daraus folgt:

Die vom Seileck eingeschlossene Fläche entspricht der Fläche des Biegemomentendiagramms. Das Seileck ist ein verzerrtes Biegemomentendiagramm.

4.3 Das Biegemoment und die Querkraft

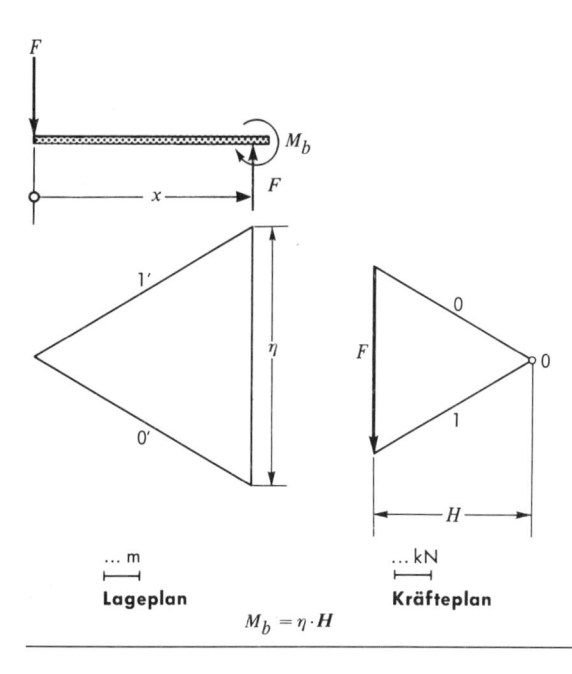

Abb. 4-35: Bestimmung des Biegemomentenverlaufs mit der Seileckkonstruktion

$M_b = \eta \cdot H$

Beispiel (Abb. 4-36)
Für den abgebildeten Träger sind graphisch die Auflagerreaktionen und das Biegemomentendiagramm zu bestimmen.

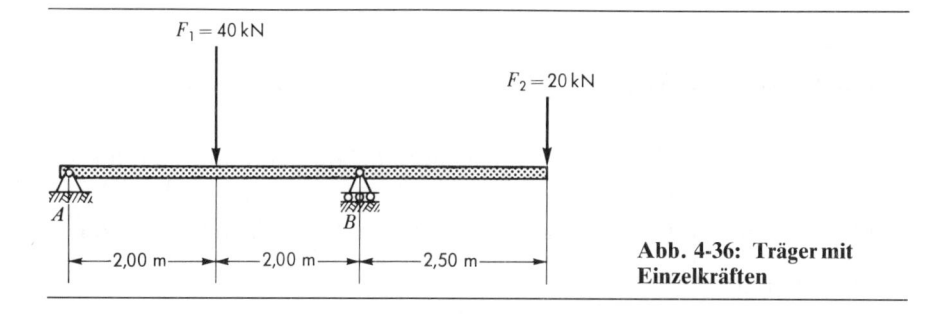

Abb. 4-36: Träger mit Einzelkräften

Lösung (Abb. 4-37)
Im Seileck schneiden sich die Schlußlinie und der Seilstrahl 1'. In der Schnittstelle ist das Biegemoment Null. Im linken Teil ist das Moment positiv im rechten negativ. Links vom Seileck ist zusätzlich der Längenmaßstab aufgetragen. Dieser gilt für η. Rechts ist dieser Maßstab mit H multipliziert und ergibt so das Bezugsmaß für das Biegemoment. Zum besseren Verständnis ist unter dem Seileck das entzerrte Biegemomentendiagramm gezeichnet. Man gewinnt dieses, indem man die vertikalen Abstände η der Seilstrahlen über einer Abszisse aufträgt, wobei die Vorzeichen zu beachten sind. Wegen des linearen Verlaufs genügt es, im vor-

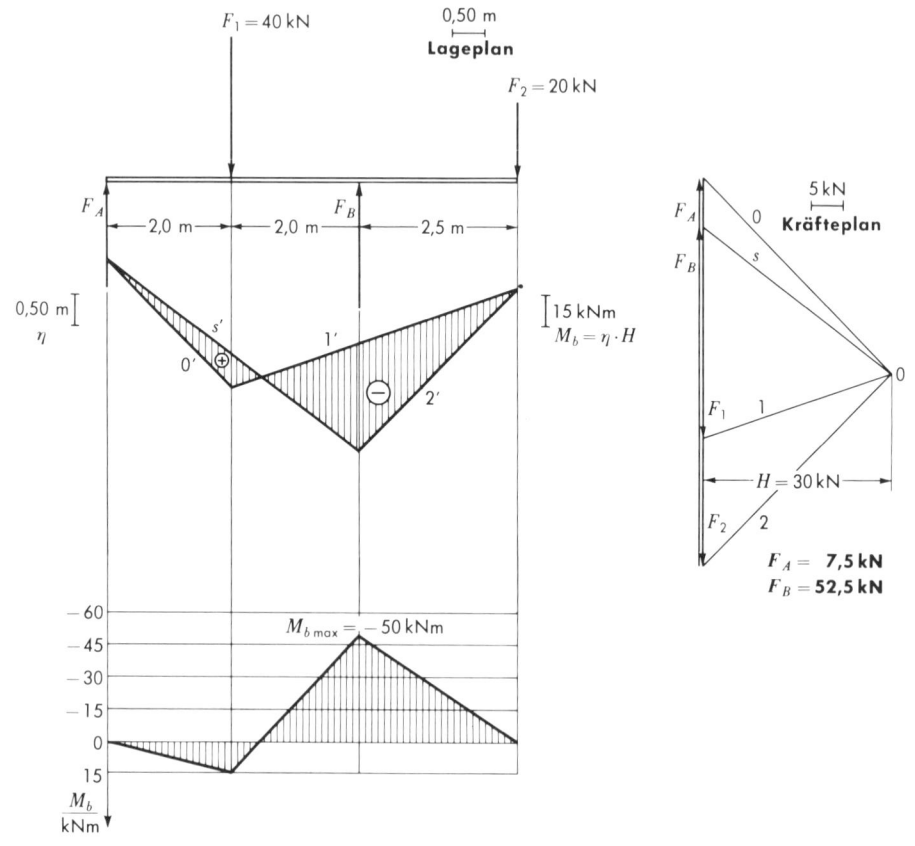

Abb. 4-37: Seileckkonstruktion des M_b-Diagramms für den Träger nach Abb. 4-36

liegenden Fall zwei Punkte zu konstruieren. Die Schlußlinie ergibt im Kräfteplan die Auflagerreaktionen.

Kontrolle: Schnittpunkt im Lageplan entspricht Dreieck im Kräfteplan.

4.3.3 Rahmen

Ein Rahmen wie er bereits in Band 1 definiert wurde, besteht aus Einzelteilen, die in reibungslos angenommenen Gelenken verbunden sind. Zunächst ist es notwendig, die Auflagerreaktionen und Gelenkkräfte zu bestimmen. Das ist eine Aufgabenstellung der Statik. Gelenke können keine Momente übertragen, an diesen Stellen ist demnach das Biegemoment gleich Null. Was bisher zum geraden Träger ausgeführt wurde, gilt unverändert. An Knoten und Kröpfungsstellen müssen die Biegemomente zusätzlich berechnet werden, auch wenn dort keine Kräfte angreifen. Das wird besonders im nachfolgenden Beispiel 3 veranschaulicht.

4.3 Das Biegemoment und die Querkraft

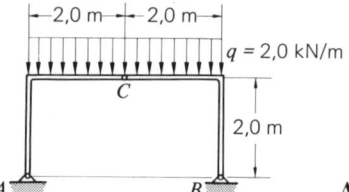

Abb. 4-38: Belasteter Dreigelenk-Rahmen

Beispiel 1 (Abb. 4-38)
Für den abgebildeten Stahlrahmen ist das Biegemomentendiagramm zu ermitteln. Der Rahmen ist in A und B gelenkig gelagert. In der Mitte des Querholms ist ein Gelenk C eingebaut.

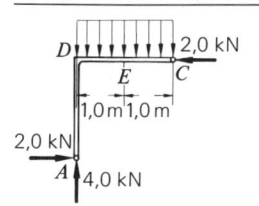

Abb. 4-39: Freigemachte Rahmenhälfte

Abb. 4-40: Freigemachte Teilabschnitte des Rahmens nach Abb. 4-38

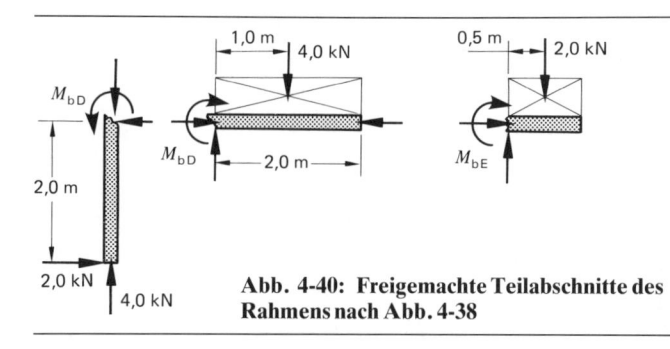

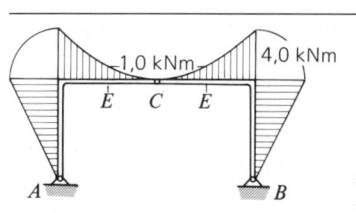

Abb. 4-41: M_b-Diagramm für den Rahmen nach Abb. 4-38 über gezogener Faser aufgetragen

Lösung (Abb. 4-39/40/41)
Die Auflagerreaktionen und die Gelenkkraft für das vorgegebene System wurde im Band 1 Abschnitt 8.2 berechnet. Sie sind in der Abb. 4-39 eingetragen. Dabei ist zu beachten, daß das System symmetrisch ist. Freigemachte Teilabschnitte nach Abb. 4-40 führen auf

Kröpfung D:

$$\Sigma M_D = 0 \qquad M_{bD} = -4{,}0 \text{ kNm}$$

Schnitt E:

$$\Sigma M_E = 0 \qquad M_{bE} = -1{,}0 \text{ kNm}$$

Im Diagramm Abb. 4-41 sind die Biegemomente über der gezogenen Faser aufgetragen.

Beispiel 2 (Abb. 4-42)
Für den abgebildeten Rahmen ist das Biegemomentendiagramm zu bestimmen. Die Kraft F_2 greift an der vertikalen Stütze an.

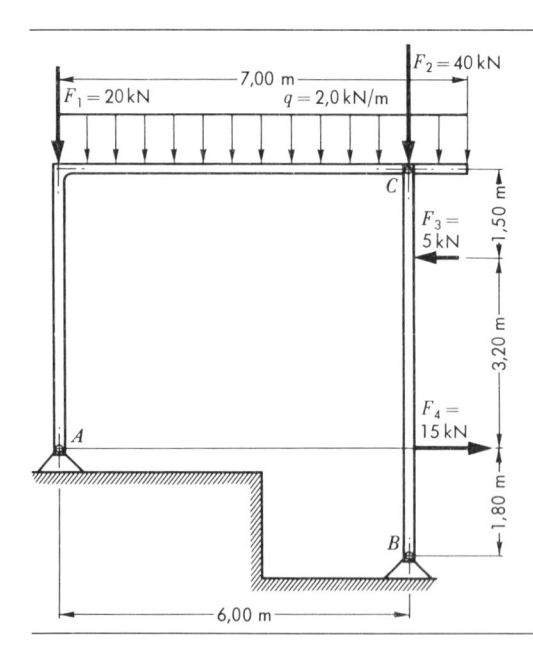

Abb. 4-42: Belasteter Rahmen

Lösung (Abb. 4-43/44/45)
Die aus den Gleichgewichtsbedingungen berechneten Auflagerreaktionen sind in der Abb. 4-43 eingetragen (vergl. Aufgabe A8-6 im Band 1). Für Teilabschnitte nach Abb. 4-44 werden die Momentengleichungen aufgestellt.

4.3 Das Biegemoment und die Querkraft

Träger AC

    Abb. a) $M_{bC} = -1,0\,\text{kNm}$

    Abb. b) $M_{bD} = 16,82\,\text{kNm} - 9,0\,\text{kNm} = +7,82\,\text{kNm}$

    Abb. c) $M_{bE} = 33,64\,\text{kNm} - 25,0\,\text{kNm} = +8,64\,\text{kNm}$

    Abb. d) $M_{bF} = 50,46\,\text{kNm} - 49,0\,\text{kNm} = +1,46\,\text{kNm}$

Kontrolle (vertikaler Träger):

$$M_{bF} = 0,31\,\text{kN} \cdot 4,7\,\text{m} = +1,46\,\text{kNm}$$

Abb. 4-43: Freigemachter Rahmen nach Abb. 4-42

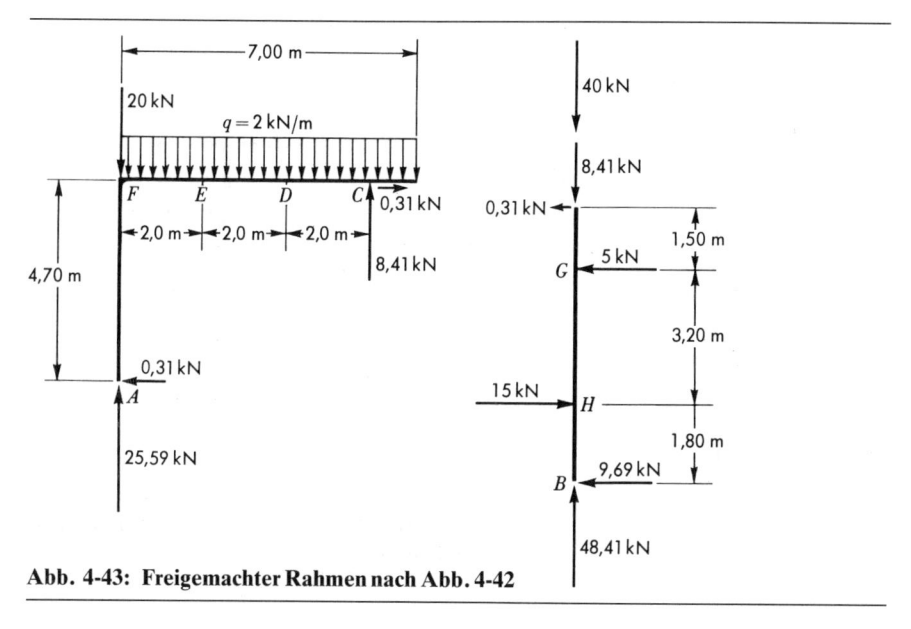

Träger BC

    Abb. e) $M_{bG} = -0,31\,\text{kN} \cdot 1,50\,\text{m} = -0,47\,\text{kNm}$

    Abb. f) $M_{bH} = -1,46\,\text{kNm} - 16,0\,\text{kNm} = -17,46\,\text{kNm}$

Kontrolle:

$$M_{bH} = -9,69\,\text{kN} \cdot 1,80\,\text{m} = -17,46\,\text{kNm}.$$

Die Ergebnisse sind in Abb. 4-45 aufgetragen. Das maximale Moment im Querbalken liegt an der Stelle $F_q = 0$. Aus dieser Bedingung wurde die Lage ermittelt.

114   4. Biegung

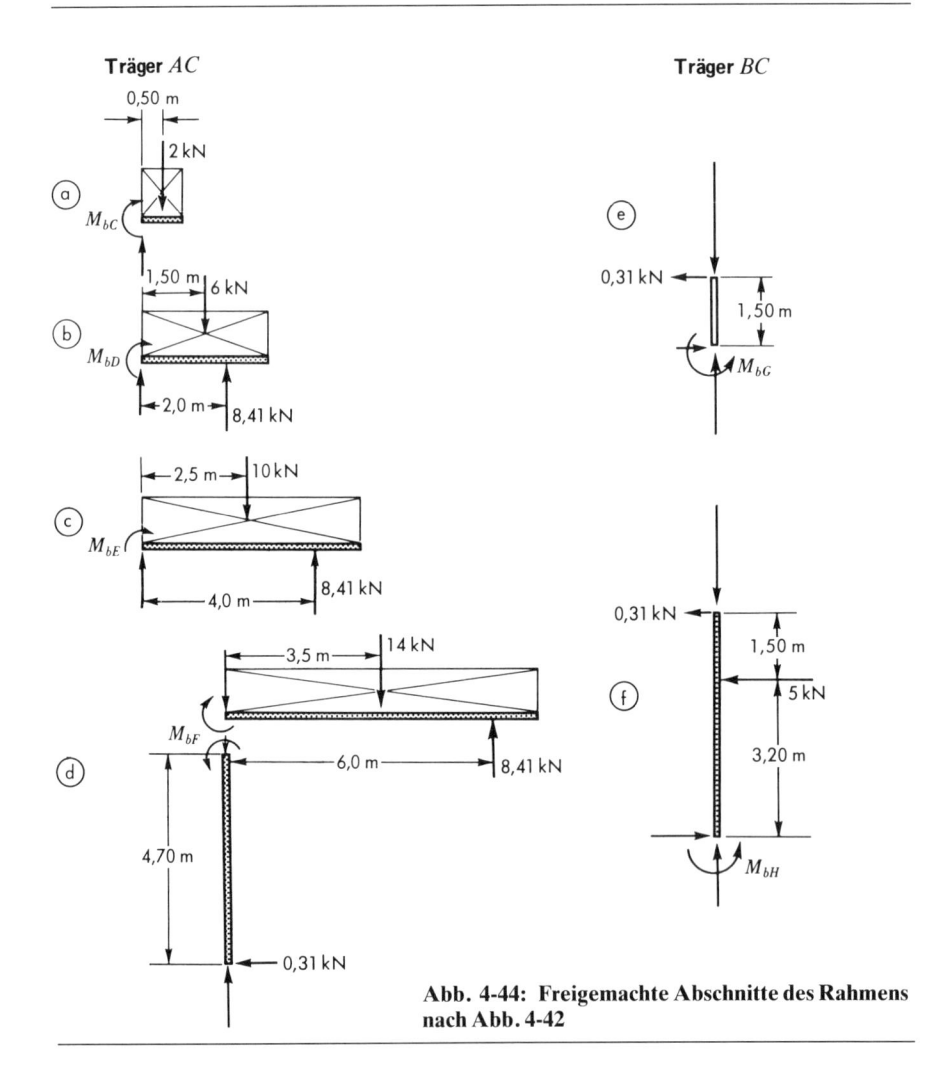

Träger AC **Träger** BC

(a) ... M_{bC} — 0,50 m, 2 kN

(b) ... M_{bD} — 1,50 m, 6 kN; 2,0 m; 8,41 kN

(c) ... M_{bE} — 2,5 m, 10 kN; 4,0 m; 8,41 kN

(d) ... M_{bF} — 3,5 m, 14 kN; 6,0 m; 8,41 kN; 4,70 m; 0,31 kN

(e) ... 0,31 kN; 1,50 m; M_{bG}

(f) ... 0,31 kN; 1,50 m; 5 kN; 3,20 m; M_{bH}

Abb. 4-44: Freigemachte Abschnitte des Rahmens nach Abb. 4-42

Beispiel 3 (Abb. 4-46)
Der Stahlrahmen ist wie abgebildet mit $q = 25$ kN/m belastet. Die Abmessung a beträgt 4,0 m. Zu zeichnen ist das Biegemomentendiagramm.

Lösung (Abb. 4-47/48/49)
Aus den Gleichgewichtsbedingungen berechnet man die in Abb. 4-47 eingetragenen Auflagerreaktionen. In der Abbildung sind die Streckenlasten durch Resultierende ersetzt.

4.3 Das Biegemoment und die Querkraft   115

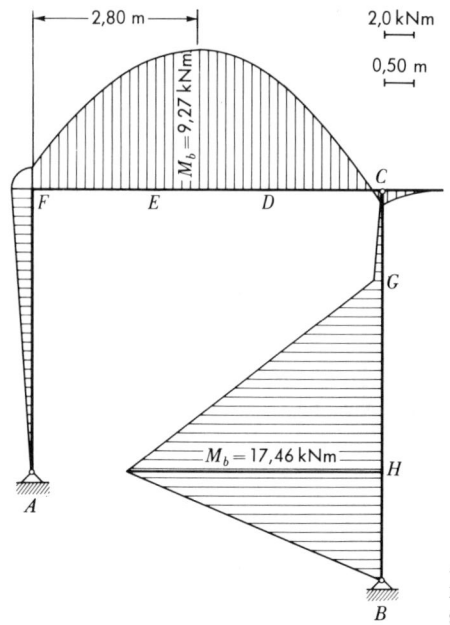

Abb. 4-45: M_b-Diagramm des Rahmens nach Abb. 4-42 über gedrückter Faser aufgetragen

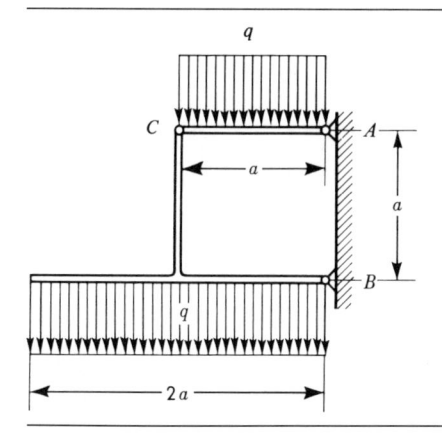

Abb. 4-46: Belasteter Rahmen

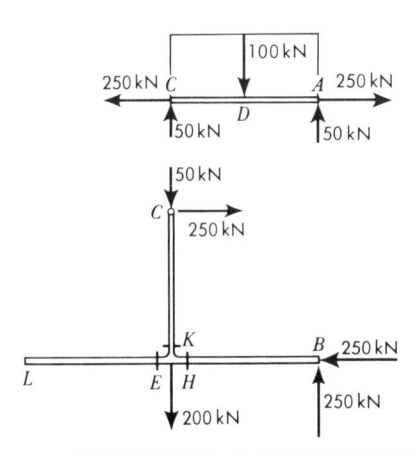

Abb. 4-47: Freigemachter Rahmen nach Abb. 4-46

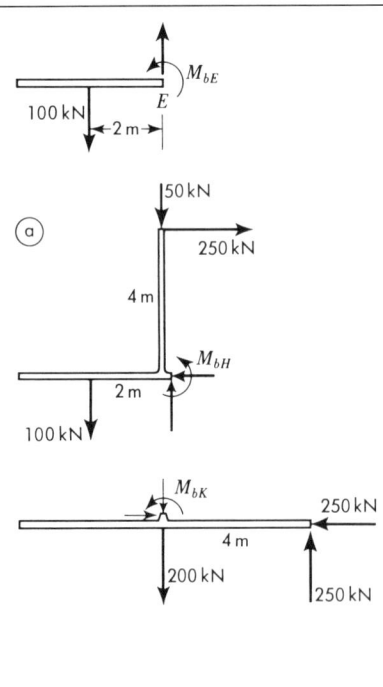

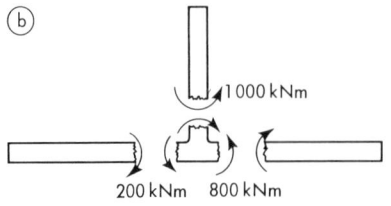

Abb. 4-48: Freigemachte Abschnitte des Rahmens nach Abb. 4-46

4.3 Das Biegemoment und die Querkraft

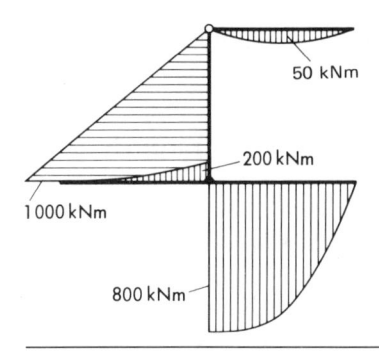

Abb. 4-49: M_b-Diagramm für Rahmen nach Abb. 4-46 über gezogener Faser aufgetragen

Träger *AC*

Dieser Teil entspricht einem Träger auf zwei Stützen mit konstanter Streckenlast. In der Mitte ist
$$M_{bD} = 50{,}0 \text{ kN} \cdot 2{,}0 \text{ m} - 50{,}0 \text{ kN} \cdot 1{,}0 \text{ m} = 50 \text{ kNm}$$

Der Verlauf ist parabolisch und kann durch Berechnung von Zwischenwerten ergänzt werden.

Träger *BC*

Hier soll besonders auf die Verhältnisse an einem Knoten eingegangen werden. Das ist die Verbindungsstelle mehrerer Träger. Diese muß freigeschnitten werden (Schnitte E; H; K). Welchen Teilabschnitt man für die Rechnung verwendet ist grundsätzlich gleich. Wählt man immer den Abschnitt, in dem der Knoten liegt, dann addieren sich die Momente mit den errechneten Vorzeichen zu Null (Gleichgewicht am Knoten). Für die Aufstellung der Gleichungen kann diese Vorgehensweise aufwendig sein. Aus diesem Grunde soll hier von diesem formalistischen Weg abgewichen werden. Es werden Abschnitte nach Abb. 4-48a betrachtet. Die Streckenlasten werden durch Resultierende ersetzt.

$$\Sigma M_E = 0 \qquad M_{bE} = -100 \text{ kN} \cdot 2{,}0 \text{ m} = -200 \text{ kNm}$$

$$\Sigma M_H = 0 \qquad M_{bH} = -200 \text{ kNm} + 250 \text{ kN} \cdot 4{,}0 \text{ m} = +800 \text{ kNm}$$

$$\Sigma M_K = 0 \qquad M_{bK} = -250 \text{ kN} \cdot 4{,}0 \text{ m} = -1000 \text{ kNm} \,.$$

Es ist notwendig, die Vorzeichen zu deuten. Das geschieht mit Hilfe der Abb. 4-48b. Man erhält am Knoten

$$800 \text{ kNm} - 1000 \text{ kNm} + 200 \text{ kNm} = 0 \,.$$

Diese Kontrolle sollte immer durchgeführt werden. Die Berechnung der Momente für weitere Schnitte liefert das vollständige Diagramm nach

Abb. 4-49. Die Biegemomente sind über der gezogenen Faser aufgetragen.

4.4 Axiale Flächenträgheitsmomente und Widerstandsmomente

4.4.1 Flächenträgheitsmomente einfacher Flächen für eine vorgegebene Achse

Für den auf Biegung beanspruchten Träger gilt das Koordinatensystem nach Abb. 4-10. Auf dieses beziehen sich die Tabellen für genormte Stahlbauprofile. Die Querschnittsfläche des Trägers liegt in der y-z-Ebene. Deshalb müssen die Flächenträgheitsmomente für diese Achsen berechnet werden. Der Begriff Flächenträgheitsmoment wurde bereits in Abschnitt 4-2 definiert.

Nach Gleichung 4-1 ist

$$I_y = \int z^2 \, dA \; ; \qquad I_z = \int y^2 \, dA \, .$$

Die Dimension dieser Größe ist (Länge)⁴, die Einheit meistens cm⁴.

Ist die Fläche von mathematisch einfach erfaßbaren Linien begrenzt, kann das Flächenträgheitsmoment durch Integration ermittelt werden. Ist dies nicht der Fall, muß man die Fläche in parallel zur Achse liegende schmale Streifen einteilen, d.h. anstatt mit Differentialen mit Differenzen arbeiten. Man geht vom Integral zur Summenschreibweise über und wertet tabellarisch aus

$$\boldsymbol{I_y = \Sigma \, (z^2 \cdot \Delta A)}$$

$$\boldsymbol{I_z = \Sigma \, (y^2 \cdot \Delta A)} \, .$$

Die Berechnung kann grundsätzlich für frei wählbare Achsen erfolgen. In die Grundgleichung der Biegung (Gl. 4-6) geht das auf die Schwerpunktachse bezogene Flächenträgheitsmoment ein. Diese Achse steht senkrecht zur Belastungsebene. In vielen Fällen ist es einfacher, zunächst das Flächenträgheitsmomet auf eine günstig gewählte Achse zu beziehen. In einem zweiten Schritt erfolgt dann die Umrechnung auf die Schwerpunktachse (Abschnitt 4.4.2).

Die Flächenträgheitsmomente einiger Grundfiguren sind in der Tabelle 9 zusammengestellt. Für Stahlbauprofile sind diese Werte in entsprechenden Tafeln enthalten. Beispiele dafür sind die Tabellen 10A bis 10 D.

Beispiel (Abb. 4-50)
Für die abgebildete Dreiecksfläche ist das Flächenträgheitsmoment bezogen auf die y-Achse zu bestimmen.

4.4 Axiale Flächenträgheitsmomente und Widerstandsmomente

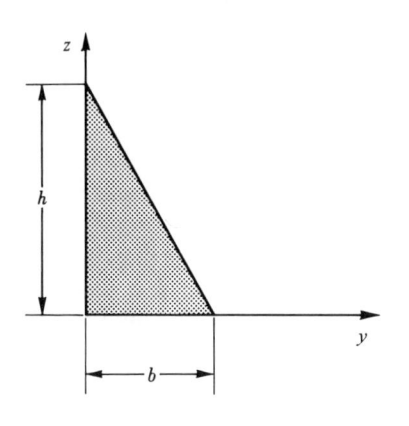

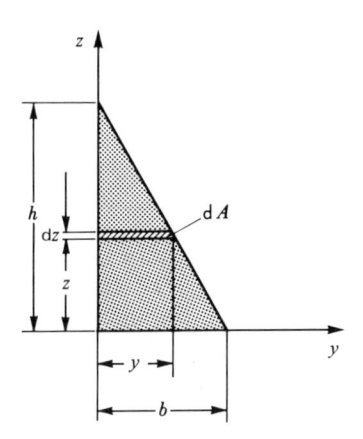

Abb. 4-50: Dreieckfläche

Abb. 4-51: Definition des Flächenelements dA im Dreieck

Lösung (Abb. 4-51)
Die Auswertung des Integrals

$$I_y = \int z^2 \, dA$$

erfordert die Definition des Flächenelementes dA. Diese muß so liegen, daß alle seine Teile den (gleichen) Abstand z haben. Damit ist

$$dA = y \cdot dz \quad \text{und} \quad I_y = \int z^2 \cdot y \cdot dz.$$

Den Zusammenhang zwischen z und y liefert die Geradengleichung

$$z = -\frac{h}{b} \cdot y + h$$

Diese Beziehung könnte man auch aus ähnlichen Dreiecken gewinnen. Nach y aufgelöst erhält man

$$y = b\left(1 - \frac{z}{h}\right)$$

und damit

$$I_y = b \int_0^h z^2 \left(1 - \frac{z}{h}\right) dz = \left[\frac{z^3}{3} - \frac{z^4}{4h}\right]_0^h = b\left(\frac{h^3}{3} - \frac{h^3}{4}\right)$$

$$I_y = \frac{bh^3}{12}$$

Dieses Ergebnis gilt für jedes Dreieck mit der Höhe h. Die Spitze muß nicht auf der z-Achse liegen. Die Begründung überlege sich der Leser.

4.4.2 Umrechnung eines Flächenträgheitsmomentes auf eine parallele Achse (STEINERscher*) Satz)

In diesem Abschnitt soll eine Beziehung zwischen Flächenträgheitsmomenten abgeleitet werden, die auf parallele Achsen bezogen sind. Eine von diesen soll eine Schwerpunktachse sein. Ausgegangen wird von einer Fläche A in dem Koordinatensystem y-z nach Abb. 4-52. Die Koordinaten des Schwerpunktes sind y_s und z_s. Dieser Punkt ist der Ursprung des Koordinatensystems $\bar{y}$ und $\bar{z}$.

Definitionsgemäß ist

$$I_y = \int z^2 \, dA \qquad I_z = \int y^2 \, dA .$$

Mit

$$z = z_s + \bar{z} \qquad \text{und} \qquad y = y_s + \bar{y}$$

erhält man

$$I_y = \int (\bar{z} + z_s)^2 \, dA$$

$$I_z = \int (\bar{y} + y_s)^2 \, dA .$$

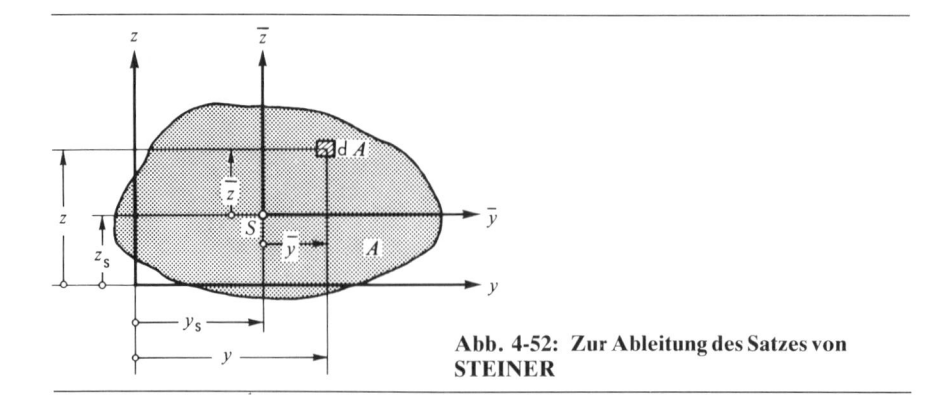

Abb. 4-52: Zur Ableitung des Satzes von STEINER

---

*) STEINER (1796-1863), schweizer Geometer.

4.4 Axiale Flächenträgheitsmomente und Widerstandsmomente

Es wird quadriert und die Integrale werden aufgeteilt, wobei die konstanten Werte vor die Integrale geschrieben werden

$$I_y = \int \bar{z}^2 \, dA + 2z_s \int \bar{z} \, dA + z_s^2 \int dA$$

$$I_z = \int \bar{y}^2 \, dA + 2y_s \int \bar{y} \, dA + y_s^2 \int dA \, .$$

Es gilt

$$\int dA = A$$

$$\left.\begin{array}{l} \int \bar{z} \, dA = 0 \\ \int \bar{y} \, dA = 0 \end{array}\right\} \quad \text{Schwerpunktachse (s. Band 1, Gl. 4-8)}$$

$$\left.\begin{array}{l} \int \bar{z}^2 \cdot dA = I_{\bar{y}} \\ \int \bar{y}^2 \cdot dA = I_{\bar{z}} \end{array}\right\} \quad \text{nach der Definition des Flächenträgheitsmomentes.}$$

Damit erhält man

$$\mathbf{I_y = I_{\bar{y}} + z_s^2 \cdot A}$$
$$\mathbf{I_z = I_{\bar{z}} + y_s^2 \cdot A}$$

Gl. 4-11

$$\mathbf{I = I_s + s^2 \cdot A} \, .$$

Diese Gleichungen nennt man den STEINERschen Satz.

Da y_s^2 und z_s^2 immer positiv sind, wird zu $I_{\bar{y}}$ bzw. $I_{\bar{z}}$ immer etwas dazugezählt. Deshalb sind *die Trägheitsmomente für die Schwerpunktachsen die minimalen Trägheitsmomente aller parallelen Achsen.*

Diese Erkenntnis sollte man sich zu Eigen machen, um Vorzeichenfehler zu vermeiden. Wenn das Trägheitsmoment für die Schwerpunktachse berechnet wird, muß das Ergebnis kleiner sein als der Ausgangswert und umgekehrt. Die unmittelbare Umrechnung von einer außerhalb des Schwerpunktes liegenden Achse auf eine andere ist mit dem STEINERschen Satz nicht möglich. In einem solchen Fall muß in einem Zwischenschritt das Trägheitsmoment bezogen auf die Schwerpunktachse bestimmt werden.

Beispiel 1
Das Trägheitsmoment I_y des Dreiecks Abb. 4-50 ist auf die parallele Schwerpunktachse $\bar{y}$ umzurechnen.

Lösung

$$I_y = \frac{b h^3}{12}; \quad z_s = \frac{1}{3}h; \quad A = \frac{1}{2} \cdot h \cdot b \, .$$

STEINERscher Satz:

$$I_{\bar{y}} = I_y - z_s^2 \cdot A$$

$$I_y = \frac{b h^3}{12} - \left(\frac{h}{3}\right)^2 \cdot \frac{1}{2} \cdot b \cdot h \qquad\qquad \mathbf{I_{\bar{y}} = \frac{b \cdot h^3}{36}}.$$

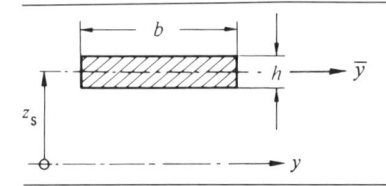

Abb. 4-53: Teilfläche im Koordinatensystem

Beispiel 2 (Abb. 4-53)
Für die skizzierte Rechteckfläche soll das Flächenträgheitsmoment für die y-Achse berechnet werden. Dazu ist zu untersuchen, von welchem Abstand z_s an der Anteil $I_{\bar{y}}$ vernachlässigbar klein wird. Dabei soll ein durch die Vernachlässigung verursachter Fehler von 1,0% zugelassen werden.

Lösung
Nach Aufgabenstellung ist der Ansatz

$$\frac{I_{\text{Exakt}} - I_{\text{Näherung}}}{I_{\text{Exakt}}} = 0{,}01 \;.$$

Dabei sind (Tabelle 9)

$$I_{\text{exakt}} = I_{\bar{y}} + z_s^2 \cdot A = \frac{b \cdot h^3}{12} + z_s^2 \cdot b \cdot h$$

und

$$I_{\text{Näherung}} = z_s^2 \cdot A = z_s^2 \cdot b \cdot h \;.$$

Das führt auf

$$\frac{b \cdot h^3}{12} = 0{,}01 \left(\frac{b \cdot h^3}{12} + z_s \cdot b \cdot h\right)$$

und nach einfachen Umwandlungen

$$z_s \geq h \cdot \sqrt{\frac{99}{12}} \;; \qquad \mathbf{z_s \geq 2{,}87 \cdot h}\;.$$

4.4 Axiale Flächenträgheitsmomente und Widerstandsmomente 123

Die Abbildung 4-53 zeigt maßstäblich eine Anordnung, die die oben errechnete Grenzbedingung erfüllt. Schon diese kleine Verschiebung der Fläche aus der y-Achse führt dazu, daß man den Schwerachsenanteil des Trägheitsmomentes vernachlässigen kann. Diese Überlegungen kommen zur Anwendung bei zusammengesetzten Flächen, wie sie vor allem im Stahlbau verwendet werden (s. nächster Abschnitt). Die unvermeidbaren Fertigungstoleranzen beeinflussen das Flächenträgheitsmoment u.U. wesentlich stärker (z.T. 4. Potenz!), als es dieser Anteil tut. Eine solche Vernachlässigung ist demnach kein Fehler, sondern berücksichtigt unvermeidbare Toleranzen.

4.4.3 Flächenträgheitsmomente zusammengesetzter Flächen

Für eine aus mehreren Grundfiguren bzw. Einzelprofilen zusammengesetzte Fläche, müssen die Flächenträgheitsmomente der einzelnen Teilflächen addiert werden. *Die Addition darf nur für Trägheitsmomente gleicher Bezugsachse durchgeführt werden.*

Der Definition des Flächenträgheitsmomentes nach Gleichung 4-1 kann man folgendes entnehmen. Diese Größe hängt nur den Abständen der Flächenelemente zur Bezugsachse ab. Da dieser Abstand quadriert wird, ergibt sich unabhängig von der Lage immer ein positives Vorzeichen. Man kann deshalb Flächen um die Achse klappen. Da nur die Abstände *von* der Achse eingehen, darf man Teile parallel *zur* Achse verschieben. Beispiele dafür zeigt die Abb. 4-54. Das Ziel solcher Manipulationen ist, eine vorgegebene Fläche in möglichst wenige geometrische Grundfiguren zu zerlegen.

Bei Flächen, die sich aus verhältnismäßig vielen Teilen zusammensetzen, berechnet man die Trägheitsmomente am besten tabellarisch. Dabei muß zunächst die Lage des Schwerpunktes festgestellt werden. In manchen Fällen ist es zweckmäßig, zunächst alle Trägheitsmomente auf eine günstig liegende Achse zu beziehen und anschließend mit dem STEINERschen Satz die Umrechnung auf die Schwerpunktachse durchzufüh-

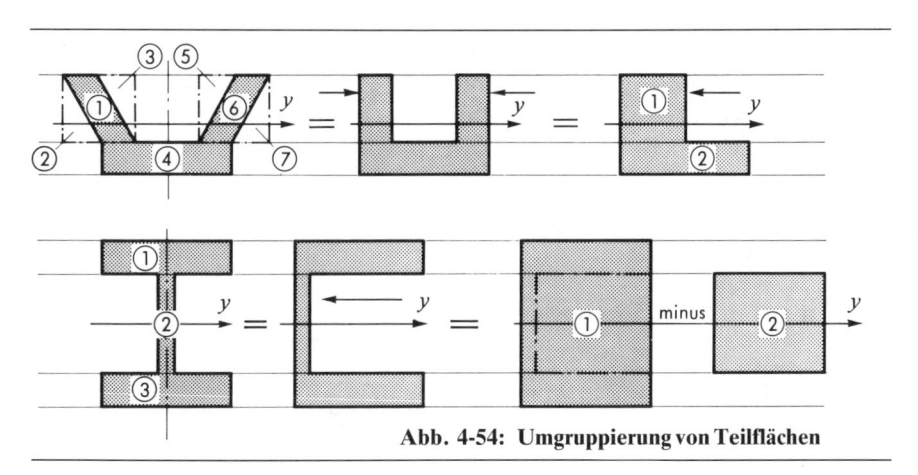

Abb. 4-54: Umgruppierung von Teilflächen

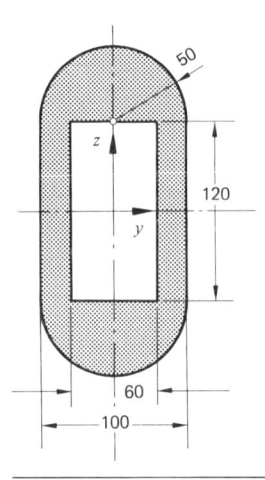

Abb. 4-55: Querschnittsfläche

ren. Der andere Weg ist, alle Trägheitsmomente auf die Achse des gemeinsamen Schwerpunktes zu beziehen und diese zu addieren.

Beispiel 1 (Abb. 4-55)
Für die abgebildete Fläche sind die Flächenträgheitsmomente I_y und I_z zu bestimmen.

Lösung (Abb. 4-56/57)
Die vorgegebene Fläche wird in geometrische Grundfiguren zerlegt. Diese werden nach Abb. 4-56 numeriert. Die Halbkreisflächen bedürfen einer eigenen Berechnung nach Abb. 4-57. Bezogen auf die Achse y^* ist das Trägheitsmoment für die halbe Kreisfläche nach Tabelle 9

$$I_{y^*} = \frac{1}{2} \frac{\pi d^4}{64} = \frac{\pi \cdot 10{,}0^4 \, \text{cm}^4}{128} = 245{,}4 \, \text{cm}^4$$

Da diese Achse nicht im Schwerpunkt liegt, darf nicht unmittelbar auf die Achse y umgerechnet werden. Es muß zunächst der auf die Schwerpunktachse $\bar{y}$ bezogene Wert bestimmt werden. Mit dem Schwerpunktabstand s nach Tabelle 4-II (Band 1)

$$s = \frac{2d}{3\pi} = \frac{2 \cdot 10{,}0 \, \text{cm}}{3\pi} = 2{,}12 \, \text{cm}$$

erhält man mit dem STEINERschen Satz

$$I_{\bar{y}} = I_{y^*} - s^2 \cdot A = 245{,}4 \, \text{cm}^4 - 2{,}12^2 \, \text{cm}^2 \cdot \frac{\pi}{8} 10{,}0^2 \, \text{cm}^2$$

$$I_{\bar{y}} = 68{,}6 \, \text{cm}^4 \, .$$

4.4 Axiale Flächenträgheitsmomente und Widerstandsmomente

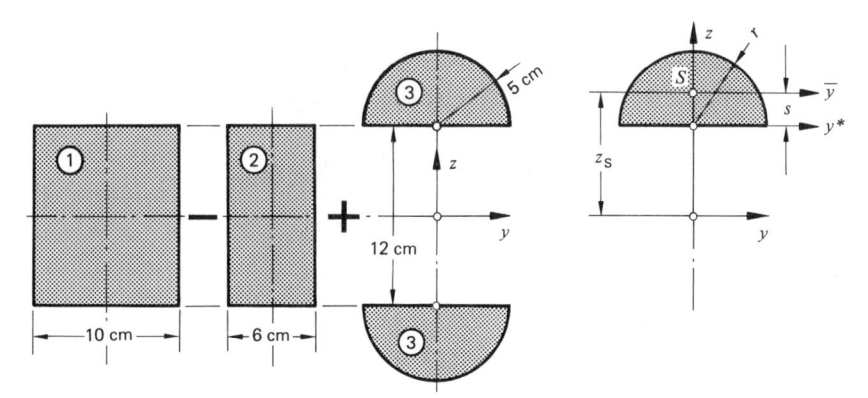

Abb. 4-56: Zerlegung der Fläche nach Abb. 4-55 in geometrische Grundfiguren

Abb. 4-57: Halbkreisfläche im Koordinatensystem

Jetzt liefert der erneute Ansatz des STEINERschen Satzes

$$I_y = I_{\bar{y}} + z_s^2 \cdot A = 68{,}6\,\text{cm}^4 + 8{,}12^2\,\text{cm}^2 \cdot \frac{\pi}{8}10{,}0^2\,\text{cm}^2$$

$$I_y = 2659\,\text{cm}^4$$

Das Gesamtträgheitsmoment setzt sich aus den einzelnen Anteilen zusammen.

$$I_y = I_{y1} - I_{y2} + 2\,I_{y3}\,.$$

Die beiden Halbkreisflächen haben den gleichen Abstand zur y-Achse. Sie können deshalb addiert werden. Die Flächen (1) und (2) könnte man durch ein 4,0 cm breites Rechteck ersetzen. Diese Überlegung gilt nur für die Berechnung von I_y. Mit

$$I_y = \frac{b \cdot h^3}{12}$$

für die Rechteckfläche (Tabelle 9) erhält man

$$I_y = \frac{10{,}0\,\text{cm} \cdot 12{,}0^3\,\text{cm}^3}{12} - \frac{6{,}0\,\text{cm} \cdot 12{,}0^3\,\text{cm}^3}{12} + 2 \cdot 2659\,\text{cm}^4$$

$I_y = 5894\,\text{cm}^4$

Analog gilt für die z-Achse

$$I_z = I_{z1} - I_{z2} + 2\,I_{z3}\,.$$

Wie im Zusammenhang mit der Abb. 4-54 erläutert, dürfen Flächenteile parallel zur Bezugsachse verschoben werden. Deshalb werden die beiden Halbkreisflächen zur vollen Kreisfläche zusammengeschoben.

$$I_z = \frac{12{,}0\,\text{cm} \cdot 10{,}0^3\,\text{cm}^3}{12} - \frac{12{,}0\,\text{cm} \cdot 6{,}0^3\,\text{cm}^3}{12} + \frac{\pi \cdot 10{,}0^4\,\text{cm}^4}{64}$$

$I_z = 1275\,\text{cm}^4$.

Beispiel 2 (Abb. 4-58)
Für die abgebildete Fläche ist das Flächenträgheitsmoment für die Schwerpunktachse $\bar{y}$ zu bestimmen.

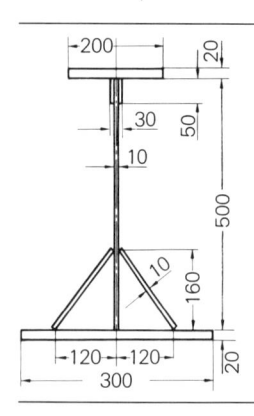

Abb. 4-58: Trägerquerschnitt

Lösung (Abb. 4-59)
Die Einzelteile werden durchnumeriert und eine für die Berechnung günstige Achse y festgelegt. Bezogen auf diese Achse werden mit Hilfe der Tabelle 9 im Anhang dieses Buches die Einzelträgheitsmomente berechnet.

Fläche 1

$$I_{y1} = \frac{b \cdot h^3}{3} = \frac{30 \cdot 2^3}{3}\,\text{cm}^4 = 80\,\text{cm}^4.$$

Fläche 2

Diese Fläche kann nach Abb. 4-54 „zusammengeschoben" werden. Dabei ist $b = s / \sin\alpha$ mit $\alpha = \arctan 16/12$
$b = 12{,}5\,\text{mm}$ (s. Abb. 4-58/59).

4.4 Axiale Flächenträgheitsmomente und Widerstandsmomente

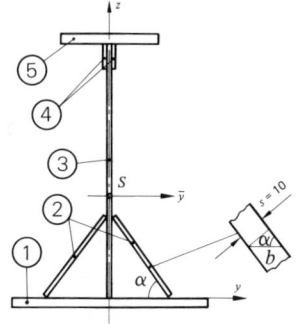

Abb. 4-59: Numerierung der Teile des Querschnitts nach Abb. 4-58

$$I_{y2} = 2 \cdot \frac{b \cdot h^3}{3} = 2 \cdot \frac{1{,}25 \cdot 16^3}{3} \text{ cm}^4 = 3413 \text{ cm}^4.$$

Fläche 3

$$I_{y3} = \frac{b \cdot h^3}{3} = \frac{1 \cdot 50^3}{3} = 41667 \text{ cm}^4.$$

Fläche 4

$$I_{y4} = 2\left(\frac{b \cdot h^3}{12} + z_s^2 \cdot A\right) \qquad \text{(STEINER)}$$

$$I_{y4} = 2\left(\frac{1 \cdot 5^3}{12} + 47{,}5^2 \cdot 5\right) \text{ cm}^4$$

der 1. Term wird in solchen Berechnungen oft vernachlässigt.

$$I_{y4} = 22\,583 \text{ cm}^4.$$

Fläche 5

$$I_{y5} = \frac{b \cdot h^3}{12} + z_s^2 \cdot A \qquad \text{(STEINER)}$$

s. Bemerkung oben.

$$I_{y5} = \left(\frac{20 \cdot 2^3}{12} + 51^2 \cdot 40\right) \text{ cm}^4.$$

$$I_{y5} = 104\,053 \text{ cm}^4.$$

Die Berechnung des Flächenschwerpunktes und die Addition der Einzelträgheitsmomente erfolgen tabellarisch:

i	$\dfrac{A}{\text{cm}^2}$	$\dfrac{z_s}{\text{cm}}$	$\dfrac{A \cdot z_s}{\text{cm}^3}$	$\dfrac{I_y}{\text{cm}^4}$
1	60	– 1,0	– 60	80
2	40	8,0	320	3413
3	50	25,0	1250	41667
4	10	47,5	475	22583
5	40	51,0	2040	104053
Σ	200	Σ	4025	171796

Die Schwerpunktlage errechnet sich aus (s. Band 1 Gl. 4-9)

$$z_s = \frac{\Sigma A_i z_i}{\Sigma A_i} = \frac{4025 \text{ cm}^3}{200 \text{ cm}^2} = 20{,}13 \text{ cm}.$$

Die Umrechnung des Flächenträgheitsmomentes von der y- auf die $\bar{y}$-Achse erfolgt mit dem STEINERschen Satz

$$I_{\bar{y}} = I_y - z_s^2 \cdot A$$

$$= 171796 \text{ cm}^4 - 20{,}13^2 \text{ cm}^2 \cdot 200 \text{ cm}^2$$

$$\boldsymbol{I_{\bar{y}} = 90\,753 \text{ cm}^4}.$$

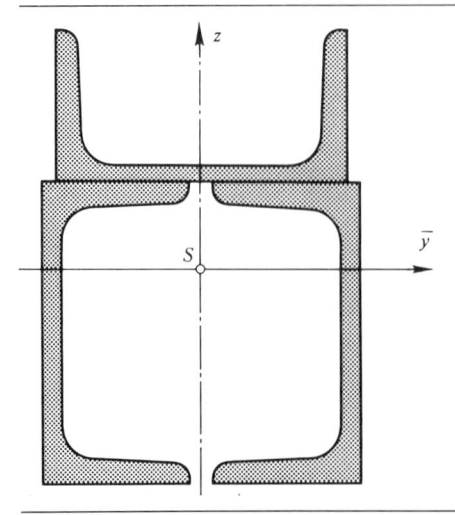

Abb. 4-60: Aus U-Profilen zusammengesetzter Trägerquerschnitt

4.4 Axiale Flächenträgheitsmomente und Widerstandsmomente

Beispiel 3 (Abb. 4-60)
Das abgebildete Profil ist aus drei gleichen U-100-Stählen zusammengesetzt. Zu bestimmen ist das Flächenträgheitsmoment für die Schwerpunktachse $\bar{y}$.

Lösung (Abb. 4-61)
Die Rechnung erfolgt tabellarisch. In den Schwerpunkt der unteren U-Stähle wird die Koordinate y gelegt. Für dieses System wird im linken Teil der Tabelle die Schwerpunktlage berechnet. Damit ist die Achse $\bar{y}$ festgelegt und die Abstände zu den Einzelschwerpunkten können nach Abb. 4-61 vermaßt werden. Die Tabelle wird mit den aus der Tabelle 10 entnommenen Flächenträgheitsmomenten und Schwerpunktabständen fortgeführt. Im letzten Teil werden die auf die $\bar{y}$-Achse bezogenen Trägheitsmomente berechnet und addiert. Die Summe stellt das Ergebnis der Rechnung dar.

	Annahme der y-Achse nach Abb. 4-61 Berechnung des Gesamtschwerpunktes			Auf Einzelschwerpunkte bezogene Trägheitsmomente nach Tab. 10	Umrechnung von I_{si} auf Schwerpunktachse $\bar{y}$		
					Abstand der Einzelschwerpunkte von $\bar{y}$		Steinerscher Satz
i	$\dfrac{A_i}{\text{cm}^2}$	$\dfrac{z_i}{\text{cm}}$	$\dfrac{z_i \cdot A_i}{\text{cm}^3}$	$\dfrac{I_{si}}{\text{cm}^4}$	$\dfrac{\bar{z}_{si}}{\text{cm}}$	$\dfrac{\bar{z}_{si}^2 \cdot A_i}{\text{cm}^4}$	$\dfrac{I_{\bar{y}}}{\text{cm}^4}$
1	13,5	0	0	206,0	2,18	64,1	270,1
2	13,5	0	0	206,0	2,18	64,1	270,1
3	13,5	6,55	88,4	29,3	4,37	257,8	287,1
	Σ 40,5		Σ 88,4				Σ 827,3

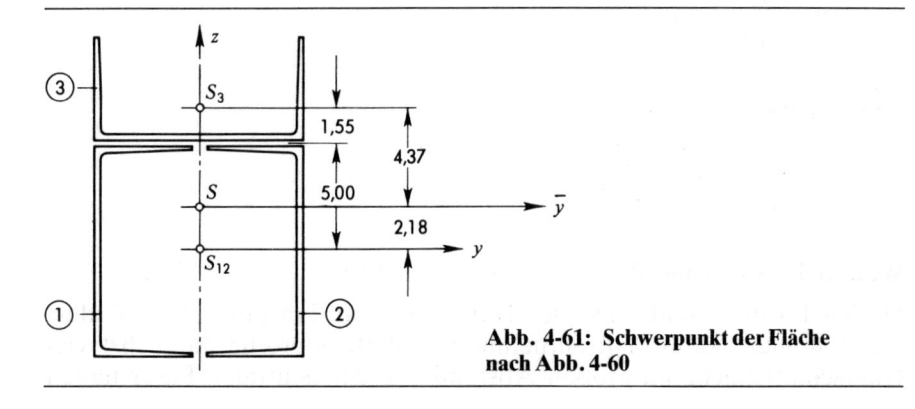

Abb. 4-61: Schwerpunkt der Fläche nach Abb. 4-60

$$z_s = \frac{88,4\ \text{cm}^3}{40,5\ \text{cm}^2} = 2,18\ \text{cm}$$

$$\boldsymbol{I_{\bar{y}} = 827\ \text{cm}^4}.$$

4.4.4 Das Widerstandsmoment

Das Widerstandsmoment einer Querschnittsfläche ist nach Gleichung 4-3 folgendermaßen definiert:

$$W = \frac{I_s}{e_{max}}.$$

Für ein Koordinatensystem nach Abb. 4-10 führt diese Definition auf

$$W_y = \frac{I_{\bar{y}}}{z_{max}} \quad \text{für Belastung in } z\text{-Richtung (Momentenvektor } M_{by})$$

$$W_z = \frac{I_{\bar{z}}}{y_{max}} \quad \text{für Belastung in } y\text{-Richtung (Momentenvektor } M_{bz})$$

Dabei kennzeichnet der Querstrich Schwerpunktskoordinaten. Bei einfachen Flächen kann auf diese Kennzeichnung verzichtet werden. Für unsymmetrische Profile ist y_{max} bzw. z_{max} der Abstand zwischen Schwerpunkt zur weiter entfernt liegenden Außenfaser.

Für zusammengesetze Profile dürfen nicht die Widerstandsmomente, sondern nur die auf gleiche Achse bezogenen Flächenträgheitsmomente addiert bzw. subtrahiert werden. Das geht aus der Definition und der Ableitung von Gleichung 4-6 hervor.

Für den Rechtsquerschnitt ist

$$W = \frac{b\,h^3}{12} \cdot \frac{2}{h} = \frac{b\,h^2}{6}$$

für den Kreisquerschnitt

$$W = \frac{\pi}{64} d^4 \cdot \frac{2}{d} = \frac{\pi}{32} d^3 \approx 0,1\,d^3.$$

Weitere Formeln und Werte siehe Tabellen 9/10.

Diesen Formeln und auch der Definition von Trägheits- und Widerstandsmoment kann man entnehmen, daß Biegeprofile möglichst viel Querschnittsfläche im großen Abstand von der neutralen Faser haben

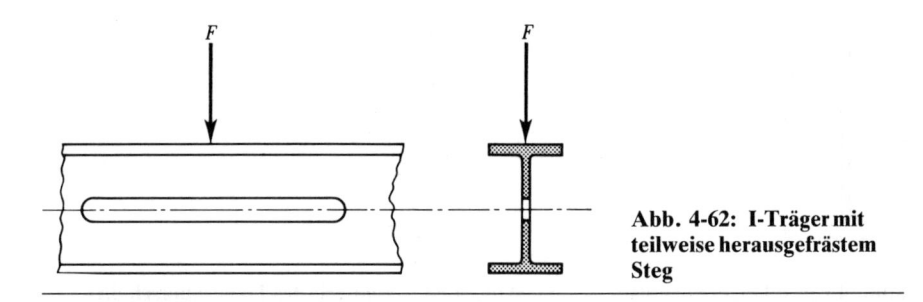

4.4 Axiale Flächenträgheitsmomente und Widerstandsmomente

Abb. 4-62: I-Träger mit teilweise herausgefrästem Steg

sollen. Teile in der Nähe der Schwerpunktachse haben nur einen geringen Anteil an der Momentenübertragung. Das ist z.B. bei den gewalzten H-Profilen und bei den geschweißten Kastenprofilen der Fall. Rechnerisch ändert sich z.B. das Widerstandsmoment eines H-Profils, das in der Mitte des Steges durchbohrt wird, fast gar nicht. Trotzdem kann ein so gebohrter Träger versagen. Die Berechnung nach Gleichung 4-6 berücksichtigt nur die Biegebeanspruchung, der jedoch normalerweise eine Beanspruchung durch die Querkräfte überlagert ist. Diese werden hauptsächlich von den Querschnittsteilen in der Nähe der neutralen Faser übertragen. Darauf wird im nächsten Kapitel eingegangen. Besonders gefährlich ist eine Anordnung nach Abb. 4-62. Für diesen Fall kommt man der Wirklichkeit am nächsten, wenn man die Spannung aus dem Widerstandsmoment des oberen Trägerteiles berechnet.

Beispiel 1
Das Widerstandsmoment W_y der Fläche Abb. 4-58 ist zu berechnen.

Lösung
Nach Beispiel 2 (Abschnitt 4.4.3) ist

$$I_y = 90\,753 \text{ cm}^4.$$

Der maximale Faserabstand beträgt

$$z_{max} = 52{,}0 \text{ cm} - 20{,}13 \text{ cm} = 31{,}87 \text{ cm}.$$

Damit erhält man

$$\boldsymbol{W_y} = \frac{I_{\bar{y}}}{z_{max}} = \frac{90753 \text{ cm}^4}{31{,}87 \text{ cm}} = \boldsymbol{2848 \text{ cm}^3}.$$

Beispiel 2 (Abb. 4-63)
Auf den Flansch eines IPB 100-Trägers (Reihe HE-B) wird nach Skizze ein Flachstahl 50 mm × 6 mm aufgeschweißt. Wie ändert sich dadurch das Widerstandsmoment W_y des Trägers?

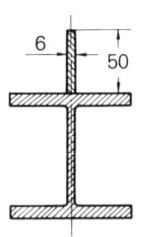

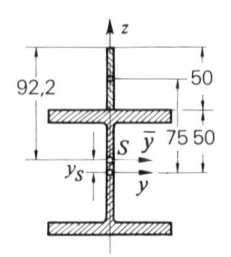

Abb. 4-63: I-Träger mit aufgesetztem Flanschstahl

Abb. 4-64 Geomterie des Trägerquerschnitts nach Abb. 4-63

Lösung (Abb. 4-64)
Daten für das Profil entnimmt man der Tabelle 10A. Das Koordinatensystem y wird zunächst in den Profilschwerpunkt gelegt. Die Lage des Gesamtschwerpunktes errechnet sich aus (Gl. 4-9/Band 1)

$$z_s = \frac{\Sigma z_i \cdot A_i}{\Sigma A_i} = \frac{7,5 \text{ cm} \cdot 3,0 \text{ cm}^2 + 0}{(26,0 + 3,0) \text{ cm}^2} = 0,78 \text{ cm}$$

Das Trägheitsmoment für das Profil nach der Tabelle ist auf die Achse y bezogen. Für den Flachstahl erfolgt die Umrechnung mit dem STEINERschen Satz

$$I_y = I_{y\,\text{Tab}} + \frac{b \cdot h^3}{12} + s^2 \cdot A$$

$$I_y = 450 \text{ cm}^2 + \frac{0,6 \text{ cm} \cdot 5,0^3 \text{ cm}^3}{12} + 7,5^2 \text{ cm}^2 \cdot 3,0 \text{ cm}^2 = 625,0 \text{ cm}^4$$

Dieser Wert muß mit dem STEINERschen Satz auf die Schwerpunktskoordinate $\bar{y}$ umgerechnet werden.

$$I_{\bar{y}} = I_y - z_s^2 \cdot A = 625,0 \text{ cm}^4 - 0,78^2 \text{ cm}^2 \cdot 29,0 \text{ cm}^2 = 607,4 \text{ cm}^4$$

Das Widerstandsmoment ergibt sich mit $e_{\max} = 10,0 \text{ cm} - 0,78 \text{ cm} = 9,22 \text{ cm}$ zu

$$W_y = \frac{607,4 \text{ cm}^4}{9,22 \text{ cm}} = 65,9 \text{ cm}^3 \,.$$

4.4 Axiale Flächenträgheitsmomente und Widerstandsmomente 133

Für den Träger alleine beträgt dieser Wert $W_y = 89{,}9$ cm³. Das Widerstandsmoment wird demnach kleiner um

$$\frac{(89{,}9 - 65{,}9)\,\text{cm}^3}{89{,}9\,\text{cm}^3} \cdot 100\% = 26{,}7\%\,.$$

Dieses Ergebnis überrascht zunächst. Der Träger ist, obwohl er mit einer Rippe „verstärkt" wurde, gegen Biegung in z-Richtung erheblich schwächer geworden. Der maximale Faserabstand ist, verglichen mit dem Trägerprofil allein, auf fast das Doppelte gestiegen (9,22 cm gegenüber 5,0 cm). Dieser Wert geht in den Nenner der Berechnungsgleichung für W_y ein. Anders ausgedrückt, ein großer Faserabstand hat wegen der linearen Spannungszunahme auch eine große Spannung in den Außenbereichen zur Folge.

Welche Schlußfolgerung muß man aus diesem Ergebnis ziehen? Außen angebrachte Flächenelemente müssen so kompakt liegen, daß das Trägheitsmoment stärker zunimmt als der maximale Faserabstand. *Einzelne Teile sollen nicht herausragen.* Nach diesen Überlegungen sind die für Biegebeanspruchung besonders geeigneten H und IPB-Profile entwickelt worden.

Beispiele für die Abschnitte 4-2/3/4

Beispiel 1
Der Träger Abb. 4-29 soll aus handelsüblichem Rohr hergestellt werden. An den Auflagern werden zur Vermeidung einer Linienbelastung Konsolen angeschweißt. Es ist zu untersuchen, ob für ein Rohr mit dem Außendurchmesser $D = 168{,}3$ mm und der Wanddicke $s = 8{,}8$ mm eine zulässige Spannung von $\sigma = 160\,\text{N/mm}^2$ nicht überschritten wird.

Lösung
Das Widerstandsmoment eines Rohres gegen Biegung ist

$$W = \frac{I_y}{D/2} = \frac{\pi}{64} \cdot \frac{D^4 - d^4}{D/2}$$

Mit $D = 16{,}83$ cm und $d = D - 2s = 15{,}07$ cm erhält man

$$W = \frac{\pi}{32} \cdot \frac{16{,}83^4\,\text{cm}^4 - 15{,}07^4\,\text{cm}^4}{16{,}83\,\text{cm}} = 167{,}1\,\text{cm}^3$$

Der Träger muß nach der Rechnung des Beispiels 1 im Abschnitt 4.3.1 ein maximales Moment von 20 kNm übertragen. Die Grundgleichung der Biegung (Gl. 4-6) führt mit diesem Wert auf

$$\sigma_{max} = \frac{M_{b\,max}}{W_y} = \frac{20\,\text{kNm}}{167{,}1\,\text{cm}^3} \cdot \frac{10^3\,\text{N}}{\text{kN}} \cdot \frac{10^2\,\text{cm}}{\text{m}} = 1{,}20 \cdot 10^4\,\text{N/cm}^2$$

$\sigma_{max} = 120\,\text{N/mm}^2 < \sigma_{zul}$

Das vorgesehene Rohr ist damit ausreichend dimensioniert.

Beispiel 2
Der Träger Abb. 4-33 soll als schmaler I-Träger ausgeführt werden. Zu bestimmen sind
a) das Profil für $\sigma = 140\,\text{N/mm}^2$,
b) die Biegespannung im maximal beanspruchten Querschnitt.

Lösung
Der Träger ist an der maximal beanspruchten Stelle mit einem Biegemoment von 48,0 kNm belastet. Das entnimmt man dem Diagramm Abb. 4-34. Die Gleichung 4-6 liefert das erforderliche Widerstandsmoment

$$\sigma_b = \frac{M_{by}}{W_y} \quad \Rightarrow \quad W_{y\,erf} = \frac{M_{by\,max}}{\sigma_{zul}}$$

$$W_{y\,erf} = \frac{48{,}0\,\text{kNm}}{1{,}4 \cdot 10^4\,\text{N/cm}^2} \cdot \frac{10^3\,\text{N}}{\text{kN}} \cdot \frac{10^2\,\text{cm}}{\text{m}} = 343\,\text{cm}^3.$$

In der Tabelle 10A muß in der Spalte W_y ein Wert gesucht werden, der am nächsten über dem errechneten liegt. Das ist hier

I 240 \quad mit \quad $W_y = 354\,\text{cm}^3$

An der Stelle der maximalen Beanspruchung ist damit

$$\sigma_b = \frac{M_{by}}{W_y} = \frac{48{,}0 \cdot 10^5\,\text{Ncm}}{354\,\text{cm}^4} = 1{,}36 \cdot 10^4\,\text{N/cm}^2$$

$\sigma_b = 136\,\text{N/mm}^2 < \sigma_{zul}$.

Mit diesem Vergleich ist der Spannungsnachweis erbracht.

Beispiel 3 (Abb. 4-65)
Eine Achse ist wie abgebildet belastet. Für den Stahl St 50 sollen die mindestens erforderlichen Abmessungen ermittelt werden.

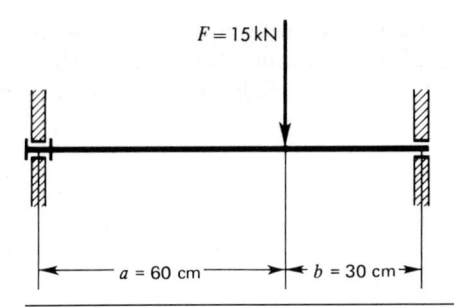

4.4 Axiale Flächenträgheitsmomente und Widerstandsmomente

$F = 15$ kN

$a = 60$ cm $b = 30$ cm

Abb. 4-65: Belastete Achse

Lösung
Die Auflagerkräfte betragen

$$F_A = 5{,}0 \text{ kN} \qquad F_B = 10{,}0 \text{ kN}.$$

Das maximale Biegemoment am Lastangriffspunkt ist

$$M_{b\,max} = F_A \cdot a = F_B \cdot b = 3{,}0 \text{ kNm}.$$

Das Biegemomentendiagramm zeigt die Abb. 4-66. Es ist zweckmäßig, den Durchmesser für verschiedene Schnitte der Achse zu berechnen. Dafür wird die zulässige Spannung festgelegt. Als Grundspannung wählt man bei dieser Belastung die Biegewechselfestigkeitlle. Diese ist nach Tabelle 6

$$\sigma_{bW} = 240 \text{ N/mm}^2$$

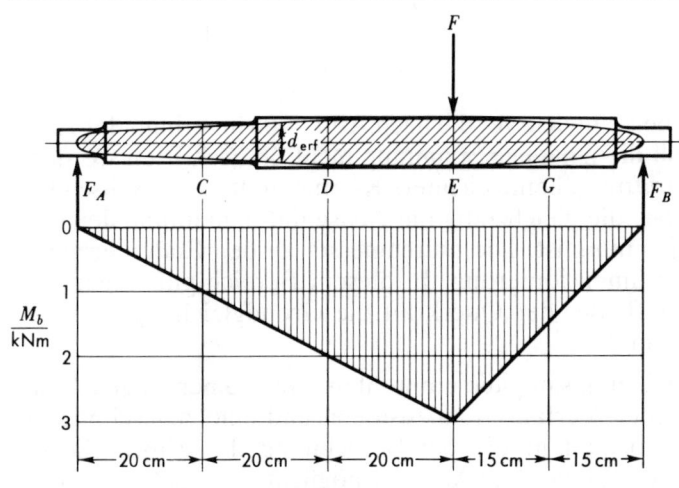

Abb. 4-66: Achse mit M_b-Diagramm

Der Bemessungsfaktor wird für die erste Berechnung mit ν = 3 festgelegt. Dieser Wert mag hoch erscheinen, jedoch können Spannungserhöhungen durch z.B. Kerbwirkungen erst in weiteren Schritten erfaßt werden. Damit ist

$$\sigma_{zul} = \frac{\sigma_{bW}}{\nu} = \frac{240 \text{ N/mm}^2}{3} = 80 \text{ N/mm}^2 .$$

Weiter liefert die Grundgleichung der Biegung

$$W_{erf} = \frac{M_b}{\sigma_{zul}} = \frac{\pi}{32} d_{erf}^3 \quad \Rightarrow \quad d_{erf} = \sqrt[3]{\frac{32 M_b}{\pi \cdot \sigma_{zul}}}$$

Diese Beziehung soll zu einer zugeschnittenen Größengleichung für ein variables Moment umgewandelt werden. Mit 1 kNm = 10^6 Nmm erhält man

$$d_{erf} = \sqrt[3]{\frac{32 \cdot 10^6 \text{ Nmm/kNm}}{\pi \cdot 80 \text{ N/mm}^2}} \cdot \sqrt[3]{M_b}$$

$$d_{erf} = 50{,}3 \cdot \sqrt[3]{M_b} \qquad \begin{array}{c|c} M_b & d \\ \hline \text{kNm} & \text{mm} \end{array}$$

Es ist zweckmäßig, diese einfache Beziehung zu programmieren und mit Hilfe des Biegemomentendiagramms Abb. 4-66 auszuwerten. Die Ergebnisse sind nachfolgend gegeben.

Schnitt	A	C	D	E	G	B
M_b/kNm	0	1,0	2,0	3,0	1,5	0
d/mm	0	50,3	63,4	72,6	57,6	0

Diese Werte ergeben eine Kurve, die nach Abb. 4-66 innerhalb der Achse liegen muß, soll die zulässige Spannung nicht überschritten werden. Die durch die Schraffur gekennzeichnete Kontur stellt eine „Achse gleicher Festigkeit" dar, die gleichzeitig die Achse mit dem minimalen Gewicht für diese Spannung ist. Die Durchmesser an den Enden ergeben sich aus der Lagerdimensionierung. In diesem Bereich gilt wegen des überwiegenden Einflusses der Querkraft die Grundgleichung der Biegung nur eingeschränkt.

Dem Leser sei als Übungsaufgabe empfohlen, die Momentengleichung mit dem FÖPPLschen Verfahren aufzustellen und eine zugeschnittene Größengleichung abzuleiten, die die Berechnung des erforderlichen Durchmessers für jede Stelle x der Achse ermöglicht.

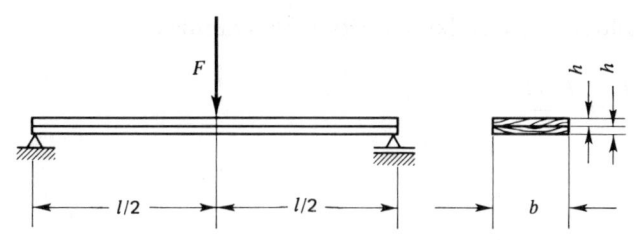

4.4 Axiale Flächenträgheitsmomente und Widerstandsmomente

Abb. 4-67: Zwei aufeinandergelegte Bretter mit Einzellast

Beispiel 4 (Abb. 4-67)
Zwei Bretter liegen aufeinander und werden mittig mit der Kraft F belastet. Im Fall 1) liegen die Bretter lose aufeinander, im Fall 2) sind sie mit einer genügenden Anzahl von Nägeln fest miteinander verbunden. Für beide Fälle ist für eine zulässige Spannung σ_b die maximale Belastung F zu bestimmen. Die allgemeine Lösung soll für die Daten

$$l = 2{,}0 \text{ m}; \quad b = 20{,}0 \text{ cm}; \quad h = 2{,}0 \text{ cm}; \quad \sigma_b = 1000 \text{ N/cm}^2$$

ausgewertet werden.

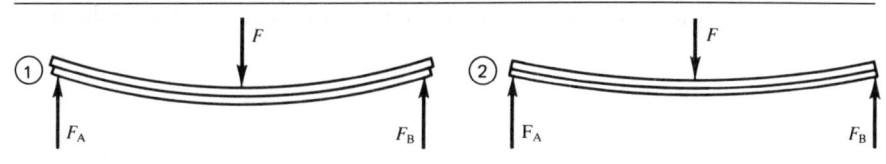

Abb. 4-68: Deformation von losen und miteinander verbundenen Brettern

Lösung (Abb. 4-68)
Fall 1. Die Bretter können sich unabhängig voneinander deformieren. Man kann sie sich nebeneinander gelegt denken. Das ergibt ein Brett von der Breite $2b$.

$$M_{b\,max\,1} = F_{A1} \cdot \frac{l}{2} = \frac{F_1 \cdot l}{4}$$

$$W_{y1} = \frac{2b \cdot h^2}{6}$$

$$\sigma_b = \frac{M_{b\,max\,1}}{W_{y1}} = \frac{F_1 \cdot l \cdot 3}{4 \cdot b \cdot h^2} \quad \Rightarrow \quad \boldsymbol{F_1 = \frac{4 \cdot b \cdot h^2 \cdot \sigma_b}{3 \cdot l}}$$

Fall 2. Beide Bretter bilden einen Balken in Höhe $2h$. Damit ist

$$M_{b\,max\,2} = F_{A2} \cdot \frac{l}{2} = \frac{F_2 \cdot l}{4}$$

$$W_{y2} = \frac{b \cdot (2h)^2}{6}$$

$$\sigma_b = \frac{M_{b\,max\,2}}{W_{y2}} = \frac{F_2 \cdot l \cdot 6}{4 \cdot b \cdot 4h^2} \quad \Rightarrow \quad F_2 = \frac{8 \cdot b \cdot h^2 \cdot \sigma_b}{3 \cdot l}$$

Man erkennt, daß im Fall 2 die Belastbarkeit doppelt so groß ist. Die Auswertung ergibt für die vorliegenden Daten

$$F_1 = 533\,\text{N}\,; \qquad F_2 = 1066\,\text{N}\,.$$

Die fest miteinander verbundenen Bretter sind höher belastbar, weil sie nicht aufeinander rutschen können (s. Abb. 4-68). Dieses Rutschen verhindern die Nägel, die deshalb auf Abscherung beansprucht sein müssen. *Es wirken demnach in den Längsschnitten eines auf Biegung beanspruchten Trägers Schubspannungen.* Mit diesen befaßt sich das nachfolgende Kapitel.

4.5 Die Formänderung

4.5.1 Die Integrationsmethode
Biegemomente verursachen die Krümmung einer vorher geraden Trägerachse. Grundsätzlich ist der Vorgang in der Abb. 4-1a/b dargestellt. Krümmung ist als der Kehrwert des Krümmungsradius ϱ definiert. Im vorliegenden Falle ist es der Krümmungsradius der deformierten Trägerachse, die *Biegelinie* oder *elastische Linie* genannt wird.

An dieser Stelle ist es zweckmäßig, sich über den Unterschied von *Krümmung* und *Durchbiegung* klar zu werden. Als Beispiel sei der Kragträger nach Abb. 4-69 gewählt, dessen Deformation stark übertrieben dargestellt ist. An der Stelle des Lagers B ist das Biegemoment am größten. Dort ist im vorliegenden Fall die Durchbiegung null, aber die Biegelinie hat an dieser Stelle die größte Krümmung. Ein angeschmiegter Kreis hat hier den kleinsten Radius. An der Stelle der größten Durchbiegung ist hier das Biegemoment null. Es besteht demnach kein unmittelbarer Zusammenhang zwischen Biegemoment und Durchbiegung. Man kann sich aber die Deformation elastischer Teile veranschaulichen, wenn man bedenkt, daß die Krümmung mit dem Biegemoment geht.

4.5 Die Formänderung

Abb. 4-69: Kragträger mit Einzellast

Die Deformation eines auf Biegung beanspruchten Trägers hängt von folgenden Größen ab:

1. von der Größe des Biegemomentes,
2. von der Starrheit des Wekstoffes gegen Zug-Druck-Beanspruchung,
3. von der Größe und Form des Trägerquerschnitts.

Die Krümmung selbst ist umgekehrt proportional zum Krümmungsradius ϱ, d.h. je größer die Krümmung, um so kleiner der Krümmungsradius. Für den elastischen Bereich kann man durch Überlegung folgende Proportionen aufstellen:

1. $\varrho \sim \dfrac{1}{M_b}$ Je größer das Moment, um so größer die Krümmung und um so kleiner der Krümmungsradius.

2. $\varrho \sim E$ Je schwerer deformierbar ein Werkstoff, um so kleiner die Krümmung, um so größer der Krümmungsradius.

3. $\varrho \sim I$ Je größer die Querschnittsfläche und je weiter sie von der neutralen Faser angeordnet ist, um so starrer verhält sich ein Träger. Das Flächenträgheitsmoment ist ein Maß für diese Eigenschaft.

Die Vereinigung dieser Proportionen ergibt

$$\varrho \sim \frac{E \cdot I}{M_b}.$$

Für die dritte Überlegung schließt eine Dimensionsbetrachtung das Widerstandsmoment aus.

Das Ziel der nachfolgenden Untersuchung ist, die Richtigkeit der obigen Überlegungen zu beweisen und die Gleichung der Biegelinie abzuleiten. Aus dieser Gleichung kann man z.B. die Durchbiegung einer Welle und deren Schiefstellung in den Lagern berechnen. Aus der Durchbiegung ergibt sich die kritische Drehzahl der Welle. Das wird in Band 3 (Kinetik) behandelt. Die Kenntnis der Schiefstellung ist für die richtige Lagerauswahl notwendig. Lange Träger und Wellen können bei Dimensionierung nach der zulässigen Spannung zu große Durchbiegungen aufweisen. In solchen Fällen muß von einer vorgegebenen Druchbiegung ausgehend dimensioniert werden. Spannungsmäßig ist ein solcher Träger nicht ausgelastet.

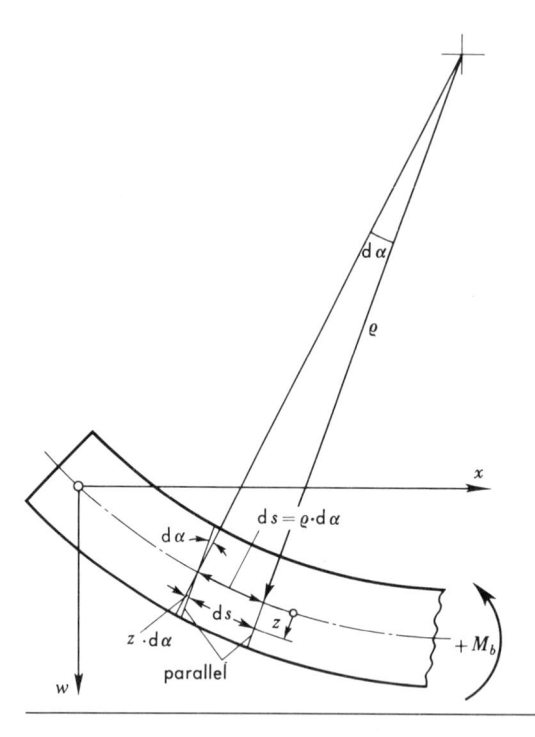

Abb. 4-70: Zur Ableitung der Biegelinie

Die Abb. 4-70 zeigt den Teilabschnitt eines auf Biegung beanspruchten Trägers. Die Dehnung eines Bogenelementes im Abstand z von der neutralen Faser beträgt

$$\varepsilon = \frac{\Delta l}{l} = \frac{z \cdot d\alpha}{ds}.$$

Das Bogenelement ist $ds = \varrho \cdot d\alpha$

$$\varepsilon = \frac{z \cdot d\alpha}{\varrho \cdot d\alpha} = \frac{z}{\varrho}.$$

Nach dem HOOKEschen Gesetz ist

$$\varepsilon = \frac{\sigma}{E} = \frac{z}{\varrho}.$$

Nach der Gleichung 4-4 ist die Spannung im Abstand z von der neutralen Faser

$$\sigma = \frac{M_b \cdot z}{I}.$$

4.5 Die Formänderung

Damit erhält man

$$\frac{M_b \cdot z}{EI} = \frac{z}{\varrho}$$

$$\rho = \frac{EI}{M_b}. \qquad \text{Gl. 4-12}$$

Damit ist die Richtigkeit der oben angestellten Überlegungen bestätigt. Das Produkt EI wird *Biegesteifigkeit* genannt. Die Durchbiegung von Trägern, Wellen u.ä. kann durch die Verwendung eines Stahls höherer Festigkeit nicht vermindert werden, da für alle Stahlsorten der E-Modul etwa gleich ist.

Für eine Belastung, wie sie die Abb. 4-1b darstellt, ist das Biegemoment in allen Schnitten gleich. Aus der Gleichung 4-12 erhält man aus dieser Bedingung ϱ = konst. Die Biegelinie ist ein Kreisbogen. Dieses Tatsache verwendet man beim Zeichnen von flachen Kreisbögen, deren Mittelpunkt außerhalb des Zeichenbretts liegt. Dazu wird eine Straklatte nach Abb. 4-1c so fixiert, daß sie mit einem Bogen drei vorher festgelegte Punkte verbindet.

Im allgemeinen Fall ist das Biegemoment entlang der Trägerachse nicht konstant. Die Krümmung der elastischen Linie ändert sich von Punkt zu Punkt. Es interessiert jedoch nicht die Krümmung, sondern die Durchbiegung w und die Winkeländerung der elastischen Linie w'. Zwischen ϱ und w und den Ableitungen besteht folgende Beziehung

$$\frac{1}{\varrho} = -\frac{w''}{(1+w'^2)^{3/2}}.$$

Das negative Vorzeichen resultiert aus der Lage der w-Achse, die wegen der am häufigsten vorkommenden Richtung einer Durchbiegung positiv nach unten eingeführt wird. Somit erhält man

$$-\frac{w''}{(1+w'^2)^{3/2}} = \frac{M_b}{EI}.$$

Das ist eine Differentialgleichung. Sie ist in dieser Form für eine technische Auswertung nicht brauchbar. Für auf Biegung beanspruchte Träger, Achsen und Wellen kann man voraussetzen daß die Durchbiegungen klein sind gegenüber den Längenabmessungen. Deshalb sind die Winkeländerungen klein. Für eine durchaus große Winkeländerung von 1° erhält man z.B.

$$(w')^2 = (\tan 1°)^2 = 3{,}05 \cdot 10^{-4}.$$

Diesen Wert kann man gegenüber 1 vernachlässigen. Der Nenner der linken Seite kann gleich 1 gesetzt werden. Damit ist

$$w'' = -\frac{M_b}{EI}$$ Gl. 4-13

Das Flächenträgheitsmoment $I = I_s$ ist auf die Achse des Momentenvektors M_b bezogen. Für diesen gilt die folgende Vorzeichenregel, die sich aus dem Koordinatensystem Abb. 4-70 und der Festlegung eines positiven Momentes nach Abb. 4-19 ergibt.

Ein Moment, das auf der Seite der positiven w-Achse eine gezogene Faser erzeugt, ist positiv. (Merkskizze dazu neben der Gleichung.)

Die Gleichung 4-13 darf auf Grund der in der Ableitung gemachten Voraussetzungen nur bedingt zur Berechnung von Blattfedern verwendet werden, denn die Bedingung $w'^2 \ll 1$ ist nicht mehr erfüllt.

Die zweite Ableitung der Biegelinie eines Trägers mit konstanter Biegesteifigkeit entspricht nach Gleichung 4-13 dem Momentenverlauf. Zusammen mit den Gleichungen 4-7/8 erhält man folgenden *Zusammenhang zwischen der Streckenlast, der Querkraft, dem Momentenverlauf, dem Steigungswinkel und der elastischen Linie.*

$$q = -F_q' = -M_b'' = +\varphi''' EI = +w'''' \cdot EI.$$ Gl. 4-14

Aus der Funktion für die Streckenlast erhält man nacheinander durch Integration

1. die Querkraftlinie
2. die Biegemomentenlinie
3. den Steigungswinkel der Biegelinie
4. die Biegelinie

$$F_q = -\int q \cdot dx$$

$$M = \int F_q \cdot dx$$

$$\varphi = -\int \frac{M}{EI} dx$$

$$w = \int \varphi \cdot dx \ .$$

Gl. 4-15

4.5 Die Formänderung

Diese Vorzeichen ergeben sich, weil es üblich ist, die Durchbiegung von Trägern nach unten positiv anzugeben und die positive x-Achse nach rechts zu legen. Dabei soll der Steigungswinkel dann positiv sein, wenn bei zunehmenden Wert x auch die Durchbiegung größer wird.

Die Integrationen werden für die meisten praktischen Anwendungsfälle ganz wesentlich durch die normalerweise zahlreich vorhandenen Unstetigkeitsstellen erschwert. Das Integrieren in Teilabschnitten erfordert die Berechnung u.U. vieler Integrationskonstanten mit Hilfe von Rand- und Übergangsbedingungen. Das bereits bei der Bestimmung des Querkraft- und Momentenverlaufs angewandte Verfahren nach FÖPPL kann hier besonders sinnvoll fortgeführt werden und führt immer zu einem erheblich geringeren Rechenaufwand (s. auch Anhang und Tabelle 21).

An der Stelle, wo der M_b-Verlauf die Achse schneidet, ist $M_b = 0$ und nach Gleichung 4-13 auch $w'' = 0$. Das ist die Bedingung für den Wendepunkt einer Kurve, hier der Biegelinie. Man kann sich die Zusammenhänge folgendermaßen klar machen. Wo $M_b = 0$ ist, wird keine Krümmung verursacht, die Trägerachse bleibt an dieser Stelle gerade. Da das Biegemoment beim Null-Durchgang das Vorzeichen wechselt, ändert sich der Sinn der Krümmung. Die Biegelinie geht z.B. von einer „Linkskurve" in eine „Rechtskurve" über. Das ist besonders in der Abb. 4-76 dargestellt.

Die nachfolgende Tabelle versucht, in kompakter Form die Zusammenhänge zwischen den Schnittgrößen und der Geometrie der Biegelinie darzustellen. Mit ihrer Hilfe sollten Diagramme und Ergebnisse kontrolliert werden.

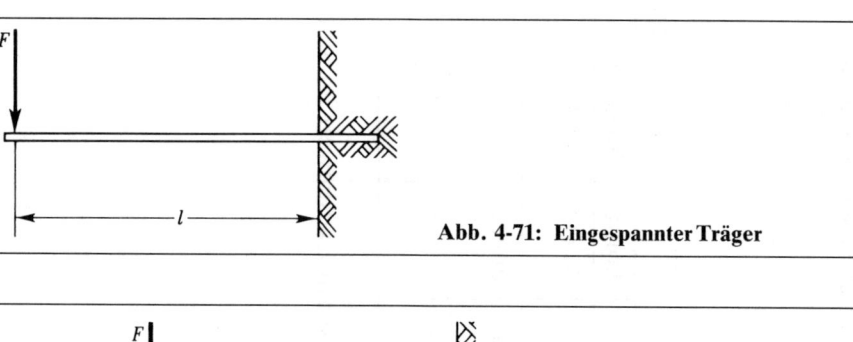

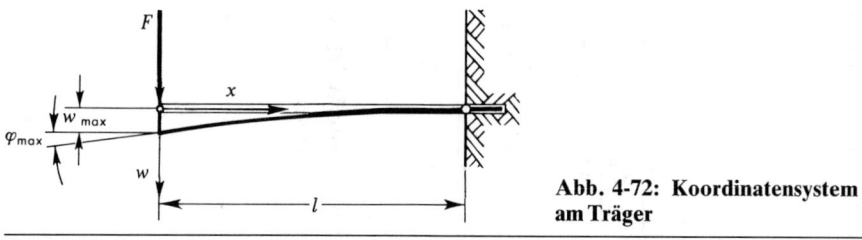

Abb. 4-71: Eingespannter Träger

Abb. 4-72: Koordinatensystem am Träger

Zusammenhang zwischen dem Verlauf der Schnittgrößen im Träger und der Geometrie der Biegelinie.

					freies Träger- ende	Gelenk im Träger	Auf- lager	Ein- spann- ung
q			konst.	linear	0			
F_q	konst.	linear	( )²	0	0			
M	konst.	linear	quadr.	( )³	Maximum*)	0	0		
$\varphi = w'$	linear	quadr.	( )³	( )⁴	Wende- punkt	Maximum*)	0		0
w	quadr.	( )³	( )⁴	( )⁵		Wende- punkt	Maximum*)	0	0

*) Dieser Wert ist ein Extremwert im Sinne der mathematischen Nomenklatur. Es muß nicht der absolut höchste Wert sein.

4.5 Die Formänderung

Beispiel 1 (Abb. 4-71)
Für einen eingespannten Träger konstanter Biegesteifigkeit, der am Ende belastet ist, sind die Gleichung der Biegelinie, die maximale Durchbiegung und Winkeländerung zu bestimmen.

Lösung (Abb. 4-72)
Es soll ein Koordinatensystem nach Abb. 4-70 verwendet werden, das in den Kraftangriffspunkt gelegt wird. Als Übungsaufgabe sei empfohlen, das Koordinatensystem in die Einspannstelle zu legen. Dabei müßte x nach links geführt werden. Dieser zweite Weg vereinfacht die Berechnung der Integrationskonstanten.

Die Gleichung 4-13 liefert

$$E I \cdot w'' = - M_b .$$

Die Beziehung für den M_b-Verlauf muß aufgestellt werden, wobei auf das richtige Vorzeichen zu achten ist. Auf der Seite der positiven w-Achse (unten) ist die Trägerfaser gedrückt. Nach der Definition (s. Skizze neben Gl. 4-13) ist das durch F verursachte Moment negativ.

$$M_b = - F \cdot x$$

Insgesamt erhält man

$$E I \cdot w'' = + F \cdot x$$

Es wird zweimal integriert

$$E I \cdot w' = \frac{1}{2} F \cdot x^2 + C_1 \tag{1}$$

$$E I \cdot w = \frac{1}{6} F \cdot x^3 + C_1 \cdot x + C_2 \tag{2}$$

Die Integrationskonstanten müssen aus den Randbedingungen ermittelt werden. An der Einspannstelle verläuft die Biegelinie horizontal und es liegt keine Durchbiegung vor:

für $x = l$ gilt $w = 0$ und $w' = 0$ (s. Tabelle oben).

Aus den Gleichungen (1) und (2) erhält man damit

$$0 = \frac{1}{2} F \cdot l^2 + C_1 \quad \Rightarrow \quad C_1 = - \frac{1}{2} F \cdot l^2$$

$$0 = \frac{1}{6} F \cdot l^3 + C_1 \cdot l + C_2$$

$$C_2 = -\frac{1}{6} F \cdot l^3 - C_1 \cdot l = F \cdot l^3 \left(-\frac{1}{6} + \frac{1}{2} \right) = \frac{1}{3} F \cdot l^3$$

Die Konstanten werden in (2) eingeführt und ergeben die Gleichung der Biegelinie.

$$w = \frac{1}{EI} \left(\frac{1}{6} F \cdot x^3 - \frac{1}{2} F \cdot l^2 \cdot x + \frac{1}{3} F \cdot l^3 \right)$$

Entsprechendes Erweitern und Ausklammern führt auf (vergl. Tabelle 11)

$$w = \frac{F \cdot l^3}{3 EI} \left[\frac{1}{2} \left(\frac{x}{l} \right)^3 - \frac{3}{2} \cdot \frac{x}{l} + 1 \right]$$

Die maximale Durchbiegung ist an der Kraftangriffsstelle $x = 0$

$$w_{max} = \frac{F \cdot l^3}{3 EI}$$

Dort ergibt sich auch die größte Schiefstellung. Die Beziehung (1) führt auf

$$w'_{max} = C_1 = -\frac{F \cdot l^2}{2 EI} = \varphi_{max}$$

Das negative Vorzeichen resultiert aus dem hier verwendeten Linkssystem.

Den Ergebnissen entnimmt man, daß die Durchbiegung von Trägern, Wellen u.ä.

1. linear proportional zur Last (elastisches System),
2. in der dritten Potenz proportional zur Längenabmessung,
3. umgekehrt proportional zur Biegesteifigkeit EI ist.

Der zweite Punkt muß besonders beachtet werden. *Lange Träger (Wellen) deformieren sich überproportional stark und müssen deshalb u.U. nach einer zulässigen Durchbiegung dimensioniert werden.* Die zulässigen Spannungen werden dabei z.T. bei weitem nicht erreicht.

Einen symmetrischen Träger auf zwei Stützen mit Einzellast F kann man nach Abb. 4-2 aus zwei gespannten Trägern, jeweils mit $F/2$ belastet, ent-

4.5 Die Formänderung

standen denken. Für diesen Fall ist es deshalb möglich, aus den obigen Ergebnissen die maximale Durchbiegung und die Schiefstellung in den Auflegern zu berechnen. Man muß F durch $F/2$ und l durch $l/2$ ersetzen (vergl. Tabelle 11).

$$w_{max} = \frac{\frac{F}{2} \cdot \left(\frac{l}{2}\right)^3}{3EI} = \frac{F \cdot l^3}{48EI}$$

$$\varphi_A = \varphi_B = \frac{\frac{F}{2} \cdot \left(\frac{l}{2}\right)^2}{2EI} = \frac{F \cdot l^2}{16EI}$$

Analoge Überlegungen führen oft zur Vereinfachung der Berechnung.

Beispiel 2
Für den Träger Abb. 4-23 (Beispiel 1, Abschnitt 4.3.1) sind die Gleichungen für die Biegelinie und deren Steigung aufzustellen. Weiterhin sind

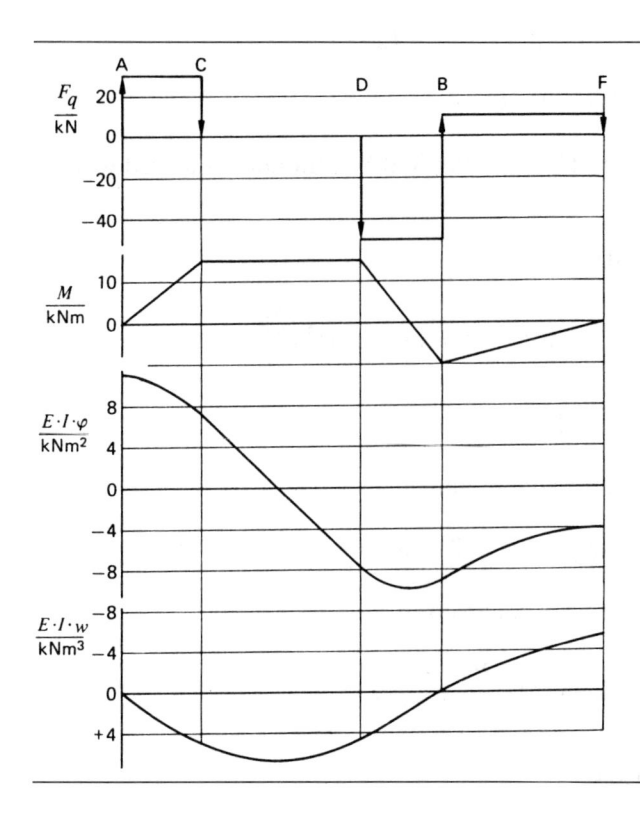

Abb. 4-73: Biegelinie des Trägers nach Abb. 4-23

die maximale Durchbiegung und die Schrägstellung des Trägers im linken Auflager für den Fall zu berechnen, daß dieser als IPB 160 Profil ausgeführt ist.

Lösung
Die Aufgabe soll mit dem Verfahren nach FÖPPL gelöst werden. Es wird mit zugeschnittenen Größengleichungen für folgende Einheiten gerechnet

x	w	F	M
m	m	kN	kNm

Im oben zitierten Beispiel wurde folgende Momentengleichung aufgestellt ($x = \langle x \rangle$)

$$M = x \cdot 30 - \langle x - 0{,}50 \rangle \cdot 30 - \langle x - 1{,}50 \rangle \cdot 50 + \langle x - 2{,}0 \rangle \cdot 60 \quad (1)$$

die Integration liefert nach Gl. 4-15

$$EI \cdot \varphi = - \int M \cdot dx$$

$$EI \cdot \varphi = - x^2 \cdot 15 + \langle x - 0{,}5 \rangle^2 \cdot 15 + \langle x - 1{,}5 \rangle^2 \cdot 25 \\ - \langle x - 2{,}0 \rangle^2 \cdot 30 + C_1. \quad (2)$$

Die Integrationskonstante C_1 ist noch nicht bestimmbar. Es wird weiter integriert (Gl. 4-15).

$$EI \cdot w = \int EI \cdot \varphi \cdot dx$$

$$EI \cdot w = - x^3 \cdot 5 + \langle x - 0{,}5 \rangle^3 \cdot 5 + \langle x - 1{,}5 \rangle^3 \cdot \frac{25}{3} \\ - \langle x - 2{,}0 \rangle^3 \cdot 10 + C_1 \cdot x + C_2. \quad (3)$$

Die Randbedingungen liefern die Lager

$$x = 0 \quad w = 0 \quad \text{und} \quad x = 2 \quad w = 0.$$

Aus der ersten folgt $C_2 = 0$, aus der zweiten

$$0 = - 2^3 \cdot 5 + 1{,}5^3 \cdot 5 + 0{,}5^3 \cdot \frac{25}{3} + C_1 \cdot 2$$

mit der Lösung $C_1 = 11{,}042$.

4.5 Die Formänderung

Die Gleichungen (2) und (3) stellen die gesuchten Beziehungen dar. Sie sind in der Abb. 4-73 dargestellt. Beispielhaft sollen sie für $x = 1,5$ m und $x = 2,5$ m ausgewertet werden.

$$EI \cdot \varphi_{1,5} = -1,5^2 \cdot 15 + 1^2 \cdot 15 + 0 - 0 + 11,042 = -7,708 \text{ kNm}^2$$

$$EI \cdot w_{1,5} = -1,5^3 \cdot 5 + 1^3 \cdot 5 + 0 - 0 + 11,042 \cdot 1,5 = 4,688 \text{ kNm}^3$$

$$EI \cdot \varphi_{2,5} = -2,5^2 \cdot 15 + 2^2 \cdot 15 + 1^2 \cdot 25 - 0,5^2 \cdot 30 + 11,042 =$$
$$-5,208 \text{ kNm}^2$$

$$EI \cdot w_{2,5} = -2,5^3 \cdot 5 + 2^3 \cdot 5 + 1^3 \cdot \frac{25}{3} - 0,5^3 \cdot 10 + 11,042 \cdot 2,5 =$$
$$-3,437 \text{ kNm}^3.$$

Der verwendete Träger hat mit $I = I_y = 2490 \text{ cm}^4$ und $E = 2,1 \cdot 10^5 \text{ N/mm}^2$ eine Biegesteifigkeit von

$$EI = 2,1 \cdot 10^5 \frac{\text{N}}{\text{mm}^2} \cdot 2490 \text{ cm}^4 \cdot \frac{10^6 \text{ mm}^2}{1 \text{ m}^2} \cdot \frac{1 \text{ m}^4}{10^8 \text{ cm}^4} \cdot \frac{1 \text{ kN}}{10^3 \text{ N}}$$

$$EI = 5,23 \cdot 10^3 \text{ kNm}^2.$$

Der Träger biegt sich an der Stelle $w' = \varphi = 0$ maximal durch. Diese Stelle x_e liegt zwischen C und D. Das führt mit Gleichung (2) auf

$$0 = -x_e^2 \cdot 15 + (x_e - 0,50)^2 \cdot 15 + 11,042$$

mit $x_e = 0,986$ m als Lösung. Dieser Wert wird in Gleichung (3) eingesetzt.

$$EI \cdot w_{max} = -0,986^3 \cdot 5 + (0,986 - 0,5)^3 \cdot 5 + 11,042 \cdot 0,986 = 6,67 \text{ kNm}^3$$

$$w_{max} = \frac{6,67 \text{ kNm}^3}{5,23 \cdot 10^3 \text{ kNm}^2} = 1,28 \cdot 10^{-3} \text{ m} = \mathbf{1,28 \text{ mm}}$$

Die Winkeländerung bei $x = 0$ ist gleich

$$EI \cdot \varphi_A = +11,042 \text{ kNm}^2$$

$$\varphi_A = \frac{11,042 \text{ kNm}^2}{5,23 \cdot 10^3 \text{ kNm}^2} = 2,11 \cdot 10^{-3} \mathrel{\hat=} \mathbf{0,121°}.$$

Anschließend an diese Lösung soll im Ansatz der Rechengang ohne den FÖPPLschen Formalismus behandelt werden. Jede Unstetigkeitsstelle (= Kraftangriffspunkt) ist die Grenze eines Integrationsabschnittes.

Abschnitt 1: $\quad 0 < x \leq 0{,}50$ m
Abschnitt 2: $\quad 0{,}50$ m $< x \leq 1{,}50$ m
Abschnitt 3: $\quad 1{,}50$ m $< x \leq 2{,}00$ m
Abschnitt 4: $\quad 2{,}00$ m $< x \leq 3{,}00$ m

Damit erhält man insgesamt 8 Gleichungen mit 8 Integrationskonstanten, die aus den Randbedingungen (Lager) und Übergangsbedingungen von einem zum anderen Abschnitt berechnet werden müssen. Diese lauten

Lager	Übergänge (Index = Abschnitt)
$x = 0 \quad y = 0$	$x = 0{,}50$ m: $\quad y_1 = y_2 \quad$ (gleiche Durchbiegung)
$x = 2$ m $\quad y = 0$	$\quad\quad\quad\quad\quad \varphi_1 = \varphi_2 \quad$ (kein Knick)
$x = 1{,}50$ m: $\quad y_2 = y_3$
$\quad\quad\quad\quad\quad \varphi_2 = \varphi_3$
$x = 2{,}00$ m: $\quad y_3 = y_4$
$\quad\quad\quad\quad\quad \varphi_3 = \varphi_4$

Die Überlegenheit des FÖPPLschen Verfahrens ist offenkundig.

4.5.2 Überlagerung einzelner Belastungsfälle

Für oft vorkommende Belastungsfälle sind die Gleichungen der Biegelinien für konstanten Trägerquerschnitt in der Tabelle 11 gegeben. Die Durchbiegung und Winkeländerungen in anderen Lastfällen kann man oft durch Überlagerung dieser Systeme ermitteln. Das gilt auch für gekröpfte Träger, wie sie im nachfolgenden Beispiel 2 gezeigt wird. Mit Hilfe der hier beschriebenen Überlegungen werden die Lagerkräfte und Deformationen in statisch unbestimmten Systemen berechnet (s. Kapitel 11).

Die Abb. 4-74 zeigt einen mit zwei Kräften belasteten Träger. Die Durchbiegung an den Stellen 1 und 2 sei w_1 bzw. w_2. Man kann sich die *Lasten nacheinander aufgebracht* denken und erhält damit jeweils den Belastungsfall 3 nach Tabelle 11. An der Stelle 1 verursacht die Kraft F_1 allein wirkend die Durchbiegungen w_{11} und w_{21} an der Stelle 2. *Der 1. Index bezieht sich auf den Ort, der 2. Index auf die verursachende Kraft.* Analog dazu verursacht die Kraft F_2 die Durchbiegungen w_{12} und w_{22}. Die Gesamtdurchbiegung setzt sich aus den Einzeldurchbiegungen zusammen

4.5 Die Formänderung

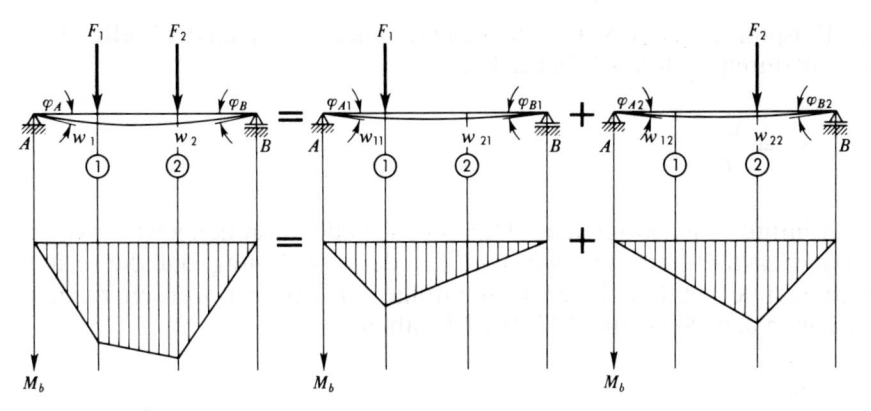

Abb. 4-74: Überlagerung einzelner Belastungsfälle

$$w_1 = w_{11} + w_{12}$$

$$w_2 = w_{21} + w_{22}.$$

Entsprechend addieren sich auch die Winkel

$$\varphi_A = \varphi_{A1} + \varphi_{A2}$$

$$\varphi_B = \varphi_{B1} + \varphi_{B2}.$$

Die obige Addition von Durchbiegungen kann man auch folgendermaßen schreiben

$$w_1 = \alpha_{11} \cdot F_1 + \alpha_{12} \cdot F_2$$

$$w_2 = \alpha_{21} \cdot F_1 + \alpha_{22} \cdot F_2$$

Der Faktor α wird *Einflußzahl* genannt. Er ist folgendermaßen definiert

$$\alpha_{ik} = \frac{w_{ik}}{F_k} \qquad \begin{array}{l} i \text{ Stelle} \\ k \text{ Kraft} \end{array}$$

Als Beispiel sei in der Abb. 4-74 die Durchbiegung w_{12} an der Stelle 1 verursacht durch die Kraft F_2 betrachtet

$$\alpha_{12} = \frac{w_{12}}{F_2}$$

Die Einflußzahlen können mit Hilfe der Tabelle 11 für den jeweils vorliegenden Lastfall berechnet werden. Aus der Überlegung, daß die Lasten nacheinander in beliebiger Reihenfolge aufgebracht werden dürfen, kann man den „Satz von MAXWELL" ableiten

$$\alpha_{ik} = \alpha_{ki}.$$

Diese Beziehung sollte immer als Kontrolle benutzt werden.

Beispiel 1 (Abb. 4-75)
Für den abgebildeten Träger mit dem Profil IBP 120 sind die Durchbiegungen an den Stellen 1 und 2 und die Winkeländerungen an den Stellen A B und 2 zu bestimmen.

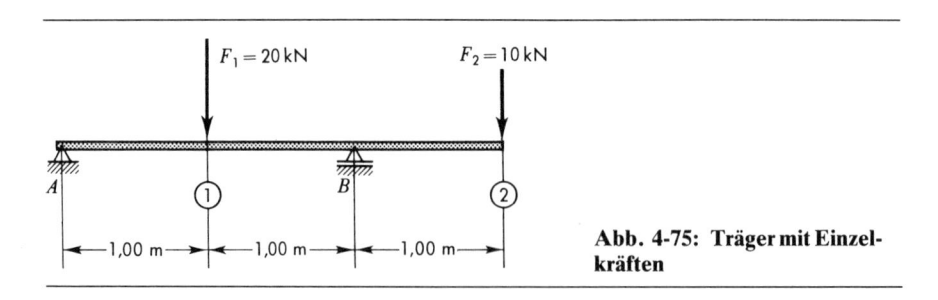

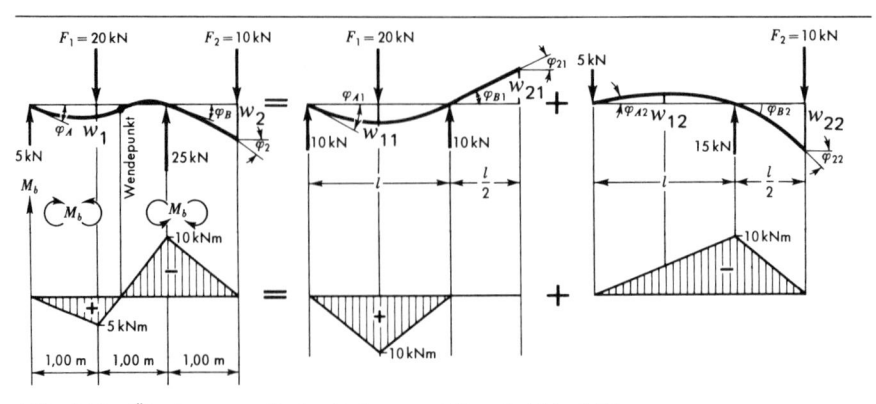

Abb. 4-75: Träger mit Einzelkräften

Abb. 4-76: Überlagerung für den Belastungsfall nach Abb. 4-75

4.5 Die Formänderung

Lösung (Abb. 4-76)
Die vorliegende Belastung wird aus den Fällen 2 und 4 der Tabelle 11 zusammengesetzt. Folgende Gleichungen müssen ausgewertet werden.

$$w_1 = w_{11} - w_{12} \qquad \varphi_A = \varphi_{A1} - \varphi_{A2}$$

$$w_2 = -w_{21} + w_{22} \qquad \varphi_B = -\varphi_{B1} + \varphi_{B2}$$

$$\varphi_2 = -\varphi_{21} + \varphi_{22}$$

Tabelle 11 / Belastungsfall 2
Es empfiehlt sich, zuerst die Biegesteifigkeit auszurechnen. Mit $I = I_y = 864\,\text{cm}^4$ nach Tabelle 10A ist

$$EI = 2{,}1 \cdot 10^7\,\text{N/cm}^2 \cdot 864\,\text{cm}^4 = 1{,}81 \cdot 10^{10}\,\text{Ncm}^2.$$

$$w_{11} = \frac{F_1 l^3}{48\,EI} = \frac{20 \cdot 10^3\,\text{N} \cdot 200^3\,\text{cm}^3}{48 \cdot 1{,}81 \cdot 10^{10}\,\text{Ncm}^2} = 0{,}184\,\text{cm}$$

$$\varphi_{A1} = \varphi_{B1} = \frac{F_1 l^2}{16\,EI} = \frac{20 \cdot 10^3\,\text{N} \cdot 200^2\,\text{cm}^2}{16 \cdot 1{,}8 \cdot 10^{10}\,\text{Ncm}^2} = 2{,}76 \cdot 10^{-3}\,\text{rad}$$

$$\varphi_{21} = \varphi_{B1} = 2{,}76 \cdot 10^{-3}\,\text{rad}$$

$$w_{21} = \varphi_{B1} \cdot \frac{l}{2} = 2{,}76 \cdot 10^{-3} \cdot 100\,\text{cm} = 0{,}276\,\text{cm}.$$

Tabelle 11 / Belastungsfall 4

$$w_{12} = \frac{F_2 l^3}{6\,EI} \cdot \frac{a}{l} \cdot \frac{x}{l}\left[1 - \left(\frac{x}{l}\right)^2\right] \quad \text{mit} \quad \frac{x}{l} = \frac{1}{2}; \quad \frac{a}{l} = \frac{1}{2}$$

$$w_{12} = \frac{F_2 l^3}{32\,EI} = \frac{10 \cdot 10^3\,\text{N} \cdot 200^3\,\text{cm}^3}{32 \cdot 1{,}81 \cdot 10^{10}\,\text{Ncm}^2} = 0{,}138\,\text{cm}$$

$$w_{22} = \frac{F_2 l^3}{3\,EI} \cdot \left(\frac{a}{l}\right)^2 \left(1 + \frac{a}{l}\right) \quad \text{mit} \quad \frac{a}{l} = \frac{1}{2}$$

$$w_{22} = \frac{F_2 l^3}{8\,EI} = \frac{10 \cdot 10^3\,\text{N} \cdot 200^3\,\text{cm}^3}{8 \cdot 1{,}81 \cdot 10^{10}\,\text{Ncm}^2} = 0{,}552\,\text{cm}$$

$$\varphi_{A2} = \frac{F_2 l^2}{6EI} \frac{a}{l} = \frac{F_2 l^2}{12 EI} = \frac{10 \cdot 10^3 \,\text{N} \cdot 200^2 \,\text{cm}^2}{12 \cdot 1{,}81 \cdot 10^{10} \,\text{Ncm}^2} = 1{,}84 \cdot 10^{-3} \,\text{rad}$$

$$\varphi_{B2} = 2\,\varphi_{A2} = 3{,}68 \cdot 10^{-3} \,\text{rad}$$

$$\varphi_{22} = \frac{F_2 l^2}{6EI} \cdot \frac{a}{l}\left(2 + 3\frac{a}{l}\right) = \frac{7 F_2 l^2}{24 EI} = \frac{7 \cdot 10 \cdot 10^3 \,\text{N} \cdot 200^2 \,\text{cm}^2}{24 \cdot 1{,}81 \cdot 10^{10} \,\text{Ncm}^2}$$

$$= 6{,}45 \cdot 10^{-3} \,\text{rad}$$

Mit diesen Einzelwerten erhält man folgende Ergebnisse:

$w_1 = 1{,}84 \,\text{mm} - 1{,}38 \,\text{mm} = \mathbf{0{,}46\ mm}\ (\downarrow)$

$w_2 = -2{,}76 \,\text{mm} + 5{,}52 \,\text{mm} = \mathbf{2{,}76\ mm}\ (\downarrow)$

$\varphi_A = (2{,}76 - 1{,}84)\,10^{-3} = 9{,}20 \cdot 10^{-4} \,\text{rad} = \mathbf{0{,}053°}$

$\varphi_B = (-2{,}76 + 3{,}68)\,10^{-3} = 9{,}20 \cdot 10^{-4} \,\text{rad} = \mathbf{0{,}053°}$

$\varphi_2 = (-2{,}76 + 6{,}45)\,10^{-3} = 3{,}69 \cdot 10^{-3} \,\text{rad} = \mathbf{0{,}21°}$

Beispiel 2 (Abb. 4-77)
Für den abgebildeten, gekröpften Träger (EI = konst.) ist in allgemeiner Form die Durchbiegung an der Lastangriffsstelle zu bestimmen.

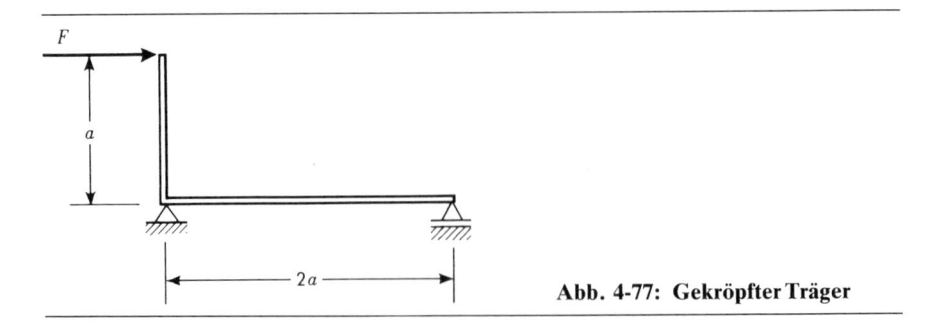

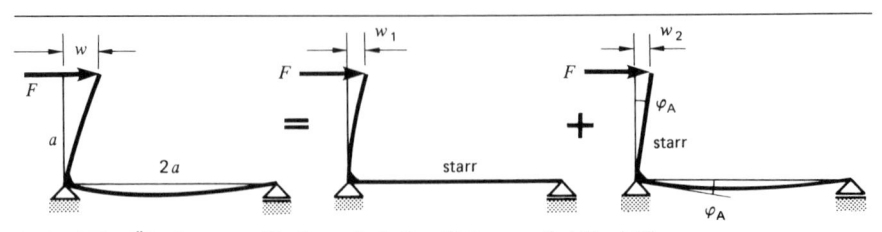

Abb. 4-77: Gekröpfter Träger

Abb. 4-78: Überlagerung für den gekröpften Träger nach Abb. 4-77

4.5 Die Formänderung

Lösung (Abb. 4-78)
Man kann die Deformation aus zwei Teilen zusammensetzen. Zunächst wird der Querholm als starr angesehen. Der Ständer verbiegt sich wie ein eingespannter Träger nach Belastungsfall 1 der Tabelle 11. Die Verformung des Querholms entsteht durch das Moment $F \cdot a$. Dabei ergibt sich eine Schiefstellung des starr angenommenen Ständers. Diese Deformation entspricht dem Fall 8.

$$w = w_1 + w_2 = w_1 + \varphi_A \cdot a$$

$$\boldsymbol{w} = \frac{F \cdot a^3}{3EI} + \frac{M_A \cdot l}{3EI} \cdot a = \frac{F \cdot a^3}{3EI} + \frac{Fa \cdot 2a \cdot a}{3EI} = \boldsymbol{\frac{Fa^3}{EI}}$$

4.5.3 Bestimmung der Deformation aus der Formänderungsarbeit (Satz von CASTIGLIANO)

In diesem Abschnitt soll untersucht werden, welche Arbeit von einem auf Biegung beanspruchten, elastischen Träger aufgenommen und gespeichert wird.

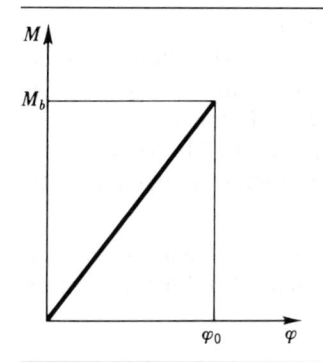

Abb. 4-79: Biegemoment in Abhängigkeit von der Winkeländerung im elastischen Bereich

In die Enden eines Stabes nach Abb. 4-1 b wird ein Moment M eingeleitet. Auf Grund des elastischen Verhaltens des Werkstoffes muß dieses mit größer werdender Deformation linear zunehmen (Abb. 4-79).

Für die Deformation muß eine Arbeit

$$W_F = \int M \cdot d\varphi$$

aufgewendet werden. Mit der Geradengleichung

$$M = \frac{M_b}{\varphi_0} \cdot \varphi$$

erhält man

$$W_F = \frac{M_b}{\varphi_0} \int_0^{\varphi_0} \varphi \cdot d\varphi = M_b \cdot \frac{\varphi_0}{2}.$$

Nach Gleichung 4-15 ist die Winkeländerung φ_0, die durch das Biegemoment M_b zwischen den beiden Enden des Balkens verursacht wird,

$$\varphi_0 = \int_0^l \frac{M_b}{EI} dx.$$

Dabei wurde das negative Vorzeichen nicht übernommen. Dieses ergab sich aus den Vorzeichendefinitionen für die Biegelinie.

$$W_F = \frac{1}{2} \int_0^l \frac{M_b^2}{EI} dx. \qquad\qquad \text{Gl. 4-16}$$

Das ist die *Gleichung für die Formänderungsarbeit*, die bei Biegung eines Trägers von diesem gespeichert wird. *Sie gilt für kleine Durchbiegungen*, da in der Ableitung implizit die Biegelinie enthalten ist. Damit ist normalerweise gewährleistet, daß die Deformation im elastischen Bereich bleibt und damit das HOOKEsche Gesetz gilt. Wie aus diesen Ausführungen folgt, ist die Berechnung der von einer Blattfeder aufgenommenen Arbeit mit der Gleichung 4-16 nur bedingt möglich. Mehrere Kräfte und/oder abgesetzte Wellen erfordern wegen der Unstetigkeitsstellen abschnittsweises Integrieren.

Die hier behandelten Systeme verhalten sich elastisch. Deshalb werden die Träger (Rahmen usw.) als elastische Federn mit der Federkonstanten

$$c = \frac{F}{w}$$

aufgefaßt. Daraus folgt (zum Faktor 1/2 s. Gl. 3-12 und Ableitung)

$$w = \frac{F}{c} \quad \text{und} \quad W_F = \frac{1}{2} w F = \frac{1}{2} \frac{F^2}{c}.$$

Leitet man die Formänderungsarbeit nach der Kraft ab, dann ist

$$\frac{\partial W_F}{\partial F} = \frac{F}{c} = w.$$

Das ist der 1. Satz von CASTIGLIANO.

4.5 Die Formänderung

Die Ableitung der Formänderungsarbeit nach der Kraft ergibt die Durchbiegung an der Kraftangriffsstelle in Kraftrichtung.

Die Gleichung 4-16 wird partiell nach der Kraft abgeleitet und ergibt so die Durchbiegung an der Kraftangriffsstelle.

$$w = \int_0^l \frac{1}{EI} \cdot M_b \cdot \frac{\partial M_b}{\partial F} \cdot dx \tag{1}$$

Auf analogem Wege erhält man den 2. Satz von CASTIGLIANO

$$\frac{\partial W_F}{\partial M} = \varphi \,.$$

Die Ableitung der Formänderungsarbeit nach dem Moment ergibt die Winkeländerung der elastischen Linie an der Angriffsstelle des Momentes.

Die Winkeländerung φ der Biegelinie an der Stelle eines von außen angreifenden Momentes M ist

$$\varphi = \int_0^l \frac{1}{EI} \cdot M_b \cdot \frac{\partial M_b}{\partial M} \cdot dx \tag{2}$$

Die Gleichungen (1) und (2) können durch Aufstellen von Biegemomentengleichungen, deren partielles Ableiten und abschnittsweises Integrieren ausgewertet werden. Dieser Weg kann vor allem bei mehreren Kräften und Abschnitten aufwendig sein. Deshalb hat man die Berechnung durch Integrationstafeln rationalisiert.

Ausgegangen wird von einem eingespannten Träger Abb. 4-71. Für diesen soll die Durchbiegung an der Kraftangriffsstelle bestimmt werden. Die Momentengleichung lautet $M_b = -F \cdot x$. Greifen mehrere Kräfte an, muß partiell nach der Kraft abgeleitet werden, für die die Durchbiegung gesucht ist. Hier ist

$$\frac{\partial M_b}{\partial F} = \frac{d M_b}{d F} = -1 \cdot x \,.$$

Diese Beziehung kann man folgendermaßen deuten. Sie ist die „Momentengleichung" einer gedachten „Kraft" „1", die an die Stelle eingetragen wird, für die die Durchbiegung zu bestimmen ist. Die Auswertung der Gleichung (1) führt auf

$$w_F = \frac{1}{EI} \int_0^l (-F \cdot x) \cdot (-1 \cdot x) \cdot dx$$

$$w_F = \frac{1}{EI} \cdot \frac{1}{3} \cdot (-F \cdot l) \cdot (-1 \cdot l) \cdot l = \frac{Fl^3}{3EI} \ .$$

Die Funktion $(-F \cdot x)$ entspricht dem dreieckförmigen M_b-Diagramm mit dem Maximalwert $F \cdot l$. Für die Funktion $(-1 \cdot x)$ gilt das gleiche, wenn man die „1" als „Kraft" auffaßt. Der Integrationsabschnitt hat die Länge l. Für verschiedene Momentenverläufe ist das Ergebnis der Integration in Tabellen zusammengefaßt. Eine Auswahl ist in der Tabelle 12 im Anhang gegeben. Für den vorliegenden Fall erzeugt F eine Momentenfläche nach Zeile 2 dieser Tabelle mit $M_i = F \cdot l$, die „Kraft" „1" eine solche nach Spalte ß mit $M_k = 1 \cdot l$. Das Ergebnis der Integration ist im Schnittpunkt Zeile 2/Spalte ß aufgeführt

$$\frac{1}{3} \cdot s \cdot M_i \cdot M_k$$

Damit ist

$$w_F = \frac{1}{EI} \cdot \frac{1}{3} \cdot l \cdot (F \cdot l) \cdot l = \frac{Fl^3}{3EI}$$

Allgemein kann man schreiben

$$\mathbf{w} = \int_0^l \frac{1}{EI} \cdot \mathbf{M_i} \cdot \mathbf{M_k} \cdot \mathbf{dx} \qquad \textbf{Gl. 4-17}$$

$$\varphi = \int_0^l \frac{1}{EI} \cdot \mathbf{M_i} \cdot \mathbf{M_k} \cdot \mathbf{dx} \qquad \textbf{Gl. 4-18}$$

Die Vorzeichendefinition für die Momente entspricht der von Gleichung 4-13 (s. Skizze dort).

Beispiel 1 (Abb. 4-80)
Für den abgebildeten Träger (EI = konst.) sind die Durchbiegung in der Mitte und die Schiefstellung in den Auflagern in allgemeiner Form zu bestimmen.

Lösung (Abb. 4-81/82)
Das Momentendiagramm ist eine Parabel mit dem Maximalwert $q \cdot l^2/8$ (M_i-System). An der Stelle, für die die Durchbiegung bestimmt werden soll, wird die „Kraft" „1" eingeführt. Diese hat das „Biegemoment" M_k zur Folge (Abb. 4-81). Beide müssen mit Hilfe der Tabelle 12 gekoppelt werden. Hier sind es die Zeile 5 mit der Spalte ß. Das System ist symme-

4.5 Die Formänderung

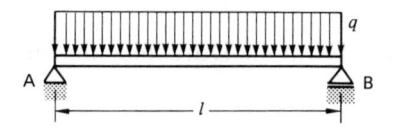

Abb. 4-80: Träger mit konstanter Streckenlast

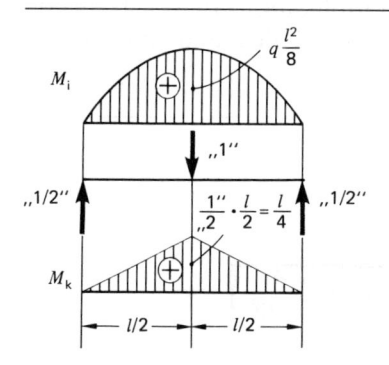

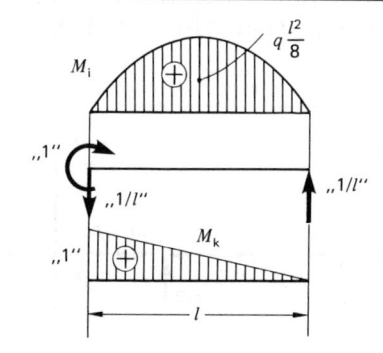

Abb. 4-81: M_i- und M_k-Diagramme für die Bestimmung von w_{max} des Trägers nach Abb. 4-80

Abb. 4-82: M_i- und M_k-Diagramme für die Bestimmung von φ_{Lager} am Träger nach Abb. 4-80

trisch. Es wird eine Hälfte betrachtet und das Ergebnis mit 2 multipliziert.

$$w_{max} = \frac{1}{EI} \cdot 2 \left(\frac{5}{12} \cdot s \cdot M_i \cdot M_k \right)$$

$$w_{max} = \frac{1}{EI} \cdot 2 \cdot \frac{5}{12} \cdot \frac{l}{2} \cdot \frac{ql^2}{8} \cdot \frac{l}{4} = \mathbf{\frac{5 \cdot q \cdot l^4}{384\,EI}}.$$

Für die Bestimmung der Schiefstellung im Auflager muß dort das „Moment" „1" eingetragen werden. Dieses verursacht ein Momentendiagramm nach Abb. 4-82. Es werden die Zeilen 4 und die Spalte γ gekoppelt.

$$\varphi_{max} = \frac{1}{EI} \cdot \frac{1}{3} \cdot s \cdot M_i \cdot M_k$$

$$\varphi_{max} = \frac{1}{EI} \cdot \frac{1}{3} \cdot l \cdot \frac{ql^2}{8} \cdot 1 = \mathbf{\frac{q \cdot l^3}{24\,EI}}$$

Die Ergebnisse können mit Hilfe der Tabelle 11 kontrolliert werden.

160   4. Biegung

Beispiel 2 (Abb. 4-77)
Für den gekröpften Träger ist in allgemeiner Form die Durchbiegung an der Lastangriffsstelle zu bestimmen.

Lösung
Das M_i- und M_k-System zeigt die Abb. 4-83. Alle Momente sind nach der Vorzeichendefinition negativ, durch die Multiplikation ergibt sich ein positives Ergebnis. Hier erfolgt die Kopplung von Zeile 2 und Spalte ß der Tabelle 12.

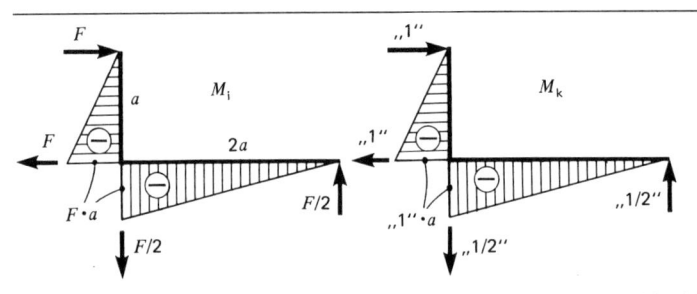

Abb. 4-83: M_i- und M_k-Diagramme für gekröpften Träger nach Abb. 4-77

$$w_F = \frac{1}{EI} \cdot \Sigma \left(\frac{1}{3} \cdot s \cdot M_i \cdot M_k \right)$$

$$\mathbf{w_F} = \frac{1}{EI} \cdot \frac{1}{3} \left(a \cdot Fa \cdot a + 2a \cdot Fa \cdot a \right) = \frac{\mathbf{F \cdot a^3}}{\mathbf{EI}}$$

Das Kraftgrößenverfahren eignet sich besonders gut für gekröpfte Träger und Rahmen mit Einzellasten.

Beispiel 3 (Abb. 4-84)
Der abgebildete Träger IPB 400 ist mit $q = 15$ kN/m belastet. Seine Abmessungen sind $a = 6{,}0$ m und $b = 4{,}0$ m. Zu bestimmen ist die Durchbiegung des rechten Endes.

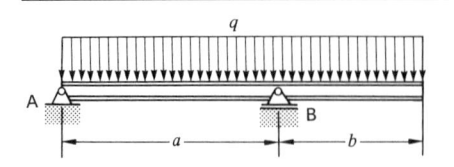

Abb. 4-84: Kragträger mit konstanter Streckenlast

4.5 Die Formänderung

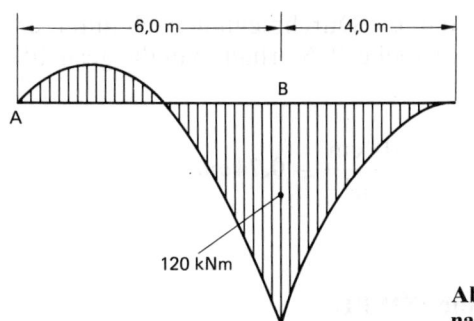

Abb. 4-85: M_b-Diagramm für Kragträger nach Abb. 4-84

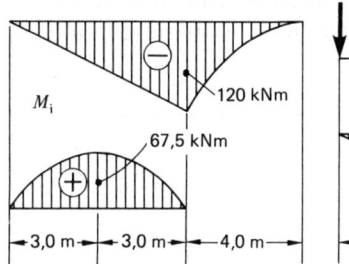

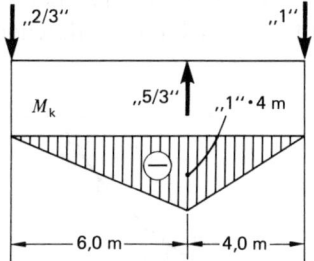

Abb. 4-86: M_i- und M_k-Diagramme für Kragträger nach Abb. 4-84

Lösung (Abb. 4-85/86)
Das Momentendiagramm zeigt die Abb. 4-85. Der Momentenverlauf zwischen den Lagern muß in einen linearen und einen quadratischen Teil zerlegt werden. Für den letzten erhält man $q \cdot a^2/8 = 67{,}5$ kNm. Der M_k-Verlauf ergibt sich durch die am Ende „angreifende Kraft" „1". Nach Abb. 4-86 müssen 2/ß; 4/ß und 6/ß gekoppelt werden.

$$EI \cdot w = \frac{1}{3} \cdot s \cdot M_i \cdot M_k + \frac{1}{3} \cdot s \cdot M_i \cdot M_k + \frac{1}{4} \cdot s \cdot M_i \cdot M_k$$

$$EI \cdot w = \frac{1}{3} \cdot 6{,}0\,\text{m} \cdot (-120\,\text{kNm}) \cdot (-4{,}0\,\text{m}) + \frac{1}{3} \cdot 6{,}0\,\text{m} \cdot 67{,}5\,\text{kNm} \cdot (-4{,}0\,\text{m})$$

$$+ \frac{1}{4} \cdot 4{,}0\,\text{m} \cdot (-120\,\text{kNm}) \cdot (-4{,}0\,\text{m})$$

$$EI \cdot w = 900\,\text{kNm}^3 = 9 \cdot 10^5\,\text{Nm}^3$$

Das positive Vorzeichen zeigt an, daß die Durchbiegung nach unten erfolgt. Mit $I = I_y = 57680 \text{ cm}^4$ nach Tabelle 10A erhält man die gesuchte Durchbiegung.

$$w = \frac{9 \cdot 10^5 \text{ Nm}^3}{2{,}1 \cdot 10^7 \text{ N/cm}^2 \cdot 57680 \text{ cm}^4} \cdot \frac{10^6 \text{ cm}^3}{\text{m}^3} = 0{,}74 \text{ cm}$$

4.5.4 Verfahren nach MOHR*) und FÖPPL

Es besteht eine Analogie zwischen der Gleichung für die Seillinie und der für die Biegelinie.

Ausgegangen wird von einem vertikal belasteten Seil nach Abb. 4-87. Für den Teilabschnitt dx werden die Gleichgewichtsbedingungen aufgestellt.

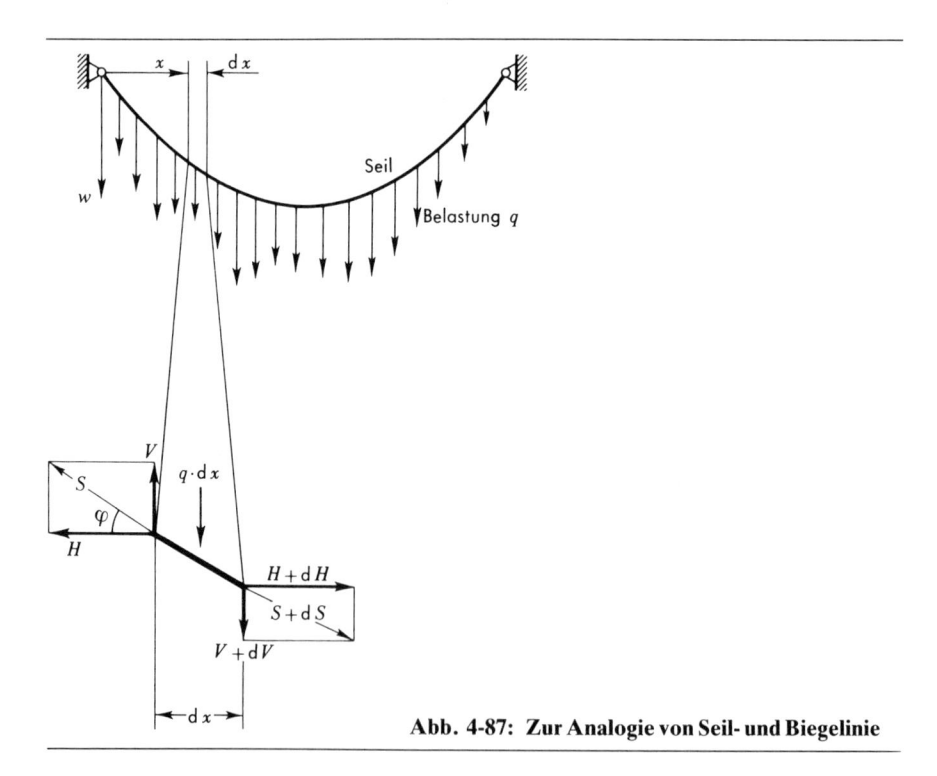

Abb. 4-87: Zur Analogie von Seil- und Biegelinie

---

*) MOHR (1835-1918), deutscher Ingenieur.

4.5 Die Formänderung

$\Sigma F_y = 0 \qquad V - V - dV - q \cdot dx = 0$

$$q = -\frac{dV}{dx}.$$

Diese Gleichung entspricht der Beziehung zwischen Streckenlast und Querkraft nach Gleichung 4-8.

$\Sigma F_x = 0 \qquad H - H - dH = 0$

$dH = 0 \quad \Rightarrow \quad H = \text{konst.}$

Das bedeutet: der Horizontalzug eines mit senkrechten Kräften belasteten Seils ist konstant (vergl. Band 1, Abschnitt 9.2, Beispiel 3). Das Seil hat an der betrachteten Stelle die Neigung

$$\tan \varphi = \frac{V}{H} = w'$$

Für H = konst. gilt

$$w'' = \frac{1}{H} \cdot \frac{dV}{dx} = -\frac{q}{H}$$

Das ist die Gleichung der Seillinie für eine Streckenlast $q(x)$ und eine in den Lagern wirkende horizontale Spannkraft H. Die Gleichungen für die Seillinie und die Biegelinie (Gl. 4-13) sind analog aufgebaut.

$$w'' = -\frac{q}{H} \qquad w'' = -\frac{M_b}{EI}$$

Folgende Größen entsprechen einander

$q \quad \Rightarrow \quad M_b \qquad H \quad \Rightarrow \quad EI$

Die Seillinie kann man graphisch für eine vorgegebene Kraft H mit der Seileckkonstruktion ermitteln. Dazu muß die Streckenlast abschnittsweise durch die Resultierende ersetzt werden. Die Seillinie wird dabei durch ihren Tangentenzug angenähert. Grundsätzlich ist das Problem im Band 1 (Abschnitt 3.4.2 und Beispiel 3 in Abschnitt 9.2) behandelt. Deshalb ist es möglich, auch die Biegelinie mit der Seileckkonstruktion graphisch darzustellen. Dazu wird das Biegemomentendiagramm als „Streckenlast" aufgefaßt. Mit „Teilresultierenden" wird das Seileck gezeichnet. Nach der obigen Analogie muß $H = EI$ gesetzt werden. Wegen der normalerweise sehr kleinen Durchbiegung und Winkel ist es jedoch zeichnerisch nicht möglich, die elastische Linie unverzerrt zu zeichnen. Der oben angegebene Weg hat einen weiteren Nachteil. Für eine abgesetzte Welle ist das Trägheitsmoment I nicht überall gleich. Man müßte diese Konstruktion abschnittsweise für einen Bereich gleichen Durchmessers durchführen. Die Analogie wird deshalb folgendermaßen umgestellt

$$q \to \frac{M_b}{I} \qquad H \to E.$$

Als *ideelle Belastung* entsprechend der Streckenlast wird jetzt das $\frac{M_b}{I}$-*Diagramm* verwendet. Die Resultierenden von Teilabschnitten haben die Einheiten $\frac{M_b}{I} \cdot l \,[\text{N/cm}^2]$. Die gleiche Einheit hat H, die „Höhe" des ideellen Kraftecks der Seileckkonstruktion. Da es zeichnerisch unmöglich ist, $H = E$ zu machen, wird die Konstruktion mit einer kleineren, willkür-

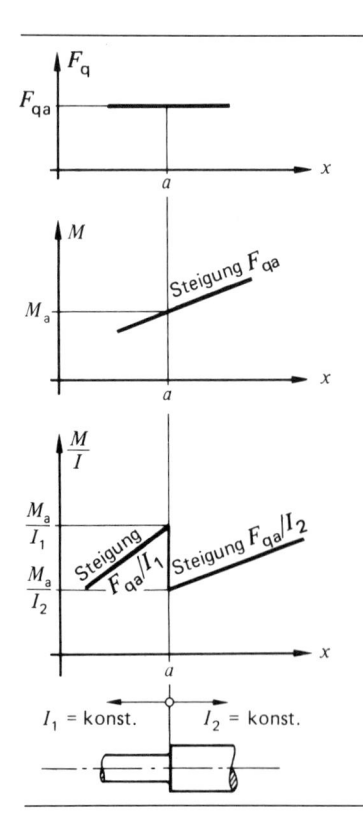

Abb. 4-88: Die Funktionen F_q; M_b und M_b/I an einem Wellenabsatz

4.5 Die Formänderung

lich festgesetzten Höhe des Kraftecks gezeichnet. Damit erhält man eine verzerrte Biegelinie, deren Durchbiegung und Winkel wesentlich größer sind als die wahren Werte. Diese Größen müssen deshalb im Verhältnis H/E umgerechnet werden

$$w = w^* \cdot \frac{H}{E} \qquad \tan\varphi = \tan\varphi^* \cdot \frac{H}{E}. \qquad \text{Gl. 4-19}$$

Dabei ist w^* die mit dem Längenmaßstab der Zeichnung umgerechnete Durchbiegung im Seileck. Der Winkel φ^* wird im gleichen Seilzug gemessen. Beispiele zeigt die Abb. 4-90.

Anschließend an das zeichnerische Verfahren soll die Lösung nach FÖPPL erfolgen. Dazu sind in Abb. 4-88 die Funktionen F_q; M; M/I an der Stelle a eines Wellenabsatzes dargestellt. Aus dem Diagramm folgt unmittelbar für dieses Detail

$$\frac{M}{I} = \ldots \langle x - a \rangle \cdot F_{qa} \cdot \left(\frac{1}{I_2} - \frac{1}{I_1}\right) + \langle x - a \rangle^0 \cdot M_a \cdot \left(\frac{1}{I_2} - \frac{1}{I_1}\right) \ldots \quad \text{Gl. 4-20}$$

                    Knick   Sprung

Durch weitere Integrationen erhält man die Winkeländerungen und die elastische Linie.

Sowohl das graphische Seileckverfahren als auch dessen Umsetzung in ein algebraisches Vefahren mit dem FÖPPLschen Formalismus werden im nachfolgenden Beispiel angewendet.

Beispiel (Abb. 4-89)
Die Achse von Beispiel 3 Abschnitt 4-4 (Abb. 4-65/66) ist wie abgebildet in den Abmessungen festgelegt worden. Für diese Achse mit der gegebenen Belastung ist die elastische Linie graphisch und nach dem FÖPPLschen Verfahren zu ermitteln. Zu bestimmen sind

a) die maximale Durchbiegung,
b) die Durchbiegung des Lastangriffspunktes
c) die Winkeländerung in den Lagern A und B.

Lösung
Zuerst soll die Konstruktion nach MOHR durchgeführt werden. Nach der Wahl eines geeigneten Längenmaßstabes wird der *Lageplan* gezeichnet (Abb. 4-90a). Dann muß die *ideelle Belastungsfläche* konstruiert werden. Für die einzelnen Achsabschnitte werden die Flächenträgheitsmomente bestimmt. Der Biegemomentenverlauf ist bekannt (Abb. 4-66). An den Absätzen ändert sich das Flächenträgheitsmoment unstetig, demnach muß auch die M_b/I-Kurve in diesen Punkten eine Unstetigkeits-

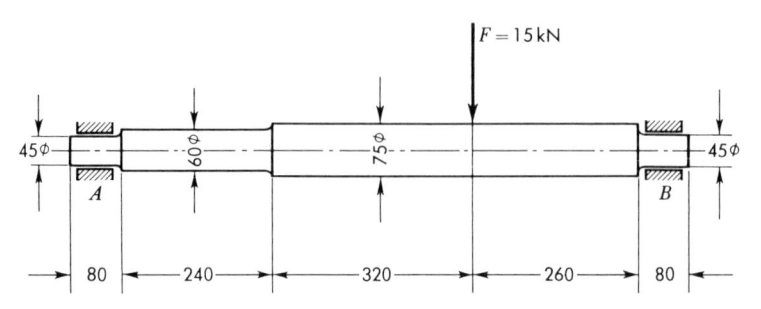

Abb. 4-89: Abgesetzte Welle mit Einzellast

stelle haben. Es ist zweckmäßig, die einzelnen Punkte der Achse zu bezeichnen, wobei man für die Absätze eine zweifache Kennzeichnung braucht. Die Rechnung erfolgt tabellarisch.

Stelle	a	b	c	d	e	f	g	h	i
M_b/kN cm	0	20		140		300		40	0
I/cm^4		20,1		63,6		155,3		20,1	
$\dfrac{M_b}{I}$ /kN/cm^3	0	0,995	0,314	2,201	0,901	1,932	0,258	1,990	0

Mit diesen Werten wird die ideelle Belastungsfläche gezeichnet (Abb. 4-90c). Diese Fläche setzt sich aus zwei Dreiecken und drei Trapezen zusammen. Für diese Teilabschnitte werden genau wie für eine Streckenlast die „Resultierenden" bestimmt. Das sind die *ideellen Kräfte*.

$$F_{res\,1} = \frac{1}{2} \cdot 0{,}995 \frac{kN}{cm^3} \cdot 4\,cm \qquad = \quad 1{,}99\,kN/cm^2$$

$$F_{res\,2} = \frac{0{,}314 + 2{,}201}{2} \frac{kN}{cm^3} \cdot 24\,cm \qquad = \quad 30{,}18\,kN/cm^2$$

$$F_{res\,3} = \frac{0{,}901 + 1{,}932}{2} \frac{kN}{cm^3} \cdot 32\,cm \qquad = \quad 45{,}33\,kN/cm^2$$

$$F_{res\,4} = \frac{1{,}932 + 0{,}258}{2} \frac{kN}{cm^3} \cdot 26\,cm \qquad = \quad 28{,}47\,kN/cm^2$$

$$F_{res\,5} = \frac{1}{2} \cdot 1{,}990 \frac{kN}{cm^3} \cdot 4\,cm \qquad = \quad 3{,}98\,kN/cm^2$$

$$F_{res} = 109{,}95\,kN/cm^2$$

4.5 Die Formänderung

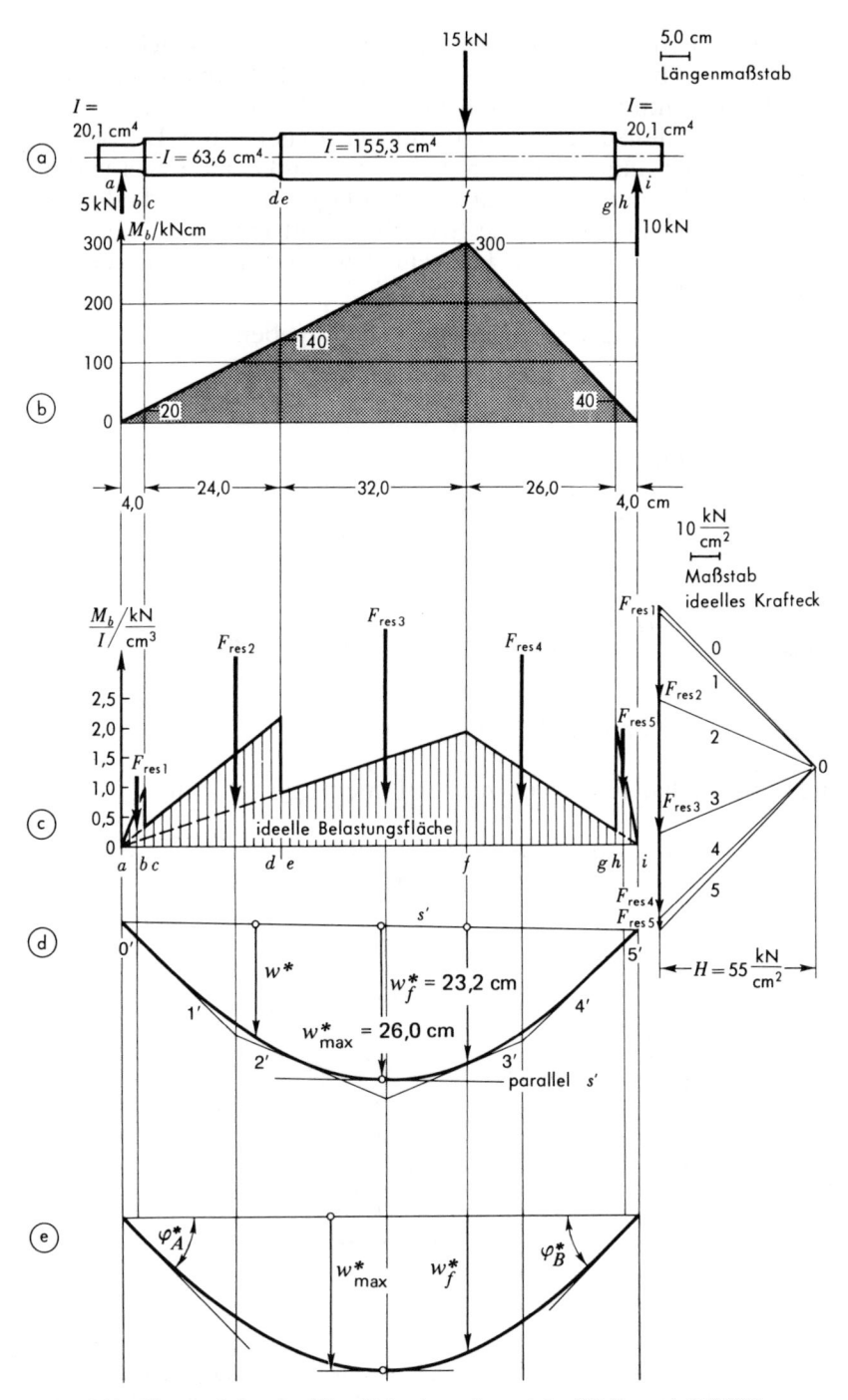

Abb. 4-90: Konstruktion der Biegelinie einer abgesetzten Welle nach MOHR

Die Resultierenden gehen durch den Schwerpunkt der Teilflächen (Konstruktion nach Abb. 4-91). Es wird ein „Kräfte"-Maßstab festgelegt und die Seileckkonstruktion durchgeführt (Abb. 4-90d). Die Seilstrahlen ergeben den Tangentenzug einer verzerrten elastischen Linie. Die Schlußlinie entspricht der undeformierten Achse. Sie muß beide Lager verbinden, wie es auch bei der Bestimmung der Auflagerreaktionen der Fall ist. Die durch eine nicht horizontale Schlußlinie entstandene Verzerrung kann durch ein entsprechendes Umzeichnen wieder rückgängig gemacht werden (Abb. 4-90e).

Unter Berücksichtigung des Längenmaßstabes ergeben sich

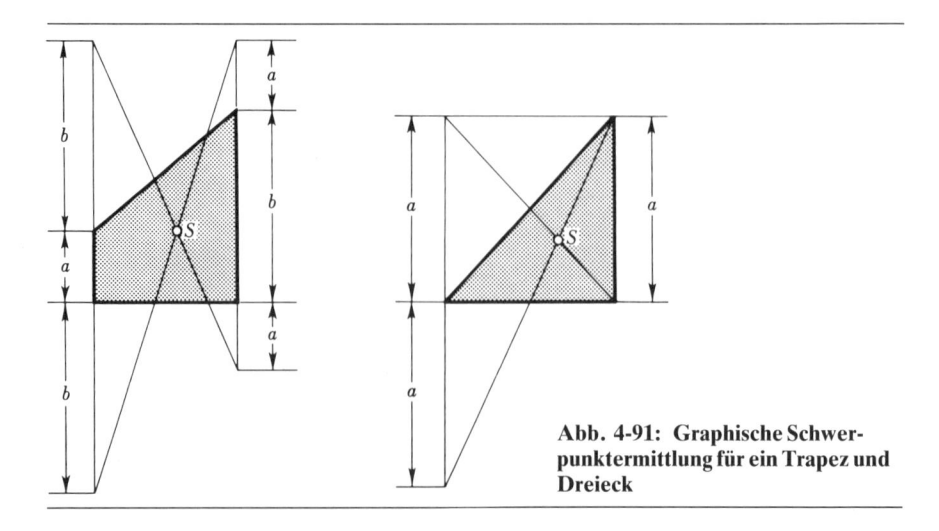

$$w^*_{max} = 26{,}0 \text{ cm} \qquad w^*_f = 23{,}2 \text{ cm}.$$

Nach Gl. 4-19 ist für

$$\frac{H}{E} = \frac{55 \cdot 10^3 \text{ N/cm}^2}{2{,}1 \cdot 10^5 \text{ N/mm}^2} \cdot \frac{1 \text{ cm}^2}{10^2 \text{ mm}^2} = 2{,}619 \cdot 10^{-3}$$

$$\mathbf{w_{max}} = w^*_{max} \cdot \frac{H}{E} = 260 \text{ mm} \cdot 2{,}619 \cdot 10^{-3} = \mathbf{0{,}68 \text{ mm}}$$

$$w_f = 232 \text{ mm} \cdot 2{,}619 \cdot 10^{-3} = \mathbf{0{,}61 \text{ mm}}.$$

Für die Winkel erhält man im entzerrten Linienzug gemessen

$$\varphi^*_A = 44° \qquad \varphi^*_B = 46°$$

Abb. 4-91: Graphische Schwerpunktermittlung für ein Trapez und Dreieck

4.5 Die Formänderung

Nach Gl. 4-19 ist

$$\tan\varphi_A = \tan 44° \cdot 2{,}619 \cdot 10^{-3} = 2{,}53 \cdot 10^{-3}; \qquad \varphi_A = \mathbf{0{,}145°}$$

$$\tan\varphi_B = \tan 46° \cdot 2{,}619 \cdot 10^{-3} = 2{,}71 \cdot 10^{-3}; \qquad \varphi_B = \mathbf{0{,}155°}.$$

Es wird dringend empfohlen, eine überschlägige Kontrolle mit Hilfe der Tabelle 11 durchzuführen. Dem Anfänger, dem noch ein Gefühl für die Größenordnung der sich ergebenden Werte fehlt, können hier leicht Dezimalstellenfehler unterlaufen.

Für den Belastungsfall 3 erhält man

$$w_f = \frac{Fl^3}{3EI}\left(\frac{a}{l}\right)^2\left(\frac{b}{l}\right)^2; \qquad \frac{a}{l} = \frac{2}{3} \quad \frac{b}{l} = \frac{1}{3}.$$

Geschätzter Mittelwert $d_m = 70$ cm $\qquad I = 118$ cm^4

$$w_f = \frac{15 \cdot 10^3 \text{ N} \cdot 9^3 \cdot 10^6 \text{ mm}^3}{3 \cdot 2{,}1 \cdot 10^5 \text{ N/mm}^2 \cdot 118 \cdot 10^4 \text{ mm}^4} \cdot \frac{4}{9} \cdot \frac{1}{9} = 0{,}73 \text{ mm}.$$

In Anbetracht der ungenauen Schätzungen von d_m ist die Übereinstimmung ausreichend.

$$\tan\varphi_A = \frac{w_f}{a} \cdot \frac{1}{2}\left(1 + \frac{l}{b}\right) = \frac{0{,}73}{600} \cdot \frac{1}{2}(1+3) = 2{,}4 \cdot 10^{-3}.$$

Da die Achse nach außen im Durchmesser abnimmt, ist der Winkel größer als der sich überschläglich ergebende Wert.

Die *versteifende Wirkung von aufgeschrumpften Ringen* bzw. *Naben* von Radkörpern *berücksichtigt man dadurch, daß man die Trägheitsmomente aus den Abmessungen der Ringe* bzw. *Naben errechnet*. Diese Teile sind damit rechenmäßig Bestandteile der Achse.

Für die Lösung nach FÖPPL ist es zweckmäßig, von der Abb. 4-92 auszugehen. Die Rechnung erfolgt mit zugeschnittenen Größengleichungen für folgende Einheiten

x	w	F	M	I
cm	cm	kN	kNcm	cm^4

Der Querkraftverlauf wird nach Gleichung 4-9 aufgestellt. Dabei ist die Vorzeichenregelung nach Abb. 4-26 zu beachten.

$$F_q = \langle x \rangle^0 \cdot 5 - \langle x - 60 \rangle^0 \cdot 15. \tag{1}$$

Die Wellenabsätze erhalten einen Index, der dem Abstand von der linken Kante entspricht. Für diese Stellen beträgt die Querkraft

$$F_{q4} = 5\,\text{kN} \qquad F_{q28} = 5\,\text{kN} \qquad F_{q86} = -10\,\text{kN}.$$

Die Integration der Querkraftgleichung liefert

$$M = x \cdot 5 - \langle x - 60 \rangle \cdot 15 \tag{2}$$

mit

$$M_4 = 20\,\text{kNcm} \qquad M_{28} = 140\,\text{kNcm} \qquad M_{86} = 40\,\text{kNcm}.$$

Jetzt ist es möglich, die Funktion M/I aufzustellen. Ausgegangen wird von der Gleichung (2). Jeder Absatz führt zu einer Unstetigkeitsstelle, die die Anwendung der Gleichung 4-20 erfordert. Dabei kennzeichnet a die Stelle des Absatzes, z.B. erster Absatz bei $a = 4$ cm.

$$\frac{M}{I} = \frac{x \cdot 5}{20{,}1} + \langle x-4 \rangle \cdot 5 \cdot \left(\frac{1}{63{,}6} - \frac{1}{20{,}1}\right) + \langle x-4 \rangle^0 \cdot 20 \cdot \left(\frac{1}{63{,}6} - \frac{1}{20{,}1}\right)$$

$$+ \langle x-28 \rangle \cdot 5 \cdot \left(\frac{1}{155{,}3} - \frac{1}{63{,}6}\right) + \langle x-28 \rangle^0 \cdot 140 \cdot \left(\frac{1}{155{,}3} - \frac{1}{63{,}6}\right)$$

$$- \langle x-60 \rangle \cdot \frac{15}{155{,}3}$$

$$+ \langle x-86 \rangle \cdot (-10) \cdot \left(\frac{1}{20{,}1} - \frac{1}{155{,}3}\right) + \langle x-86 \rangle^0 \cdot 40 \cdot \left(\frac{1}{20{,}1} - \frac{1}{155{,}3}\right)$$

$$\underbrace{}_{\text{Knick}} \qquad \underbrace{}_{\text{Sprung}}$$

$$\underbrace{}_{\text{Wellenabsätze}}$$

$$\frac{M}{I} = x \cdot 0{,}2488 - \langle x-4 \rangle \cdot 0{,}1701 - \langle x-4 \rangle^0 \cdot 0{,}6806 - \langle x-28 \rangle \cdot 0{,}0464$$

$$- \langle x-28 \rangle^0 \cdot 1{,}2998 - \langle x-60 \rangle \cdot 0{,}0966 - \langle x-86 \rangle \cdot 0{,}4331$$

$$+ \langle x-86 \rangle^0 \cdot 1{,}7325.$$

Kontrolle: rechter Rand $x = 90$: $M/I = 0$

4.5 Die Formänderung

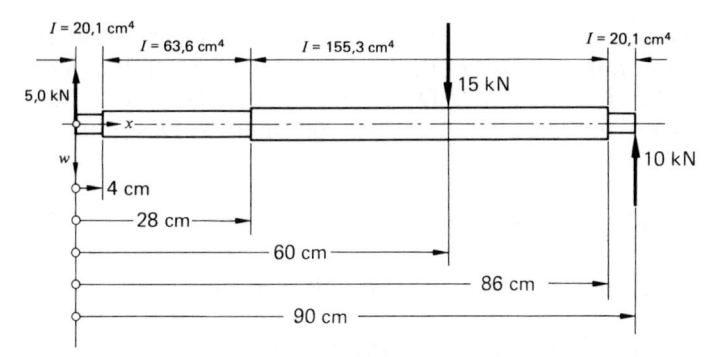

Abb. 4-92: Koordinaten an der Welle nach Abb. 4-89 für das FÖPPLsche Verfahren

Die Integration liefert (Gl. 4-15)

$$E \cdot \varphi = -\int \frac{M}{I} dx$$

$$E \cdot \varphi = -x^2 \cdot 0{,}1244 + \langle x-4 \rangle^2 \cdot 0{,}0851 + \langle x-4 \rangle \cdot 0{,}6806$$

$$+ \langle x-28 \rangle^2 \cdot 0{,}0232 + \langle x-28 \rangle \cdot 1{,}2988 + \langle x-60 \rangle^2 \cdot 0{,}0483$$

$$+ \langle x-86 \rangle^2 \cdot 0{,}2166 - \langle x-86 \rangle \cdot 1{,}7325 + K_1 . \qquad (3)$$

Eine nochmalige Integration ergibt die Gleichung für die elastische Linie (Gl. 4-15)

$$E \cdot w = \int E \cdot \varphi \cdot dx$$

$$E \cdot w = -x^3 \cdot 0{,}0415 + \langle x-4 \rangle^3 \cdot 0{,}0284 + \langle x-4 \rangle^2 \cdot 0{,}3403 +$$

$$+ \langle x-28 \rangle^3 \cdot 0{,}0077 + \langle x-28 \rangle^2 \cdot 0{,}6499 + \langle x-60 \rangle^3 \cdot 0{,}0161$$

$$+ \langle x-86 \rangle^3 \cdot 0{,}0722 - \langle x-86 \rangle^2 \cdot 0{,}8662 + K_1 \cdot x + K_2 . \qquad (4)$$

Die Randbedingungen sind (Lager)

$$x = 0 \quad w = 0 \quad \Rightarrow \quad K_2 = 0 \quad \text{und} \quad x = 90 \quad w = 0 .$$

Das führt auf

$$0 = -90^3 \cdot 0{,}0415 + 86^3 \cdot 0{,}0284 + 86^2 \cdot 0{,}3403 + 62^3 \cdot 0{,}0077$$

$$+ 62^2 \cdot 0{,}6499 + 30^3 \cdot 0{,}0161 + 4^3 \cdot 0{,}0722 - 4^2 \cdot 0{,}8662 + K_1 \cdot 90 .$$

mit der Lösung $K_1 = 54{,}48$.

Die Gleichung (4) stellt die elastische Linie dar. Sie läßt sich leicht für die Auswertung programmieren. Die FÖPPLschen Klammern stellen Verzweigungspunkte dar. Die maximale Durchbiegung liegt bei $\varphi = 0$. Man muß dazu abschätzen, daß diese Stelle bei $x < 60$ cm liegt. Das führt mit Gleichung (3) auf ($x = x_e$)

$$0 = -x_e^2 \cdot 0{,}1244 + (x_e - 4)^2 \cdot 0{,}0851 + (x_e - 4) \cdot 0{,}6806$$
$$+ (x_e - 28)^2 \cdot 0{,}0232 + (x_e - 28) \cdot 1{,}2998 + 54{,}48 \,.$$

Diese quadratische Gleichung hat die Lösung $x_e = 46{,}6$ cm.

An dieser Stelle ist die Durchbiegung

$$E \cdot w_{max} = -46{,}6^3 \cdot 0{,}0415 + 42{,}6^3 \cdot 0{,}0284 + 42{,}6^2 \cdot 0{,}3403$$
$$+ 18{,}6^3 \cdot 0{,}0077 + 18{,}6^2 \cdot 0{,}6499 + 54{,}48 \cdot 46{,}6$$

$$E \cdot w_{max} = 1428 \text{ kN/cm}$$

$$w_{max} = \frac{1428 \text{ kN/cm}}{2{,}1 \cdot 10^4 \text{ kN/cm}^2} = 0{,}068 \text{ cm} = \mathbf{0{,}68 \text{ mm}}\,.$$

In den meisten Fällen wäre es nicht notwendig, die exakte Lage der maximalen Durchbiegung zu bestimmen. Nach der qualitativen Abschätzung der elastischen Linie könnte man einige Durchbiegungen berechnen und würde sehr schnell innerhalb einer vernünftigen technischen Genauigkeit w_{max} erhalten.

Für die Bestimmung der Durchbiegung im Kraftangriffspunkt wird in die Gleichung (4) $x = 60$ eingesetzt. Das Ergebnis ist

$$E \cdot w_F = 1279 \text{ kN/cm} \qquad \text{und} \qquad w_F = \mathbf{0{,}61 \text{ mm}}\,.$$

Die Winkeländerung am linken Lager erhält man aus der Gleichung (1) für $x = 0$

$$E \cdot \varphi_A = K_1 = 54{,}48 \text{ kN/cm}^2 ; \qquad \varphi_A = \mathbf{2{,}59 \cdot 10^{-3}} \hat{=} \mathbf{0{,}149°}\,.$$

Für das rechte Lager muß $x = 90$ eingesetzt werden

$$E \cdot \varphi_B = -55{,}47 \text{ kN/cm}^2 \qquad \varphi_B = \mathbf{-2{,}64 \cdot 10^{-3}} \hat{=} \mathbf{-0{,}151°}\,.$$

Oft ist es möglich, ohne Beeinträchtigung einer sinnvollen Genauigkeit, das System zu vereinfachen. Im vorliegenden Fall könnte man die Absätze an den Enden weglassen ($x = 4$; $x = 86$). Man kann sich überlegen, daß sich dadurch die Winkeländerung in den Lagern unwesentlich kleiner ergibt. Das müßte man u.U. bei der Lagerwahl berücksichtigen.

Eine Integration ohne die FÖPPLschen Klammern führt hier auf 10 Integrationskonstanten, die aus 10 Gleichungen zu bestimmen sind.

4.6 Die schiefe Biegung

4.6.1 Profile mit zwei senkrecht zueinander stehenden Symmetrieachsen

Für die Darstellung der schiefen Biegung wird das Biegemoment nach Abb. 4-93 in vektorieller Form eingeführt. *Schiefe Biegung liegt dann vor, wenn der Biegemomentenvektor nicht die Richtung einer Symmetrieachse (Hauptachse) hat.* Man kann jedoch den Vektor in diese Richtungen zerlegen und erhält so zwei Fälle von gerader Biegung. Beide erzeugen Normalspannungen, die addiert werden. Die Gleichungen 4-4/5 führen auf

$$\sigma = \frac{M_{by}}{I_y} \cdot z + \frac{M_{bz}}{I_z} \cdot y \qquad \text{Gl. 4-21}$$

für einen Punkt des Querschnitts mit den Koordinaten y und z. Für außen liegende Eckpunkte erhält man mit y_{max} und z_{max}

$$\sigma = \pm \frac{M_{by}}{W_y} \pm \frac{M_{bz}}{W_z} \qquad \text{Gl. 4-22}$$

Der Vorzeichenwechsel ergibt sich aus der Tatsache, daß ein Moment in zwei gegenüber liegenden Eckpunkten einmal Zug-, einmal Druckspannung erzeugt. Absolutwerte der Momente ergeben mit den positiven Vorzeichen die maximale Spannung im Querschnitt. Auf diese kommt es beim Spannungsnachweis an.

Für Querschnittsflächen, für die $I_y = I_z$ gilt (z.B. Kreis, Quadrat), liegt die neutrale Faser in Richtung des Biegemomentenvektors. Für alle anderen Flächen wird sie aus der Bedingung $\sigma = 0$ ermittelt.

Beispiel 1 (4-94)
Ein Träger bestehend aus einem rechteckigen Stahlhohlprofil 120 × 60 × 3,2 ist nach Skizze belastet. Die Kraft ist gegen die Vertikale um 30° geneigt. Zu bestimmen sind die Spannungen in den Eckpunkten des maximal belasteten Querschnitts.

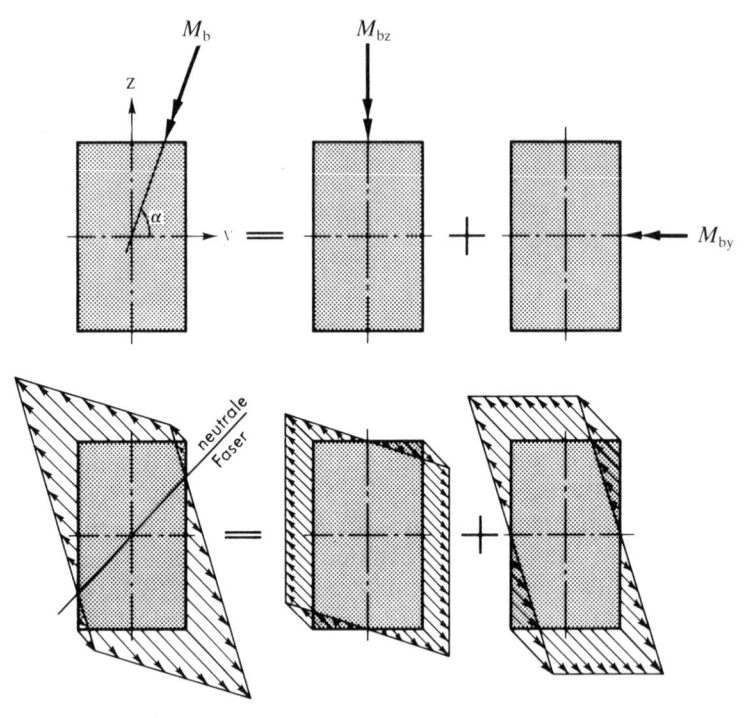

Abb. 4-93: Schiefe Biegung zusammengesetzt aus zwei geraden Biegungen

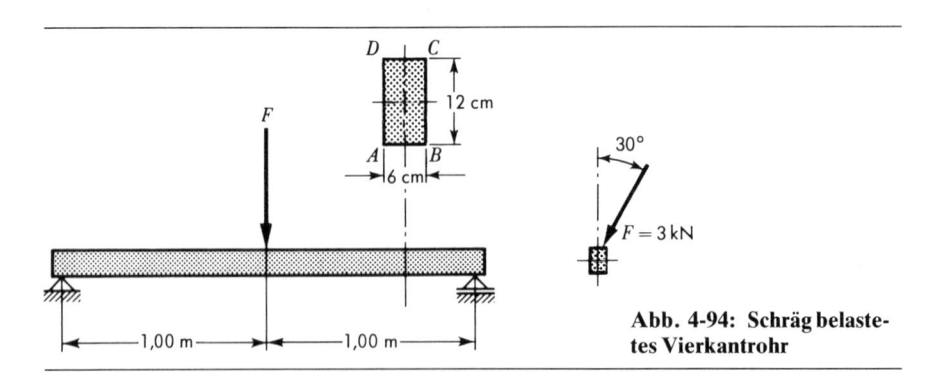

Abb. 4-94: Schräg belastetes Vierkantrohr

Lösung (Abb. 4-95/96)
Das Biegemoment (Absolutbetrag)

$$M_b = F_A \cdot \frac{l}{2} = \frac{1}{4} F \cdot l = \frac{1}{4} \cdot 3{,}0 \text{ kN} \cdot 2{,}0 \text{ m} = 1{,}50 \text{ kNm}$$

4.6 Die schiefe Biegung

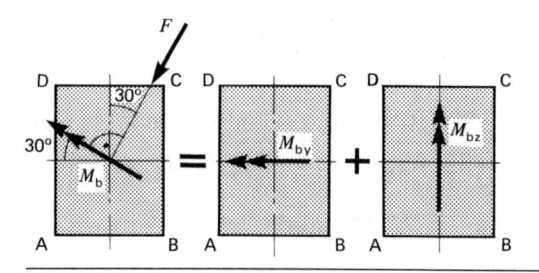

Abb. 4-95: Schiefe Biegung am Vierkantrohr zusammengesetzt aus geraden Biegungen

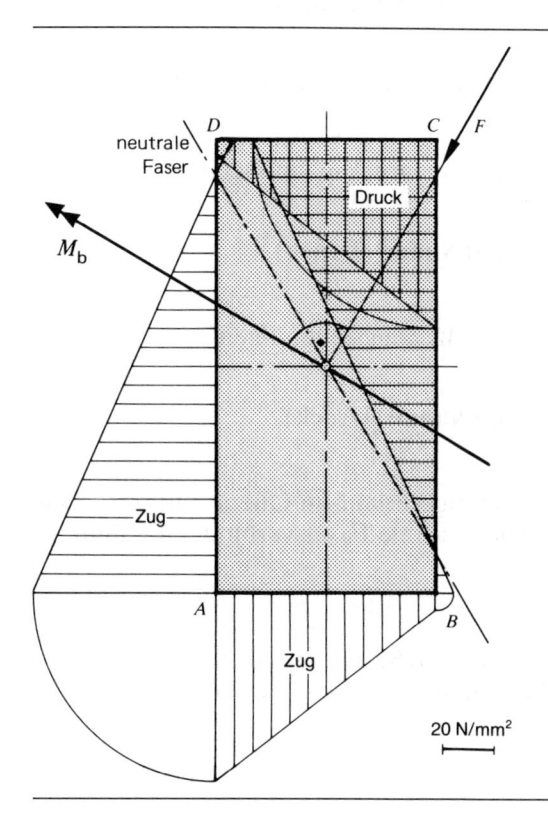

Abb. 4-96: Spannungsverteiler an der maximal belasteten Stelle des Vierkantrohrs nach Abb. 4-94

wird in die Richtungen der Symmetrieachsen zerlegt

$$M_{by} = M_b \cdot \cos 30° = 1{,}299 \text{ kNm} = 1{,}299 \cdot 10^5 \text{ Ncm}$$

$$M_{bz} = M_b \cdot \sin 30° = 0{,}750 \text{ kNm} = 0{,}75 \cdot 10^5 \text{ Ncm}\,.$$

Dem Normblatt DIN 59411 entnimmt man für das Profil

$$W_y = 33{,}3 \text{ cm}^3 \qquad W_z = 22{,}7 \text{ cm}^3$$

Für die vier Eckpunkte wird die Gleichung 4-22 ausgewertet. Im Punkt A verursachen M_{by} und M_{bz} Zugspannungen

$$\sigma_A = + \frac{M_{by}}{W_y} + \frac{M_{bz}}{W_z} = \left(\frac{1{,}299 \cdot 10^5 \, \text{Ncm}}{33{,}3 \, \text{cm}^3} + \frac{0{,}75 \cdot 10^5 \, \text{Ncm}}{22{,}7 \, \text{cm}^3} \right) \cdot \frac{\text{cm}^2}{10^2 \, \text{mm}^2}$$

$$\sigma_A = 39{,}0 \, \text{N/mm}^2 + 33{,}0 \, \text{N/mm}^2 = \mathbf{72{,}0 \, \text{N/mm}^2}.$$

Im Punkt B verursachen M_{by} Zug, M_{bz} Druckspannungen

$$\sigma_B = \frac{M_{by}}{W_y} - \frac{M_{bz}}{W_z} = 39{,}0 \, \text{N/mm}^2 - 33{,}0 \, \text{N/mm}^2 = \mathbf{6{,}0 \, \text{N/mm}^2} \, (\text{Zug}).$$

In Punkt C verursachen beide Momente Druckspannungen

$$\sigma_C = - \frac{M_{by}}{W_y} - \frac{M_{bz}}{W_z} = - \mathbf{72{,}0 \, \text{N/mm}^2} \, (\text{Druck}).$$

In Punkt D verursachen M_{by} Druck-, M_{bz} Zugspannungen

$$\sigma_D = - \frac{M_{by}}{W_y} + \frac{M_{bz}}{W_z} = - \mathbf{6{,}0 \, \text{N/mm}^2} \, (\text{Druck}).$$

Diese vier Werte legen den Spannungsverlauf im Querschnitt fest. Das Ergebnis zeigt die Abb. 4-96. Die neutrale Faser verbindet die Punkte, für die $\sigma = 0$ gilt.

Beispiel 2 (Abb. 4-97)
Der abgebildete Träger IPB 120 ist nach Skizze räumlich belastet. Es ist zu prüfen, ob die auftretende Spannung den zulässigen Wert von 140 N/mm² nicht übersteigt.

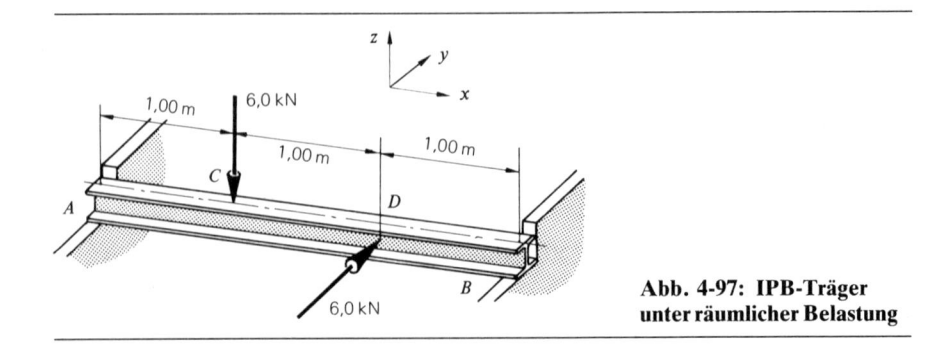

Abb. 4-97: IPB-Träger unter räumlicher Belastung

4.6 Die schiefe Biegung

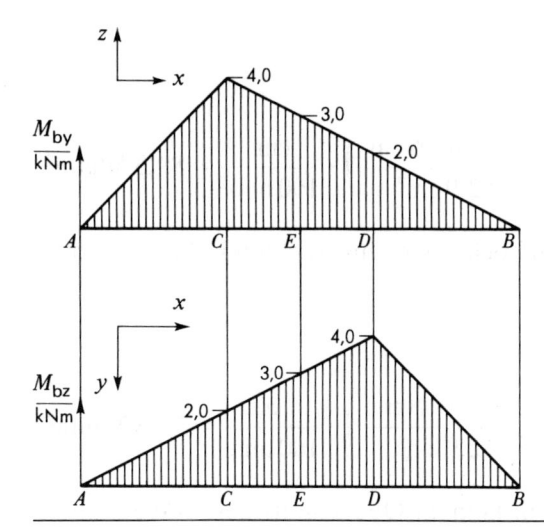

Abb. 4-98: M_b-Diagramme für den Träger nach Abb. 4-97

Lösung (Abb. 4-98)
Für die gefährdeten Querschnitte muß die Gleichung 4-22 ausgewertet werden. Dazu wird ein räumliches Koordinatensystem eingeführt, wie es in der Abb. 4-97 eingezeichnet ist. Der räumliche Belastungsfall wird in zwei ebene Fälle zerlegt. Die Biegemomentendiagramme in der x-z- und x-y-Ebene zeigt die Abb. 4-98. Es sollen die Querschnitte der Kraftangriffsstellen und sicherheitshalber ein Zwischenschnitt (E) untersucht werden. Der Tabelle 10A entnimmt man

$$W_y = 144 \text{ cm}^3; \qquad W_z = 52,9 \text{ cm}^3.$$

Querschnitt C

$$M_{by} = 4,00 \text{ kNm}; \qquad M_{bz} = 2,00 \text{ kNm}.$$

$$\sigma_C = \frac{M_{by}}{W_y} + \frac{M_{bz}}{W_z}$$

$$\sigma_C = \left(\frac{4,0 \cdot 10^5 \text{ Ncm}}{144 \text{ cm}^3} + \frac{2,0 \cdot 10^5 \text{ Ncm}}{52,9 \text{ cm}^3} \right) \cdot \frac{\text{cm}^2}{100 \text{ mm}^2} = \mathbf{65,6 \text{ N/mm}^2}$$

Das ist die Spannung in der am höchsten beanspruchten Ecke des Profils im Schnitt C

Querschnitt D

$$M_{by} = 2,00 \text{ kNm}; \qquad M_{bz} = 4,00 \text{ kNm}.$$

$$\sigma_D = \frac{M_{by}}{W_y} + \frac{M_{bz}}{W_z}$$

$$\sigma_D = \left(\frac{2{,}0 \cdot 10^5 \,\text{Ncm}}{144\,\text{cm}^3} + \frac{4{,}0 \cdot 10^5 \,\text{Ncm}}{52{,}9\,\text{cm}^3} \right) \cdot \frac{\text{cm}^2}{100\,\text{mm}^2} = \mathbf{89{,}5\,N/mm^2}$$

Das ist die Spannung in der am höchsten beanspruchten Ecke des Profils im Schnitt D.

Querschnitt E

$$\sigma_E = \left(\frac{3{,}0 \cdot 10^5 \,\text{Ncm}}{144\,\text{cm}^3} + \frac{3{,}0 \cdot 10^5 \,\text{Ncm}}{52{,}9\,\text{cm}^3} \right) \cdot \frac{\text{cm}^2}{100\,\text{mm}^2} = \mathbf{77{,}5\,N/mm^2}$$

Die zulässige Spannung wird in keinem Querschnitt des Trägers überschritten.

4.6.2 Symmetrieachse senkrecht zur Belastungsebene

Als Beispiel für ein Profil mit nur einer Symmetrieachse soll ein U-Profil betrachtet werden. Es sind grundsätzlich zwei Belastungsfälle zu unterscheiden. Fallen Symmetrie- und Belastungsebene zusammen, gilt uneingeschränkt alles, was in den Abschnitten 4.1 bis 4.5 abgeleitet wurde. Dieser Zustand ist in der Abb. 4-99 dargestellt. *Eine Belastung in einer Ebene, die im Schwerpunkt senkrecht zur Symmetrieachse steht, verursacht im Träger zusätzlich eine Verdrehbeanspruchung.* Diesen Fall zeigt die Abb. 4-100. Die Verdrehung wird durch Schubspannungen verursacht, deren Ursache wiederum die Querkräfte sind. Im Abschnitt 5.3 wird dazu einiges ausgeführt. Die der Biegung überlagerte Verdrehung hat grundsätzlich eine Deformation nach Abb. 4-101 zur Folge. Man könnte sie mit dem Kippen nach Abb. 4-16a verwechseln, das jedoch ein Stabilitätsproblem ist und grundsätzlich andere Ursachen hat.

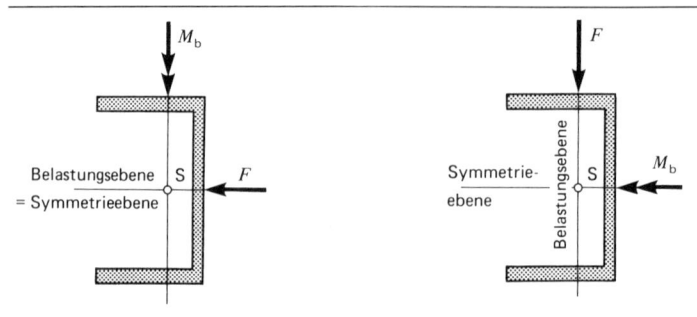

Abb. 4-99: Symmetrisch belastetes Trägerprofil mit einer Symmetrieebene

Abb. 4-100: Unsymmetrisch belastetes Trägerprofil mit einer Symmetrieebene

4.6 Die schiefe Biegung

Abb. 4-101: Verdrehung von Trägern mit einer Symmetrieebene unter unsymmetrischer Belastung

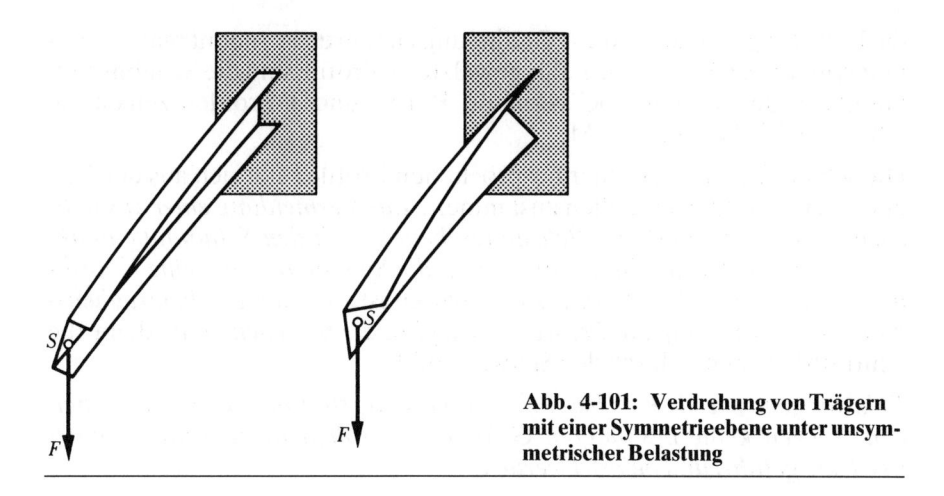

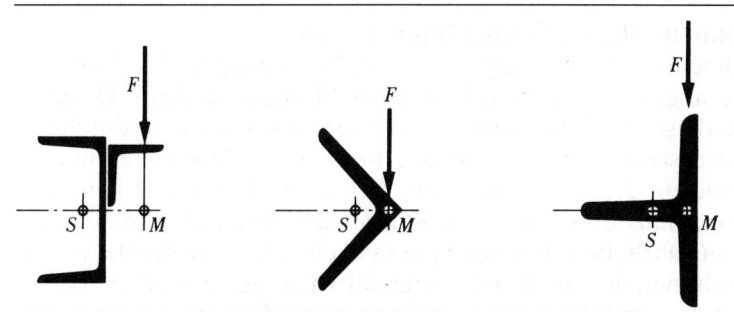

Abb. 4-102: Lage des Schubmittelpunktes für verschiedene Profile

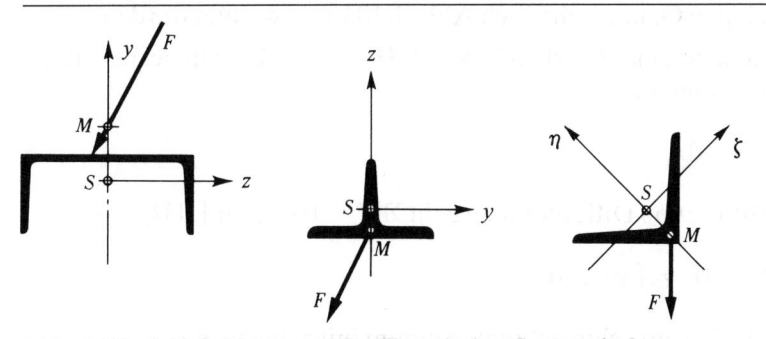

Abb. 4-103: Schiefe Biegung von Profilen mit einer Symmetrieebene

Welche Maßnahme muß getroffen werden, um bei Belastung senkrecht zur Symmetrieebene eine Verdrehbeanspruchung zu vermeiden? Die Belastungsebene muß parallel so verschoben werden, daß das dabei entstehende Moment das Torsionsmoment aufhebt. Den Punkt, durch den die Belastungsebene für diese Bedingung zu führen ist, nennt man *Schubmittelpunkt* M (Abb. 4-102). Für gewalzte U-Profile sind die Schubmittelpunkte in der Tabelle 10C vermaßt. Bei L- und T-Profilen zeigen die Abb. 4-102/3 die Lage von M.

Die schiefe Biegung der hier besprochenen Profile setzt sich aus den beiden oben diskutierten Fällen zusammen. *Zur Vermeidung einer zusätzlichen Verdrehung muß die Belastungsebene durch den Schubmittelpunkt gelegt werden. Für die Berechnung muß die Symmetrieachse eine Koordinatenachse sein* (Abb. 4-103). Zu beachten ist, daß die *Flächenträgheitsmomente immer auf die Schwerpunktachse zu beziehen sind,* denn die neutrale Faser geht durch den Schwerpunkt.

Belastungen, wie sie hier beschrieben wurden, sind möglichst zu vermeiden. Liegen keine besonderen Gründe vor, sollen Biegeprofile symmetrisch ausgeführt und belastet werden.

4.6.3 Unsymmetrische Profile und Hauptachsen

Die Grundgleichung der Biegung ist aus der Bedingung $\Sigma M = 0$ für diejenige Achse abgeleitet worden, in der der Momentenvektor M_b liegt. Die Aussage dieser Gleichung ist: das Biegemoment und die durch die Spannung verursachten inneren Kräfte bzw. deren Momente sind im Gleichgewicht. Für die dazu senkrechte Achse – in dieser liegt kein Momentenvektor – müssen die inneren Kräfte sich gegenseitig in der Momentenwirkung aufheben. Für das System nach Abb. 4-10 heißt das: aus $\Sigma M_y = 0$ erhält man die Grundgleichung der Biegung, es muß aber auch $\Sigma M_z = 0$ gelten, sonst wäre das System nicht im Gleichgewicht. Diese zweite Bedingung war bei den bisher behandelten symmetrischen Profilen ohnehin erfüllt, was man an der Abb. 4-10 erkennt. Hier soll sie auf einen beliebigen Querschnitt nach Abb. 4-104 angewendet werden.

Die am Flächenelement wirkende Kraft $dF_i = \sigma \cdot dA$ hat in bezug auf die z-Achse das Moment

$$dM_z = y \cdot dF_i$$

Bei Betrachtung von Differentialen geht $\Sigma M_z = 0$ über in $\int dM_z = 0$

$$0 = \int y \cdot dF_i = \int y \cdot \sigma \cdot dA$$

Die durch M_{by} verursachte Spannung nimmt mit z linear zu

$$\sigma = k \cdot z$$

$$0 = k \cdot \int y \cdot z \cdot dA$$

4.6 Die schiefe Biegung

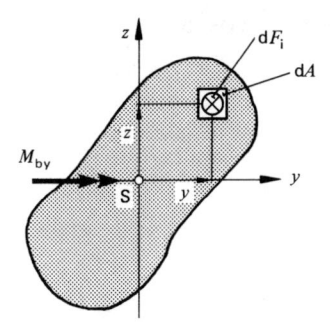

Abb. 4-104: Allgemeine Querschnittsfläche bei Biegebelastung

Das Integral wird *Flächenzentrifugalmoment* genannt. Es ist für ein Koordinatensystem y-z folgendermaßen definiert

$$I_{yz} = \int y \cdot z \cdot dA \qquad \text{Gl. 4-23}$$

Dieses Integral muß null sein, soll die Gleichgewichtsbedingung $\Sigma M = 0$ auch für die zum Vektor M_b senkrechte Achse erfüllt sein. Umgekehrt formuliert, die Grundgleichung der Biegung gilt immer dann, wenn das Flächenzentrifugalmoment verschwindet.

Ein Koordinatensystem, für das das Flächenzentrifugalmoment null ist, nennt man Hauptachsensystem. Für dieses gilt die Grundgleichung der Biegung. Symmetrieachsen sind Hauptachsen.

Das Ziel der nachfolgenden Ableitung ist, die Lager der Hauptachsen zu finden und die Größe der auf diese bezogenen Flächenträgheitsmomente zu berechnen. Dazu werden zwei zueinander verdrehte Koordinatensysteme nach Abb. 4-105 eingeführt.

Aus geometrischen Beziehungen erhält man folgende Umrechnungen

$$\eta = \overline{OG} + \overline{GE} = \overline{BC} + \overline{FD}$$

$$\eta = z \cdot \sin\alpha + y \cdot \cos\alpha$$

$$\zeta = \overline{OB} - \overline{BH} = \overline{OB} - \overline{CF}$$

$$\zeta = z \cdot \cos\alpha - y \cdot \sin\alpha.$$

Sollen die $\eta - \zeta$ Achsen Hauptachsen sein, dann muß

$$I_{\eta\zeta} = 0$$

gelten. Nach der Definition ist

$$I_{\eta\zeta} = \int \eta \cdot \zeta \cdot dA = \int (z \cdot \sin\alpha + y \cdot \cos\alpha)(z \cdot \cos\alpha - y \cdot \sin\alpha) \cdot dA$$

$$I_{\eta\zeta} = \int (z^2 \cdot \sin\alpha \cdot \cos\alpha - y^2 \cdot \sin\alpha \cdot \cos\alpha + y \cdot z \cdot \cos^2\alpha$$
$$- y \cdot z \cdot \sin^2\alpha) \cdot dA \ .$$

Nach Einführung von

$$\sin\alpha \cdot \cos\alpha = \frac{1}{2}\sin 2\alpha$$

$$\cos^2\alpha - \sin^2\alpha = \cos 2\alpha$$

$$I_y = \int z^2 \cdot dA$$

$$I_z = \int y^2 \cdot dA$$

erhält man

$$I_{\eta\zeta} = \frac{I_y - I_z}{2} \cdot \sin 2\alpha + I_{yz} \cdot \cos 2\alpha \ .$$

Für $I_{\eta\zeta} = 0$ ist $\alpha = \alpha_h$

$$\boldsymbol{\tan 2\alpha_h = \frac{2\,I_{yz}}{I_z - I_y}} \ . \qquad\qquad \text{Gl. 4-24}$$

Index h steht für die Hauptachse.

Das *um den Winkel* α_h *gedrehte Koordinatensystem* $\eta\,\zeta$ stellt ein *Hauptachsensystem* dar. Für dieses sollen die Flächenträgheitsmomente berechnet werden.

$$I_\eta = \int \zeta^2 \cdot dA$$
$$= \int (z^2 \cdot \cos^2\alpha - 2 \cdot y \cdot z \cdot \sin\alpha \cdot \cos\alpha + y^2 \cdot \sin^2\alpha) \cdot dA$$

$$I_\eta = I_y \cdot \cos^2\alpha - I_{yz} \cdot \sin 2\alpha + I_z \sin^2\alpha \ .$$

Nach Einführung von

$$\cos^2\alpha = \frac{1 + \cos 2\alpha}{2} \qquad \sin^2\alpha = \frac{1 - \cos 2\alpha}{2}$$

erhält man

$$I_\eta = \frac{I_y + I_z}{2} + \frac{I_y - I_z}{2} \cdot \cos 2\alpha - I_{yz} \cdot \sin 2\alpha \qquad (1)$$

4.6 Die schiefe Biegung

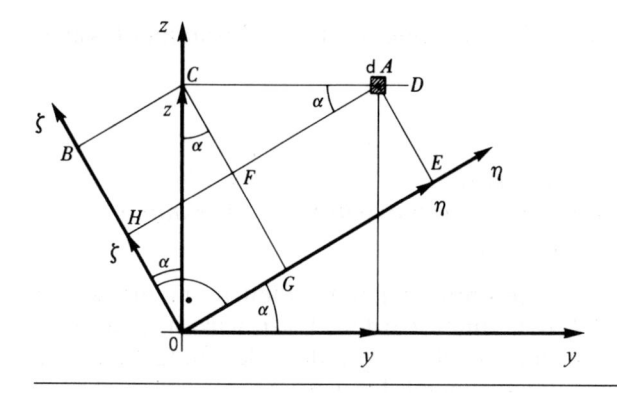

Abb. 4-105: Definition eines gedrehten Koordinatensystems

und analog dazu

$$I_\zeta = \frac{I_y + I_z}{2} - \frac{I_y - I_z}{2} \cdot \cos 2\alpha + I_{yz} \cdot \sin 2\alpha \qquad (2)$$

Die Gleichungen (1) und (2) werden addiert

$$I_\zeta + I_\eta = I_z + I_y = I_p.$$

Die Summe von zwei axialen Trägheitsmomenten nennt man polares Trägheitsmoment I_p. Ein polares Trägheitsmoment erhält man durch Addition von zwei axialen Trägheitsmomenten für senkrecht zueinander stehende Achsen, deren Schnittpunkt im Pol liegt.

Es soll bewiesen werden, daß für die Hauptachsen die Flächenträgheitsmomente die Maximal- bzw. Minimalmomente sind. Die Ableitung von I_η nach α muß null werden:

$$\frac{dI_\eta}{d\alpha} = -\frac{I_y - I_z}{2} \cdot 2 \cdot \sin 2\alpha - I_{yz} \cdot 2 \cdot \cos 2\alpha = 0.$$

Das ergibt

$$\tan 2\alpha = \frac{2 I_{yz}}{I_z - I_y} = \tan 2\alpha_h.$$

Das ist die Gleichung 4-24 für $\alpha = \alpha_h$. Die tan-Funktion hat eine Periode von 180°. Die Extremwerte ergeben sich deshalb bei α_h und $\alpha_h + 90°$. Das sind zwei zueinander senkrecht stehende Achsen. Zusammenfassend wird festgehalten:

Für Hauptachsen gilt

Zentrifugalmoment	$= 0$
Trägheitsmoment für eine Achse	$=$ *Maximum*
Trägheitsmoment für dazu senkrechte Achse	$=$ *Minimum*.

Hauptachsen sind Schwerpunktachsen.

Die Größe dieser maximalen und minimalen Trägheitsmomente soll in Abhängigkeit von I_y und I_z berechnet werden. Dazu wird in den Gleichungen (1) und (2) $\alpha = \alpha_h$ eingesetzt. Wegen der Gleichung 4-24 muß der tan über folgende Beziehungen eingeführt werden.

$$\cos 2\alpha = \frac{1}{\sqrt{1 + \tan^2 2\alpha}} \qquad \sin 2\alpha = \frac{\tan 2\alpha}{\sqrt{1 + \tan^2 2\alpha}}$$

Damit ist

$$I_\eta = \frac{I_y + I_z}{2} + \frac{I_y - I_z}{2} \cdot \frac{1}{\sqrt{1 + \tan^2 2\alpha}} - I_{yz} \cdot \frac{\tan 2\alpha}{\sqrt{1 + \tan^2 2\alpha}}.$$

Für $\alpha = \alpha_h$ wird je nach Vorzeichen der Wurzeln $I_\eta = I_{\max \atop \min}$.

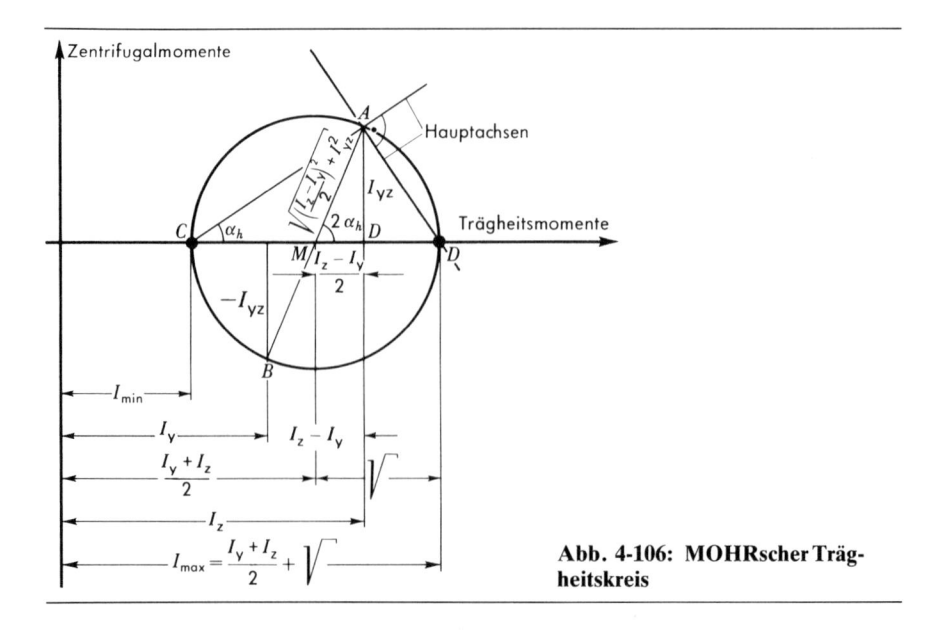

Abb. 4-106: MOHRscher Trägheitskreis

4.6 Die schiefe Biegung

Unter Benutzung von Gleichung 4-24

$$I_{\substack{max\\min}} = \frac{I_y + I_z}{2} + \frac{I_y - I_z}{2} \cdot \frac{1}{\pm\sqrt{1 + \frac{4 I_{yz}^2}{(I_z - I_y)^2}}}$$

$$- I_{yz} \cdot \frac{2 I_{yz}}{\pm (I_z - I_y) \sqrt{1 + \frac{4 I_{yz}^2}{(I_z - I_y)^2}}}.$$

Die Wurzel wird ausgeklammert, innerhalb der Wurzel wird vereinfacht:

$$I_{\substack{max\\min}} = \frac{I_z + I_y}{2} \pm \frac{I_z - I_y}{\sqrt{(I_z - I_y)^2 + 4 I_{yz}^2}} \left(\frac{I_y - I_z}{2} - \frac{2 I_{yz}^2}{I_z - I_y} \right)$$

Die Differenz in der Klammer wird auf den Hauptnehmer gebracht. Nach weiteren Vereinfachungen ist

$$I_{\substack{max\\min}} = \frac{I_z + I_y}{2} \pm \sqrt{\left(\frac{I_z - I_y}{2}\right)^2 + I_{yz}^2} \ . \qquad \text{Gl. 4-25}$$

Die Gleichungen lassen sich an einem Kreis nach Abb. 4-106 darstellen. Dieser wird MOHRscher Kreis genannt. Auf der Abszisse des Koordinatensystems sind die Trägheitsmomente, auf der Ordinate die Zentrifugalmomente aufgetragen. Der Mittelpunkt des Kreises M liegt im arithmetischen Mittel von I_y und I_z. Der Wurzelwert in der Gleichung 4-25 ist gleich dem Radius des Kreises. Das folgt aus dem Satz von PYTHAGORAS für das Dreieck AMD. Der Winkel AMD ist nach Gleichung 4-24 gleich 2 α_h. Dieser Winkel ist spitz für $I_{yz} > 0$ und $I_z > I_y$. Daraus folgt: *das Zentrifugalmoment I_{yz} ist vorzeichenrichtig dem Trägheitsmoment I_z zugeordnet*. Ein Peripheriewinkel ist halb so groß wie der zugehörige Zentriwinkel. Deshalb ist der Winkel ACD gleich dem Hauptachsenwinkel α_h und die Strecke AC eine Hauptachse. Die zweite Hauptachse ist die Strecke AD, da der Winkel CAD 90° beträgt (Kreis des THALES). Die Punkte C und D kennzeichnen I_{min} und I_{max}. Für welche Achse das Trägheitsmoment minimal oder maximal ist, kann man aus der Anschauung erkennen. Einmal sind alle Flächenteile möglichst nah, das andere mal möglichst weit von der Achse angeordnet. Formal gilt: *die Achse, die im MOHRschen Kreis die Abszisse bei I_{min} schneidet, ist die Achse für I_{min}. Analoges gilt für I_{max}.*

Für Profile, die aus geometrischen Grundfiguren zusammengesetzt sind, müssen die Zentrifugalmomente auf parallele Achsen umgerechnet werden. Dazu wird das Koordinatensystem nach Abb. 4-52 verwendet.

$$I_{yz} = \int y \cdot z \cdot dA$$

Mit $y = y_s + \bar{y}$ und $z = z_s + \bar{z}$ ist

$$I_{yz} = \int (y_s + \bar{y})(z_s + \bar{z}) \, dA$$

$$= \int y_s \cdot z_s \cdot dA + \int \bar{y} \cdot \bar{z} \cdot dA + \int y_s \cdot \bar{z} \cdot dA + \int \bar{y} \cdot z_s \cdot dA$$

$$I_{yz} = y_s \cdot z_s \cdot A + I_{\bar{y}\bar{z}} + y_s \int \bar{z} \cdot dA + z_s \int \bar{y} \cdot dA$$

Für Schwerpunktachsen sind die beiden letzten Integrale null (s. Band 1; Gl. 4-8). Damit verbleibt

$$\boldsymbol{I_{yz} = I_{\bar{y}\bar{z}} + y_s \cdot z_s \cdot A} \qquad \text{Gl. 4-26}$$

Das ist der STEINERsche Satz für Zentrifugalmomente. *Zu beachten ist, daß das System $\bar{y}\bar{z}$ ein Schwerpunktsystem ist.*

Für gewalzte L- und Z-Profile sind alle Werte für die Hauptachsen in den Stahltabellen gegeben. Einen Auszug bringen die Tabellen 10B/D im Anhang.

Der allgemeine Fall der schiefen Biegung erfordert für die Berechnung der Biegespannung folgende Schritte (s. nachfolgendes Beispiel 3):

1. Berechnung der Lage der Hauptachsen.
2. Berechnung von I_{max} und I_{min}.
3. Berechnung der Abstände von den Hauptachsen zu den außenliegenden Querschnittsecken, in denen maximale Spannungen zu erwarten sind.
4. Anwendung der Grundgleichung der Biegung für jede Hauptachse mit den jeweils zugehörigen Werten.
5. Addition der Spannungen in den einzelnen Punkten unter Beachtung der Vorzeichen.

Beispiel 1 (Abb. 4-107)
Für die vier abgebildeten Flächen sind die Lager der Hauptachsen und die zugehörigen Flächenträgheitsmomente zu berechnen. Die Ergebnisse sind mit dem MOHRschen Kreis zu kontrollieren.

Lösung (Abb. 4-108/9)
Fläche a)
Nach Umgruppierung der Teilflächen nach Abb. 4-54 erhält man

$$I_y = \frac{4 \cdot 4^3}{12} \, cm^4 - \frac{3 \cdot 2^3}{12} \, cm^4 = 19{,}3 \, cm^4$$

4.6 Die schiefe Biegung

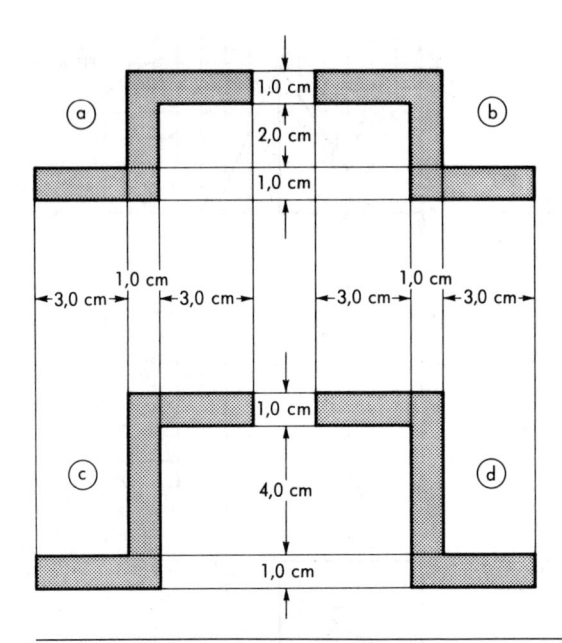

Abb. 4-107: Verschiedene Z-Profile

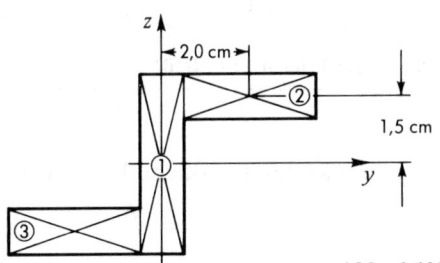

Abb. 4-108: Flächeneinteilung im Z-Profil

$$I_z = \frac{1 \cdot 7^3}{12}\,\text{cm}^4 + \frac{3 \cdot 1^3}{12}\,\text{cm}^4 = 28{,}8\,\text{cm}^4 \, .$$

Für die Bestimmung des Zentrifugalmomentes dürfen die Teilflächen nicht umgruppiert werden, da sich sonst die Vorzeichen ändern. Es werden nach Abb. 4-108 drei Teilflächen gebildet. Allgemein gilt

$$I_{yz} = I_{yz1} + I_{yz2} + I_{yz3} \, .$$

Alle Teilflächen sind symmetrisch, d.h. für die einzelnen Schwerpunkte gilt

$$I_{\bar{y}\bar{z}} = 0 \, .$$

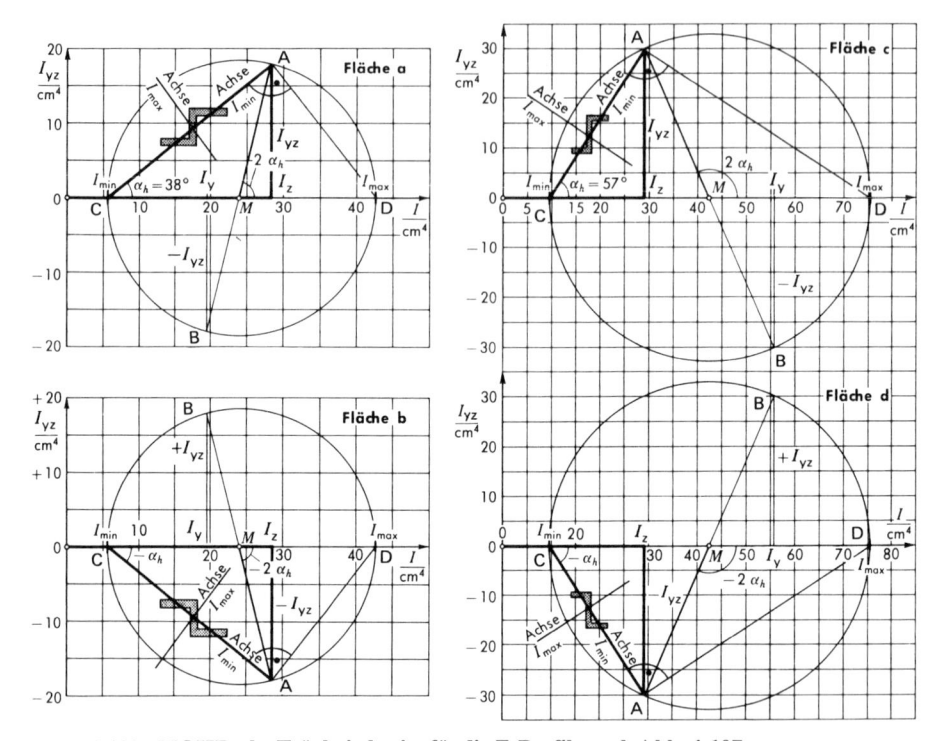

Abb. 4-109: MOHRsche Trägheitskreise für die Z-Profile nach Abb. 4-107

Der Gesamtschwerpunkt und der Schwerpunkt der Teilfläche 1 fallen zusammen, deshalb ist

$$I_{yz1} = 0.$$

Es verbleiben nach Gleichung 4-26 für die Teile 2 und 3

$$I_{yz} = y_s \cdot z_s \cdot A$$

$$I_{yz2} = 2\,\text{cm} \cdot 1{,}5\,\text{cm} \cdot 3\,\text{cm}^2 = 9{,}0\,\text{cm}^4$$

$$I_{yz3} = (-2\,\text{cm})(-1{,}5\,\text{cm}) \cdot 3\,\text{cm}^2 = 9{,}0\,\text{cm}^4.$$

Insgesamt ist $I_{yz} = +18{,}0\,\text{cm}^4$

Die Werte werden in Gleichungen 4-24/25 eingesetzt.

$$\tan 2\alpha_h = \frac{2\,I_{yz}}{I_z - I_y} = \frac{2 \cdot 18{,}0\,\text{cm}^4}{(28{,}8 - 19{,}3)\,\text{cm}^4}$$

4.6 Die schiefe Biegung

$2\alpha_h = 75{,}2°$; $\alpha_h = 37{,}6°$; $127{,}6°$

$$I_{\substack{max \\ min}} = \frac{I_z + I_y}{2} \pm \sqrt{\left(\frac{I_z - I_y}{2}\right)^2 + I_{yz}^2}$$

$$= \frac{(28{,}8 + 19{,}3)\,\text{cm}^4}{2} \pm \sqrt{\left(\frac{28{,}8 - 19{,}3}{2}\right)^2 \text{cm}^8 + 18{,}0^2\,\text{cm}^8}$$

$I_{max} = 42{,}7\,\text{cm}^4$ $\qquad I_{min} = 5{,}47\,\text{cm}^4$

Der MOHRsche Kreis wird folgendermaßen gezeichnet (Abb. 4-109). Auf der Abszisse werden I_y und I_z gekennzeichnet. *Bei I_z wird I_{yz} vorzeichenrichtig eingetragen*, bei I_y umgekehrt. Das ergibt die Punkte A und B. Die Strecke AB ist der Durchmesser, der Schnittpunkt M ist der Mittelpunkt des Kreises. Er schneidet die Abszisse bei I_{min} (Punkt C) und I_{max} (Punkt D). Die Strecke AC ist die Hauptachse für I_{min}. Sie liegt unter dem Winkel α_h zur y-Achse. Die Strecke AD ist die Hauptachse für I_{max}.

Fläche b)

Die axialen Flächenträgheitsmomente sind die gleichen wie für die Fläche a. Bei der Berechnung von I_{yz} ändern sich nur die Vorzeichen von y_S und z_S.

$I_{yz} = -18{,}0\,\text{cm}^4$

Da in die Gleichung 4-25 die Größe I_{yz} quadratisch eingeht, ändern sich die Trägheitsmomente nicht, der Hauptachsenwinkel wird negativ.

$\alpha_h = -37{,}6°$; $52{,}4°$; $\quad I_{max} = 42{,}7\,\text{cm}^4$; $\quad I_{min} = 5{,}47\,\text{cm}^4$.

Im MOHRschen Kreis ist der Punkt A in den vierten Quadranten gekippt.

Fläche c)

$$I_y = \frac{4 \cdot 6^3}{12}\,\text{cm}^4 - \frac{3 \cdot 4^3}{12}\,\text{cm}^4 = 56{,}0\,\text{cm}^4$$

$$I_z = \frac{1 \cdot 7^3}{12}\,\text{cm}^4 + \frac{5 \cdot 1^3}{12}\,\text{cm}^4 = 29{,}0\,\text{cm}^4$$

$I_{yz} = 2 \cdot 2{,}5 \cdot 3{,}0\,\text{cm}^4 + (-2)(-2{,}5) \cdot 3{,}0\,\text{cm}^4 = +30{,}0\,\text{cm}^4$

Die Gleichungen 4-24/25 liefern

$$\alpha_h = -32,9° \quad ; \quad 57,1°; \quad I_{max} = 75,4 \text{ cm}^4; \quad I_{min} = 9,60 \text{ cm}^4.$$

Wegen $I_z < I_y$ liegt der Punkt A in zweiten Quadranten des MOHRschen Kreises.

Fläche d)

Die axialen Trägheitsmomente entsprechen denen von Fläche c. Der Vorzeichenwechsel führt auf $I_{yz} = -30,0$ cm^4. Damit ist

$$\alpha_h = -57,1° \quad ; \quad 32,9°; \quad I_{max} = 75,4 \text{ cm}^4; \quad I_{min} = 9,60 \text{ cm}^4.$$

Der Punkt A liegt im dritten Quadranten des MOHRschen Kreises.

Die vier Flächen sind Beispiele für die vier möglichen Kombinationen.

$$I_z > I_y \begin{cases} I_{yz} \text{ positiv} \\ I_{yz} \text{ negativ} \end{cases} \quad \Big| \quad I_z < I_y \begin{cases} I_{yz} \text{ positiv} \\ I_{yz} \text{ negativ} \end{cases}$$

Mit der Überlegung, die Achse für I_{min} (I_{max}) liegt so, daß alle Flächenelemente einen möglichst kleinen (großen) Abstand von der Achse haben, kann man verhältnismäßig genau die Achsen in die Fläche skizzieren. Damit ist eine recht gute qualitative Kontrolle möglich.

Wegen der Vieldeutigkeit der tan-Funktion sind Fehler sehr leicht möglich. Schon aus diesem Grunde sollte der MOHRsche Kreis immer gezeichnet werden. Dieser hat über die hier gezeigte Anwendung hinausgehende Bedeutung. Der Kreis für Massenträgheitsmomente wird in der Kinetik bei der Rotation von Massen angewendet (Band 3). Ein völlig analog aufgebauter Spannungskreis erleichtert das Verständnis von mehrachsigen Spannungszuständen (s. Kapitel 8).

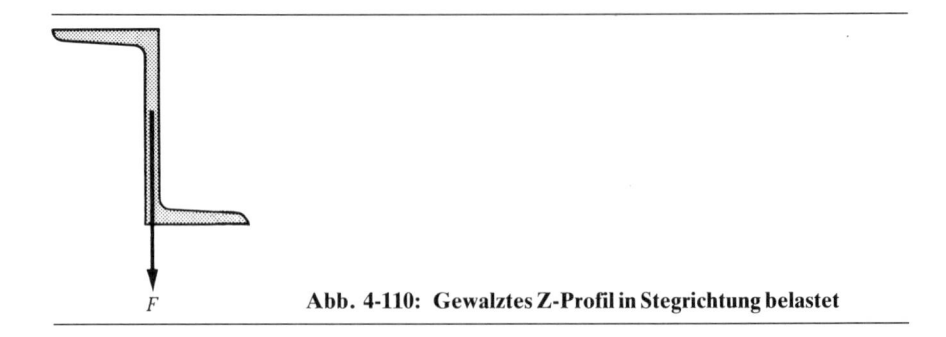

Abb. 4-110: Gewalztes Z-Profil in Stegrichtung belastet

4.6 Die schiefe Biegung

Beispiel 2 (Abb. 4-110)
Ein eingespannter Träger mit dem Profil Z 100 und der Länge $l = 120$ cm ist am Ende mit einer Kraft $F = 2{,}0$ kN belastet. Zu bestimmen ist die maximale Biegespannung.

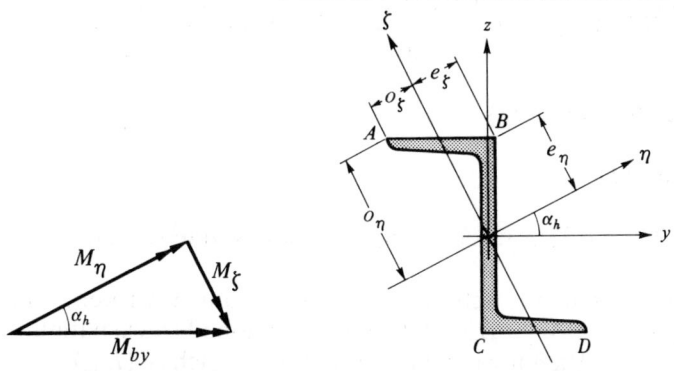

Abb. 4-111: Hauptachsensystem im Z-Profil nach Abb. 4-110

Lösung (Abb. 4-111)
Der Tabelle 10D entnimmt man die Lage der Hauptachsen.

$$\tan \alpha_h = 0{,}492 ; \quad \alpha_h = 26{,}2°.$$

In diese beiden Richtungen wird der Biegemomentenvektor zerlegt

$$M_{by} = F \cdot l = 2{,}0 \text{ kN} \cdot 1{,}2 \text{ m} = 2{,}4 \text{ kNm}$$

$$M_\eta = M_b \cdot \cos 26{,}2° = 2{,}15 \text{ kNm}$$

$$M_\zeta = M_b \cdot \sin 26{,}2° = 1{,}06 \text{ kNm}$$

Die maximale Biegespannung muß in einem der bezeichneten Eckpunkte wirken.

M_η erzeugt in A und B Zugspannungen, M_ζ erzeugt in A Druck- und in B Zugspannungen. Die Anwendung von Gleichung 4-21 für die η- und ζ-Achse ergibt nach Tabelle 10D

$$\sigma_A = \frac{M_\eta}{I_\eta} o_\eta - \frac{M_\zeta}{I_\zeta} o_\zeta$$

$$\sigma_A = \left(\frac{2{,}15 \cdot 10^5 \text{ Ncm}}{270 \text{ cm}^4} \cdot 6{,}77 \text{ cm} - \frac{1{,}06 \cdot 10^5 \text{ Ncm}}{24{,}6 \text{ cm}^4} \cdot 2{,}43 \text{ cm} \right) \cdot \frac{1 \text{ cm}^2}{10^2 \text{ mm}^2}$$

$\sigma_A = -\,\mathbf{50{,}8\ N/mm^2}\,(Druck!)$

$$\sigma_B = \frac{M_\eta}{I_\eta}e_\eta + \frac{M_\zeta}{I_\zeta}e_\zeta$$

$$\sigma_B = \left(\frac{2{,}15\cdot 10^5\,\text{Ncm}}{270\,\text{cm}^4}\cdot 4{,}34\,\text{cm} + \frac{1{,}06\cdot 10^5\,\text{Ncm}}{24{,}6\,\text{cm}^4}\cdot 2{,}50\,\text{cm}\right)\cdot \frac{1\,\text{cm}^2}{10^2\,\text{mm}^2}$$

$\sigma_B = +\,\mathbf{142{,}3\ N/mm^2}\,(Zug).$

Analog sind in C und D

$\sigma_C = -\,\mathbf{142{,}3\ N/mm^2}\,(Druck) \qquad \sigma_D = +\,\mathbf{50{,}8\ N/mm^2}\,(Zug).$

Es ist zunächst überraschend, daß in A Druckspannungen wirken. Der Anteil M_ζ des Momentes M_{by} erzeugt dort deshalb hohe Druckspannungen, weil der Träger bei Biegung um die ζ-Achse sehr weich ist (I_{min}).

Es soll noch untersucht werden, wie groß der Fehler ist, wenn man nicht beachtet, daß die Grundgleichung der Biegung nur für Hauptachsen gilt

$$\sigma = \frac{M_b}{W_y} = \frac{2{,}4\cdot 10^5\,\text{Ncm}}{44{,}4\,\text{cm}^3}\cdot\frac{1\,\text{cm}^2}{10^2\,\text{mm}^2} = 54{,}1\ \text{N/mm}^2.$$

Für den Punkt A ergibt sich anstatt 50,8 N/mm² Druckspannung, eine Zugspannung von 54,1 N/mm² und die Spannung in B ist 2,63 mal so groß wie der oben errechnete Wert.

Beispiel 3 (Abb. 4-112)
Das aus Blech abgewinkelte Profil soll ein Biegemoment $M_{by} = 12{,}0$ Nm übertragen. Zu bestimmen sind die Biegespannungen in den Enden und im Winkel.

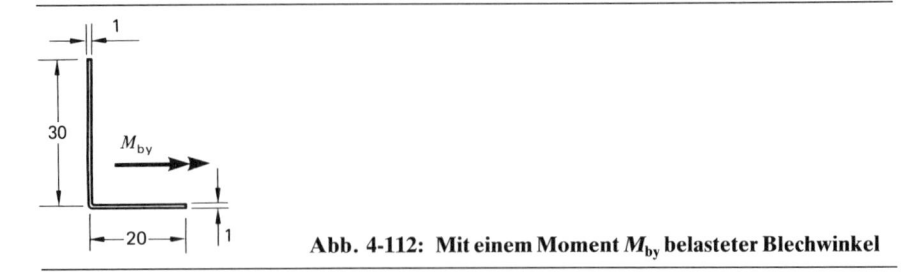

Abb. 4-112: Mit einem Moment M_{by} belasteter Blechwinkel

Lösung (Abb. 4-113 bis 117)
Die Blechdicke soll gegenüber den anderen Abmessungen vernachlässigt werden. Alle Werte beziehen sich auf die Mittellinie des Blechs. Zuerst

4.6 Die schiefe Biegung

muß die Schwerpunktlage des Profils berechnet werden. Nach Abb. 4-113 ist mit den Gleichungen 4-9 von Band 1

$$y_s = \frac{\Sigma y_i \cdot A_i}{A_{ges}} = \frac{10\,\text{mm} \cdot 20\,\text{mm}^2 + 0}{50\,\text{mm}^2} = 4{,}0\,\text{mm}$$

$$z_s = \frac{\Sigma z_i \cdot A_i}{A_{ges}} = \frac{15\,\text{mm} \cdot 30\,\text{mm}^2 + 0}{50\,\text{mm}^2} = 9{,}0\,\text{mm}$$

Für das im Schwerpunkt liegende Koordinatensystem nach Abb. 4-114 werden alle Flächenmomente ermittelt. Unter Verwendung des STEINERschen Satzes und der Formel für Rechteck nach Tabelle 9 ist

$$I_y = \frac{1\,\text{mm} \cdot 30^3\,\text{mm}^3}{12} + 6^2\,\text{mm}^2 \cdot 30\,\text{mm}^2 + \frac{20\,\text{mm} \cdot 1^3\,\text{mm}^3}{12} + \\ + 9^2\,\text{mm}^2 \cdot 20\,\text{mm}^2 = 4952\,\text{mm}^4$$

$$I_z = \left(\frac{30 \cdot 1^3}{12} + 4^2 \cdot 30 + \frac{1 \cdot 20^3}{12} + 6^2 \cdot 20 \right) \text{mm}^4 = 1869\,\text{mm}^4$$

$$I_{yz} = (-4\,\text{mm}) \cdot 6\,\text{mm} \cdot 30\,\text{mm}^2 + 6\,\text{mm} \cdot (-9\,\text{mm}) \cdot 20\,\text{mm}^2 = -1800\,\text{mm}^4$$

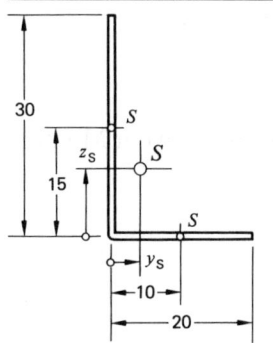

Abb. 4-113: Zur Berechnung der Schwerpunktlage des Winkels nach Abb. 4-112

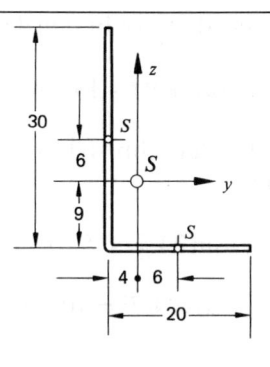

Abb. 4-114: Zur Berechnung der Flächenträgheitsmomentes des Winkels nach Abb. 4-112

Jetzt müssen die Lage der Hauptachsen und die auf diese bezogenen Trägheitsmomente bestimmt werden (Gl. 4-24/25)

$$\tan 2\alpha_h = \frac{2 I_{yz}}{I_z - I_y} = \frac{2\,(-1800)\,\text{mm}^4}{(1869 - 4952)\,\text{mm}^4}$$

$2\alpha_h = -130{,}6°; \quad 49{,}4°; \quad 229{,}4°\ldots$

$\alpha_h = -65{,}3°; \quad 24{,}7°$

Diese beiden Winkel gelten für die Hauptachsen ζ (I_{min}) und η (I_{max}) nach Abb. 4-115.

$$I_{\substack{max\\min}} = \frac{I_z + I_y}{2} \pm \sqrt{\left(\frac{I_z - I_y}{2}\right)^2 + I_{yz}^2}$$

$$= \left(\frac{1869 + 4952}{2} \pm \sqrt{\left(\frac{1869 - 4952}{2}\right)^2 + (-1800)^2}\right) mm^4$$

$I_{max} = 5780 \, mm^4; \quad I_{min} = 1041 \, mm^4$

Die Kontrolle mit dem MOHRschen Kreis ist erfüllt. Der Punkt A liegt im dritten Quadranten (s. Beispiel 1). Als nächstes werden die senkrechten Abstände von den Eckpunkten zu den Hauptachsen berechnet. Beispielhaft soll das für A und die η-Achse vorgeführt werden (Abb. 4-116). Aus dem rechtwinkligen Dreieck SDA können die Hypotenuse und der Winkel ß berechnet werden.

$r_A = 18{,}4 \, mm; \quad ß = 29{,}4°.$

Aus dem Dreieck SEA ergibt sich der gesuchte Abstand e_η

$e_\eta = r_A \cdot \sin(\alpha_h + ß) = 14{,}9 \, mm.$

Alle Maße sind in der Abb. 4-115 eingetragen. Dort ist auch der Momentenvektor zerlegt.

$M_{b\zeta} = M_{by} \cdot \sin 24{,}7° = 5{,}01 \cdot 10^3 \, Nmm$

$M_{b\eta} = M_{by} \cdot \cos 24{,}7° = 10{,}90 \cdot 10^3 \, Nmm$

Die Grundgleichung der Biegung wird auf beide Hauptachsen angewendet.

η-Achse

$$\sigma_A = -\frac{M_{b\eta}}{I_{max}} \cdot e_\eta = -\frac{10{,}90 \cdot 10^3 \, Nmm}{5780 \, mm^4} \cdot 14{,}9 \, mm = -28{,}1 \, N/mm^2$$

$$\sigma_B = -\frac{M_{b\eta}}{I_{max}} \cdot a_\eta = -1{,}886 \, \frac{N}{mm^3} \cdot 6{,}5 \, mm = -12{,}3 \, N/mm^2$$

4.6 Die schiefe Biegung

$$\sigma_C = + \frac{M_{b\eta}}{I_{max}} \cdot o_\eta = + 1{,}886 \frac{N}{mm^3} \cdot 20{,}8 \, mm = + 39{,}2 \, N/mm^2$$

ζ-Achse

$$\sigma_A = + \frac{M_{b\zeta}}{I_{min}} \cdot e_\zeta = \frac{5{,}01 \cdot 10^3 \, Nmm}{1041 \, mm^4} \cdot 10{,}8 \, mm = + 52{,}0 \, N/mm^2$$

$$\sigma_B = - \frac{M_{b\zeta}}{I_{min}} \cdot a_\zeta = - 4{,}813 \frac{N}{mm^3} \cdot 7{,}4 \, mm = - 35{,}6 \, N/mm^2$$

$$\sigma_C = + \frac{M_{b\zeta}}{I_{min}} \cdot o_\zeta = + 4{,}813 \frac{N}{mm^3} \cdot 5{,}1 \, mm = + 24{,}5 \, N/mm^2$$

Die Zusammensetzung führt auf

$\boldsymbol{\sigma_A} = (-28{,}1 + 52{,}0) \, N/mm^2 = \boldsymbol{+ 23{,}9 \, N/mm^2}$

$\boldsymbol{\sigma_B} = (-12{,}3 - 35{,}6) \, N/mm^2 = \boldsymbol{- 47{,}9 \, N/mm^2}$

$\boldsymbol{\sigma_C} = (+39{,}2 + 24{,}5) \, N/mm^2 = \boldsymbol{+ 63{,}7 \, N/mm^2}$

Diese Spannungen sind über dem Profil in Abb. 4-117 aufgetragen. Aus der Bedingung $\sigma = 0$ ergibt sich die Lage der neutralen Faser. Diese muß im Schwerpunkt liegen. Das ist die endgültige Kontrolle für die Richtigkeit der Rechnung.

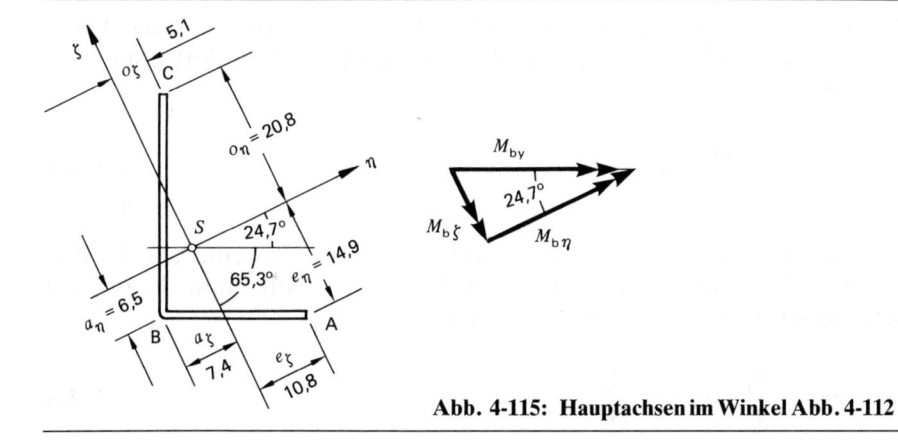

Abb. 4-115: Hauptachsen im Winkel Abb. 4-112

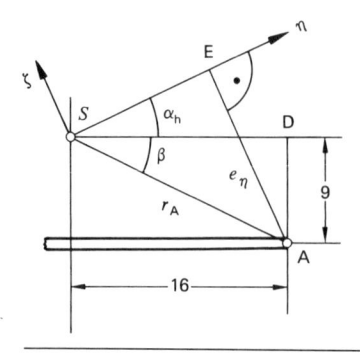

Abb. 4-116: Zur Berechnung der Abstände im Hauptachsensystem nach Abb. 4-115

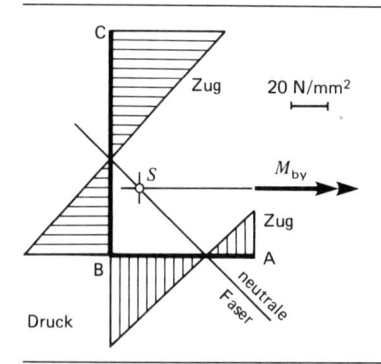

Abb. 4-117: Spannungsverteilung im Winkel nach Abb. 4-112

4.7 Zusammenfassung

In einem auf Biegung beanspruchten Träger liegt die neutrale Faser ($\sigma = 0$) im Flächenschwerpunkt des Querschnitts. Von dort nimmt sie nach außen linear zu

$$\sigma_b(z) = \frac{M_{by}}{I_y} \cdot z \qquad \text{Gl. 4-4}$$

Den Maximalwert erreicht die Spannung in der Außenfaser, die den größten Abstand von der neutralen Faser hat. Allgemein kann man schreiben (Grundgleichung der Biegung)

$$\sigma_b = \frac{M_b}{I_s} \cdot e_{max} = \frac{M_b}{W} \qquad \text{Gl. 4-6}$$

4.7 Zusammenfassung

Die Lage der Achsen zeigt die Abb. 4-10. Die einschränkenden Bedingungen sind in Tabelle 8 zusammengestellt. Besonders wichtig ist, die Grundgleichung der Biegung gilt nur für ein Hauptachsensystem.

Die Flächenträgheitsmomente sind in einem Koordinatensystem y; z folgendermaßen definiert:

Axiale Flächenträgheitsmomente

$$I_y = \int z^2 \cdot dA \qquad I_z = \int y^2 \cdot dA \qquad \text{Gl. 4-1}$$

Zentrifugalmoment

$$I_{yz} = \int y \cdot z \cdot dA \qquad \text{Gl. 4-23}$$

Mit dem STEINERschen Satz werden die Flächenträgheitsmomente auf parallele Achsen umgerechnet. Eine der Achsen muß eine Schwerpunktachse sein (gekennzeichnet durch Querstrich).

$$I_y = I_{\bar{y}} + z_s^2 \cdot A \qquad \text{Gl. 4-11}$$

$$I_z = I_{\bar{z}} + y_s^2 \cdot A$$

$$I_{yz} = I_{\bar{y}\bar{z}} + y_s \cdot z_s \cdot A \qquad \text{Gl. 4-26}$$

Die auf die Schwerpunkte bezogenen Trägheitsmomente sind die minimalen Momente aller parallelen Achsen.

Das Widerstandsmoment berechnet sich aus

$$W = \frac{I_s}{e_{max}} \qquad \text{Gl. 4-3}$$

Trägheitsmomente dürfen addiert werden, wenn sie auf gleiche Achsen bezogen sind. Widerstandsmomente dürfen nicht addiert werden. Für zusammengesetzte Flächen werden sie aus dem Gesamtträgheitsmoment nach Gleichung 4-3 berechnet.

Auf Biegung beanspruchte Profile sollten möglichst zwei zueinander senkrecht stehende Symmetrieachsen haben (z.B. I-Profil). Für solche Profile muß die Belastungsebene im Schwerpunkt der Querschnittsfläche liegen, soll eine zusätzliche Verdrehung vermieden werden. Wenn das Trägheitsprofil nur eine oder keine Symmetrieachse hat, muß zur Vermeidung von Torsion die Belastung durch den Schubmittelpunkt geführt werden, der im allgemeinen Fall nicht im Schwerpunkt solcher Profile liegt. Gegen Torsionsbeanspruchung sind offene Profile sehr empfindlich (s. Abschnitt 6.2.2).

Für Hauptachsen gilt:
1. In der Ebene gibt es zwei, senkrecht zueinander stehende Hauptachsen.
2. Der Schnittpunkt beider Hauptachsen ist der Flächenschwerpunkt.
3. Die Lage der Hauptachsen wird aus der Bedingung „Zentrifugalmoment gleich Null" bestimmt.
4. Auf Hauptachsen bezogene Trägheitsmomente sind Extremwerte I_{max} und I_{min}.
5. Symmetrieachsen sind Hauptachsen.

Das Hauptachsensystem η; ζ ist gegenüber dem System y; z um den Winkel $α_h$ gedreht.

$$\tan α_h = \frac{2 I_{yz}}{I_z - I_y} \qquad \text{Gl. 4-24}$$

Die Extremwerte der Trägheitsmomente betragen

$$I_{\substack{max \\ min}} = \frac{I_z + I_y}{2} \pm \sqrt{\left(\frac{I_z - I_y}{2}\right)^2 + I_{yz}^2} \qquad \text{Gl. 4-25}$$

Die Gleichung der Biegelinie lautet

$$w'' = -\frac{M_b}{EI} \qquad \text{Gl. 4-13}$$

Die Vorzeichendefinition zeigt die Skizze neben der Gleichung.
Zwischen der Streckenlast q, den Schnittgrößen F_q und M_b und der Geometrie der Biegelinie (φ und w) bestehen folgende Beziehungen

$$q = -F_q' = -M_b'' = φ''' \cdot EI = w'''' \cdot EI \qquad \text{Gl. 4-14}$$

Die Umkehrung führt auf

$$F_q = -\int q \cdot dx$$

$$M_b = \int F_q \cdot dx$$

$$φ = -\int \frac{M_b}{EI} \cdot dx$$

$$w = \int φ \cdot dx$$

Gl. 4-15

4.7 Zusammenfassung

Aus der Funktion für die Streckenlast erhält man durch Integration nacheinander

1. das Querkraftdiagramm,
2. das Biegemomentendiagramm,
3. den Verlauf der Steigungswinkel,
4. die Gleichung der Biegelinie.

Die Biegelinie wird vorteilhaft – vor allem bei mehreren Unstetigkeitsstellen – mit dem FÖPPLschen Formalismus berechnet (Gl. 4-9/10/20). Mit Hilfe der Seileckkonstruktion nach MOHR kann die Biegelinie graphisch ermittelt werden.

Die Formänderungsarbeit

$$W_F = \frac{1}{2} \int_0^l \frac{M_b^2}{EI} \, dx \qquad \textbf{Gl. 4-16}$$

wird im Träger als elastische Energie gespeichert. Die partielle Ableitung dieser Arbeit nach der Kraft ergibt die Durchbiegung des Trägers an der Kraftangriffsstelle. Das ist die Aussage des Satzes von CASTIGLIANO. Auf diesem beruht das Verfahren, das durch Verwendung von Integrationstafeln (Tabelle 12) sehr rationell arbeitet (Gl. 4-17/18).

5. Schub

5.1 Der Satz von den zugeordneten Schubspannungen

Ausgangspunkt der Überlegungen ist der eingespannte Träger nach Abb. 5-1a. Ein Teilelement nach Bild b wird freigemacht. Nur die durch die Querkraft verursachten Schubspannungen werden eingetragen, nicht die Biegespannungen. Aus der Mitte dieses Abschnitts wird wiederum ein Teil herausgetrennt. An diesem ist Gleichgewicht nur möglich, wenn das durch τ gebildete Kräftepaar kompensiert wird. Diese Überlegung erfordert die Einführung der Schubspannung $\bar{\tau}$ in den Längsschnitten. Aus der Gleichgewichtsbedingung $\Sigma M = 0$ erhält man

$$\tau \cdot b \cdot s \cdot a - \bar{\tau} \cdot a \cdot s \cdot b = 0$$
$$\tau = \bar{\tau}$$

Die Schlußfolgerung aus diesem Ergebnis ist: *Schubspannungen in einer Ebene verursachen gleich große Schubspannungen in dazu senkrecht stehenden Ebenen. Das ist der Satz von den zugeordneten Schubspannungen.* (Siehe Abb. 5-1).

Das Gleichgewicht erfordert, daß die Spannungspfeile gleichen Sinn zur Schnittkante beider Ebenen haben. Sie sind beide auf die Kante gerichtet oder weisen beide von der Kante weg, wie in Abb. 5-2 dargestellt.

5.2 Schubspannungen in einem auf Biegung beanspruchten Träger

Querkräfte verursachen in einem Träger Schubspannungen in den Querschnitten. Nach dem Satz von den zugeordneten Schubspannungen müssen diese auch in den Längsschnitten wirksam werden.

Daß diese Spannungen tatsächlich wirken, kann man sich an folgendem Beispiel klarmachen. Ein Balken wird aus Brettern zusammengesetzt, die nicht miteinander verbunden sind. Er deformiert sich bei Biegebelastung nach Abb. 5-3a. Die einzelnen Bretter verschieben sich gegeneinander. Die sich daraus ergebenden Konsequenzen wurden als Vorbereitung für dieses Kapitel bereits im Beispiel 4 des Abschnitts 4.4.4 (Abb. 4-67/68) behandelt.

Eine Verschiebung ist nicht möglich, wenn man die Bretter fest miteinander verbindet. Infolge des jetzt vorhandenen Reibungsschlusses, bzw.

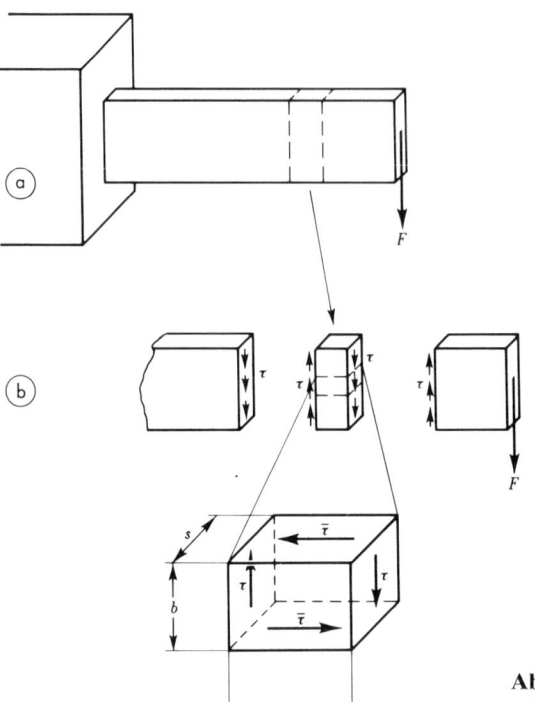

Abb. 5-1: Durch Querkräfte verursachte Schubspannungen im Träger

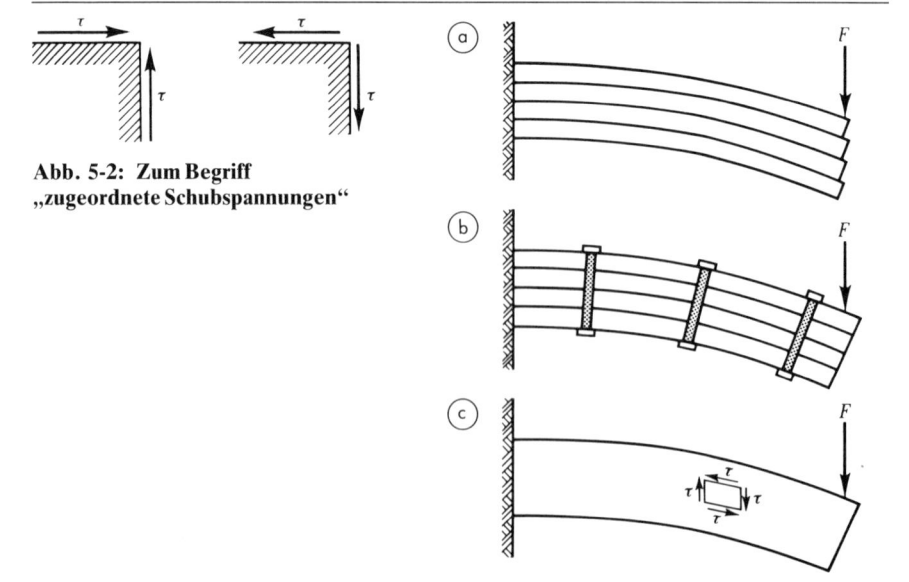

Abb. 5-2: Zum Begriff „zugeordnete Schubspannungen"

Abb. 5-3: Entstehung der Schubspannungen in Längsrichtung eines Biegeträgers

5.2 Spannungsverteilung in einem Träger

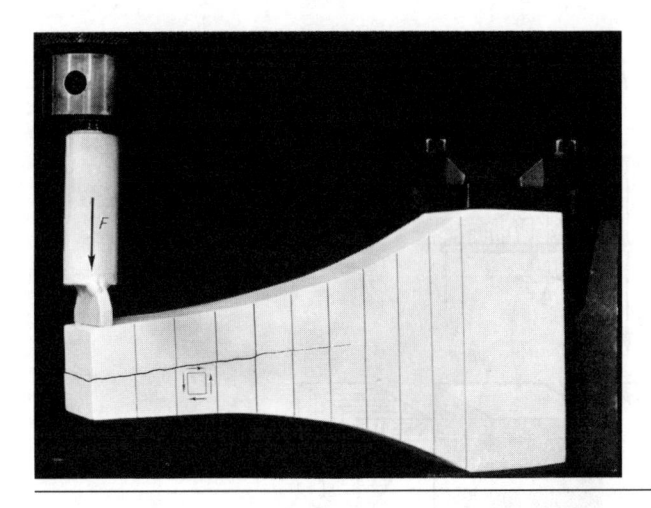

Abb. 5-4: Durch Schubspannungen verursachter *Längs*riß im Holz, das *quer* belastet wird

der Abscherkräfte an den Schrauben deformiert sich der Balken als Ganzes. Die fest miteinander verbundenen Bretter sind aber mit einem Balken vergleichbar, in dessen Schnitten parallel zur Balkenachse Spannungen nach Abb. 5-3c vorhanden sind, die eine Verschiebung einzelner Längsschichten zueinander verhindern. Die in Längsrichtung wirkenden Schubspannungen können Holz aufspalten, da Holz in Faserrichtung nur verhältnismäßig geringe Schubfestigkeit hat. Einen Versuch dazu zeigt Abb. 5-4.

In allgemeiner Form soll die Verteilung der Schubspannung im Querschnitt eines Biegeträgers bestimmt werden. Die Abb. 5-5 zeigt einen auf zwei Stützen gelagerten Träger mit Einzellast. Ein Teilelement Δx wird freigemacht. An seinem rechten Rand wirkt das Biegemoment M_1, am linken M_2. Die Momente haben die gezeichneten Spannungsverteilungen zur Folge. Von diesem Teilabschnitt wird die obere Schicht mit dem Querschnitt ΔA abgetrennt. An dieser greifen die beiden durch die Normalspannung verursachten Kräfte an, die ungleich sind, da $M_1 \neq M_2$ ist. Da die Oberseite des Trägers unbelastet ist, muß an der Unterseite des freigemachten Elements eine durch Schubspannung verursachte Kraft wirken. Diese wird aus der Gleichgewichtsbedingung berechnet.

$$\Sigma F_x = 0 \qquad \sigma_2 \cdot \Delta A - \tau \cdot \Delta x \cdot b - \sigma_1 \cdot \Delta A = 0$$

$$\tau = \frac{\sigma_2 - \sigma_1}{\Delta x \cdot b} \cdot \Delta A$$

mit Gl. 4-4 ist

$$\sigma_1 = \frac{M_1}{I} \bar{z} \quad \text{und} \quad \sigma_2 = \frac{M_2}{I} \bar{z}$$

$$\tau = \frac{M_2 - M_1}{\Delta x} \cdot \frac{\bar{z} \cdot \Delta A}{I \cdot b} = \frac{\Delta M}{\Delta x} \cdot \frac{\bar{z} \cdot \Delta A}{I \cdot b}.$$

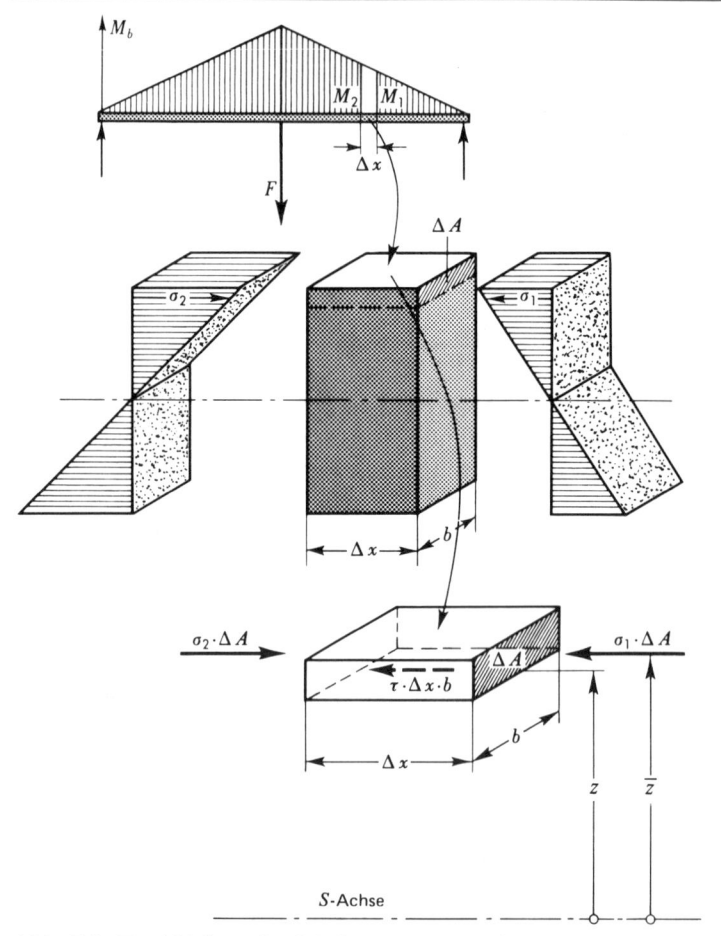

Abb. 5-5: Zur Ableitung der Schubspannungsverteilung im Biegeträger

Der Grenzübergang zum beliebig schmalen Steifen $\Delta x \to dx$ führt nach Gleichung 4-14 auf

$$\frac{\Delta M}{\Delta x} \quad \to \quad \frac{dM}{dx} = F_q$$

Das Produkt $S = \bar{z} \cdot \Delta A$ ist das statische Moment einer Fläche bezogen auf die y-Achse.

5.2 Spannungsverteilung in einem Träger

Damit ist

$$\tau = \frac{F_q \cdot S}{I \cdot b}.$$ **Gl. 5-1**

In dieser Gleichung sind

- F_q Querkraft im Querschnitt
- I Flächenträgheitsmoment der gesamten Querschnittsfläche bezogen auf S-Achse
- b Breite der Querschnittsfläche an der Stelle, für die τ berechnet wird
- $S = \bar{z} \cdot \Delta A$ das statische Moment des Flächenelementes zwischen Außenfaser und Schnitt b (angeschlossener Querschnitt).

Die Bedingung $F_q = 0$ ergibt $\tau = 0$. Das ist die Bedingung für reine Biegung mit M = konst.

Beispiel 1
Die Verteilung der Schubspannungen in einem Rechteckquerschnitt ist für eine senkrechte Querkraft zu bestimmen.

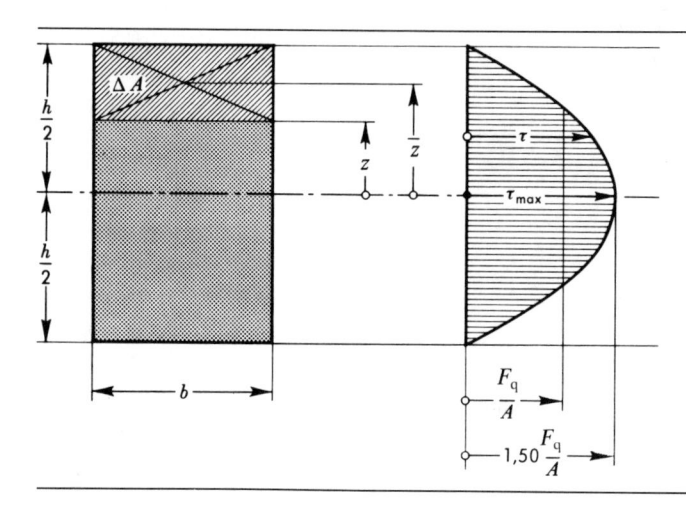

Abb. 5-6: Schubspannungsverteilung im Rechteckquerschnitt

Lösung (Abb. 5-6)
In Gleichung 5-1 wird eingesetzt

$$\bar{z} = \frac{z + \frac{h}{2}}{2}; \qquad \Delta A = b\left(\frac{h}{2} - z\right); \qquad I = \frac{b h^3}{12}.$$

Man erhält

$$\tau = \frac{F_q \cdot 12}{b^2 h^3} \cdot \frac{z + \frac{h}{2}}{2} \cdot b\left(\frac{h}{2} - z\right) = \frac{6 F_q}{b h^3}\left(\frac{h^2}{4} - z^2\right).$$

Das ist eine Parabelgleichung. Die maximale Schubspannung ist an der Stelle $z = 0$

$$\tau_{max} = \frac{3}{2} \frac{F_q}{b \cdot h} = 1{,}50 \frac{F_q}{A}.$$

Die maximale Schubspannung ist 50% höher als bei Annahme einer konstanten Spannungsverteilung. Da die Außenfasern nicht durch Schubspannungen belastet sind, muß dort $\tau = 0$ sein, was auch aus der Parabelgleichung für $y = h/2$ folgt. Im Gegensatz zu den Biegemomenten *haben bei der Übertragung der Querkräfte die in der Nähe der neutralen Faser liegenden Querschnittsteile den größten Anteil.*

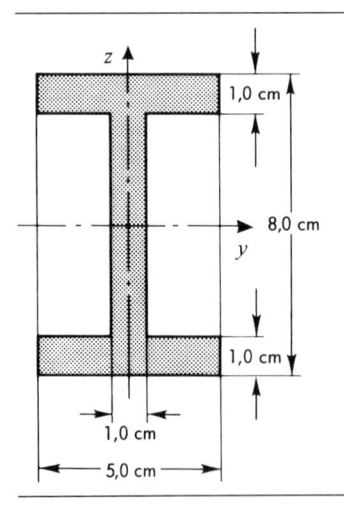

Abb. 5-7: I-Profil

Beispiel 2 (Abb. 5-7)
Der skizzierte I-Querschnitt soll eine Querkraft $F_q = 20$ kN in z-Richtung übertragen. Die Spannungen τ sind über der z-Achse aufzutragen.

Lösung (Abb. 5-8/9)
Zunächst ist es notwendig, das Flächenträgheitsmoment der Fläche zu bestimmen.

5.2 Spannungsverteilung in einem Träger

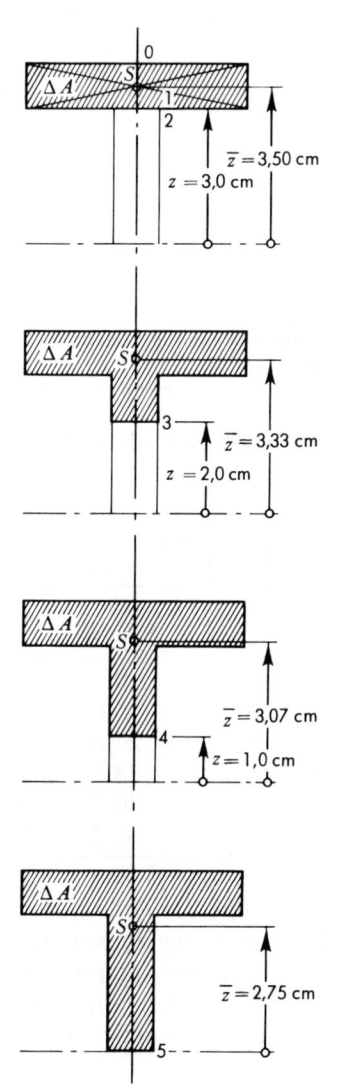

Abb. 5-8: Zur Berechnung der Schubspannungsverteilung im I-Profil

$$I_y = \frac{5 \cdot 8^3}{12} \text{ cm}^4 - \frac{4 \cdot 6^3}{12} \text{ cm}^4 = 141,3 \text{ cm}^4.$$

In Schritten von 1,0 cm wird, von oben beginnend, jeweils ein Schnitt gelegt. Da die Breite sich an der Stelle des Flanschansatzes unstetig ändert, muß es auch nach Gleichung 5-1 die Schubspannung τ tun. Aus diesem Grunde werden bei Numerierung der einzelnen Schnitte für diese Stelle zwei Zahlen eingeführt, wobei für 1 die Flanschbreite, für 2 die Stegbreite gilt. Nach Berechnung der Schwerpunkte für die einzelnen Teilflächen

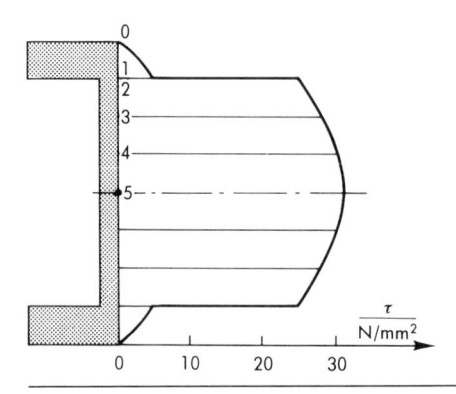

Abb. 5-9: Schubspannungsverteilung im I-Profil

werden die statischen Momente und die Spannungen tabellarisch berechnet.

Stelle	$\dfrac{z}{\text{cm}}$	$\dfrac{\bar{z}}{\text{cm}}$	$\dfrac{\Delta A}{\text{cm}^2}$	$\dfrac{\bar{z} \cdot \Delta A}{\text{cm}^3}$	$\dfrac{b}{\text{cm}}$	$\dfrac{F_q}{I} \dfrac{\bar{z} \cdot A}{b} = \tau$ N/mm²
0	4,0	–	0	–	–	0
1	3,0	3,50	5,0	17,5	5,0	5,0
2	3,0	3,50	5,0	17,5	1,0	24,8
3	2,0	3,33	6,0	20,0	1,0	28,3
4	1,0	3,07	7,0	21,5	1,0	30,4
5	0	2,75	8,0	22,0	1,0	31,2

An der Spannungsverteilung Abb. 5-9 erkennt man, daß die *Querkräfte im Gegensatz zu den Biegemomenten hauptsächlich vom Steg übertragen werden.* Es kann aus diesem Grunde gefährlich sein, einen I-Träger in der Nähe der neutralen Faser zu durchbohren, obwohl das Widerstandsmoment sich praktisch nicht ändert. Das ist im Zusammenhang mit der Abb. 4-62 im Abschnitt 4.4.4 bereits diskutiert worden.

Da die Querkraft fast ausschließlich vom Steg übertragen wird und die Spannung hier annähernd rechteckig verteilt ist, *kann man die maximale Schubspannung überschläglich berechnen, indem man die Querkraft durch die Stegquerschnittsfläche dividiert:*

$$\tau_{max} \approx \frac{20 \cdot 10^3 \, \text{N}}{600 \, \text{mm}^2} \approx 33{,}3 \, \text{N/mm}^2$$

5.2 Spannungsverteilung in einem Träger

Beispiel 3
Für einen mittig mit $F = 200$ kN belasteten Träger der Länge $l = 4,0$ m nach Abb. 4-2 sind die Biegespannung und die Schubspannung über der Trägerachse aufzutragen. Das soll für ein Profil I 400 geschehen.

Lösung (Abb. 5-10)
Das maximale Biegemoment ist im Lastangriffspunkt

$$M_b = \frac{F}{2} \cdot \frac{l}{2} = 200 \text{ kNm} = 2 \cdot 10^7 \text{ Ncm}$$

Mit der Tabelle 10A erhält man

$$\sigma_b = \frac{M_b}{W_y} = \frac{2 \cdot 10^7 \text{ Ncm}}{1460 \text{ cm}^3} \cdot \frac{1 \text{ cm}^2}{10^2 \text{ mm}^2} = 137 \text{ N/mm}^2$$

Die Biegespannung ist vom Moment abhängig. Deshalb entspricht die Auftragung dem Biegemomentendiagramm (Abb. 5-10).

Die Querkraft beträgt $F/2$ und ist zwischen den Kraftangriffsstellen konstant. Die Gleichung 5-1 führt mit den Tabellenwerten auf

$$\tau = \frac{F_q \cdot S}{I \cdot b} = \frac{100 \cdot 10^3 \text{ N} \cdot 857 \text{ cm}^3}{29210 \text{ cm}^4 \cdot 1,44 \text{ cm}} \cdot \frac{1 \text{ cm}^2}{10^2 \text{ mm}^2} = 20,4 \text{ N/mm}^2$$

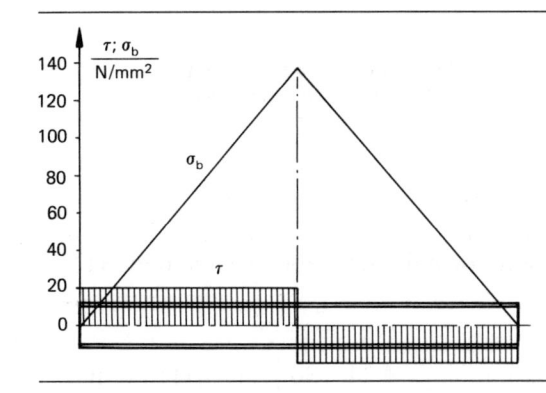

Abb. 5-10: Vergleich von Biege- und Schubspannungen in einem Biegeträger

Das statische Moment S der halben Querschnittsfläche ist in der letzten Spalte der Tabelle gegeben. Mit diesem Wert berechnet man die maximale Schubspannung in der Schwerpunktfaser. Die in der Gleichung 5-1 verwendete Bezeichnung b für die Breite des Querschnitts an der untersuchten Stelle entspricht hier der Stegbreite s.

Die Auftragung von τ geht mit der Querkraft F_q. Den Träger kann man als gedrungen bezeichnen. Trotzdem *ergeben sich nur in unmittelbarer*

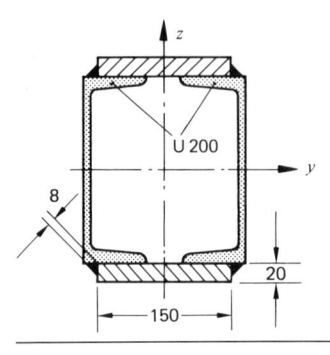

Abb. 5-11: Zusammengesetztes Profil

Nähe der Auflager gleiche Größenordnung von Biege- und Schubspannung. Sonst überwiegen bei weitem die Biegespannungen. Man muß weiterhin bedenken, daß die Schubspannung am größten ist, wo die Biegespannung null ist und umgekehrt.

Beispiel 4 (Abb. 5-11)
Der abgebildete Trägerquerschnitt besteht aus zwei Profilen U 200 und zwei aufgeschweißten, gleichen Platten. Zu berechnen ist die Schubspannung in den Schweißnähten für eine Querkraft in z-Richtung von 100 kN.

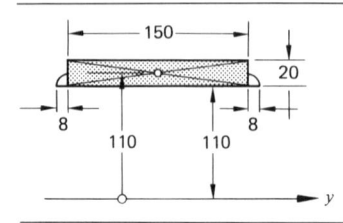

Abb. 5-12: Zur Berechnung des statischen Moments der angeschlossenen Fläche

Lösung (Abb. 5-12)
Die Gleichung 5-1 muß ausgewertet werden. Dazu wird das auf die Schwerpunktachse bezogene Trägheitsmoment der Gesamtfläche berechnet. Mit der Tabelle 10C, den Formeln der Tabelle 9 und dem STEINERschen Satz erhält man

$$I_y = 2\left(I_u + I_{\text{Platte}}\right) = 2\left(1910 + \frac{15 \cdot 2^3}{12} + 11^2 \cdot 30\right) \text{cm}^4 = 11100 \text{ cm}^4$$

Das statische Moment der angeschlossenen Fläche ist nach Abb. 5-12

$$S = \bar{z} \cdot \Delta A = 11{,}0 \text{ cm} \cdot 30 \text{ cm}^2 = 330 \text{ cm}^3$$

Nach den im Stahlbau geltenden Regeln werden die Schweißnähte in die Anschlußebene geklappt, d.h. $b = 2a = 1{,}60$ cm.

$$\tau = \frac{F_q \cdot S}{I \cdot b} = \frac{100 \cdot 10^3\,\text{N} \cdot 330\,\text{cm}^3}{11100\,\text{cm}^4 \cdot 1{,}60\,\text{cm}} \cdot \frac{1\,\text{cm}^2}{10^2\,\text{mm}^2} = \mathbf{18{,}6\,\text{N/mm}^2}$$

5.3 Der Schubmittelpunkt

In diesem Abschnitt soll qualitativ untersucht werden, warum Profile, die nicht doppelsymmetrisch sind, zur Vermeidung einer zusätzlichen Verdrehung im Schubmittelpunkt belastet werden müssen. Dieses Problem wurde bereits im Abschnitt 4.6.2 in Zusammenhang mit den Abb. 4-101/102/103 diskutiert.

Im Beispiel 1 des Abschnitts 5.2 wurde die durch die Querkraft im I-Profil verursachten Schubspannungen ermittelt. Sie wirken auch in Längsschnitten. Das sind in der Abb. 5-7 Schnitte in der x-y-Ebene. Der Flansch ist sehr viel breiter als der Steg. Deshalb sind die Schubspannungen dort sehr niedrig (s. Abb. 5-9). Diese Aussage für sich allein genommen ergibt ein unvollständiges Bild. Einen besseren Einblick in die Vorgänge gewinnt man, wenn man im Flansch Längsschnitte in der x-z-Ebene untersucht. Das geschieht in der Abb. 5-13 für ein U-Profil. An dem Teilelement ist $\sigma_2 > \sigma_1$, da das Biegemoment in Richtung des Lastangriffspunktes zunimmt. Die Gleichgewichtsbedingung am Element $\Sigma F_x = 0$ erfordert in x-Richtung eine Schubspannung, wie sie eingezeichnet ist. Die zugeordnete Schubspannung in der y-z-Ebene verursacht im Querschnitt einen Schubspannungsverlauf, der den Trägerabschnitt im Uhrzeigersinn verdreht. Durch einen Versatz der Last in den Schubmittelpunkt wird dieses Torsionsmoment ausgeglichen. Das erkennt man qualitativ am links gezeichneten Teil der Abbildung.

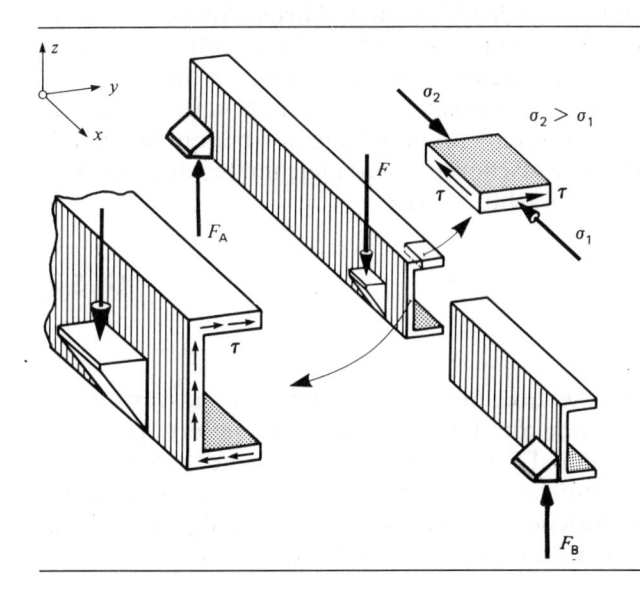

Abb. 5-13: Schubspannungsverteilung im U-Profil und Ausgleich der Verdrehung durch Verlagerung der Belastung in den Schubmittelpunkt

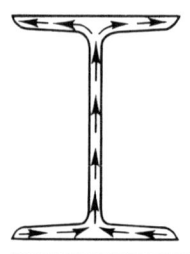

Abb. 5-14: Ausgleich der Verdrehung durch Schubspannungen in symmetrischen Profilen

Grundsätzlich die gleichen Überlegungen an einem I-Profil führen auf eine Schubspannungsverteilung im Querschnitt nach Abb. 5-14. Wegen der Symmetrie verursachen die Schubspannungen keine Verdrehung.

5.4 Abscheren

Für einen Träger oder Balken gilt die geometrische Bedingung $l \gg h$. Nur dann überwiegen die Biegespannungen so, daß ausschließlich nach dieser Größe dimensioniert werden kann. In diesem Abschnitt soll der entgegengesetzt liegende Fall behandelt werden.

Ausgegangen wird von Niet- oder Schraubenverbindung nach Abb. 5-15, die wie angegeben belastet ist. Es handelt sich um einen extrem kurzen Biegebalken, bei dem man nicht mehr von einer freien Länge zwischen den Kraftangriffspunkten sprechen kann. Deshalb überwiegen die durch die Querkräfte verursachten Schubspannungen. Eine zusätzliche Komplikation entsteht dadurch, daß alle bisher eingeführten Ansätze für eine unendlich weit entfernte Krafteinleitung gelten. Der vorliegende Fall steht im krassen Gegensatz zu dieser Voraussetzung. Um diese in der Technik sehr oft vorkommende Belastung rechnerisch in den Griff zu kriegen, muß man mit sehr starken Vereinfachungen arbeiten. Die Kraft F, die versucht den Bolzen abzuscheren,, wird gleichmäßig auf den Abscherquerschnitt verteilt. Nach Abb. 5-16 ist

$$\tau_a = \frac{F}{A}.$$ **Gl. 5-2**

Index a: Abscherung.
Die oben gemachte Voraussetzung der konstanten Spannungsverteilung trifft nur sehr unvollkommen zu. Die Gleichung 5-2 liefert trotzdem brauchbare Ergebnisse, einmal wegen einer entsprechenden Annahme der zulässigen Spannung, zum anderen wegen der Tatsache, daß die in einem Versuch ermittelte Abscherfestigkeit aus der maximalen Kraft und der Querschnittsfläche nach der gleichen Formel berechnet wird.

5.4 Abscheren

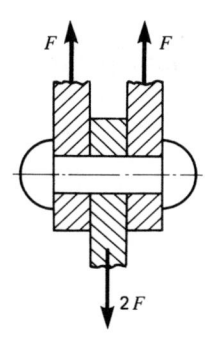

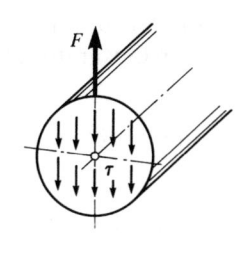

Abb. 5-15: Abscherbeanspruchung

Abb. 5-16: Gleichmäßige Verteilung der Kraft auf die Querschnittsfläche

Ein richtig eingezogener Niet ist nicht auf Abscherung beansprucht. Die im Niet auftretenden Zugkräfte sollen die Teile so stark aufeinander pressen, daß die dabei entstehende Reibung zur Kraftübertragung ausreicht. Die Berechnung einer Nietverbindung auf Abscherung soll die Festigkeit für den Fall nachweisen, daß die Reibung aus irgendeinem Grunde für die Kraftübertragung nicht ausreichend ist.

Im allgemeinen rechnet man, falls keine Vorschriften bestehen, mit den zulässigen Spannungen nach Tabelle 7.

Bei der Berechnung der zum Abscheren eines weichen Materials notwendigen Kraft legt man oft die höhere Spannung R_m anstatt τ_{aB} zu Grunde. Man berücksichtigt damit, daß weiches Material im Gegensatz zum spröden sich sehr stark deformiert und dabei die Fasern zum großen Teil auf Zug beansprucht werden (Abb. 5-17).

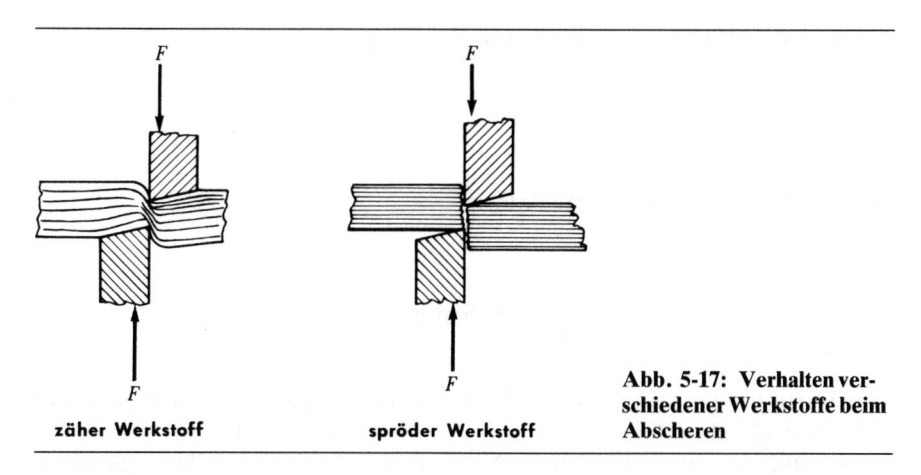

zäher Werkstoff   spröder Werkstoff

Abb. 5-17: Verhalten verschiedener Werkstoffe beim Abscheren

Beispiel 1
Die Abscherspannung in den Nieten Abb. 3-10 (Beispiel 2; Abschnitt 3.1) ist für eine Kraft $F = 20$ kN zu bestimmen.

Lösung
Insgesamt verteilt sich die Kraft auf zwei Abscherquerschnitte pro Niet. Bei 9 Nieten steht damit ein Gesamtquerschnitt

$$A = 2 \cdot 9 \cdot \frac{\pi}{4} \cdot 4{,}5^2 \text{ mm}^2 = 286 \text{ mm}^2$$

zur Verfügung. Damit ist die Spannung

$$\tau_a = \frac{20 \cdot 10^3 \text{ N}}{286 \text{ mm}^2} = \mathbf{70 \text{ N/mm}^2}$$

Dieser Wert gilt unter der Voraussetzung gleichmäßiger Auslastung.

Beispiel 2 (Abb. 5-18)
Ein Winkelstahl L50×6 soll auf ein Knotenblech mit einer Kehlnaht $a = 4$ mm aufgeschweißt werden. Der Stab ist mit einer Zugkraft $F = 50{,}0$ kN belastet. Für eine zulässige Abscherspannung in den Nähten $\tau_{zul} = 100$ N/mm² sind die notwendigen Nahtlängen zu berechnen.

Lösung
Die rechnerische Querschnittsfläche der Schweißnaht ist hier $a \cdot l$. Damit erhält die Gleichung 5-2 die Form

$$\tau_a = \frac{F}{a \cdot l}$$

Insgesamt ist für den Abschluß eine Nahtlänge

$$l_{ges} = \frac{F_{ges}}{a \cdot \tau_{zul}}$$

notwendig. Die Zahlenwerte liefern

$$l_{ges} = \frac{50 \cdot 10^3 \text{ N}}{4 \text{ mm} \cdot 100 \text{ N/mm}^2} = 125 \text{ mm}$$

Die Verteilung dieser Länge auf die beiden Seiten soll so erfolgen, daß sich eine gleichmäßige Belastung der Nähte ergibt. Diese Bedingung wird erfüllt, wenn man die in der Schwerpunktlinie wirkende Zugkraft so aufteilt wie bei einem Träger auf zwei Stützen.

$$F_1 = \frac{h-e}{h} F \quad ; \quad F_2 = \frac{e}{h} F$$

Der Stahltabelle 10B entnimmt man $e = 14,5$ mm. Damit sind

$$F_1 = \frac{(50 - 14,5)\,\text{mm}}{50\,\text{mm}} \cdot 50\,\text{kN} = 35,5\,\text{kN} \quad ; \quad F_2 = \frac{14,5\,\text{mm}}{50\,\text{mm}} \cdot 50\,\text{kN} = 14,5\,\text{kN}$$

Diese beiden Kräfte ergeben folgende Nahtlängen

$$l_1 = \frac{35,5 \cdot 10^3\,\text{N}}{4\,\text{mm} \cdot 100\,\text{N/mm}^2} = \mathbf{89\,mm} \quad ; \quad l_2 = \frac{14,5 \cdot 10^3\,\text{N}}{4\,\text{mm} \cdot 100\,\text{N/mm}^2} = \mathbf{36\,mm}$$

Die eingangs berechnete Gesamtlänge dient hier zur Kontrolle.

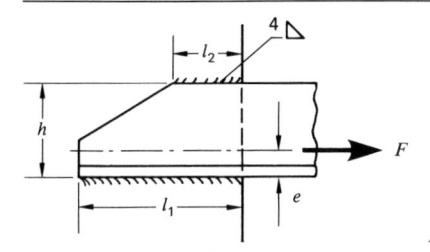

Abb. 5-18: Winkelstahl auf Knotenblech

5.5 Zusammenfassung

Schubspannungen treten paarweise in zueinander senkrecht stehenden Ebenen auf. Die durch die Querkräfte verursachten Schubspannungen in Querschnitten eines Trägers haben Schubspannungen gleicher Größe in Längsschnitten zur Folge. Die Größe dieser Spannung berechnet sich aus

$$\tau = \frac{F_q \cdot S}{I \cdot b}. \qquad \textbf{Gl. 6-1}$$

Im Gegensatz zur Biegung werden die Querkräfte hauptsächlich von den Schichten in Schwerpunktnähe übertragen. Im I-Träger wird das Biegemoment überwiegend von den Flanschen, die Querkraft vom Steg übertragen. Hier kann man näherungsweise die Schubspannung nach

$$\tau \approx \frac{F_q}{A_{\text{Steg}}}$$

berechnen.

Werden Profile mit nur einer Symmetrieachse senkrecht zu dieser durch den Schwerpunkt belastet, dann entsteht eine Verdrehung. Solche Belastungen sollten vermieden werden. Die Verschiebung der Last in den Schubmittelpunkt hebt das Drehmoment wieder auf.

6. Verdrehung

6.1 Verdrehung eines Kreiszylinders

6.1.1 Die Spannungen
Ein Zylinder ist auf Verdrehung (Torsion) beansprucht, wenn in einer Ebene senkrecht zur Zylinderachse ein Kräftepaar (Moment) angreift. Kräftepaare sind in ihrer Wirkungsebene verschiebbar (s. Band 1; Abschnitt 3.3.3). Deshalb unterliegen die beiden Wellenabschnitte Abb. 6-1/2 der gleichen Belastung.

Zur Bestimmung der Spannung wird ein Teilabschnitt der Welle nach Abb. 6-3 freigemacht. Die Gleichgewichtsbedingung $\Sigma M = 0$ für die Wellenachse ergibt im Wellenquerschnitt ein Moment von der Größe $F \cdot a$. Dieses Moment wird *Drehmoment M_t* genannt. Die Übertragung dieses Momentes ist nur möglich, wenn im *Querschnitt konzentrisch Schubspannungen* vorhanden sind. Die Größe und Verteilung dieser Spannungen sollen ermittelt werden.

COULOMB*) hat als erster das Torsionsproblem des Kreiszylinders gelöst. Dazu mußte er eine Aussage über die Deformation machen. Er hat die Annahme getroffen, daß bei der Verdrehung sich die einzelnen Querschnitte wie starre Scheiben verhalten, d.h.
   1. Durchmesserlinien bleiben gerade,
   2. Querschnitte bleiben eben.

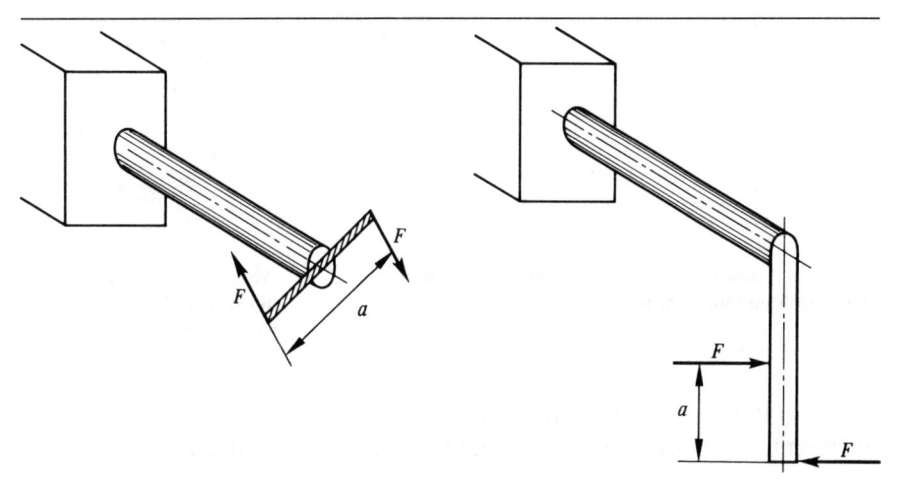

Abb. 6-1: Durch Verdrehung beanspruchter Kreiszylinder

Abb. 6-2: Verdrehbeanspruchung durch versetztes Kräftepaar

---

*) COULOMB, Charles (1736-1806), französischer Physiker.

Diese Annahme ist experimentell bestätigt. Schon an dieser Stelle soll darauf hingewiesen werden, daß sie bei beliebigen Querschnitten nicht gilt (s. nachfolgenden Abschnitt 6.2).

Wegen der ersten Bedingung, wandert in der Abb. 6-4 der Punkt B nach B'; C nach C' usw. Die Deformation nimmt von der Achse aus linear nach außen zu. Nach dem HOOKEschen Gesetz muß es auch die Spannung tun. *Die maximale Schubspannung τ_{max} liegt in der Außenfaser.*

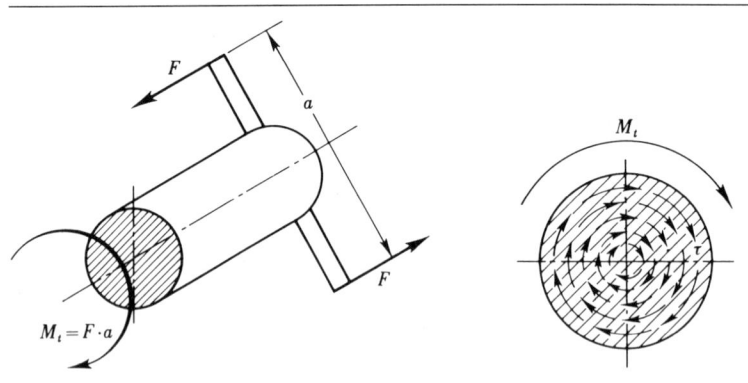

Abb. 6-3: Freigemachter verdrehter Zylinder

Für die Auslegung einer Welle bzw. für ihre Nachrechnung ist es notwendig, diese maximale Spannung τ_{max} in Zusammenhang mit dem Drehmoment M_t zu bringen.

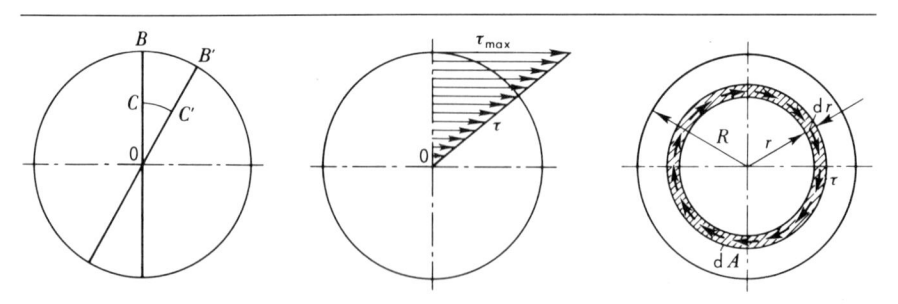

Abb. 6-4: Formänderung der Spannungsverteilung im verdrehten Querschnitt

Abb. 6-5: Zur Ableitung der Grundgleichung der Verdrehung

Dazu muß man das Moment M_t aus den von den einzelnen Kreisringen nach Abb. 6-5 übertragenen Momenten dM_t zusammensetzen

$$M_t = \int dM_t = \int r \cdot dF = \int r \cdot \tau \cdot dA .$$

6.1 Verdrehung eines Kreiszylinders

Aus ähnlichen Dreiecken erhält man

$$\tau = \frac{r}{R} \cdot \tau_{max}$$

Damit ist

$$M_t = \frac{\tau_{max}}{R} \int_0^R r^2 \cdot dA \, . \tag{1}$$

Das Integral ist das polare Trägheitsmoment, das sich aus der Addition von zwei axialen Trägheitsmomenten ergibt (siehe Abschnitt 4.6.3)

$$I_p = \int r^2 \cdot dA = \int (x^2 + y^2) \, dA = I_x + I_y \, .$$

Analog zum Biegewiderstandsmoment ist hier das Torsions-Widerstandsmoment nach der Gleichung (1)

$$\boldsymbol{W_t = \frac{I_p}{R}} \, . \qquad \textbf{Gl. 6-1*)}$$

Genau wie bei der Biegung soll der Index max für den am stärksten belasteten Querschnitt der Welle vorbehalten werden. Man erhält eine Beziehung, die analog zu der Grundgleichung der Biegung ist

$$\boldsymbol{\tau_t = \frac{M_t}{W_t}} \, . \qquad \textbf{Gl. 6-2*)}$$

Diese Gleichung gilt unter den folgenden Voraussetzungen:
1. Die *Deformation* erfolgt nach dem HOOKEschen Gesetz, d.h. sie ist *elastisch*.
2. Die *maximale Spannung* ist *kleiner* als die *Proportionalitätsgrenze*.
3. Der untersuchte Querschnitt liegt *nicht* in der *Nähe* der Stelle *wo das Drehmoment eingeleitet* wird.
4. Das *unbelastete Werkstück* ist *spannungsfrei*. Ist das nicht der Fall, überlagern sich die Spannungen.
5. Trägheitskräfte sind nicht berücksichtigt, das Werkstück unterliegt *keiner stoßartigen Beanspruchung*.
6. Das Widerstandsmoment darf nach *Gleichung 6-1 nur für* einen *Kreisquerschnitt* berechnet werden. Andere Querschnitte bleiben bei Verdrehung nicht eben, was zur Voraussetzung bei der Ableitung der Gleichung 6-2 gemacht wurde.

---
*) Da sich das Widerstandsmoment nur für den Kreisquerschnitt aus dem polaren Trägheitsmoment berechnet, wird die Beziehung W_p nicht eingeführt.

7. Der untersuchte Querschnitt liegt *nicht in der Nähe einer Kerbe*.

Das Drehmoment M_t erhält man aus den Gleichgewichtsbedingungen am freigemachten Teilabschnitt der Welle. Genau wie die Biegemomente kann man die Drehmomente in einem Diagramm über der Wellenachse auftragen.

Das Widerstandsmoment gegen Verdrehung für den Kreisquerschnitt ist

$$I_p = I_z + I_y = 2 I_z = 2 \frac{\pi d^4}{64} = \frac{\pi d^4}{32}$$

$$W_t = \frac{\pi d^4 \cdot 2}{32 \cdot d} = \frac{\pi d^3}{16} = 2W.$$

Das Widerstandsmoment gegen Verdrehung ist demnach doppelt so groß wie gegen Biegung. Das kann man sich aus dem Vergleich der Spannungsverteilungen anschaulich machen. Bei der Biegung haben die von der neutralen Faser entfernten Teile den größten Anteil an der Biegemomentenübertragung (Abb. 6-6a), bei der Verdrehung die von der Achse entfernten Teile (Bild b). Es liegt demnach hier eine bessere Werkstoffausnutzung vor.

Aus der letzten Überlegung und den Gleichungen 6-1/2 folgt, daß der *Rohrquerschnitt optimal für die Torsionsübertragung* ist, denn die inneren Teile vermehren das Gewicht im höheren Maße, als daß sie das Widerstandsmoment erhöhen.

Für einen Rohrquerschnitt gilt

$$W_t = \frac{2I_p}{D} = \frac{\pi}{16} \cdot \frac{D^4 - d^4}{D} . \qquad \begin{array}{l} D \text{ Außendurchmesser,} \\ d \text{ Innendurchmesser} \end{array}$$

Es ist *falsch, die Widerstandsmomente zu subtrahieren* (s. Abschnitt 4.4.4).

Für die Auslegung einer Welle werden die Gleichungen 6-1/2 in folgende Form gebracht

$$\tau_{zul} = \frac{M_t}{W_t} = \frac{M_t \cdot 16}{\pi \cdot d_{erf}^3}$$

$$d_{erf} = \sqrt[3]{\frac{16 M_t}{\pi \cdot \tau_{t\,zul}}} . \qquad \text{Gl. 6-3}$$

Nach dem Satz von den zugeordneten Schubspannungen treten diese paarweise in senkrecht zueinander stehenden Ebenen auf. Die nach Glei-

6.1 Verdrehung eines Kreiszylinders

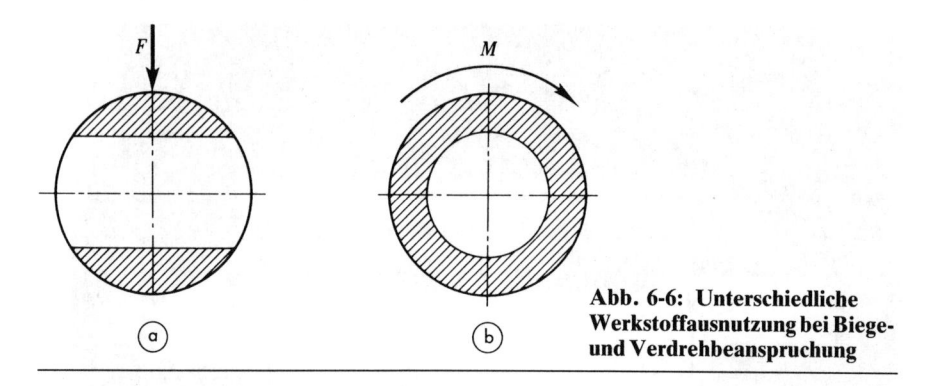

Abb. 6-6: Unterschiedliche Werkstoffausnutzung bei Biege- und Verdrehbeanspruchung

chung 6-2 errechneten *Spannungen wirken auch in Längsschritten* nach Abb. 6-7. Das Vorhandensein dieser Spannungen kann man sich an folgendem Modell klarmachen.

Ein geschlitztes Rohr, das verdreht wird, deformiert sich wie es Abb. 6-8 zeigt. Die Querschnittsebene bleibt in diesem Fall nicht eben, damit ist eine der für die Gültigkeit der Berechnung notwendigen Bedingungen nicht erfüllt. Man erkennt, daß die Kante a nach links, die Kante b nach rechts gezogen werden muß. Das erfordert Spannungen, wie sie in Abb. 6-8 eingezeichnet sind und wie sie dem Satz von den zugeordneten Schubspannungen entsprechen.

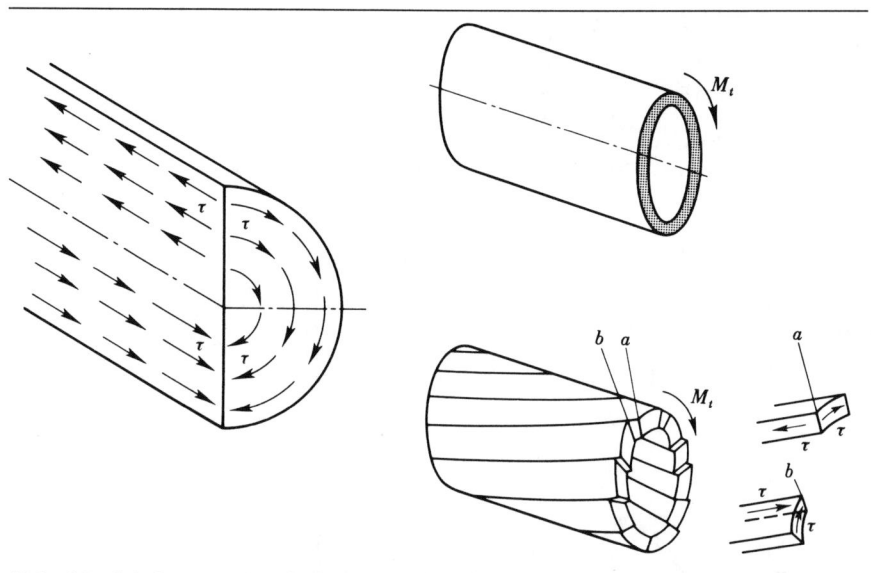

Abb. 6-7: Schubspannungen in Quer- und Längsschnitten eines verdrehten Zylinders

Abb. 6-8: Entstehung der Schubspannungen in Längs- und Querschnitten eines verdrehten Zylinders

222 6. Verdrehung

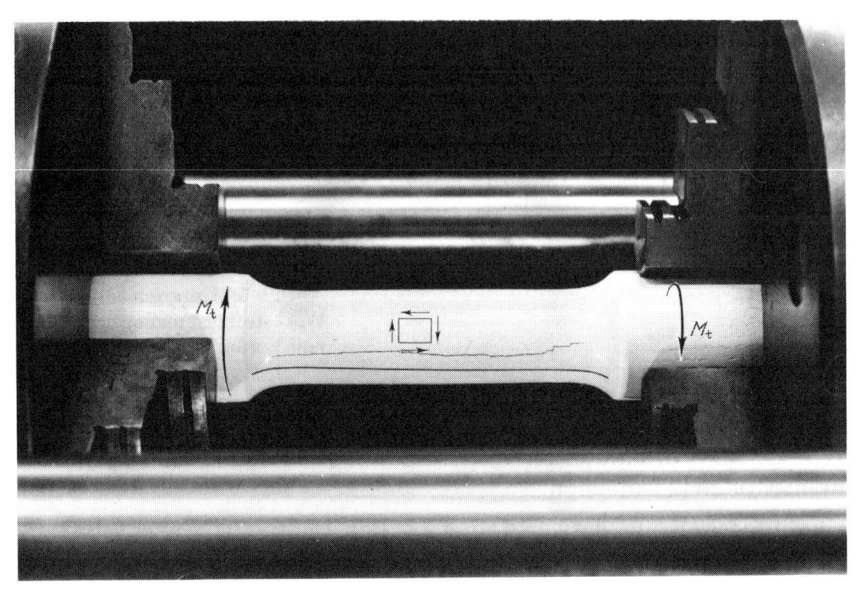

Abb. 6-9: Durch Schubspannungen verursachte Längsrisse im verdrehten Holzzylinder

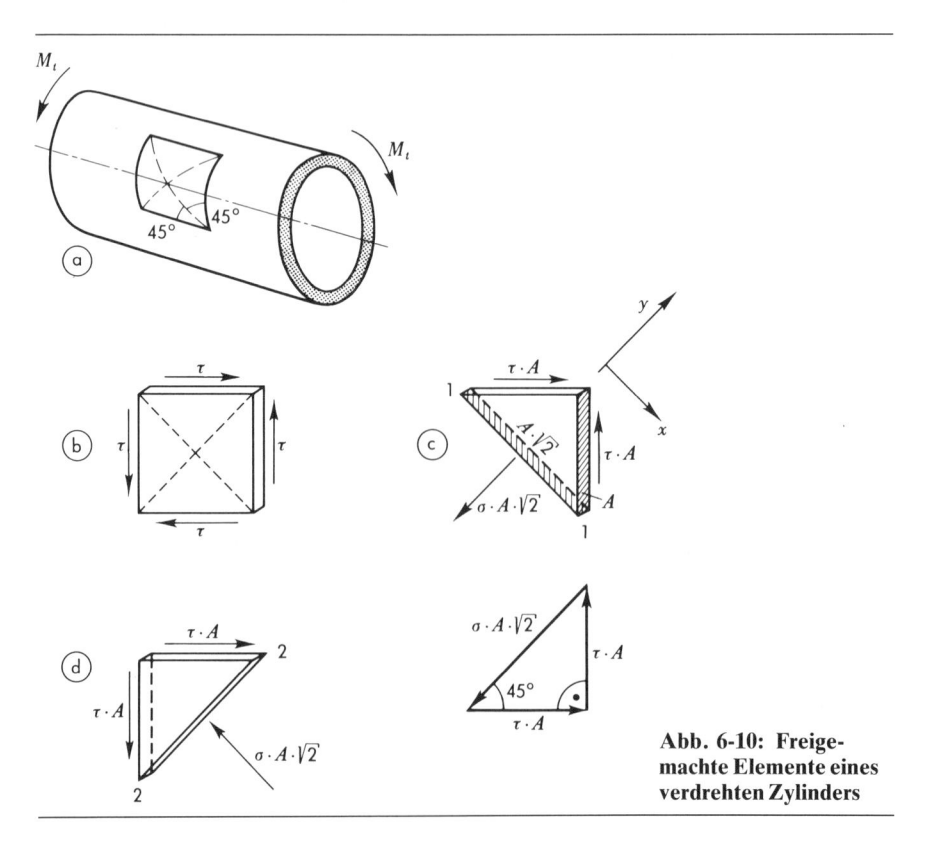

Abb. 6-10: Freigemachte Elemente eines verdrehten Zylinders

6.1 Verdrehung eines Kreiszylinders

Bei einem *Werkstoff, der in Längs- und Querrichtung verschiedene Schubfestigkeiten hat* (z.B. Holz, faserverstärkter Kunststoff u.ä.), *erfolgt der Bruch in der Richtung der kleinsten Schubfestigkeit*. Abb. 6-9 zeigt den Anriß, der in einem Holzstab in Längsrichtung durch die oben beschriebene Schubspannung bewirkt wurde.

Es soll weiterhin untersucht werden, welche Spannungen in Schnitten unter 45° vorhanden sind. Dazu wird ein Teilelement nach Abb. 6-10b freigemacht. Dieses Teilelement wird nochmals diagonal geteilt. Die Gleichgewichtsbedingung an Teil c ergibt

$$\Sigma F_y = 0 \qquad \sigma \cdot \sqrt{2} A - 2\tau \cdot A \cdot \cos 45° = 0$$
$$\sigma = \tau.$$

In Schnitten unter 45° sind Zug- (Schnitt 1-1) bzw. *Druckspannungen* (Schnitt 2-2) *der Größe* τ nach Gleichung 6-2 vorhanden. Torsionsstäbe, die aus Werkstoffen bestehen, die gegen Zug empfindlicher sind als gegen Schub brechen bei Überlastung unter 45° zur Achse. Als Beispiel zeigt die Abb. 6-11 eine Welle aus vergütetem Stahl. Die Werkstoffe Grauguß, gehärteter Stahl, Beton verhalten sich in der hier beschriebenen Art.

Der gefährdete Querschnitt hängt von der Art des Werkstoffs ab. Der Wert $\tau_{t\,zul}$ ist eine ähnliche Rechengröße wie die zulässige Spannung $\sigma_{z\,zul}$. Sie sagt nichts über die wahre Ursache der Zerstörung aus.

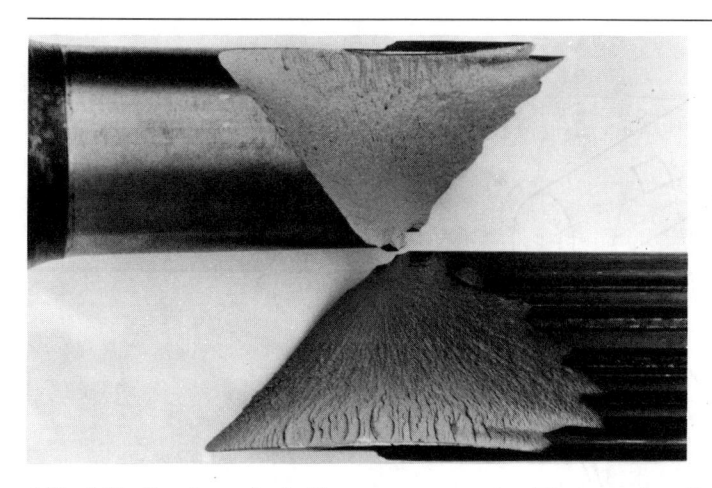

Abb. 6-11: Durch maximale Zugspannungen unter 45° verursachter Bruch einer vergüteten Stahlwelle

6.1.2 Die Formänderung

In diesem Abschnitt soll der durch ein Drehmoment verursachte Verdrehwinkel einer Welle berechnet werden.

Das Moment M_t verdreht den Endquerschnitt der in Abb. 6-12 skizzierten Welle um den Winkel φ. Folgende Beziehung besteht zwischen den Winkeln φ und γ.

$$\varphi \cdot r = \gamma \cdot l = s \quad \Rightarrow \quad \gamma = \frac{\varphi \cdot r}{l}.$$

Die Anwendung des HOOKEschen Gesetzes für ein Teilelement nach Abb. 6-12 ergibt nach Gleichung 2-3

$$\gamma = \frac{\tau_t}{G}.$$

Für τ_t wird Gleichung 6-2 eingeführt

$$\gamma = \frac{M_t}{W_t \cdot G}.$$

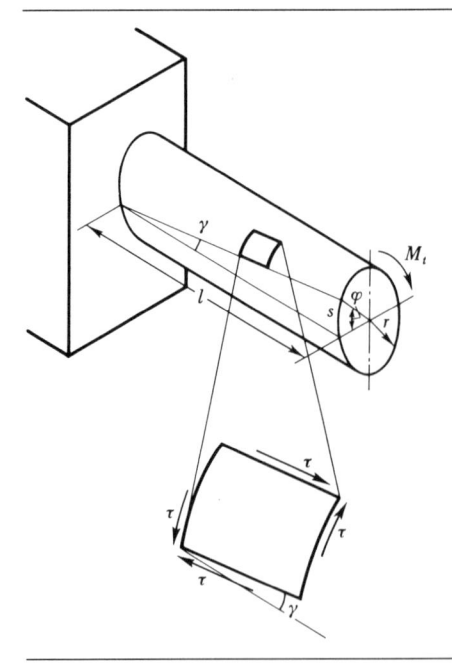

Abb. 6-12: Verformung eines verdrehten Zylinders

6.1 Verdrehung eines Kreiszylinders

Nach Gleichsetzen mit der Ausgangsgleichung für γ ist

$$\frac{\varphi \cdot r}{l} = \frac{M_t}{W_t \cdot G} \quad \Rightarrow \quad \varphi = \frac{M_t \cdot l}{W_t \cdot r \cdot G}.$$

Nach Gleichung 6-1 ist $W_t \cdot r = I_p$. Das führt auf

$$\varphi = \frac{M_t \cdot l}{G \cdot I_p}. \qquad \textbf{Gl. 6-4}$$

Das Produkt GI_p nennt man *Verdrehsteifigkeit* einer Welle analog zur Biegesteifigkeit EI eines Trägers.

Wie aus der Ableitung hervorgeht, errechnet man den Winkel nach Gleichung 6-4 im Bogenmaß. Die Verdrehung einer Welle ist um so größer, je größer Moment und Länge sind und sie ist um so kleiner, je größer die Verdrehsteifigkeit ist.

Eine zylindrische Schraubenfeder entspricht einem aufgewickelten, auf Torsion beanspruchten Stab (Abb. 6-13). Dabei wirkt das Drehmoment $F \cdot D/2$ in allen Querschnitten des aufgewickelten Drahtes. Der Verdrehungswinkel beträgt pro Windung nach Gleichung 6-4

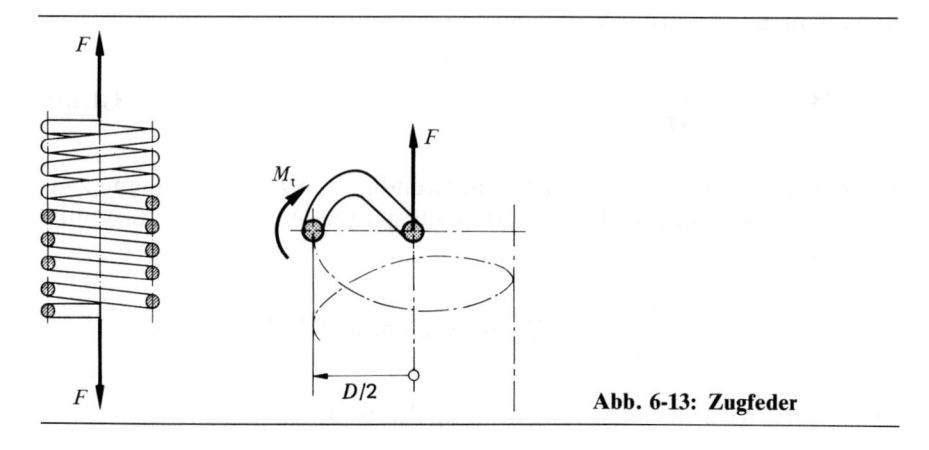

Abb. 6-13: Zugfeder

$$\Delta \varphi = \frac{F \cdot (D/2) \cdot 2\pi \cdot (D/2)}{G \cdot I_p}$$

und die Verlängerung der Feder unter der Kraft F pro Windung

$$\Delta s = (D/2) \cdot \Delta \varphi = \frac{2\pi \cdot F \cdot (D/2)^3}{G \cdot I_p}.$$

Für i Windungen ist die Verlängerung

$$s = \frac{\pi \cdot i \cdot F \cdot D^3}{4 \cdot G \cdot I_p} \qquad \text{Gl. 6-5}$$

Die Federkonstante ist definiert als das Verhältnis von Federkraft und Federverlängerung.

$$c = \frac{F}{s} = \frac{4 \cdot G \cdot I_p}{\pi \cdot i \cdot D^3} \qquad \text{Gl. 6-6}$$

Die Kraft F verursacht eine Längenänderung s der Feder. Die dabei verrichtete Arbeit ist

$$W = \frac{1}{2} \cdot F \cdot s = \frac{1}{2} \cdot c \cdot s^2$$

In Abhängigkeit von der Kraft ist die Arbeit

$$W = \frac{\pi \cdot i \cdot F^2 \cdot D^3}{8 \cdot G \cdot I_p}, \qquad \text{Gl. 6-7}$$

in Abhängigkeit von der Verlängerung

$$W = \frac{2 \cdot G \cdot I_p \cdot s^2}{\pi \cdot i \cdot D^3}. \qquad \text{Gl. 6-8}$$

Für den Festigkeitsnachweis ist es notwendig, den Zusammenhang zwischen Verlängerung der Feder und Schubspannung im Drahtquerschnitt zu kennen.

$$\tau = \frac{M_t}{W_t} = \frac{F \cdot (D/2) \cdot 16}{\pi \cdot d^3} \quad \text{Drahtdurchmesser } d \quad W_t = \frac{\pi}{16} \cdot d^3 .$$

Die Kraft F wird aus Gleichung 6-5 eingeführt und führt mit $I_p = \pi \cdot d^4/32$ auf

$$\tau = \frac{d \cdot s \cdot G}{\pi \cdot i \cdot D^2} . \qquad \text{Gl. 6-9}$$

Die Gleichungen 6-5 bis 6-8 gelten auch für beliebigen Drahtquerschnitt, wenn für das polare Trägheitsmoment I_p der Verdrehwiderstand I_t eingesetzt wird. Für den Spannungsnachweis muß das Widerstandsmoment W_t

6.1 Verdrehung eines Kreiszylinders

nach Tabelle 12 eingeführt werden. Dazu wird im nächsten Abschnitt etwas ausgeführt.

Beispiel 1
Zu bestimmen ist der Durchmesser von Wellenzapfen, die eine Leistung von $P = 80,0\,\text{kW}$ bei Drehzahlen

$$n = 10; 25; 50; 100; 150\,\text{s}^{-1}$$

übertragen. Die Ergebnisse sind in einem Diagramm über n aufzutragen. Die Rechnung soll für $\tau_{t\,zul} = 60\,\text{N/mm}^2$ durchgeführt werden.

Lösung
Das Moment errechnet sich aus $\quad M_t = \dfrac{P}{\omega}$.

Nach Gleichung 6-3 ist

$$d_{erf} = \sqrt[3]{\frac{16\,M_t}{\pi\,\tau_{t\,zul}}} = \sqrt[3]{\frac{16\,P}{\omega \cdot \pi \cdot \tau_{t\,zul}}}.$$

Es ist zweckmäßig, sich eine zugeschnittene Größengleichung für eine möglichst einfache Auswertung abzuleiten. Dazu werden eingesetzt:

$$P = 80\,\text{kW} = 80\,\text{kNm/s} = 8 \cdot 10^7\,\text{Nmm/s};\ \omega = 2\,\pi \cdot n$$

$$d_{erf} = \sqrt[3]{\frac{16 \cdot 8 \cdot 10^7\,\text{Nmm s}^{-1}}{2\,\pi \cdot n \cdot \pi \cdot 60\,\text{Nmm}^{-2}}}$$

Die Auswertung ergibt folgende zugeschnittene Zahlenwertgleichung

$$d_{erf} = \frac{102{,}6}{\sqrt[3]{n}} \qquad \begin{array}{l} d\ \text{in mm} \\ n\ \text{in s}^{-1} \end{array}$$

$\dfrac{n}{\text{s}^{-1}}=$	10	25	50	100	150
$\dfrac{d}{\text{mm}}=$	47,6	35,1	27,9	22,1	19,3

Die Abhängigkeit des erforderlichen Durchmessers von der Drehzahl ist im Diagramm Abb. 6-14 dargestellt. Grundsätzlich ergibt sich bei einer Auslegung mit einer höheren Drehzahl eine dünnere Welle. Damit erhält

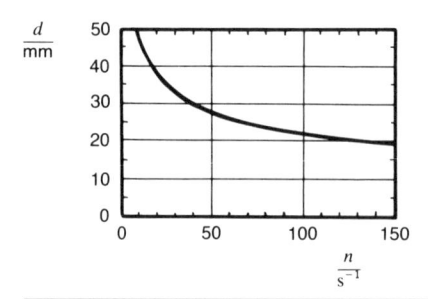

Abb. 6-14: Erforderlicher Wellendurchmesser in Abhängigkeit von der Auslegungsdrehzahl

man kleinere Abmessungen und Gewichte. Die Entwicklung im Maschinenbau geht deshalb in Richtung höherer Drehzahlen. Der erzielbare Gewinn ist jedoch im Bereich höherer Drehzahlen nicht mehr so groß wie in dem niedriger. Das zeigt der Kurvenverlauf.

Beispiel 2 (Abb. 6-15)
Die Abbildung zeigt in vereinfachter Form den Antrieb eines zweistufigen Radialverdichters. Beide Stufen, die gleiche Leistung aufnehmen, sind über die Ritzel angetrieben. Die Hauptwelle läuft mit $n = 2930$ min^{-1} und soll für eine Leistung von $P = 200$ kW dimensioniert werden. Da zunächst Kerbwirkungen u.ä. nicht berücksichtigt werden können, soll die erste Auslegung mit $\tau = 30$ N/mm² für eine Hohlwelle $d/D = 0{,}80$ erfolgen. Zu bestimmen sind beide Durchmesser und die Umfangskraft am Zahnrad.

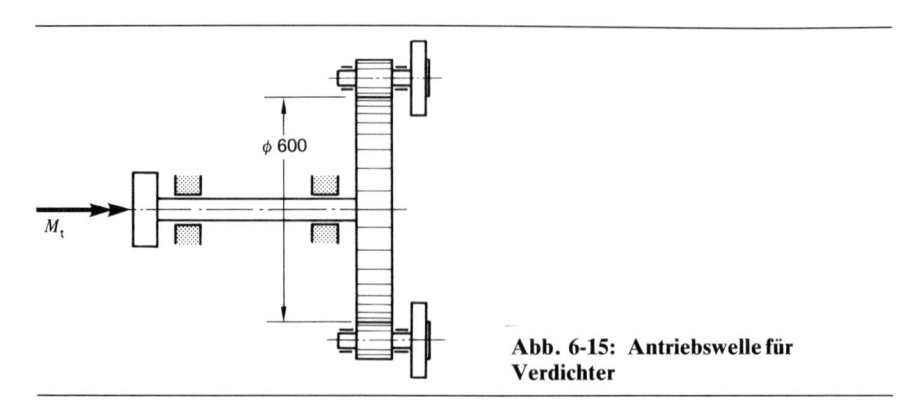

Abb. 6-15: Antriebswelle für Verdichter

Lösung
Das Torsionsmoment beträgt

$$M_t = \frac{P}{\omega} = \frac{P}{2\pi \cdot n} = \frac{200 \cdot 10^3 \text{ W} \cdot 60 \text{ s/min}}{2\pi \cdot 2930 \text{ min}^{-1}} = 651{,}8 \text{ Nm}$$

6.1 Verdrehung eines Kreiszylinders

Aus Gleichung 6-2 erhält man für diesen Fall

$$W_t = \frac{M_t}{\tau_t} = \frac{651{,}8 \cdot 10^3 \text{ Nmm}}{30 \text{ N/mm}^2} = 21{,}7 \cdot 10^3 \text{ mm}^3$$

In die Beziehung

$$W_t = \frac{\pi}{16} \frac{D^4 - d^4}{D} \text{ wird } d = 0{,}80 \cdot D \text{ eingesetzt}$$

$$W_t = \frac{\pi}{16}(D^3 - 0{,}80^4 D^3) = \frac{\pi}{16} D^3 (1 - 0{,}80^4)$$

Das führt auf

$$D = \sqrt[3]{\frac{16 \cdot W_t}{\pi(1 - 0{,}80^4)}} = \sqrt[3]{\frac{16 \cdot 21{,}7 \cdot 10^3 \text{ mm}^3}{\pi(1 - 0{,}80^4)}}$$

$D = 57{,}2$ mm $d = 45{,}7$ mm

Die Umfangskräfte an den Ritzeln sind gleich, deshalb gilt hier

$$F_u = \frac{M_t}{d_\text{Rad}} = \frac{651{,}8 \text{ Nm}}{0{,}60 \text{ m}} \cdot \frac{\text{kN}}{10^3 \text{ N}} = \mathbf{1{,}09 \text{ kN}}$$

Beispiel 3 (Abb. 6-16)
Am mittleren Zahnrad des skizzierten Systems wird ein Moment eingeleitet. An den beiden Enden werden gleich große Momente abgegriffen. In welchem Verhältnis müssen die beiden Wellendurchmesser stehen, wenn die Verdrehwinkel gleich sein sollen? Es handelt sich hier um ein Modell für einen Kranantrieb, bei dem ein Schieflaufen durch ungleichmäßige Deformation vermieden werden soll.

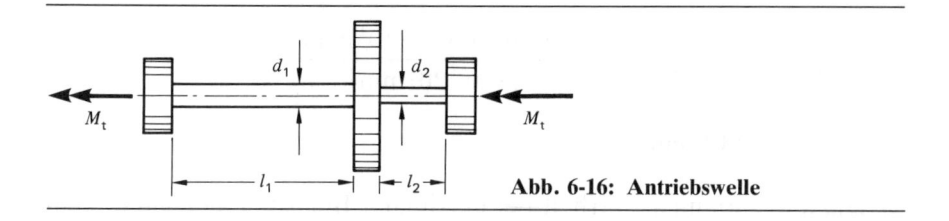

Abb. 6-16: Antriebswelle

Lösung
Die Bedingung $\varphi_1 = \varphi_2$ führt mit Gleichung 6-4 auf

$$\frac{M_t \cdot l_1}{G\, I_{p1}} = \frac{M_t \cdot l_2}{G\, I_{p2}} \quad \Rightarrow \quad \frac{32 \cdot l_1}{\pi \cdot d_1^4} = \frac{32 \cdot l_2}{\pi \cdot d_2^4}$$

$$\boldsymbol{\frac{d_1}{d_2} = \sqrt[4]{\frac{l_1}{l_2}}}$$

Für ein Verhältnis von z.B. $l_1 = 5 \cdot l_2$ erhält man $d_1 = 1{,}495 \cdot d_2$. Die dünnere Welle 2 muß nach Gleichung 6-3 dimensioniert werden. Die Welle 1 ist, was die Festigkeit betrifft, nicht ausgelastet.

Beispiel 4
Eine zylindrische Schraubenfeder soll aus Stahldraht $d = 2{,}0$ mm auf dem mittleren Durchmesser $D = 20$ mm gewickelt werden. Die Feder soll sich bei einer maximalen Belastung von 50 N um 40 mm verlängern.

Zu bestimmen sind
a) die Anzahl der federnden Windungen,
b) die maximale Spannung,
c) die aufgenommene Arbeit.

Lösung
a) Die Gleichung 6-5 wird nach i aufgelöst und mit $I_p = \pi \cdot d^4/32$ ausgewertet

$$i = \frac{4 \cdot G \cdot I_p \cdot s}{\pi \cdot F \cdot D^3} = \frac{G \cdot d^4 \cdot s}{8 \cdot F \cdot D^3}$$

$$\boldsymbol{i} = \frac{8 \cdot 10^4\, \text{N/mm}^2 \cdot 2^4\, \text{mm}^4 \cdot 40\, \text{mm}}{8 \cdot 50\, \text{N} \cdot 20^3\, \text{mm}^3} = \boldsymbol{16}\,.$$

b) Die Gleichung 6-9 liefert bei maximaler Verlängerung

$$\tau_{max} = \frac{d \cdot s_{max} \cdot G}{\pi \cdot i \cdot D^2} = \frac{2\, \text{mm} \cdot 40\, \text{mm} \cdot 8 \cdot 10^4\, \text{N/mm}^2}{\pi \cdot 16 \cdot 20^2\, \text{mm}^2}$$

$$\boldsymbol{\tau_{max} = 318\, \text{N/mm}^2}\,.$$

c) Die aufgenommene Arbeit bei maximaler Belastung berechnet man hier am einfachsten aus dem Ansatz

$$W = \frac{1}{2} \cdot F \cdot s = \frac{1}{2} \cdot 50\, \text{N} \cdot 0{,}040\, \text{m}$$

W = 1,0 Nm .

Die Feder muß mit 16 federnden Windungen ausgeführt werden. Bei einer maximalen Schubspannung von 318 N/mm^2 nimmt sie eine Arbeit von 1,0 Nm auf.

6.2 Verdrehung beliebiger Querschnitte

6.2.1 Der Vollquerschnitt

Die Abb. 6-17 zeigt die Modelle von zwei Stäben, einmal unbelastet und einmal durch ein Torsionsmoment deformiert. Zur Kennzeichnung der Deformation ist ein quadratisches Raster aufgezeichnet. Auf dem Stab mit Kreisquerschnitt deformieren sich alle Quadrate gleich. Die Stabenden bleiben eben. Das stimmt mit den Ausführungen des Abschnittes 6-1 überein. Völlig anders verhält sich der Stab mit quadratischem Querschnitt. Zunächst ist deutlich zu erkennen, daß die Endquerschnitte nicht eben bleiben. Man nennt diesen Vorgang *Wölbung*. Alle nachfolgenden Ausführungen setzen eine unbehinderte Wölbung voraus. Die Theorie für diesen Fall geht auf SAINT-VENANT*) zurück. Man spricht deshalb von SAINT-VENANTscher Torsion. In den meisten technischen Anwendungen ist mindestens an einem Ende eine freie Wölbung nicht möglich (z.B. Einspannstelle). Diese Einwirkung nennt man *Wölbbehinderung*. Darauf soll am Ende dieses Abschnittes kurz eingegangen werden.

Eine der Voraussetzungen für die Ableitung der Gleichungen 6-1/2 war: Querschnitte bleiben bei der Deformation eben, d.h. wölbfreie Verdrehung. Somit kann diese Gleichung nicht allgemein gelten. Die mathematische Behandlung der Torsion für beliebige Querschnitte ist sehr anspruchsvoll und übersteigt den Rahmen dieses Buches. Die nachfolgenden Ausführungen sollen den Leser in die Lage versetzen, in der Technik vorkommende Fälle rechnerisch zu erfassen. Darüber hinaus sollen für die Praxis wichtige Schlußfolgerungen gezogen und Hinweise gegeben werden.

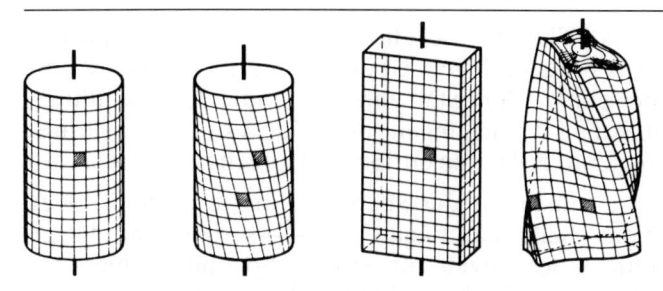

Abb. 6-17: Kreiszylinder und Quader bei Verdrehbeanspruchung

---

*) SAINT-VENANT (1797-1886).

Abb. 6-18: Kreis- und Rechteckquerschnitt gleicher Flächengröße

Zunächst kann man sich mit einem einfachen Versuch davon überzeugen, daß im allgemeinen Fall das polare Flächenträgheitsmoment kein Maß für die Verdrehsteifigkeit ist. Zwei Holzstäbe mit den Querschnitten nach Abb. 6-18 werden verdreht. Beide Flächen A sind gleich groß. Der Stab mit dem Kreisquerschnitt hat eine wesentlich höhere Steifigkeit als die flache Leiste. Deren Profil hat jedoch ein größeres polares Trägheitsmoment. Die Flächenelemente sind in einem größeren Abstand vom Schwerpunkt angeordnet. Das bedeutet: größeres polares Trägheitsmoment entspricht geringerer Steifigkeit. Überlastet man die Leiste beim Verdrehen, wird sie bei gleichmäßig gewachsenem Holz in der Mitte spalten. Daraus kann man zusätzlich schlußfolgern: die maximale Spannung wirkt in der Mitte und damit grundsätzlich anders als bei Biegung und Verdrehung des Kreisquerschnitts.

Auch für den allgemeinen Fall gelten die bekannten Abhängigkeiten zwischen Belastung (M), Stoffwert (G) und Spannung bzw. Deformation.

$$\tau_t = \frac{M_t}{W_t} \quad ; \quad \varphi = \frac{M_t \cdot l}{G \cdot I_t} \qquad \text{Gl. 6-10}$$

Die Schwierigkeit liegt darin, aus der Geometrie des Querschnitts die Größen

W_t *Torsions-Widerstandsmoment* I_t *Verdrehwiderstand*

zu bestimmen. Ihre Dimensionen entsprechen denen für Biegung W (cm^3), I (cm^4), was aus den Gleichungen folgt. Für die wichtigsten Anwendungsfälle sind sie in der Tabelle 13 gegeben.

Es gibt eine von PRANDTL*) entwickelte Analogie zwischen dem Torsionsproblem und einer unter geringem Überdruck aufgeblasener Seifenhaut. Diese muß über einem, dem Stab entsprechenden Querschnitt gespannt sein. Die Differentialgleichungen, die beide Vorgänge beschreiben, sind analog aufgebaut. Folgende Größen entsprechen einander.

1. Für gleiche Punkte entspricht die Spannung im verdrehten Querschnitt der Steigung des „Seifenhauthügels" in „Wasserlaufrichtung" gemessen. Die Höhenlinien des Hügels entsprechen Spannungslinien. Die Tangenten an diesen geben die Richtungen der Schubspannungen an.

---
*) PRANDTL, Ludwig (1875-1953).

6.2 Verdrehung beliebiger Querschnitte

2. Der Verdrehwiderstand I_t entspricht dem Volumen des „Seifenhauthügels".

Diese Analogie eignet sich auch gut für die qualitative Beurteilung von torsionsbeanspruchten Querschnitten. Man muß sich dazu die über dem Querschnitt aufgeblasene Seifenhaut vorstellen. Folgende Schlußfolgerungen sind möglich.

Spannungen (Steigungen am Hügel)

1. Die maximale Spannung ist immer außen am Querschnitt (Außenfläche des Trägers).

2. Konvexe (nach außen gerichtete) Rundungen haben eine Verminderung der Spannungen zur Folge, konkave (nach innen gerichtete) Rundungen verursachen eine überproportionale Spannungserhöhung. Beispiele dazu zeigt die Abb. 6-19. Verglichen mit einem Rechteckquerschnitt ist die Spannung in A erniedrigt, in B deutlich erhöht (Abb. a). Die Seifenhaut wird in A rausgezogen, was ihre Steigung vermindert. In B wird der Hügel eingedrückt, wodurch die Steigung größer wird. Hier sei auch auf die erhebliche Spannungszunahme an der Nut in einer Welle hingewiesen (Abb. b). Für eine einspringende Kante (Punkt E) ergibt sich für den Radius null eine nach unendlich gehende Spannung. Zum einen hat jeder Fräser ein gewisse Abrundung, zum anderen werden hohe Spannungsspitzen durch örtliches Fließen abgebaut. Die Umkehrung des gerade diskutierten Falles ist eine Außenkante. Folgerichtig ist an dieser die Spannung null. Das sind in der Abbildung die Punkte C; D; F.

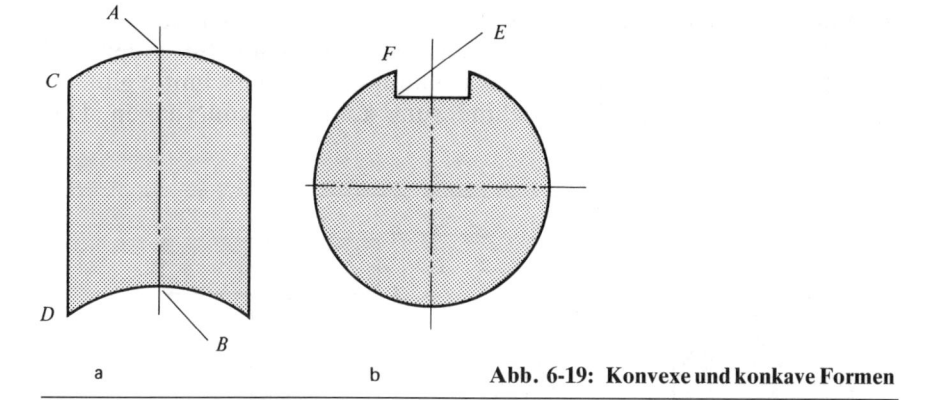

Abb. 6-19: Konvexe und konkave Formen

3. Die maximale Spannung wirkt in der Mitte des Elementes, in das man den größten tangierenden Kreis einzeichnen kann. Dabei können Effekte hinzukommen, die unter Punkt 2 beschrieben wurden. Beispiele zeigt die Abb. 6-20. Die maximale Spannung im Rechteckquerschnitt liegt in A, im Dreieckquerschnitt in C. Für andere Flächen kann man analog verfahren. Das I-Profil ist am dickeren Flansch und nicht am Steg gefährdet.

Hier ist der Einfluß der Hohlkehle zu beachten. Grundsätzlich kann die maximale Spannung sowohl in E als auch in G liegen. Spannungsfrei sind alle Außenkanten. In dieser Abbildung sind das u.a. B; D; H; K. Es soll hier nochmals auf den deformierten Rechteckstab von Abb. 6-17 hingewiesen werden. Die schraffierten Netzquadrate zeigen deutlich: in der Mitte hat sich das Quadrat zu einer Raute deformiert, an der Kante ist eine Deformation nicht erkennbar.

Deformation (Volumen des Hügels)

1. Eine kompakt angeordnete Querschnittsfläche ergibt eine größere Verdrehsteifigkeit als die gleiche Fläche in Form eines schmalen Rechtecks angeordnet. Es ist einsichtig, daß ein Stab mit dem Querschnitt nach Abb. 6-21a der Verdrehung einen größeren Widerstand entgegensetzt als der 21b.

2. Die aus einem schmalen Rechteck gestaltete Querschnittsfläche ergibt unabhängig von ihrer Form gleiche Verdrehsteifigkeit. Das sind z.B. die Flächen b; c; d in der Abb. 6-21.

3. Ein Einschnitt in eine Querschnittsfläche (z.B. Nut in Welle) vermindert die Steifigkeit überproportional.

Wie oben angekündigt, soll hier noch kurz auf Effekte einer Wölbbehinderung eingegangen werden. Das Aufschweißen einer Grundplatte auf das Trägerende läßt in diesem Bereich eine axiale Verschiebung und damit Wölbung nicht zu. Das führt zu einer Versteifung, die sich durch Abbau der Schubspannungen bzw. der Erhöhung des übertragbaren Moments äußert. Erkauft wird dieses Verhalten durch entstehende Normalspannungen in den Querschnitten. Der Effekt wird in zunehmender Entfernung von der Stelle der Wölbbehinderung abgebaut. Besonders soll darauf hingewiesen werden, daß es wölbungsfreie Querschnitte gibt, an denen Maßnahmen zur Wölbbehinderung keine Wirkung haben. Das sind u.a. Winkel- und T-Profile.

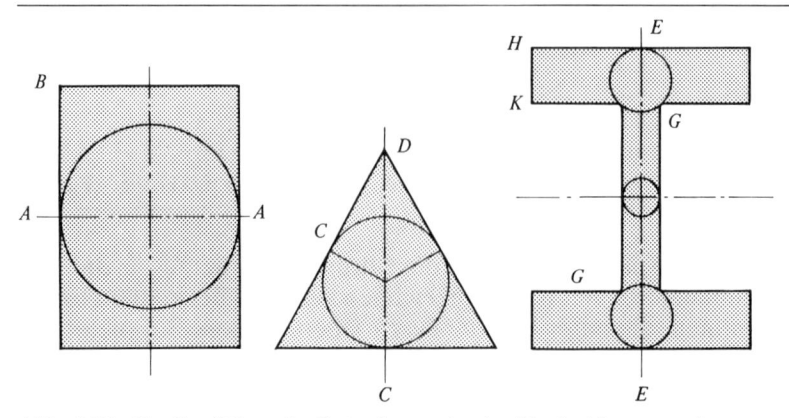

Abb. 6-20: Zur Ermittlung des Ortes der maximalen Verdrehbeanspruchung

6.2 Verdrehung beliebiger Querschnitte

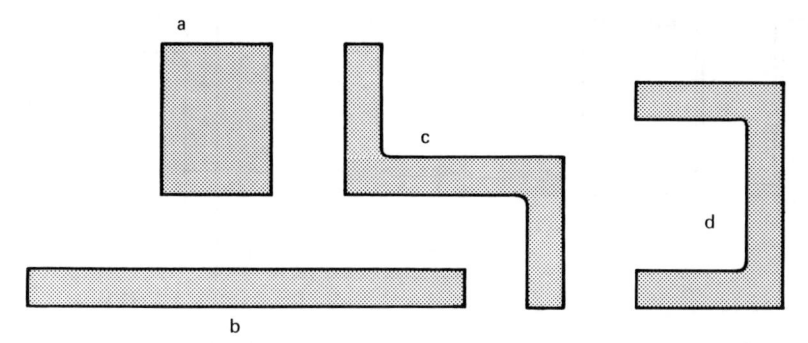

Abb. 6-21: Günstige (a) und ungünstige (b; c; d) Querschnittsformen für Verdrehung

6.2.2 Der Hohlquerschnitt

Unter einem Hohlquerschnitt versteht man einen Querschnitt mit einem eingeschlossenen Hohlraum. Danach ist der Schnitt nach Abb. 6-22a ein Voll-, nach 22b ein Hohlquerschnitt. Man verwendet aber auch die Bezeichnungen *offener* und *geschlossener Hohlquerschnitt*. Wie verhalten sich diese beiden Formen bei Torsionsbeanspruchung? Wie im vorigen Abschnitt beschrieben, entsprechen den Spannungslinien die Höhenlinien in der Seifenhautanalogie. Diese Linien sind in sich geschlossen. Das hat für die Schubspannungen und das durch diese erzeugte Moment Auswirkungen. In einem offenen, dünnwandigen Profil (Abb. 6-23a) sind die Abstände der jeweils gegeneinander gerichteten Spannungen bzw. Kräfte klein. Damit sind auch übertragbare Momente klein und Deformationen groß. *Ein Träger mit dünnwandigem, offenem Hohlquerschnitt ist auf Torsion nur gering belastbar.*

Grundsätzlich anders verhält sich ein geschlossenes Hohlprofil (Abb. 6-23b). Die Spannungslinien laufen um, das ergibt große Abstände und damit Momente. *Ein geschlossener Hohlquerschnitt kann bei guter Verwindungssteifheit große Torsionsmomente übertragen.* Das macht man sich im Leichtbau (z.B. Flugzeugbau) nutzbar.

Für den einfachsten Fall – keine Stege im Hohlraum – sollen Berechnungsgleichungen abgeleitet werden. Diese Ableitung geht auf BREDT*) zurück. Die Abb. 6-24 zeigt ein Hohlprofil mit veränderlicher Wanddicke s. Auf jedem Streckenabschnitt der Länge u muß die gleiche Kraft übertragen werden

$$\tau \cdot u \cdot s = \text{konst.}$$

daraus folgt

$$\tau \cdot s = \text{konst.}$$

---
*) BREDT, Rudolf (1842-1900).

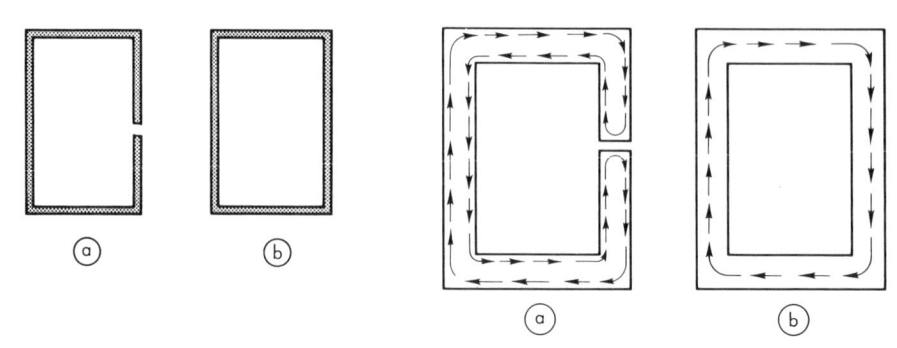

Abb. 6-22: Offenes und geschlossenes Hohlprofil

Abb. 6-23: Spannungsfluß im offenen und geschlossenen Hohlprofil

Dieses Produkt wird *Schubfluß* genannt. Aus seiner Konstanz folgt die einleuchtende Tatsache, daß die Schubspannung an der Stelle der kleinsten Wanddicke am größten ist.

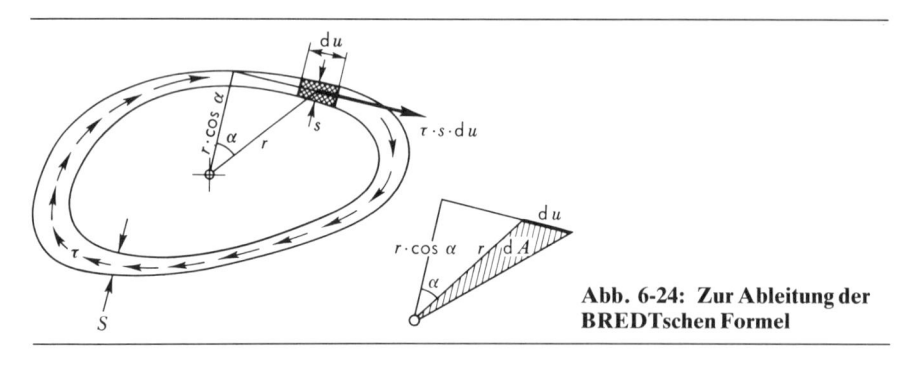

Abb. 6-24: Zur Ableitung der BREDTschen Formel

Das übertragene Moment errechnet sich nach Abb. 6-24 aus

$$M_t = \int (r \cdot \cos \alpha)(\tau \cdot s \cdot du)$$

mit $\tau \cdot s = $ konst.

$$M_t = \tau \cdot s \int r \cdot \cos \alpha \cdot du \, .$$

Die schraffierte Fläche hat die Größe

$$dA = \frac{1}{2} r \cdot \cos \alpha \cdot du \, .$$

Damit

$$M_t = 2 \cdot \tau \cdot s \int dA \qquad M_t = 2 \cdot \tau \cdot s \cdot A \, .$$

6.2 Verdrehung beliebiger Querschnitte

Die *maximale Spannung* erhält man sinngemäß

$$\tau_{max} = \frac{M_t}{2 \cdot A \cdot s_{min}} \,.\qquad \text{Gl. 6-11}$$

Das ist die BREDTsche Formel. Nach Gleichung 6-2 ist damit

$$W_t = 2 \cdot A \cdot s_{min} \qquad \text{Gl. 6-12}$$

A ist die von der Mittellinie umgrenzte Fläche. Die Gleichungen 6-11/12 gelten nur für dünnwandige geschlossene Hohlprofile (s. Tabelle 13).

Beispiel 1 (Abb. 6-25)
Ein Stahlprofil U 300 ist in einem Teilabschnitt mit einer 10 mm dicken Platte nach Skizze ausgesteift. Das ergibt an der Stelle, wo diese Aussteifung endet, eine unstetige Änderung von Verdrehwiderstand und -steifigkeit. Die Größe dieses Sprungs ist prozentual für beide Größen zu berechnen.

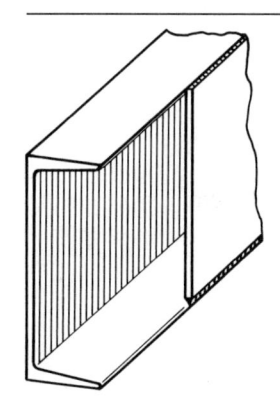

Abb. 6-25: U-Profil mit Aussteifungsblech

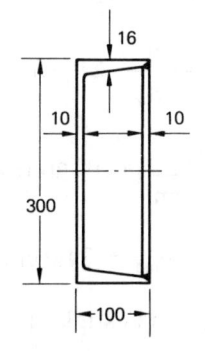

Abb. 6-26: Geometrie des U-Profils von Abb. 6-25

Lösung (Abb. 6-26)
Geschlossenes Profil

Ein Maß für den Verdrehwiderstand ist das Widerstandsmoment W_t. Dieses wird mit der BREDTschen Formel (Gl. 6-12) berechnet. Die von der Mittellinie umgrenzte Fläche ist

$$A = A_m = \frac{1}{2}(A_a + A_i) = \frac{1}{2}(30{,}0 \cdot 10{,}0 + 26{,}8 \cdot 8{,}0)\,\text{cm}^2 = 257{,}2\,\text{cm}^2$$

Das führt auf

$$W_t = W_{t1} = 2A \cdot s_{min} = 2 \cdot 257{,}2 \text{ cm}^2 \cdot 1{,}0 \text{ cm} = 514{,}4 \text{ cm}^3$$

Ein Maß für die Verdrehsteifigkeit ist die Größe I_t. Nach Tabelle 13 ist

$$I_t = I_{t1} = 4 \cdot A^2 \cdot \frac{s_{min}}{u_m}$$

Dabei ist u_m die Länge der Mittellinie

$$u_m = 2(30{,}0 - 1{,}6) \text{ cm} + 2(10{,}0 - 1{,}0) \text{ cm} = 74{,}8 \text{ cm}$$

Damit erhält man

$$I_{t1} = 4 \cdot 257{,}2^2 \text{ cm}^4 \cdot \frac{1{,}0 \text{ cm}}{74{,}8 \text{ cm}} = 3537 \text{ cm}^4$$

Offenes Profil

Die beiden Größen betragen nach Tabelle 13

$$W_t = W_{t2} = \frac{\eta}{3 \cdot b_{max}} \Sigma b_i^3 \cdot h_i$$

$$W_t = \frac{1{,}12}{3 \cdot 1{,}6 \text{ cm}} (1{,}0^3 \cdot 30{,}0 + 2 \cdot 1{,}6^3 \cdot 9) \text{ cm}^4 = 24{,}2 \text{ cm}^3$$

$$I_t = I_{t2} = W_t \cdot b_{max} = 24{,}2 \text{ cm}^3 \cdot 1{,}6 \text{ cm} = 38{,}7 \text{ cm}^4$$

Die Verhältnisse von Festigkeit und Steifigkeit sind

$$\frac{W_{t2}}{W_{t1}} = \frac{24{,}2 \text{ cm}^3}{514{,}4 \text{ cm}^3} \cdot 100\% = 4{,}7\%$$

$$\frac{I_{t2}}{I_{t1}} = \frac{38{,}7 \text{ cm}^4}{3537 \text{ cm}^4} \cdot 100\% = 1{,}1\%$$

An der Stelle, wo das Aussteifungsblech übergangslos aufhört, geht die Festigkeit *auf* 4,7% und die Steifigkeit *auf* 1,1% zurück! Solche extremen Steifigkeitssprünge sind vor allem bei dynamischer Belastung gefährlich und deshalb zu vermeiden. Das Deckblech soll auf einem längeren Übergangsstück bis zum Steg geführt werden.

6.3 Die Formänderungsarbeit

Beispiel 2
Ein Holm hat einen Rechteckquerschnitt 1 cm × 2 cm. Er ist aus glasfaserverstärktem Kunststoff gefertigt, für den $\tau_{zul} = 6$ N/mm² parallel und $\tau_{zul} = 40$ N/mm² senkrecht zur Faser gilt. Welches Drehmoment kann der Holm übertragen?

Lösung
Nach Tabelle 13 ist

$$W_t = 0{,}208\, a^{1{,}215} \cdot b^{1{,}785}$$

$$W_t = 0{,}208 \cdot 20^{1{,}215} \cdot 10^{1{,}785}\ \text{mm}^3 = 483\ \text{mm}^3.$$

Um ein Reißen des Holmes in Längsrichtung zu vermeiden, muß mit dem kleineren Wert τ_{zul} gerechnet werden (Satz von den zugeordneten Schubspannungen).

$$\mathbf{M_{t\,max}} = W_t \cdot \tau_{zul} = 483\ \text{mm}^3 \cdot 6{,}0\ \frac{\text{N}}{\text{mm}^2} \cdot \frac{1\ \text{m}}{10^3\ \text{mm}} = \mathbf{2{,}9\ Nm}.$$

6.3 Die Formänderungsarbeit

Die vom verdrehten Stab aufgenommene Formänderungsarbeit muß gleich der von außen aufgebrachten Arbeit sein. Diese ist

$$W_F = \int M\, d\varphi.$$

Ein nach Abb. 6-12 eingeleitetes Moment, das von 0 bis auf den Wert M_t steigt, verursacht eine von 0 bis φ_0 zunehmende Verdrehung. Dieser Zusammenhang entspricht dem in der Abb. 4-79 für Biegung dargestellten.

$$M = \frac{M_t}{\varphi_0} \cdot \varphi.$$

Damit erhält man

$$W_F = \frac{M_t}{\varphi_0} \int_0^{\varphi_0} \varphi \cdot d\varphi = \frac{M_t}{\varphi_0} \cdot \frac{\varphi_0^2}{2} = \frac{M_t}{2}\varphi_0.$$

Wenn Moment und Steifigkeit nicht konstant sind, geht die Gleichung 6-10 über in

$$\varphi_0 = \int_0^l \frac{M_t}{G \cdot I_t} \cdot dx.$$

Man erhält damit für die *Formänderungsarbeit*

$$W_F = \frac{1}{2} \int_0^l \frac{M_t^2}{G I_t} \, dx.$$ Gl. 6-13

Für den Kreisquerschnitt ist $I_t = I_p$.

Diese Gleichung entspricht in ihrem Aufbau der für die Formänderungsarbeit bei Biegung (Gleichung 4-16). Sie *gilt nur für elastische Deformation*. Ändert sich das Drehmoment unstetig, muß abschnittsweise integriert werden.

Beispiel
Eine aus einem Torsionsstab bestehende Drehfeder soll eine Arbeit von 20 Nm bei einem Verdrehwinkel von 30° aufnehmen. Welchen Durchmesser muß der Stab bei einer Länge von 50 cm haben?

Lösung
Es muß ein Zusammenhang zwischen dem Verdrehwinkel und der Formänderungsarbeit hergestellt werden. Dazu wird die Gleichung 6-4 nach M_t aufgelöst.

$$M_t = \frac{G \cdot I_p \cdot \varphi}{l}.$$

Dieser Wert wird in Gleichung 6-13 eingesetzt

$$W_F = \left(\frac{G \cdot I_p \cdot \varphi}{l}\right)^2 \cdot \frac{l}{2 G I_p} = \frac{G \cdot I_p \cdot \varphi^2}{2l}$$

Mit $I_p = \frac{\pi}{32} d^4$ und $\varphi = \frac{\pi}{6}$ erhält man nach einer Umstellung

$$d^4 = \frac{32 \cdot 36 \cdot 2 \cdot l \cdot W_F}{G \cdot \pi^3} = \frac{32 \cdot 36 \cdot 2 \cdot 500 \, \text{mm} \cdot 20 \, \text{Nm}}{8 \cdot 10^4 \, \text{N/mm}^2 \cdot \pi^3} \cdot \frac{10^3 \, \text{mm}}{\text{m}}$$

d = 9,8 mm.

Das für die gegebene Bedingung notwendige Moment kann man aus der Gleichung 6-13 oder einfacher aus

$$W_F = \frac{1}{2} \cdot M_t \cdot \varphi_0$$

berechnen.

$$M_t = \frac{2 \cdot W_F}{\varphi_0} = \frac{2 \cdot 20\,\text{Nm} \cdot 6}{\pi} = 76{,}4\,\text{Nm}$$

Mit $W_t = \pi \cdot d^3/16 = 185\,\text{mm}^3$ erhält man eine Spannung von

$$\tau = \frac{M_t}{W_t} = \frac{76{,}4 \cdot 10^3\,\text{Nmm}}{185\,\text{mm}^3} = 413\,\text{N/mm}^3$$

Dieser Wert ist für vergüteten Federstahl möglich.

6.4 Zusammenfassung

Die Grundgleichung der Verdrehung entspricht der der Biegung

$$\tau_t = \frac{M_t}{W_t}. \qquad\qquad \text{Gl. 6-2}$$

Die Verdrehung des Kreiszylinders nimmt eine Sonderstellung ein, da hier bei der Deformation einzelne Schnitte eben bleiben. In diesem Fall wird das Widerstandsmoment aus dem polaren Trägheitsmoment berechnet. Für eine Vollwelle gilt

$$W_t = \frac{I_p}{r} = \frac{\pi}{16} d^3 \qquad\qquad \text{Gl. 6-1}$$

Das Widerstandsmoment nichtkreisförmiger Querschnitte darf nicht aus dem polaren Trägheitsmoment der Querschnittsfläche berechnet werden. Die wichtigsten Werte W_t sind in der Tabelle 13 zusammengefaßt.

Offene Profile sollten nicht auf Verdrehung beansprucht werden, da sie nur geringe Verdrehsteifigkeit haben. Im Gegensatz dazu stehen geschlossene Hohlprofile, deren Widerstandsmoment näherungsweise nach der BREDTschen Formel berechnet werden können, wenn sie dünnwandig sind.

$$W_t = 2\,A \cdot s_{\min}. \qquad\qquad \text{Gl. 6-12}$$

Nach dem Satz von den zugeordneten Schubspannungen treten die nach Gleichung 6-2 berechneten Spannungen auch in Längsschnitten auf. Das ist bei Werkstoffen zu beachten, die in Längsrichtung andere Schubfestigkeit haben als in Querrichtung (Holz, faserverstärkte Kunststoffe u.ä.). Normalspannungen gleicher Größe treten in Schnitten unter 45° auf. Sie erzeugen vor allem in spröden Werkstoffen Bruchflächen nach Abb. 6-11.

Die durch die Verdrehung hervorgerufene Winkeländerung hat die Größe

$$\varphi = \frac{M_t \cdot l}{G \cdot I_t}.$$
Gl. 6-10

Für den Kreisquerschnitt ist $I_t = I_p$, für andere Querschnitte sind die Werte I_t in Tabelle 13 gegeben.

Eine zylindrische Schraubenfeder entspricht einem aufgewickelten, auf Torsion beanspruchten Stab. Für ihre Berechnung sind im Abschnitt 6.1.2 eine Reihe von Gleichungen abgeleitet.

7. Knickung

7.1 Einführung

In diesem Kapitel werden schlanke Druckstäbe untersucht. Bereits im Abschnitt 3.1.1 wurde im Zusammenhang mit der Abb. 3-3 ausgeführt, daß die einfache Beziehung

$$\sigma = \frac{F}{A}$$

für einen schlanken Druckstab nicht gilt. Dem freigemachten Teilelement nach Abb. 3-1 kann man das nicht ansehen. Es handelt sich hier um ein Problem der Stabilität. Deshalb soll dieser Begriff näher untersucht werden.

Ausgegangen wird von einer Kugel auf Unterlagen nach Abb. 7-1. Ein System ist stabil, wenn eine Störung selbst Rückstellkräfte erzeugt. Die Kugel wird durch eine Störkraft aus der Mulde herausgedrückt. Dabei entsteht eine entgegengesetzt gerichtete Hangabtriebskraft. Diese bringt die Kugel nach der Störung wieder in die Ausgangsposition. Im labilen Fall verstärkt sich eine Störung und der Ursprungszustand wird nicht wieder eingenommen. Dieses Verhalten wird durch die Kugel auf der Kuppe demonstriert. Die Grenze zwischen „stabil" und „labil" ist das indifferente Gleichgewicht. In diesem Zustand ist eine Kugel auf einer ebenen Unterlage, sie bleibt in jeder Position liegen. Es gibt viele Gleichgewichtslagen.

Nur Systeme mit stabilem, d.h. eindeutigem Gleichgewichtszustand sind als technische Bauelemente brauchbar. Es soll nachfolgend untersucht werden, ob der gedrückte Stab in eine mehrdeutige Gleichgewichtslage kommen kann.

Ein an den Enden gelagerter idealer Stab der Länge s wird nach Abb. 7-2 zentrisch auf Druck beansprucht. Als Störung soll eine mittig kurzzeitig wirkende Kraft F_S angenommen werden. Diese verursacht eine Biegelinie nach Abb. 7-3. Ist die zentrische Belastung durch F gering, ist es ohne weiteres einsichtig, daß der Stab in die Ursprungslage zurückfedert. Das durch die Störkraft eingeleitete Biegemoment $F_S \cdot s/4$ (Rückstellmoment) ist größer als das durch F bewirkte Moment $F \cdot w$. Nach den Ausführungen oben handelt es sich um einen stabilen Gleichgewichtszustand.

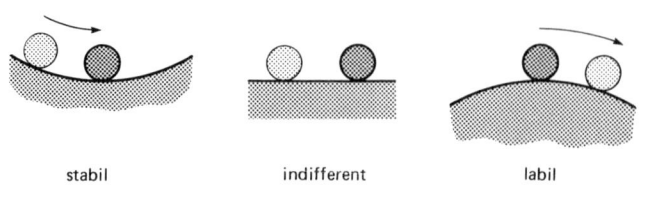

Abb. 7-1: Arten des Gleichgewichts

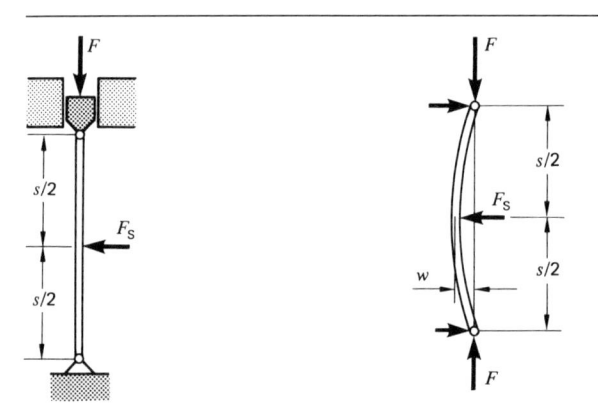

Abb. 7-2: Druckstab mit Störkraft   **Abb. 7-3: Deformierter Druckstab mit Störkraft**

Es stellt sich die Frage, unter welcher Bedingung der Stab nicht mehr in die Ausgangslage zurückkommt. Das ist der Fall, wenn das bei der Deformation entstehende Biegemoment $F \cdot w$ dies verhindert. Anders ausgedrückt, wenn die beiden Momente gleich sind.

$$\frac{F_S \cdot s}{4} = F \cdot w$$

Die Störkraft hat eine Durchbiegung

$$w = \frac{F_S \cdot s^3}{48 \, E \, I}$$

zur Folge. Dieser Wert wird oben eingesetzt

$$\frac{F_S \cdot s}{4} = \frac{F \cdot F_S \cdot s^3}{48 \, E \, I} \tag{1}$$

Aus dieser Beziehung kürzt sich F_S heraus. Das bedeutet, der Gleichgewichtszustand hängt nicht von F_S und damit von der Druchbiegung w ab.

7.2 Die Knickspannung und der Schlankheitsgrad

Es gibt demnach beliebig viele Biegelinien, für die die Gleichgewichtsbedingung erfüllt ist. Das ist aber die Definition für den indifferenten Gleichgewichtszustand. Für den hier angenommenen Fall ist das System nicht mehr stabil, wenn nach der Beziehung (1) die Druckkraft die Größe

$$F = \frac{12\,E\,I}{s^2}$$

erreicht. Die Lösung dieses Problems führt auf den Faktor π^2 anstatt 12. Die Abweichung erklärt sich daraus, daß hier zur Veranschaulichung des Problems eine Störung willkürlich angenommen wurde. Die so vorausgesetzte Biegelinie entspricht nicht der Knicklinie. Das wird im Abschnitt 7.3 gezeigt.

Zusammenfassend soll festgehalten werden:
1. Ein Druckstab stellt grundsätzlich ein Stabilitätsproblem dar.
2. Bei richtiger Dimensionierung, bzw. bei nicht zu hoher Belastung verhält sich ein Druckstab stabil.
3. Die Grenzbelastung bei der der Stab labil wird, ist proportional abhängig von der Biegesteifigkeit $E\,I$ und umgekehrt proportional vom Quadrat der Stablänge.

7.2 Die Knickspannung und der Schlankheitsgrad

Die Grenzbelastung, bei der ein Druckstab nicht mehr stabil ist, wird *Knickkraft* F_K genannt. Wie in der Einführung dargestellt, hängt diese Größe von der Stablänge und Biegesteifigkeit nach folgender Proportion ab

$$F_K \sim \frac{E\,I_{\min}}{s^2}$$

Dabei ist berücksichtigt, daß für den Ausknickvorgang die minimale Biegesteifigkeit maßgebend ist. Den Quotienten F_K/A bezeichnet man *Knickspannung*

$$\sigma_K = \frac{F_K}{A} \sim \frac{E\,I_{\min}}{s^2 \cdot A} \tag{1}$$

Der Quotient I/A kann folgendermaßen gedeutet werden. Eine beliebige Fläche nach Abb. 7-4 hat in bezug auf eine vorgegebene Achse das Trägheitsmoment I. Diese Fläche wird in einem solchen Abstand i in schmalen Streifen angeordnet, daß dabei das Trägheitsmoment erhalten bleibt. Danach muß gelten

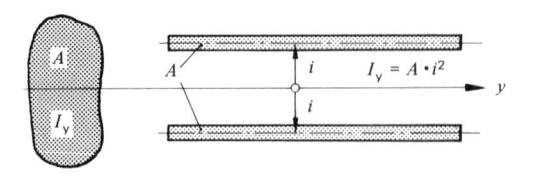

Abb. 7-4: Zur Deutung des Begriffs Trägheitsradius

$$I = A \cdot i^2$$

Der Abstand *i* wird *Trägheitsradius* genannt

$$i = \sqrt{\frac{I}{A}}$$
Gl. 7-1

Man führt diese Größe in die Proportion (1) ein

$$\sigma_K \sim E \cdot \left(\frac{i_{min}}{s}\right)^2.$$

Den Kehrwert der Klammer definiert man als *Schlankheitsgrad* λ eines Knickstabes.

$$\lambda = \frac{s}{i_{min}} = \frac{s}{\sqrt{\frac{I_{min}}{A}}}$$
Gl. 7-2

In dieser Größe λ sind alle geometrischen Eigenschaften eines Stabes verarbeitet, die sein Knickverhalten bestimmen. Es kommt bei der Knickung nicht im einzelnen auf die absolute Länge des Stabes, seine Querschnittsform und -größe an, sondern auf eine Kombination dieser Größen, wie sie im Schlankheitsgrad λ gegeben sind. Die Abb. 7-5 zeigt Stäbe gleicher Länge und Querschnittsfläche, aber von verschiedenen Schlankheitsgraden.

Es bietet sich an, bei Versuchen die ermittelten Knickspannungen über dem Schlankheitsgrad aufzutragen. Man erhält so praktisch gleiche Diagramme für verschiedene Querschnittsformen. Für Stahl zeigt Abb. 7-6 ein solches Diagramm.

Liegt die Knickspannung σ_K unter der Proportionalitätsgrenze σ_P, spricht man von elastischer Knickung. Plastische Knickung liegt vor, wenn die Knickspannung größer als σ_P ist. Stäbe mit kleinen Schlankheitsgraden werden u.U. bereits vor dem Einsetzen des Ausknickens durch Fließen zerstört. Deshalb kann man Spannungen, die über der Quetschgrenze liegen, für eine Dimensionierung von Bauteilen nicht zugrunde legen. *Für λ < 20 erübrigt sich eine Berechnung auf Knickung.*

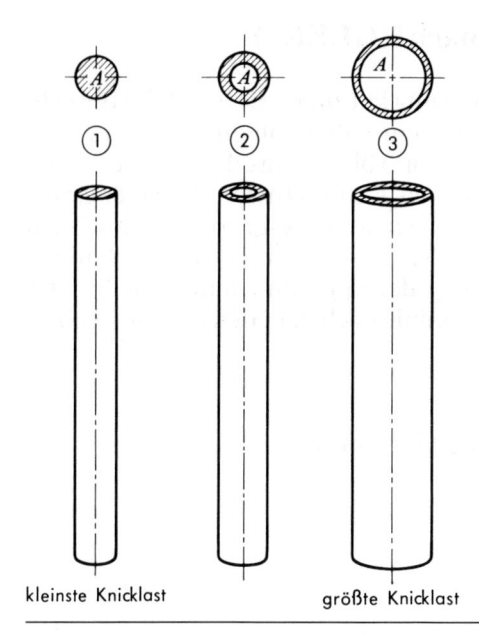

7.2 Die Knickspannung und der Schlankheitsgrad

Länge	$l_1 = l_2 = l_3$
Querschnittsfläche	$A_1 = A_2 = A_3$
Trägheitsmoment	$I_1 < I_2 < I_3$
Schlankheitsgrad	$\lambda_1 > \lambda_2 > \lambda_3$
Knicklast	$F_{K1} < F_{K2} < F_{K3}$

kleinste Knicklast   größte Knicklast

Abb. 7-5: Knickstäbe gleicher Länge und Querschnittsfläche mit zunehmender Knicklast

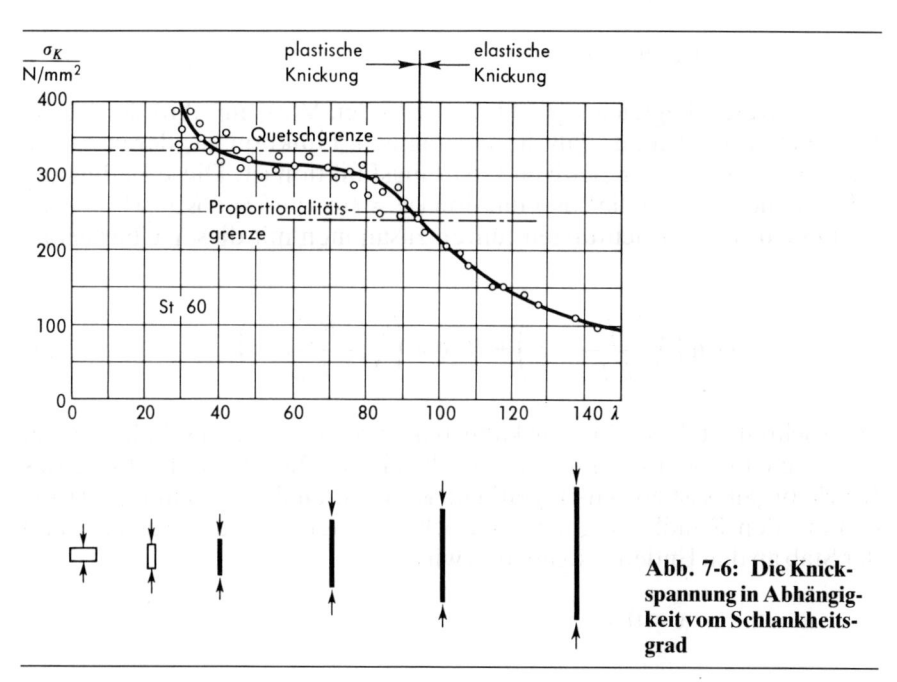

Abb. 7-6: Die Knickspannung in Abhängigkeit vom Schlankheitsgrad

7.3 Die elastische Knickung nach EULER*)

Für den elastischen Bereich der Knickung hat zuerst EULER die Berechnung der Knicklast durchgeführt. Er geht dabei von einem ideal elastischen und zentrisch belasteten Stab nach Abb. 7-7 aus. Beide Enden sind in reibungsfreien Gelenken gelagert, der Lastangriffspunkt ist längsverschieblich. Für die Ableitung ist es jedoch notwendig, von einem seitlich ausgewichenen Stab auszugehen. Wie in der Einführung diskutiert, kommt es darauf an, ob diese Ausgangsdeformation erhalten bleibt. Das Rückstellmoment hängt von der Biegelinie nach der Gleichung 4-13 ab

$$M_b = - w'' \cdot E I_{min}$$

Das durch die Belastung einwirkende Moment ist

$$M_b = F_K \cdot w$$

Für den Grenzfall sind beide gleich

$$- w'' \cdot E I = F_K \cdot w \tag{1}$$

$$w'' \cdot E I + F_K \cdot w = 0 \tag{2}$$

Diese Differentialgleichung**) beschreibt den Vorgang. Aus der Beziehung (1) erkennt man, daß die Lösung eine Funktion ist, deren zweite Ableitung gleich der negativen Ursprungsfunktion ist. Diese Bedingung erfüllen die sin- und die cos-Funktion ($w = \sin x$; $w' = \cos x$; $w'' = - \sin x$). Dimensionsbetrachtungen führen zusammen mit dieser Überlegung auf

$$w = A \cdot \sin\left(\sqrt{\frac{F_K}{E I_{min}}} \cdot x\right) + B \cdot \cos\left(\sqrt{\frac{F_K}{E I_{min}}} \cdot x\right) \tag{3}$$

Die Richtigkeit dieser Lösung kann man durch zweimaliges Ableiten und Einsetzen in die Beziehung (2) nachweisen. Die elastische Linie des Knickvorgangs ist ein sin-Bogen. Die Konstanten der Gleichung (3) werden aus den Randbedingungen berechnet. Hier ist es die Aussage, daß der Stab an den Enden festgehalten wird:

$$w = 0 \text{ für } x = 0 \text{ und } x = s.$$

---

*) EULER (1707-1783), schweizer Mathematiker.
**) Lösung einer Differentialgleichung dieses Typs siehe Band 3 Kap. 9.

7.3 Die elastische Knickung nach EULER

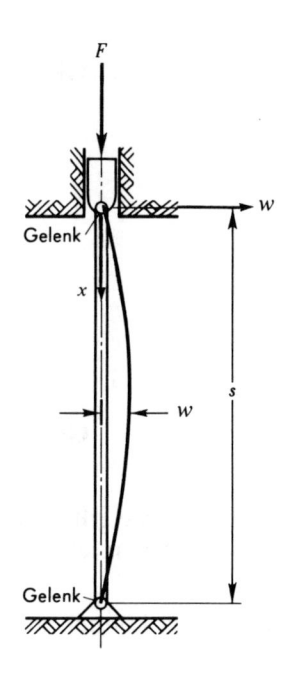

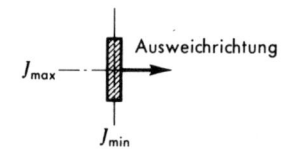

Abb. 7-7: Zur Ableitung der EULERschen Knickkraft

Diese Bedingungen führen auf

$$0 = A \cdot 0 + B \cdot 1 \quad \Rightarrow \quad B = 0$$

$$0 = A \cdot \sin\left(\sqrt{\frac{F_K}{E I_{min}}} \cdot s\right)$$

Die Lösung ist mehrdeutig

$$\sqrt{\frac{F_K}{E I_{min}}} \cdot s = \pi;\ 2\pi;\ 3\pi \ldots \quad (4)$$

Es ist einsichtig, daß der Stab bei der niedrigsten Knickkraft zerstört wird, bevor er die mathematisch möglichen höheren Belastungen erreicht. Die technisch richtige Lösung ist deshalb π. Die Schlußfolgerung daraus ist, die elastische Linie entspricht dem Bogen von 0 bis π. Von dieser Deformation ist letztlich ausgegangen worden (Abb. 7-7). Damit ergibt sich

$$F_K = \frac{\pi^2 \cdot E\, I_{\min}}{s^2} \qquad \text{Gl. 7-3}$$

Die Knickspannung ist

$$\frac{F_K}{A} = \sigma_K = \frac{\pi^2 E \cdot I_{\min}}{A \cdot s^2} = \frac{\pi^2 \cdot E}{\left(\dfrac{s}{\sqrt{\dfrac{I_{\min}}{A}}}\right)^2}$$

$$\sigma_K = \frac{\pi^2 \cdot E}{\lambda^2}. \qquad \text{Gl. 7-4}$$

Das ist die EULERsche *Gleichung für die Knickspannung*. Sie gilt nach der Voraussetzung für $\sigma_K < \sigma_P$, d.h. für den Gültigkeitsbereich des HOOKEschen Gesetzes.

Die minimalen Schlankheitsgrade des Gültigkeitsbereichs können aus der Bedingung $\sigma_K = \sigma_P$ berechnet werden

$$\lambda_{\min} = \pi \sqrt{\frac{E}{\sigma_P}}.$$

Für St 37 erhält man mit $\sigma_P \approx 190\,\text{N/mm}^2$ und $E = 2{,}1 \cdot 10^5\,\text{N/mm}^2$

$$\lambda_{\min} \approx \pi \sqrt{\frac{2{,}1 \cdot 10^5}{1{,}9 \cdot 10^2}} \approx 104.$$

Analog dazu für St 60 mit $\sigma_P \approx 270\,\text{N/mm}^2$

$$\lambda_{\min} \approx \pi \sqrt{\frac{2{,}1 \cdot 10^5}{2{,}7 \cdot 10^2}} \approx 88.$$

Die Knickspannung ergibt über dem Schlankheitsgrad bis zu σ_P aufgetragen einen Hyperbelast (EULER-*Hyperbel*; Abb. 7-8). In dem diskutierten Bereich ist diese Gleichung in guter Übereinstimmung mit Versuchsergebnissen. Bemerkenswert ist, daß die *Knickspannung von der Festigkeit des Stahls praktisch unabhängig* ist. Bei sonst gleichen Bedingungen knickt ein Stab aus hochfestem Stahl bei der gleichen Last wie ein Stab aus weichem Stahl. Der Grund dafür ist, daß es hier nur auf die Biegesteifigkeit ankommt, die innerhalb technischer Genauigkeiten für alle Stähle etwa gleich ist, da der E-Modul sich kaum ändert. Für Grauguß und Holz muß der Gültigkeitsbereich der EULER-Hyperbel experimentell bestimmt werden, da eine Proportionalitätsgrenze nicht vorhanden ist.

7.3 Die elastische Knickung nach EULER

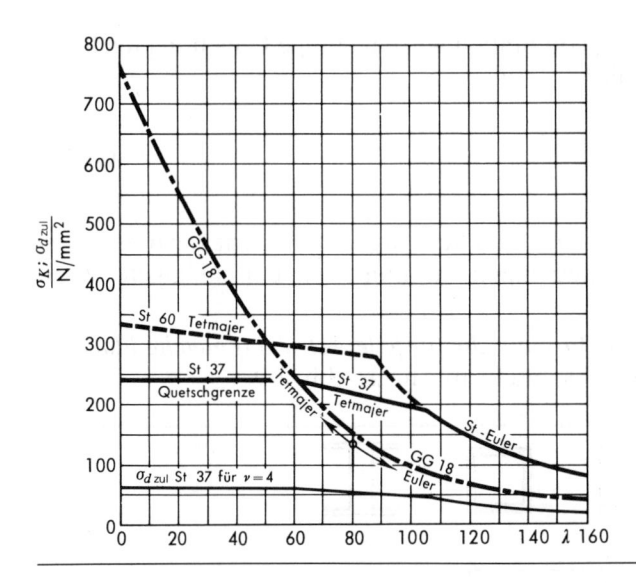

Abb. 7-8: Knickspannungen für verschiedene Werkstoffe in Abhängigkeit vom Schlankheitsgrad

Zusammengefaßt sind die EULERschen Gleichungen mit Gültigkeitsbereich in Tabelle 14 gegeben.

Die zulässige Spannung beträgt nur einen Bruchteil der zur Zerstörung führenden Knickspannung σ_K. *Der Index K kennzeichnet den zur Zerstörung führenden Zustand, der Index d bezeichnet die ertragbare Druckbelastung.*

$$\sigma_{d\,zul} = \frac{\sigma_K}{v}.$$

Das führt zu der Gleichung für die zulässige Belastung

$$F_{d\,zul} = \frac{\pi^2 \cdot E \cdot I_{min}}{v \cdot s^2}. \qquad \text{Gl. 7-5}$$

Da Knickung ein Stabilitätsproblem ist, haben Abweichungen von der Sollform, Inhomogenitäten u.ä. einen stärkeren Einfluß auf die Festigkeit als bei den bisher behandelten Belastungsarten. Es gibt z.B. keinen ideal geraden Stab, weil eine Fertigung mit Null-Toleranz nicht möglich ist. Bei Zugbelastung wird ein Stab geradegezogen, bei Druckbelastung verstärkt sich durch ein schon im Ausgangszustand vorhandenes Biegemoment die Ausgangsdeformation. Auch gibt es nicht die ideal mittige Belastung. Wenn aus solchen Gründen der Bemessungsfaktor v im Bereich von 2 bis 5 gewählt wird, dann sollen solche Wirkungen berücksichtigt werden. Eine höhere Sicherheit ist damit nicht gewährleistet.

Für die Dimensionierung von Stäben wird die obige Gleichung nach I_{min} aufgelöst. Man erhält mit $F_{d\,zul} = F$

$$I_{min} = \frac{F \cdot s^2 \cdot v}{\pi^2 \cdot E} \ . \qquad \text{Gl. 7-6}$$

Es wird das mindestens erforderliche Trägheitsmoment bestimmt, die entsprechenden Profilabmessungen entnimmt man einschlägigen Tabellen.

Optimal sind Querschnittsformen, die für jede Achse das gleiche Flächenträgheitsmoment haben. Das sind Profile nach Abb. 7-9.

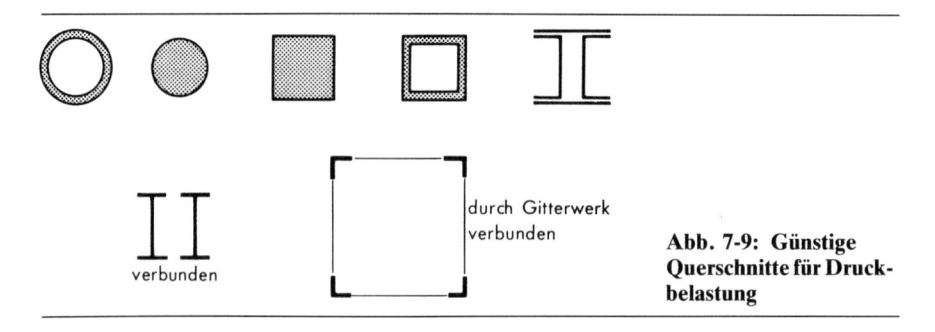

Abb. 7-9: Günstige Querschnitte für Druckbelastung

7.4 Die plastische Knickung

Im Bereich der plastischen Deformation gibt es im Gegensatz zur elastischen Deformation keinen einfachen Zusammenhang zwischen Spannung und Dehnung. Das erschwert theoretische Ansätze zur Erfassung der plastischen Knickung ganz erheblich. Man ist deshalb weitgehend auf Messungen angewiesen, die gerade in diesem Bereich stark streuen. Es ist deshalb gerechtfertigt, einfache mathematische Beziehungen als Näherung für Meßdaten einzuführen.

TETMAJER*) hat im Bereich der plastischen Knickung von Stahlstäben den Streubereich im $\sigma - \lambda$-Diagramm durch Geraden ersetzt. Bei Grauguß ergibt ein Parabelast eine gute Näherung. Nach den Gleichungen von TETMAJER, die durch viele Versuche bestätigt wurden, rechnet man vorwiegend im Maschinenbau. Das für den Stahlbau vorgeschriebene Rechenverfahren wird im Abschnitt 7.6 behandelt.

Die Geradengleichungen haben die Form

$$\sigma_K = a - b\lambda \ .$$

---

*) TETMAJER, (1850-1905), österreichischer Ingenieur.

Die Gleichung für Grauguß ist

$$\sigma_K = a - b\lambda + c\lambda^2.$$

Die Größen *a, b, c* bzw. die Gleichungen für σ_K sind in Tabelle 14 gegeben.

Im Gegensatz zur EULERschen Gleichung 7-4 bzw. zur Gleichung 7-3 kann man aus den Beziehungen nach TETMAJER das erforderliche Trägheitsmoment I_{min} nicht unabhängig von *A* ausrechnen. Das hat zur Folge, daß man *für den plastischen Bereich einen Knickstab nicht unmittelbar dimensionieren, sondern nur einen angenommenen Stabquerschnitt nachrechnen* kann.

Für St 37 liegt die Quetschgrenze im unteren Bereich von λ tiefer als die nach TETMAJER berechnete Knickspannung (s. Abb. 7-8). Die Gleichung für σ_K gilt deshalb nur bis zu einem Wert von λ, bei dem Quetschgrenze und Knickspannung gleich sind. Für St 37 ist die Knickspannung

$$\sigma_K = (310 - 1{,}14 \cdot \lambda)\,\text{N/mm}^2$$

Die Quetschgrenze liegt bei $\sigma_{dF} = 240$ N/mm². Für $\sigma_{dF} = \sigma_K$ erhält man λ_{min}

$$240 = 310 - 1{,}14 \cdot \lambda_{min}$$
$$\lambda_{min} = \frac{310 - 240}{1{,}14} \approx 60.$$

In Abb. 7-8 sind die vollständigen aus TETMAJER-Geraden (-Parabel) und EULER-Hyperbeln zusammengesetzten Kurven für die Knickspannung σ_K für St 37, St 60 und GG 18 aufgetragen. Für St 37 ist noch die Kurven $\sigma_{d\,zul} = $ für den Bemessungsfaktor $v = 4$ eingezeichnet.

7.5 Die Einspannbedingungen

Bisher wurde der beidseitig gelenkig gelagerte Knickstab behandelt. In vielen Anwendungsfällen sind diese Randbedingungen nicht gegeben. Deshalb müssen die Ergebnisse auf anders befestigte Druckstäbe übertragen werden.

Man unterscheidet *vier Grundfälle* nach Abb. 7-10. Die Lösung für den *Stab 2* liegt bereits vor. Dieser Stab wird *Normalfall* genannt. Die für den Normalfall ermittelten Gleichungen kann man durch eine einfache Überlegung für die anderen Fälle umwandeln. Wie im Abschnitt 7.3 gezeigt, ist die elastische Linie ein sin-Bogen. *Die Länge, die der sin-Linie von 0*

Abb. 7-10: Die Grundfälle der Knickung

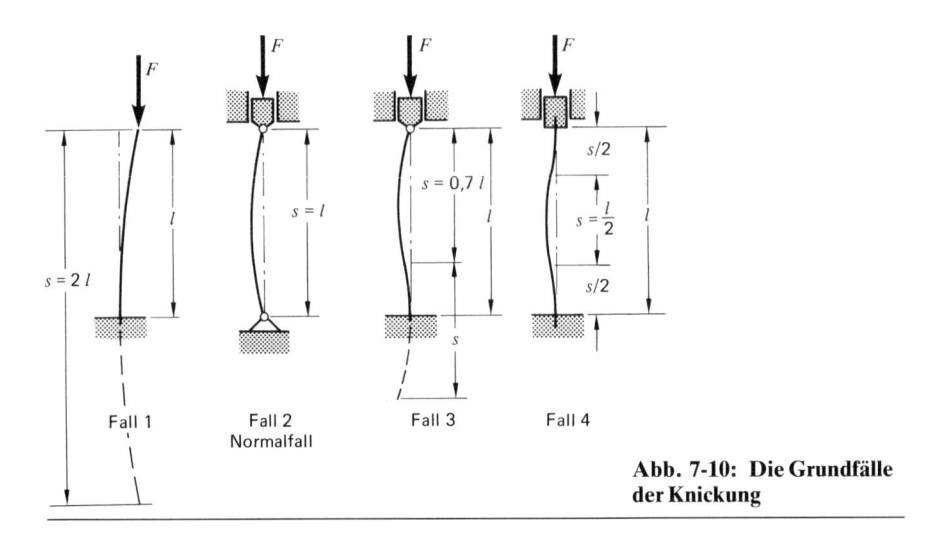

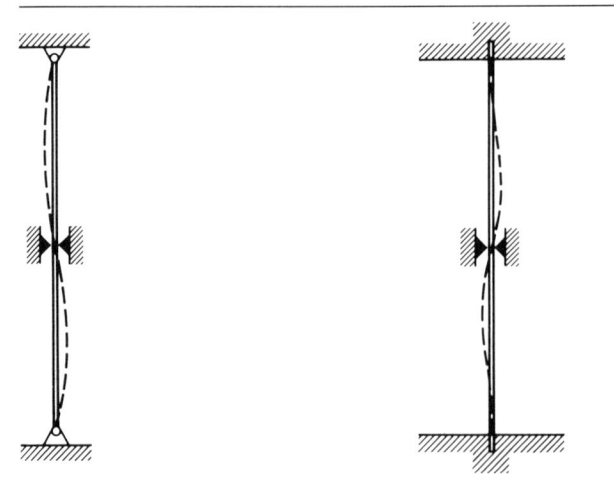

Abb. 7-11: In der Mitte fixierte Stütze

Abb. 7-12: In der Mitte fixierte eingespannte Stütze

bis π entspricht, nennt man *freie Knicklänge s*. Diese ist identisch mit der Stablänge des Normalfalls. Die anderen elastischen Linien kann man nach Abb. 7-10 aus Teilen der freien Knicklänge s zusammensetzen. Man erhält folgende Beziehungen zwischen s und l:

Fall	1	2	3	4
$s =$	$2 \cdot l$	l	$\approx 0{,}7 \cdot l$	$0{,}5 \cdot l$

7.5 Die Einspannbedingungen

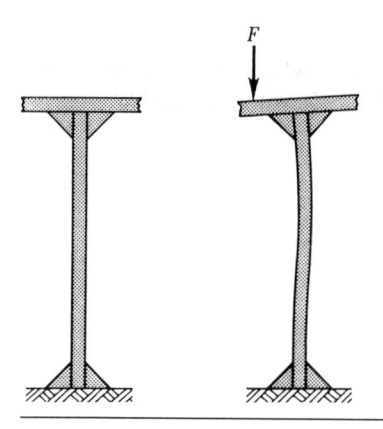

Abb. 7-13: Durch die Einspannstelle einer Stütze eingeleitete Biegemomente

Für den entsprechenden Belastungsfall werden diese Beziehungen in die Gleichungen 7-2/3 eingesetzt. Diese Gleichungen sind damit allgemeingültig und nicht auf den Normalfall beschränkt.

Daß nicht nur die Knickkraft F_K sondern auch der Schlankheitsgrad λ umzurechnen ist, folgt aus der Ableitung der Gleichung 7-4. Eine Zusammenfassung bringt die Tabelle 15.

Aus den vier Grundfällen kann man weitere Stützarten zusammensetzen. Ein beidseitig gelagerter Stab mit einer Stützung in der Mitte nach Abb. 7-11 entspricht zwei zusammengesetzten Normalfällen. Man berechnet die Knicklast nach dem Normalfall, wobei in die Gleichung 7-3 die halbe Gesamtlänge eingesetzt wird. Ein beidseitig eingespannter Stab mit einer Stütze in der Mitte nach Abb. 7-12 entspricht zwei zusammengesetzten Belastungfällen 3. Auch hier betrachtet man nur die Hälfte und rechnet nach den entsprechenden Gleichungen mit $s = 0{,}7\,l$ (l halbe Gesamtlänge).

Rechnerisch erhält man bei Vorhandensein einer Einspannung eine erheblich erhöhte Knicklast. Man sollte jedoch dabei bedenken, daß es mathematisch exakte, d.h. unnachgiebige Einspannungen, wie sie die Rechnung voraussetzt, nicht gibt. Weiterhin können *über eine Einspannung* im Gegensatz zu Gelenken *Biegemomente in den Stab* übertragen werden. Das ist bei Knickstäben besonders gefährlich. Ein Beispiel dafür zeigt Abb. 7-13, wo durch die Deformation ein Biegemoment in das auf Knickung beanspruchte Bauteil eingeleitet wird.

Beispiele für die Abschnitte 7-2 bis 5

Beispiel 1
Welche zulässige Druckkraft kann ein Winkelstahl 60 × 10 bei einer Länge von 1,40 m übertragen, wenn ein Bemessungsfaktor $v = 4{,}0$ gefordert wird? Die Berechnung soll für den Normalfall erfolgen.

Lösung
Zunächst muß festgestellt werden, ob es sich um den plastischen oder elastischen Knickbereich handelt. Dazu muß der Schlankheitsgrad λ berechnet werden (Gleichung 7-2).

$$\lambda = \frac{l}{i}.$$

Nach Tabelle 10 ist für Winkelstahl 60 × 10

$$i_{min} = i_\zeta = 1{,}15 \text{ cm}.$$

Damit ist

$$\lambda = \frac{140 \text{ cm}}{1{,}15 \text{ cm}} = 122 > 104.$$

Es handelt sich demnach um elastische Knickung nach EULER. Die zulässige Knicklast wird nach Gleichung 7-5 berechnet

$$F_{d\,zul} = \frac{\pi^2 E I_{min}}{v \cdot l^2} \quad \text{mit} \quad I_{min} = I_\zeta = 14{,}6 \text{ cm}^4.$$

$$F_{d\,zul} = \frac{\pi^2 \cdot 2{,}1 \cdot 10^7 \text{ N/cm}^2 \cdot 14{,}6 \text{ cm}^4}{4 \cdot 140^2 \text{ cm}^2} \cdot \frac{\text{kN}}{10^3 \text{ N}}$$

$$\boldsymbol{F_{d\,zul} = 38{,}6 \text{ kN}}.$$

Beispiel 2
Kann ein einseitig eingespanntes Rohr ($l = 150$ cm) mit dem Innendurchmesser von 100 mm und der Wanddicke von 10 mm eine Druckkraft von 150 kN aufnehmen, wenn ein Bemessungsfaktor $v = 5$ gefordert wird? (St 35, Rechnung für St 37).

Lösung
Die Bestimmung von λ ergibt nach Gleichung 7-2 unter Verwendung von Tabelle 9

$$I = \frac{\pi}{64}(D^4 - d^4) = \frac{\pi}{64}(12^4 - 10^4) \text{ cm}^4 = 527{,}0 \text{ cm}^4$$

$$A = \frac{\pi}{4}(D^2 - d^2) = \frac{\pi}{4}(12^2 - 10^2) \text{ cm}^2 = 34{,}56 \text{ cm}^2$$

7.5 Die Einspannbedingungen

Nach Gleichung 7-1 ist

$$i = \sqrt{\frac{I}{A}} = \sqrt{\frac{527{,}0}{34{,}56}}\ \text{cm} = 3{,}91\ \text{cm}$$

Mit $s = 2\,l$ für den Grundfall 1 erhält man nach Gleichung 7-2

$$\lambda = \frac{2\,l}{i} = \frac{2 \cdot 150\ \text{cm}}{3{,}91\ \text{cm}} = 76{,}8$$

Es handelt sich um den TETMAJER-Bereich, denn es gilt $60 < \lambda < 104$

$$\sigma_K = (310 - 1{,}14 \cdot \lambda)\ \text{N/mm}^2$$
$$\sigma_K = (310 - 1{,}14 \cdot 76{,}8)\ \text{N/mm}^2$$
$$\sigma_K = 222\ \text{N/mm}^2.$$

Die zur Zerstörung führende Belastung ist

$$F_K = \sigma_K \cdot A = 222\ \text{N/mm}^2 \cdot 3456\ \text{mm}^2 = 767\ \text{kN}$$

$$\boldsymbol{F_{d\,zul}} = \frac{F_K}{v} = \frac{768{,}7\ \text{kN}}{5} = \boldsymbol{153\ \text{kN}}.$$

Die vorgesehene Belastung ist möglich.

Beispiel 3
Eine Säule von 2,50 m Länge soll für eine Belastung von 300 kN dimensioniert werden. Es ist ein IPB-Träger (Reihe HE-B) vorgesehen. Der Bemessungsfaktor wird von $v = 4$ festgelegt. Die Berechnung soll für den Normalfall durchgeführt werden.

Lösung
Es ist zunächst nicht bekannt, ob es sich um elastische oder plastische Knickung handelt. Da sich die EULERsche Gleichung nach I_{min} auflösen läßt, während die Gleichungen nach TETMAJER nur für Nachrechnungen geeignet sind, dimensioniert man zunächst nach der EULERschen Gleichung. Die Nachrechnung des Schlankheitsgrades ergibt, ob eine Berechnung nach TETMAJER erforderlich ist, oder ob diese erste Annahme gestimmt hat.

1. Annahme $\lambda > 104$ (EULER)

Gl. 7-6 $$I_{min} = \frac{v \cdot F \cdot l^2}{\pi^2 \cdot E} = \frac{4 \cdot 3 \cdot 10^5\ \text{N} \cdot 250^2\ \text{cm}^2}{\pi^2 \cdot 2{,}1 \cdot 10^7\ \text{N/cm}^2} = 362\ \text{cm}^4.$$

Nach Tabelle 10 erhält man das Profil IPB 140 mit

$$I_z = I_{min} = 550\,\text{cm}^4 \quad \text{und} \quad i_z = i_{min} = 3{,}58\,\text{cm}.$$

Damit ist

$$\lambda = \frac{250\,\text{cm}}{3{,}58\,\text{cm}} = 70.$$

Die erste Annahme war demnach falsch. Es handelt sich um den TETMAJER-Bereich. Am einfachsten ist es, mit der Gleichung für σ_K das oben in erster Näherung ermittelte Profil IPB 140 nachzurechnen.

2. Annahme IPB 140; $\quad \lambda = 70 \quad A = 43{,}0\,\text{cm}^2$

$$\sigma_K = (310 - 1{,}14 \cdot \lambda)\,\text{N/mm}^2 = (310 - 1{,}14 \cdot 70)\,\text{N/mm}^2 = 230\,\text{N/mm}^2.$$

Die zulässige Spannung ist

$$\sigma_{d\,zul} = \frac{\sigma_K}{v} = \frac{230}{4}\,\text{N/mm}^2 = 57{,}5\,\text{N/mm}^2$$

$$F_{d\,zul} = \sigma_{d\,zul} \cdot A = 57{,}5\,\frac{\text{N}}{\text{mm}^2} \cdot 4300\,\text{mm}^2 \cdot \frac{\text{kN}}{10^3\,\text{N}}$$

$$F_{d\,zul} = 247{,}2\,\text{kN} < F.$$

Die geforderte Belastung ist nicht zulässig. Es ist notwendig, die Berechnung mit dem nächstgrößeren Profil zu wiederholen.

3. Annahme IPB 160

Man erhält: $\quad i_z = i_{min} = 4{,}05\,\text{cm} \quad A = 54{,}3\,\text{cm}^2$.

Damit sind

$$\lambda = \frac{l}{i} = \frac{250\,\text{cm}}{4{,}05\,\text{cm}} = 62$$

$$\sigma_K = (310 - 1{,}14 \cdot \lambda)\,\text{N/mm}^2 = (310 - 1{,}14 \cdot 62)\,\text{N/mm}^2 = 239\,\text{N/mm}^2.$$

Das ist die Quetschgrenze, da $\lambda \approx 60$ der untere Wert für den TETMAJER-Bereich ist.

7.5 Die Einspannbedingungen

Die zulässige Belastung ergibt sich aus

$$\sigma_{d\,zul} = \frac{\sigma_K}{v} = \frac{239}{4}\,\text{N/mm}^2 = 59,8\,\text{N/mm}^2$$

$$F_{d\,zul} = \sigma_{d\,zul} \cdot A = 59,8\,\frac{\text{N}}{\text{mm}^2} \cdot 5430\,\text{mm}^2 \cdot \frac{\text{kN}}{10^3\,\text{N}}$$

$$F_{d\,zul} = 324,4\,\text{kN} > F.$$

Damit ist das Profil IPB 160 bestätigt.

Beispiel 4 (Abb. 7-14)
Ein *I*-Träger 100 wird nach Skizze als Säule verwendet. Anschläge verhindern in der Mitte das Ausknicken in y-, jedoch nicht in z-Richtung. Die Knotenbleche oben und unten sollen wie eine Einspannung für die y-Richtung wirken. In z-Richtung sind an den Enden Winkeländerungen möglich, deshalb soll hier für die Berechnung der Normalfall zugrunde gelegt werden. Zu prüfen ist, ob eine Belastung von 12 kN mit einem Bemessungsfaktor $v = 4$ möglich ist.

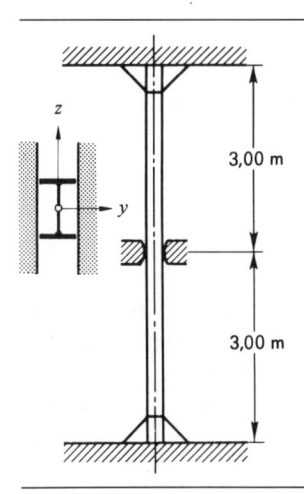

Abb. 7-14: Stütze

Lösung
Daten für I 100: $A = 10,6\,\text{cm}^2$; $i_y = 4,01\,\text{cm}$; $i_z = 1,07\,\text{cm}$.
Ausknicken in y-Richtung (Biegung um z-Achse).
Grundfall 3 für halbe Säule

$$\lambda \approx \frac{0,7\,l}{i_z} = \frac{0,7 \cdot 300\,\text{cm}}{1,07\,\text{cm}} = 196,3\ (\text{EULER})$$

Gl. 7-4 $\sigma_K = \dfrac{\pi^2 \cdot E}{\lambda^2} = \dfrac{\pi^2 \cdot 2{,}1 \cdot 10^5\,\text{N/mm}^2}{196{,}3^2} = 53{,}8\,\text{N/mm}^2$

$F_K = \sigma_K \cdot A = 53{,}8\,\text{N/mm}^2 \cdot 1060\,\text{mm}^2 \cdot 10^{-3}\,\text{kN/N} = 57{,}04\,\text{kN}$

$v = \dfrac{57{,}04\,\text{kN}}{12{,}0\,\text{kN}} = 4{,}75$.

Ausknicken in z-Richtung (Biegung um y-Achse).
Normalfall für ganze Säule

$\lambda = \dfrac{l}{i_y} = \dfrac{600\,\text{cm}}{4{,}01\,\text{cm}} = 149{,}6$ (EULER)

Gl. 7-4 $\sigma_K = \dfrac{\pi^2 \cdot E}{\lambda^2} = \dfrac{\pi^2 \cdot 2{,}1 \cdot 10^5\,\text{N/mm}^2}{149{,}6^2} = 92{,}6\,\text{N/mm}^2$

$F_K = \sigma_K \cdot A = 92{,}6\,\text{N/mm}^2 \cdot 1060\,\text{mm}^2 \cdot 10^{-3}\,\text{kN/N} = 98{,}13\,\text{kN}$

$v = \dfrac{98{,}13\,\text{kN}}{12{,}0\,\text{kN}} = 8{,}2$.

Die vorgesehene Belastung ist für die gegebenen Bedingungen möglich.

7.6 Das ω-Verfahren (DIN 4114)

Im Maschinenbau ist es wegen der Vielfalt der Teile, der Beanspruchungsarten und wegen der fast immer auftretenden Trägheitskräfte nicht möglich, einheitliche Bemessungsfaktoren bzw. zulässige Spannungen vorzuschreiben. Im Gegensatz dazu steht der Hochbau, für den das in diesem Abschnitt besprochene Rechenverfahren vorgeschrieben ist. Man geht dabei von der Überlegung aus, daß man einen *Knickstab genau wie einen auf Druck beanspruchten Block berechnen kann, wenn man einen entsprechenden Bruchteil der zulässigen Druckspannung* $\sigma_{d\,zul}$ *zugrunde legt:*

Druck   Knickung

$F_{zul} = A \cdot \sigma_{zul}$ $\qquad F_{d\,zul} = A \cdot \dfrac{\sigma_{zul}}{\omega}$ \hfill (1)

7.6 Das ω-Verfahren

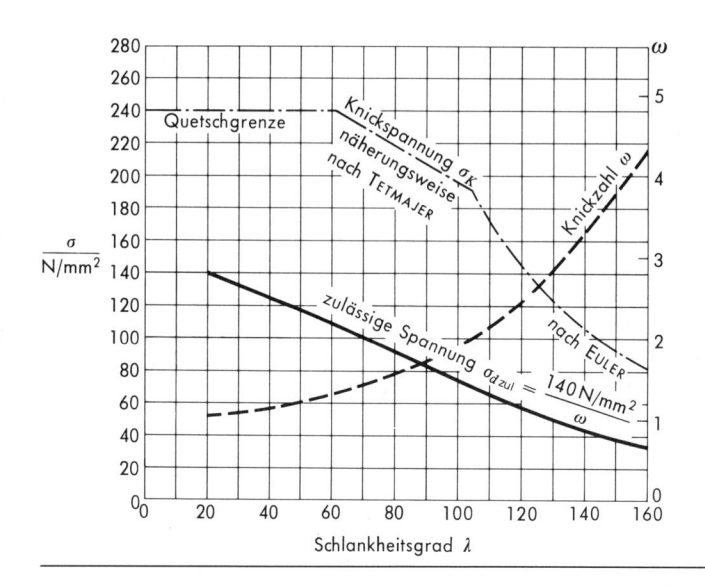

Abb. 7-15: Knickspannung, Knickzahl und zulässige Spannung für St 37 in Abhängigkeit vom Schlankheitsgrad

Man rechnet also mit der verminderten Spannung σ_{zul}/ω, anstatt mit σ_{zul} nach der einfachen Gleichung für Druckspannung. Nach dem oben Gesagten muß $\omega > 1$ und um so größer sein, je schlanker der Stab, d.h. je größer λ ist.

Die ω-Zahlen sind für verschiedene Werkstoffe vorgeschrieben und für Stahl in der Norm DIN 4114 gegeben. Damit ist der Konstrukteur der Aufgabe enthoben, die Bemessungsfaktoren selber anzunehmen. Da die zulässigen Spannungen σ_{zul} nach DIN 1050 und DIN 4100 für den Hochbau festgelegt sind, kann nach Gleichung (1) die maximal mögliche Belastung berechnet werden. In Tabelle 16 sind die ω-Zahlen für verschiedene Werkstoffe in Abhängigkeit vom Schlankheitsgrad λ gegeben.

Für St 37 sind in Abb. 7-15 die Knickzahlen ω über λ aufgetragen. Für diesen Stahl ist $\sigma_{zul} = 140$ N/mm², man kann damit für alle Schlankheitsgrade die zulässige Spannung $\sigma_{d\,zul}$ berechnen (Kurve $\sigma_{d\,zul}$). Die Linie der Knickspannungen, bei denen die Zerstörung erfolgt, ist Abb. 7-8 entnommen. Es soll an dieser Stelle nochmals betont werden, daß es sich dabei um Näherungswerte vor allem im Bereich der plastischen Knickung handelt. Sie sind hier mit eingezeichnet, um einen optischen Eindruck für die Werte $\sigma_{d\,zul}$ und Spannungen bei Zerstörung zu vermitteln.

Die Gleichung (1) eignet sich nur zur *Nachrechnung eines Stabes*, aber nicht zur Dimensionierung, da zunächst λ und damit ω unbekannt sind. Um einen gewissen Anhalt bei den ersten Annahmen zu haben, benutzt man zur Ermittlung von I_{min} bzw. A_{min} der Stabquerschnitte folgende Formeln für den Normalfall mit St 37 und $\sigma_{zul} = 140$ N/mm².

Elastischer Bereich   *Plastischer Bereich*

$I_{min} = 0{,}12 \cdot F \cdot l^2$ $A_{erf} = \dfrac{F}{14} + 0{,}577 \cdot k \cdot l^2$ **Gl. 7-7/8**

I	F	l
cm^4	kN	m

A	F	k	l
cm^2	kN	1	m

Der Wert k ist dabei

$$k = \dfrac{A^2}{I_{min}}.$$

Für geometrische Grundfiguren kann der Wert k berechnet werden.

Rechteck: $k = \dfrac{b^2 h^2}{\dfrac{b^3 h}{12}} = 12 \dfrac{h}{b}$ für $h > b$

Quadrat: $(b = h)$: $k = 12$

Kreis: $k = \dfrac{\pi^2 \cdot d^4}{4^2 \cdot \dfrac{\pi \cdot d^4}{64}} = 4\pi$.

Dünner Kreisring (mittlerer Radius r, Wanddicke δ)

$$k = \dfrac{(2\pi r \delta)^2}{\pi r^3 \delta} = 4\pi \dfrac{\delta}{r}.$$

Für gewalzte Profile muß man nach den Profiltafeln Durchschnittswerte ermitteln

    I $k \approx 9 \ldots 10 \ldots 12$
    IPB $k \approx 3 \ldots\; 4 \ldots\; 6$
    U $k \approx 6 \ldots\; 7 \ldots\; 9$
    L $k \approx 5 \ldots\; 6 \ldots\; 8$.

Die oben angegebenen Formeln genügen jedoch nicht für die endgültige Dimensionierung. Es muß anschließend nachgewiesen werden, daß $\sigma < \sigma_{zul}$ ist, wobei nach Gleichung (1) gilt

7.6 Das ω-Verfahren

$$\frac{F \cdot \omega}{A} < \sigma_{zul} .$$
Gl. 7-9

Beispiel 1
Für einen Träger IPB 200 (Reihe HE-B) ist für eine Länge von 4,00 m die zulässige Last für den Normalfall und St 37 zu berechnen.

Lösung
Nach Tabelle 10 ist für das vorgegebene Profil

$$A = 78{,}1 \text{ cm}^2 \qquad i_z = i_{min} = 5{,}07 \text{ cm} .$$

Damit ist

$$\lambda = \frac{l}{i} = \frac{400 \text{ cm}}{5{,}07 \text{ cm}} = 79 .$$

Nach Tabelle 16 ist dafür ω = 1,53 und die zulässige Spannung

$$\sigma_{d\,zul} = \frac{\sigma_{zul}}{\omega} = \frac{140}{1{,}53} \text{ N/mm}^2 = 91{,}5 \text{ N/mm}^2$$

Man erhält

$$F_{d\,zul} = \sigma_{d\,zul} \cdot A = 91{,}5 \text{ N/mm}^2 \cdot 78{,}1 \cdot 10^2 \text{ mm}^2 \cdot 10^{-3} \text{ kN/N} .$$

$$\boldsymbol{F_{d\,zul} = 715 \text{ kN}} .$$

Beispiel 2
Ein Fachwerkstab von 1,80 m Länge ist mit 50 kN auf Druck belastet. Es ist das für diese Bedingungen erforderliche I-Profil zu ermitteln. Die Berechnung soll für den Normalfall und St 37 erfolgen.

Lösung:
Es wird angenommen, daß es sich um den elastischen Bereich handelt. Die Gleichung 7-7 liefert den ersten Anhaltspunkt für die Profilgröße

$$I_{min} = 0{,}12 \cdot F \cdot l^2 \text{ cm}^4$$

$$I_{min} = 0{,}12 \cdot 50 \cdot 1{,}8^2 \text{ cm}^4 = 19{,}44 \text{ cm}^4$$

Aus Tabelle 10 wird zunächst I 120 mit $I_z = 21{,}5 \text{ cm}^4$ angenommen.

$i_z = 1{,}23\,\text{cm}$ \qquad $A = 14{,}2\,\text{cm}^2$

$\lambda = \dfrac{180\,\text{cm}}{1{,}23\,\text{cm}} = 146$ \qquad $\omega = 3{,}60$. \qquad (Tabelle 16)

Der Nachweis nach Gl. 7-9 muß erbracht werden

$$\omega \cdot \frac{F}{A} \leqq \sigma_{zul}$$

$$3{,}60 \cdot \frac{50 \cdot 10^3\,\text{N}}{1420\,\text{mm}^2} < 140\,\text{N/mm}^2$$

$126{,}8\,\text{N/mm}^2 < 140\,\text{N/mm}$.

Das Profil ist damit bestätigt.

Beispiel 3
Welches Winkelprofil (gleichschenklig) muß für einen auf Druck mit $F = 90\,\text{kN}$ belasteten Fachwerkstab von 0,80 m Länge gewählt werden? (Normalfall)

Lösung
Es wird angenommen, daß die Beanspruchung im plastischen Bereich liegt. Nach Gleichung 7-8 erhält man

$$A_{\text{erf}} \approx \frac{F}{14} + 0{,}577 \cdot k \cdot l^2 \quad \text{mit} \quad k \approx 6.$$

$$A_{\text{erf}} \approx \frac{90}{14} + 0{,}577 \cdot 6 \cdot 0{,}8^2\,\text{cm}^2$$

$$A_{\text{erf}} \approx 8{,}6\,\text{cm}^2.$$

Nach Tabelle 10 erhält man den Winkelstab 60×8 mit

$A = 9{,}03\,\text{cm}^2$ \qquad und \qquad $i_{\min} = 1{,}16\,\text{cm} = i_\zeta$.

Damit ist $\lambda = \dfrac{80\,\text{cm}}{1{,}16\,\text{cm}} = 69$. Wie angenommen, handelt es sich um den plastischen Bereich. Für diesen Schlankheitsgrad ist $\omega = 1{,}40$. Der Nachweis der zulässigen Belastung nach Gleichung 7-9 ergibt

$$\frac{90 \cdot 10^3 \, N \cdot 1{,}4}{9{,}03 \cdot 10^2 \, mm^2} < 140 \, N/mm^2$$

$139{,}5 \, N/mm^2 < 140 \, N/mm^2.$

Damit ist das Winkelprofil 60 × 8 bestätigt.

7.7 Zusammenfassung

Bei der Knickung handelt es sich um ein Stabilitätsproblem. Die Spannung, die zum Ausknicken führt, hängt für einen Werkstoff nur vom Schlankheitsgrad des Stabes

$$\lambda = \frac{s}{i_{min}} = \frac{s}{\sqrt{\frac{I_{min}}{A}}} \qquad \text{Gl. 7-2}$$

ab.

Für einen Schlankheitsgrad $\lambda < 20$ ist Knickberechnung nicht notwendig. Sind die Knickspannungen kleiner als die Proportionalitätsgrenze σ_P, dann spricht man von einer elastischen Knickung. Die Berechnung erfolgt nach EULER.

$$\sigma_K = \frac{\pi^2 \cdot E}{\lambda^2}. \qquad \text{Gl. 7-4}$$

Zahlemäßig ausgewertet ist diese Gleichung in Tabelle 14.

Der Bereich der plastischen Knickung liegt vor, wenn die Knickspannung größer ist als die Proportionalitätsgrenze σ_P. In diesem Falle kann man die Knickspannungen näherungsweise nach TETMAJER berechnen. Die Gleichungen und Gültigkeitsbereiche sind in Tabelle 14 gegeben.

Die freie Knicklänge s entspricht dem sin-Bogen von 0 bis π. Für verschiedene Halterungen eines Stabes (Länge l) kann man die elastische Linie aus Teilen von s zusammensetzen. So erhält man eine Beziehung zwischen s und l, die in die Gleichungen 7-2/3/4 eingesetzt werden. Diese sind damit allgemeingültig und nicht auf den Normalfall beschränkt.

Die nach EULER bzw. TETMAJER berechneten Spannungen sind Grenzspannungen, die zur Zerstörung des Stabes führen. Für die Dimensionierung von Druckstäben muß deshalb ein Bemessungsfaktor eingeführt werden (Tabelle 4).

Im Hoch- und Stahlbau ist das ω-Verfahren eingeführt. Für Druckstäbe muß

$$\frac{F \cdot \omega}{A} < \sigma_{zul} \,. \qquad \textbf{Gl. 7-9}$$

nachgewiesen werden. Dabei ist ω in Abhängigkeit von λ für verschiedene Werkstoffe der Norm DIN 4114 zu entnehmen. In diesen Werten ist bereits ein Bemessungsfaktor eingearbeitet. Diese Werte sind in Tabelle 16 gegeben. Dort sind auch die Werte σ_{zul} aufgeführt. Zur Dimensionierung für Druckstäbe aus Stahl benutzt man die Näherungsformeln Gleichungen 7-7/8. Dabei ist zu beachten, daß auf jeden Fall der Nachweis nach Gleichung 7-9 zu führen ist.

Bei der Auswahl von Werkstoffen sollte man beachten, daß die Knickfestigkeit von der Biegesteifigkeit $E\,I$ abhängt. Diese ist aber unabhängig von der Zugfestigkeit. Die Verwendung von hochfesten Stählen bringt also keine Erhöhung der Knickfestigkeit, da alle Stähle etwa gleichen E-Modul haben. Das gilt nicht mehr im plastischen Bereich.

8. Der ebene Spannungszustand

8.1 Das Hauptachsenproblem; der MOHRsche Spannungskreis

An einem freigemachten Element eines belasteten Bauteils nach Abb. 8-1 können in der $x-y$ Ebene die zueinander senkrecht stehenden Normalspannungen σ_x σ_y und die Schubspannungen τ_{xy} τ_{yx} wirken. *Der erste Index für τ gibt die Ebene an, in der τ angreift, z.B. τ_y heißt τ in der Ebene senkrecht zu y-Achse; der zweite Index gibt die Richtung an.* Für τ gilt der Satz von den zugeordneten Schubspannungen $\tau_{xy} = \tau_{yx}$.

In diesem Kapitel sollen bestimmt werden:

1. Die Größe der Normal- und Schubspannungen in einer unter dem Winkel α zur x-Achse liegenden Schnittebene.
2. Die Winkel der Schnittebenen mit den maximalen bzw. minimalen Normalspannungen und deren Größen. Die Richtungen für die maximalen und minimalen Normalspannungen heißen Hauptachsen.
3. Der Winkel der Schnittebene mit den maximalen Schubspannungen und deren Größen.

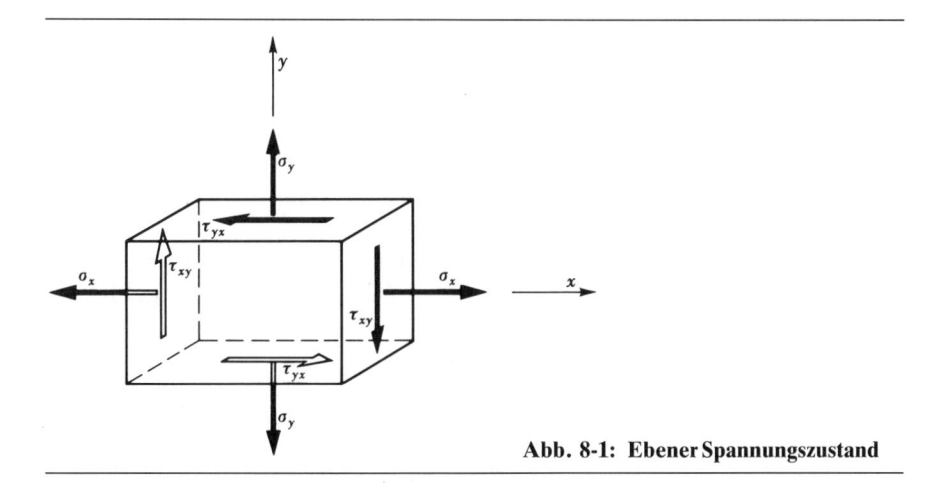

Abb. 8-1: Ebener Spannungszustand

Der Quader nach Abb. 8-1 wird unter dem Winkel α geschnitten. In diese Richtung wird die Achse eines neuen Koordinatensystems gelegt. Die an den einzelnen Flächen wirkenden Spannungen und Kräfte zeigt die Abb. 8-2. Die Gleichgewichtsbedingungen führen auf folgende Gleichungen

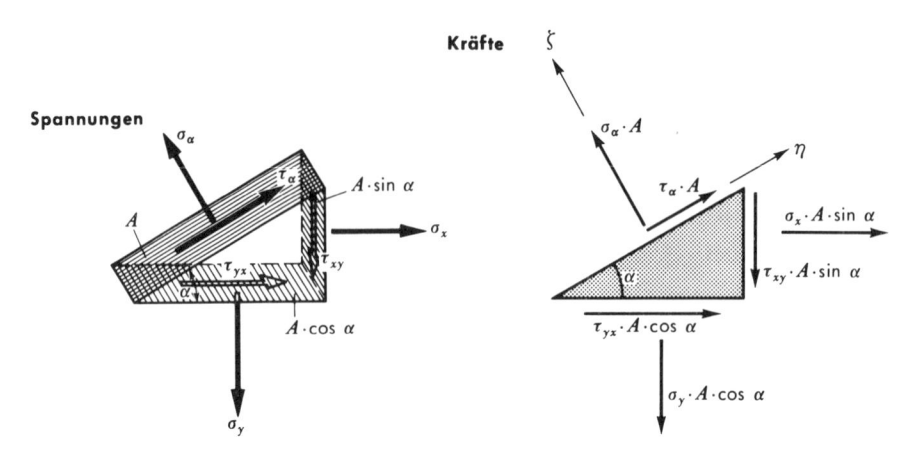

Abb. 8-2: Geschnittenes Teilelement und Koordinatensystem

$\Sigma F_\zeta = 0$

$+ \sigma_\alpha \cdot A - \sigma_x \cdot A \cdot \sin \alpha \cdot \sin \alpha - \sigma_y \cdot A \cdot \cos \alpha \cdot \cos \alpha$

$- \tau_{yx} \cdot A \cdot \cos \alpha \cdot \sin \alpha - \tau_{xy} \cdot A \cdot \sin \alpha \cdot \cos \alpha = 0$

$\sigma_\alpha = \sigma_x \sin^2 \alpha + \sigma_y \cos^2 \alpha + (\tau_{yx} + \tau_{xy}) \sin \alpha \cdot \cos \alpha$

$\Sigma F_\eta = 0$

$+ \tau_\alpha \cdot A - \tau_{xy} \cdot A \cdot \sin \alpha \cdot \sin \alpha + \tau_{yx} \cdot A \cdot \cos \alpha \cdot \cos \alpha$

$+ \sigma_x \cdot A \cdot \sin \alpha \cdot \cos \alpha - \sigma_y \cdot A \cos \alpha \cdot \sin \alpha = 0$

$\tau_\alpha = (\sigma_y - \sigma_x) \sin \alpha \cdot \cos \alpha + \tau_{xy} \cdot \sin^2 \alpha - \tau_{yx} \cdot \cos^2 \alpha$.

Nach dem Satz von den zugeordneten Schubspannungen ist $\tau_{xy} = \tau_{yx}$. Außerdem werden folgende trigonometrische Beziehungen eingeführt

$\sin^2 \alpha = \dfrac{1 - \cos 2\alpha}{2}$ $\qquad \cos^2 \alpha - \sin^2 \alpha = \cos 2\alpha$

$\cos^2 \alpha = \dfrac{1 + \cos 2\alpha}{2}$ $\qquad 2 \sin \alpha \cos \alpha = \sin 2\alpha$.

Damit erhält man

$$\sigma_\alpha = \frac{\sigma_y + \sigma_x}{2} + \frac{\sigma_y - \sigma_x}{2} \cos 2\alpha + \tau_{yx} \cdot \sin 2\alpha \qquad \text{Gl. 8-1}$$

8.1 Das Hauptachsenproblem; der MOHRsche Spannungskreis

$$\tau_\alpha = \frac{\sigma_y - \sigma_x}{2} \sin 2\alpha - \tau_{yx} \cdot \cos 2\alpha .\qquad \text{Gl. 8-2}$$

Das ist die Normalspannung bzw. Schubspannung in einem Schnitt, der unter dem Winkel α zur x-Achse im Teilelement Abb. 8-2 liegt.

Die Richtung für die maximale Normalspannung erhält man aus der Ableitung der Gleichung 8-1 nach dem Winkel α. Für den Fall $\sigma_\alpha = \sigma_{max}$ bzw. $\sigma_\alpha = \sigma_{min}$ muß diese Ableitung gleich Null sein

$$\frac{d\sigma_\alpha}{d\alpha} = -2 \cdot \frac{\sigma_y - \sigma_x}{2} \sin 2\alpha + 2\tau_{yx} \cos 2\alpha .$$

Für $\dfrac{d\sigma_\alpha}{d\alpha} = 0$ wird $\alpha = \alpha_h$ \qquad (Index h steht für *Hauptachse*)

$$-\frac{\sigma_y - \sigma_x}{2} \sin 2\alpha_h + \tau_{yx} \cos 2\alpha_h = 0$$

$$\boldsymbol{\tan 2\alpha_h = \frac{2\tau_{yx}}{\sigma_y - \sigma_x}} .\qquad \text{Gl. 8-3}$$

Extremwerte σ_{max} und σ_{min} erhält man für α_h und $\alpha_h + 90°$, da die Tangensfunktion eine Periode von $180°$ hat. Die Achsen für σ_{max} und σ_{min} stehen senkrecht aufeinander.

Zur Bestimmung der Größe der maximalen bzw. minimalen Spannung setzt man diesen Winkeln α_h in die Gleichung 8-1 ein. Dazu ist es notwendig, folgende trigonometrische Beziehungen einzuführen

$$\sin 2\alpha = \frac{\tan 2\alpha}{\sqrt{1 + \tan^2 2\alpha}} \qquad \cos 2\alpha = \frac{1}{\sqrt{1 + \tan^2 2\alpha}}$$

Nach einer Ableitung, die analog zu der im Abschnitt 4.6.3 für I_{max} und I_{min} durchgeführt wurde, ergibt sich für die maximale und minimale Spannung (*Hauptspannungen*)

$$\sigma_{\substack{max\\min}} = \frac{\sigma_y + \sigma_x}{2} \pm \sqrt{\left(\frac{\sigma_y - \sigma_x}{2}\right)^2 + \tau_{yx}^2} .\qquad \text{Gl. 8-4}$$

und für die Schubspannung

$$\tau = 0 .$$

Die Gleichungen 8-3/4 und 4-24/25 sind völlig analog aufgebaut. Beide behandeln das Hauptachsenproblem. Folgende Größen entsprechen einander

Normalspannung   –   Flächenträgheitsmoment
<space>Schubspannung   –   Flächenzentrifugalmoment

Für die Hauptachsen des ebenen Spannungszustandes gilt

Schubspannung   *= 0*
Normalspannung für eine Achse   *= Maximum*
Normalspannung für dazu senkrechte Achse   *= Minimum*

Analog zum MOHRschen Trägheitskreis können die abgeleiteten Beziehungen nach Abb. 8-3 am MOHRschen Spannungskreis dargestellt werden. Der Radius dieses Kreises entspricht dem Wurzelwert in der Gleichung 8-4. Der Winkel AMD ist gleich $2\alpha_h$ und der Winkel ACD gleich α_h. Die Strecken AC und AD sind demnach die beiden Hauptachsen. *Nach dem hier verwendeten Koordinatensystem liegt σ_{max} in Richtung DA und σ_{min} in Richtung CA.* Das ist besonders einfach, da der Punkt D die Stelle σ_{max} markiert und C die von σ_{min}.

Nach dem Satz von den zugeordneten Schubspannungen sind die Spannungen $\tau_{yx} = \tau_{xy}$ gleich groß. Sie wirken jedoch in zueinander senkrecht stehenden Ebenen. Für die Vorzeichendefinition ist diese Unterscheidung notwendig. Der Punkt A im MOHRschen Kreis ist gekennzeichnet durch σ_y; τ_{yx}, der Punkt B durch σ_x; τ_{xy}. *Zwei gegenüberliegende Punkte auf dem MOHRschen Kreis stellen den Spannungszustand am Element dar.* Für das Vorzeichen von τ gilt folgende Regel: *eine positive Schubspannung erzeugt am Element ein mathematisch positives Moment (umgekehrt Uhrzeigersinn) und umgekehrt.* Am Element Abb. 8-3 ist danach τ_{yx} positiv und τ_{xy} negativ. So liegen diese Werte im Kreis und ergeben die kennzeichnenden Punkte A und B. Die Gültigkeit dieser Vorzeichenregel erkennt man an der Gleichung 8-3. Für $\sigma_y > \sigma_x$ und $\tau_{yx} > 0$ muß sich für α_h ein spitzer Winkel ergeben.

Analog zum Trägheitskreis im Kapitel 4 sind vier Kombinationen möglich. Dabei ist die Zuordnung σ_y; τ_{yx} und σ_x; τ_{xy} zu beachten.

		Punkt A im Quadranten			Punkt A im Quadranten
$\tau_{yx} > 0$	$\sigma_y > \sigma_x$	1	$\tau_{yx} < 0$	$\sigma_y < \sigma_x$	3
	$\sigma_y < \sigma_x$	2		$\sigma_y > \sigma_x$	4

Da die tan-Funktion mehrdeutig ist, entstehen bei der Bestimmung der Lage der Hauptachse leicht Fehler. Deshalb sollte der MOHRsche Kreis gezeichnet werden. Man kann auch mit der Anschauung arbeiten. Am

8.1 Das Hauptachsenproblem; der MOHRsche Spannungskreis

Abb. 8-3: MOHRscher Spannungskreis

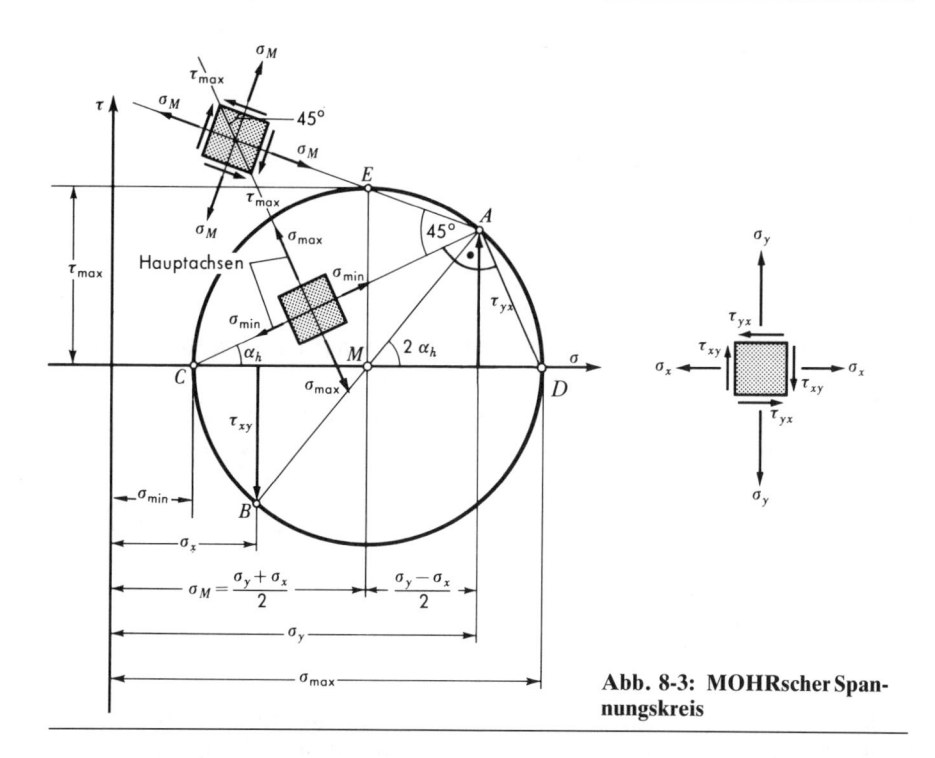

Element Abb. 8-3 muß die maximale Spannung nach links oben gerichtet sein. Das kann man sich aus der Zusammensetzung der Kräfte am oberen Teil des Elementes überlegen.

Die Normalspannungen sind bei Druckbelastung negativ. Deshalb kann der Spannungskreis teilweise oder ganz im negativen Bereich der Abszisse liegen. Das ist beim Trägheitskreis nicht möglich.

Zuletzt sollte die Größe in Richtung von τ_{max} bestimmt werden. Dazu ist es notwendig, die Gleichung 8-2 nach α zu differenzieren und die Ableitung gleich Null zu setzen.

$$\frac{d\tau_\alpha}{d\alpha} = 2\,\frac{\sigma_y - \sigma_x}{2}\cos 2\alpha + 2\,\tau_{yx}\sin 2\alpha\,.$$

Für $\dfrac{d\tau_\alpha}{d\alpha} = 0$ ist $\alpha = \alpha_\tau$.

Damit ist

$$\tan 2\alpha_\tau = -\,\frac{\sigma_y - \sigma_x}{2\,\tau_{yx}}\,.\qquad\qquad\text{Gl. 8-5}$$

Nach Gleichung 8-3 ist

$$\tan 2\alpha_\tau = -\frac{1}{\tan 2\alpha_h} = \frac{1}{\tan(-2\alpha_h)}.$$

Es muß deshalb gelten

$$2\alpha_\tau - 2\alpha_h = 90° \quad \Rightarrow \quad \alpha_\tau = \alpha_h + 45°.$$

Das heißt, daß *die Achsen für τ_{max} um 45° zu den Hauptachsen gedreht sind*.

In der Abb. 8-3 ist der Winkel *EAC* gleich 45° als Peripheriewinkel zum rechten Zentriwinkel *CME*. Da *CA* eine Hauptachse ist, muß deshalb *AE* die Schnittrichtung für die maximale Schubspannung τ_{max} sein.

Die Berechnung von τ_{max} erfolgt analog zu der von σ_{max} bzw. σ_{min}. Man erhält

$$\tau_{max} = \sqrt{\left(\frac{\sigma_y - \sigma_x}{2}\right)^2 + \tau_{yx}^2} = \frac{\sigma_{max} - \sigma_{min}}{2} \qquad \text{Gl. 8-6}$$

Dieser Wert entspricht, wie zu erwarten, dem Radius des MOHRschen Spannungskreises. Die zugeordnete Normalspannung beträgt, wie aus Gleichungen 8-1 und 8-2 und dem MOHRschen Spannungskreis folgt

$$\sigma_M = \frac{\sigma_y + \sigma_x}{2} = \frac{\sigma_{max} + \sigma_{min}}{2} \qquad \text{Gl. 8-7}$$

In der Praxis ergeben sich meistens zwei grundsätzliche Aufgabenstellungen.

Fall 1 (Abb. 8-4a)
Es sind Normal- und Schubspannungen in x- und y-Richtung bekannt. Zu bestimmen sind die maximale Normalspannung und deren Wirkungsrichtung (Hauptspannungen). Die Spannungen σ_y und σ_x werden auf der Abszisse gekennzeichnet. Bei σ_y wird τ_{yx} nach der Vorzeichenregel aufgetragen. Hier erzeugen die Spannungen τ_{yx} ein mathematisch positives Moment, deshalb ist τ_{yx} positiv aufzutragen. Man erhält den Punkt A. Analoges gilt für B. Die Verbindung von A nach B liefert den Mittelpunkt und Durchmesser des MOHRschen Kreises. Dessen Schnittpunkte mit der Abszisse legen die Hauptspannungen σ_{max} und σ_{min} fest (Punkte C und D). $\overline{CA}$ und $\overline{AD}$ sind Richtungen der Hauptachsen (Kreis des THALES). Die Spannung σ_{max} hat die Richtung DA, σ_{min} die von CA. Die Richtigkeit der Konstruktion folgt unmittelbar aus den abgeleiteten Gleichungen und der Abb. 8-3.

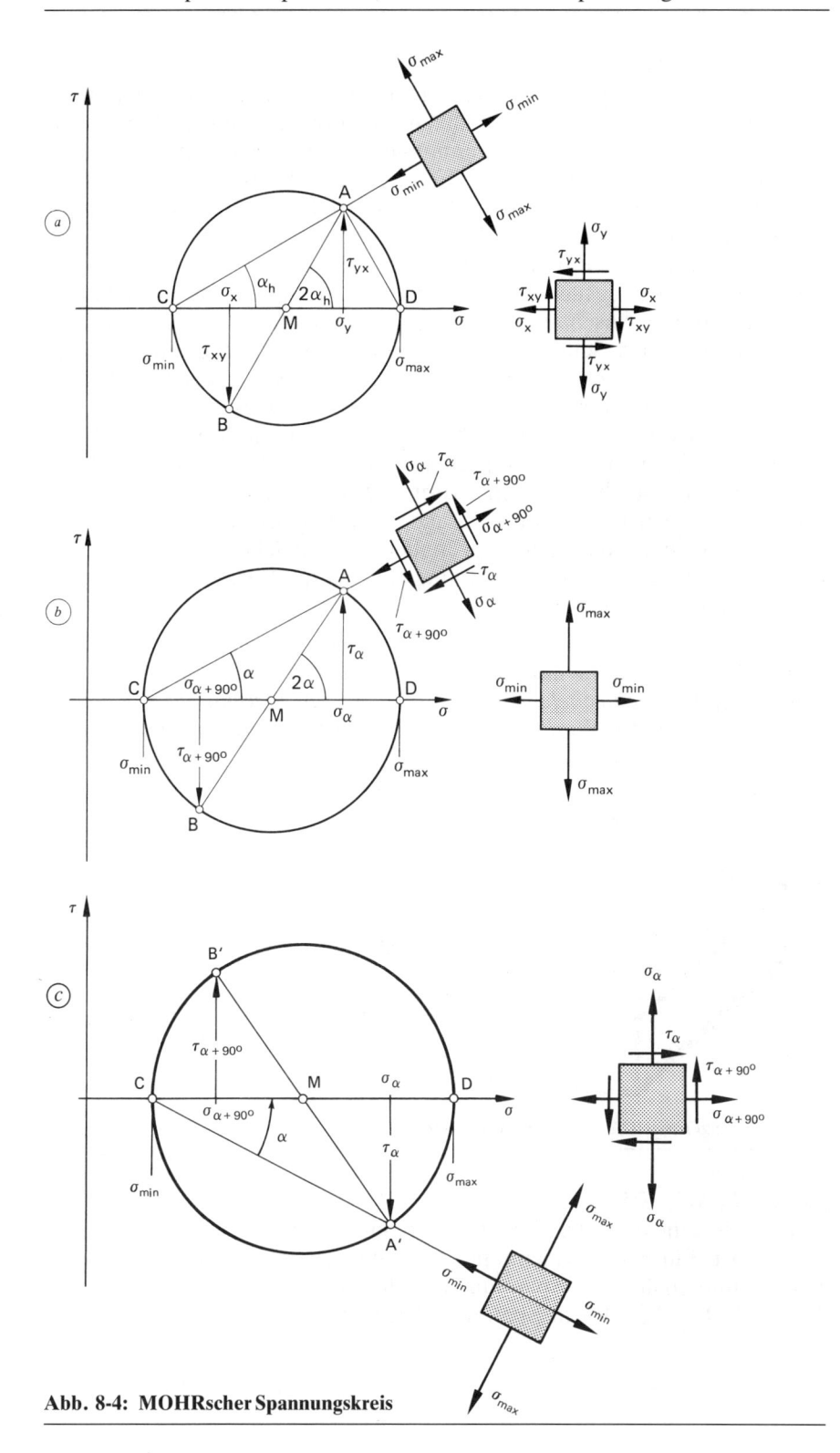

8.1 Das Hauptachsenproblem; der MOHRsche Spannungskreis

Abb. 8-4: MOHRscher Spannungskreis

Fall 2 (Abb. 8-4b/c)
Gibt es in den vorgegebenen Richtungen x und y keine Schubspannung ($\tau_{xy} = 0$) dann sind σ_y und σ_x gleichzeitig Hauptspannungen. Für diesen Fall sollen Normal- und Schubspannungen für ein um α gedrehtes Koordinatensystem bestimmt werden. Die bekannten Werte $\sigma_y = \sigma_{max}$ und $\sigma_x = \sigma_{min}$ sind die Schnittpunkte des MOHRschen Kreises mit der Abszisse. Damit liegt der Kreis fest. Der Winkel α wird an die Abszisse in C angetragen und liefert den Punkt A. Dieser und der gegenüberliegende Punkt B entsprechen dem gesuchten Spannungszustand. Die Richtungen von τ_α kann man aus der Anschauung festlegen. Die Spannungen σ_α und die beiden oben liegenden Schubspannungen müssen sich gegenseitig verstärken um σ_{max} zu ergeben. Formalistisch gilt hier die Vorzeichenregel von τ umgekehrt, da das nicht gedrehte System Hauptachsensystem ist. Im Kreis ist τ_α positiv, es erzeugt deshalb am Element ein Moment im Uhrzeigersinn. Man kann auch von einem Kreis nach Abb. 8-4c ausgehen. Hier ist das Hauptachsensystem gedreht. Da der Winkel α mathematisch positiv gezählt wird, muß von der Lage A′ ausgegangen werden. Jetzt ist τ_α negativ und wirkt nach der ursprünglichen Vorzeichenregelung wie angegeben. Für die meisten Anwendungsfälle ist die Lösung nach Abb. 8-4b anschaulicher (z.B. Beispiel 2).

Zusammenfassend soll darauf hingewiesen werden, daß jeweils zwei gegenüberliegende Punkte auf dem MOHRschen Kreis den Spannungszustand an einem Rechteckelement entsprechen. Einer Drehung des Koordinatensystems um den Winkel α entspricht einer Drehung im MOHRschen Kreis um den Winkel 2 α.

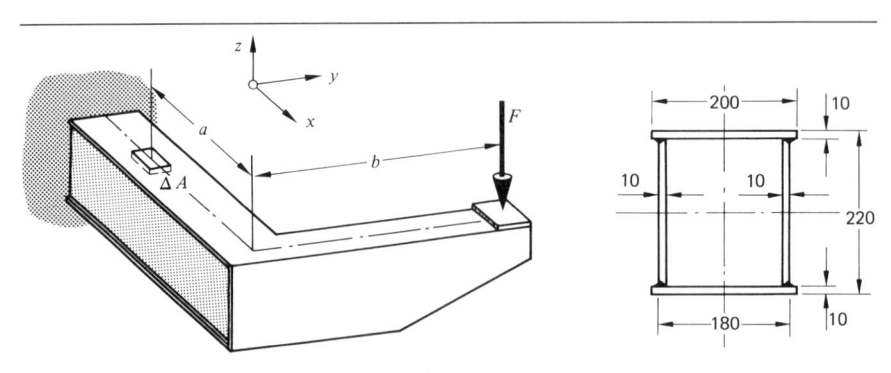

Abb. 8-5: Exzentrisch belasteter Kastenträger

Beispiel 1 (Abb. 8-5)
Skizziert ist eine exzentrisch belastete Konsole, die als Kastenträger ausgebildet ist. Für gekennzeichnete Elemente ΔA sind die Hauptspannungen, die maximale Schubspannung und die Lage der Hauptachsen zu bestimmen. Der MOHRsche Spannungskreis ist zu zeichnen.

8.1 Das Hauptachsenproblem; der MOHRsche Spannungskreis

$F = 50{,}0\,\text{kN}$; $a = 800\,\text{mm}$; $b = 700\,\text{mm}$

Lösung (Abb. 8-6/7)
In x-Richtung wirkt die Biegespannung und in Umfangsrichtung des Kastens die durch Verdrehung verursachte Schubspannung τ_{xy}.

Biegung
Flächenträgheitsmoment (Tabelle 9 und STEINER Gl. 4-11)

$$I_y = 2\left(\frac{20\,\text{cm} \cdot 1^3\text{cm}^3}{12} + 10{,}5^2\,\text{cm}^2 \cdot 20\,\text{cm} \cdot 1\,\text{cm} + \frac{1\,\text{cm} \cdot 20^3\,\text{cm}^3}{12}\right) = 5747\,\text{cm}^4$$

Widerstandsmoment

$$W_y = \frac{I_y}{z_{max}} = \frac{5747\,\text{cm}^4}{11{,}0\,\text{cm}} = 522\,\text{cm}^3$$

Biegemoment

$$M_b = F \cdot a = 50 \cdot 10^3\,\text{N} \cdot 80\,\text{cm} = 4{,}0 \cdot 10^6\,\text{Ncm}$$

Biegespannung

$$\sigma_b = \sigma_x = \frac{M_b}{W_y} = \frac{4{,}0 \cdot 10^6\,\text{Ncm}}{522\,\text{cm}^3} \cdot \frac{\text{cm}^2}{10^2\,\text{mm}^2} = 76{,}6\,\text{N/mm}^2$$

Verdrehung
Widerstandsmoment (BREDT Gl. 6-12; Tabelle 13)

$$W_t = (A_a + A_i) \cdot s_{min} = (22 \cdot 18 + 20 \cdot 16)\,\text{cm}^2 \cdot 1{,}0\,\text{cm} = 716\,\text{cm}^3$$

Torsionsmoment

$$M_t = F \cdot b = 50 \cdot 10^3\,\text{N} \cdot 70\,\text{cm} = 3{,}5 \cdot 10^6\,\text{Ncm}$$

Schubspannung

$$\tau = |\tau_{yx}| = |\tau_{xy}| = \frac{M_t}{W_t} = \frac{3{,}5 \cdot 10^6\,\text{Ncm}}{716\,\text{cm}^3} \cdot \frac{\text{cm}^2}{10^2\,\text{mm}^2} = 48{,}9\,\text{N/mm}^2$$

Das Teilelement mit den eingezeichneten Spannungen zeigt die Abb. 8-6. Im vorliegenden Fall ist $\sigma_y = 0$. Das führt mit der Gleichung 8-4 auf die Hauptspannungen

$$\sigma_{\max \atop \min} = \frac{\sigma_x}{2} \pm \sqrt{\left(\frac{\sigma_x}{2}\right)^2 + \tau_{yx}^2} = \left(\frac{76{,}6}{2} \pm \sqrt{\left(\frac{76{,}6}{2}\right)^2 + 48{,}9^2}\right) \text{N/mm}^2$$

$\sigma_{\max} = 100{,}4 \text{ N/mm}^2 \qquad \sigma_{\min} = -23{,}8 \text{ N/mm}^2$

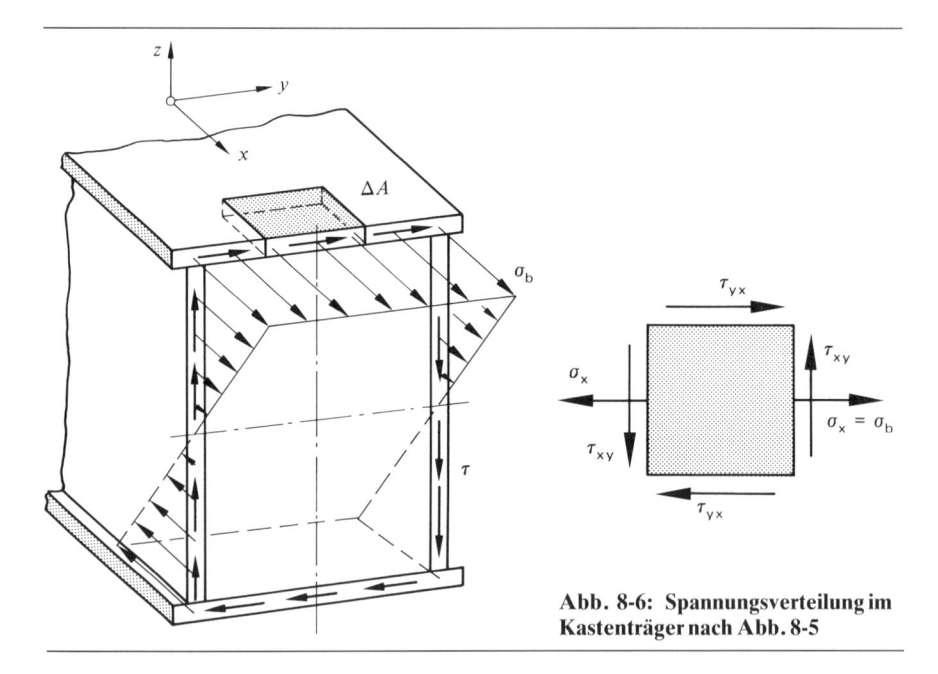

Abb. 8-6: Spannungsverteilung im Kastenträger nach Abb. 8-5

Die maximale Schubspannung berechnet man am einfachsten aus den Hauptspannungen nach Gleichung 8-6

$$\tau_{\max} = \frac{\sigma_{\max} - \sigma_{\min}}{2} = \frac{100{,}4 - (-23{,}8)}{2} \text{ N/mm}^2$$

$\tau_{\max} = 62{,}1 \text{ N/mm}^2$

Für die Auswertung der Gleichung 8-3 ist es notwendig, die Vorzeichen von τ zu bestimmen. τ_{xy} verursacht am Element ein mathematisch positives Moment, τ_{yx} ein negatives

$$\tau_{xy} = +48{,}9 \text{ N/mm}^2 \qquad \tau_{yx} = -48{,}9 \text{ N/mm}^2$$

Damit ist

$$\tan 2\alpha_h = \frac{2\,\tau_{yx}}{\sigma_y - \sigma_x} = \frac{2\,(-48{,}9 \text{ N/mm}^2)}{-76{,}6 \text{ N/mm}^2}$$

8.1 Das Hauptachsenproblem; der MOHRsche Spannungskreis

$2\alpha_h = -128{,}1°;\quad 51{,}9°;\quad 231{,}9°\ldots$
$\alpha_h = -\ 64°;\quad 26°;\quad 116°\ldots$

Diese Winkel legen die beiden Hauptachsen fest. Der erste und dritte Wert bezeichnet die gleiche Achse. In welcher Richtung σ_{max} und σ_{min} wirken, kann man am einfachsten am MOHRschen Kreis nach Abb. 8-7 erkennen. Dieser wird folgendermaßen gezeichnet. Die Normalspannungen σ_x und σ_y werden auf der Abszisse gekennzeichnet. Dabei ist $\sigma_y = 0$ der Ursprungspunkt des Koordinatensystems. Jetzt ist zu beachten, daß ein Punkt im Kreis den Spannungszustand an einer Elementenfläche darstellt. An den gleichen Flächen wirken σ_y; τ_{yx} und σ_x; τ_{xy}. Hier müssen deshalb bei $\sigma_y = 0$; $\tau_{yx} = -48{,}8\ \text{N/mm}^2$ (Punkt A) und bei $\sigma_x = 76{,}6\ \text{N/mm}^2$; $\tau_{xy} = +48{,}8\ \text{N/mm}^2$ (Punkt B) aufgetragen werden. A und B werden verbunden und ergeben auf der Abszisse den Mittelpunkt M des Kreises, der mit dem Radius MA ($\hat{=}\ \tau_{max}$) gezeichnet wird. Er schneidet den Kreis bei σ_{max}. Dieser Schnittpunkt D legt mit A auch die Richtung von σ_{max} fest. Analoges gilt für C und σ_{min}. Ein um 45° gedrehtes System AE liefert den Schnitt für τ_{max}.

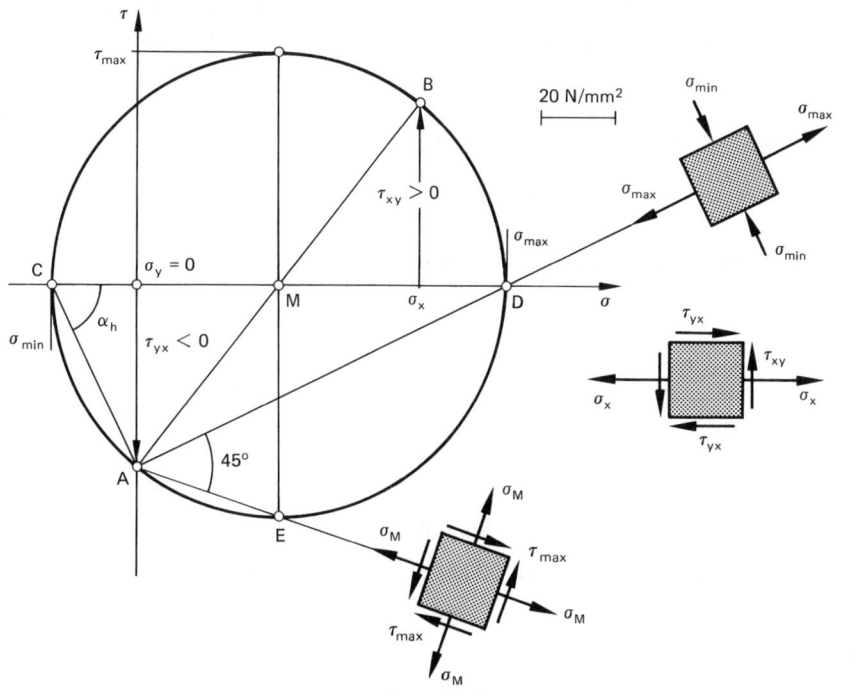

Abb. 8-7: MOHRscher Spannungskreis für Teilelement des Kastenträgers nach Abb. 8-5

Das vorliegende Beispiel versucht, folgende Erkenntnisse zu vermitteln. In einem belasteten Bauteil entsteht an einer Stelle nicht DIE formelmäßig erfaßbare Spannung. Für jede Richtung ergeben sich an einem Element andere Spannungen, z.B. wirkt hier in Schnitten CA eine maximale Zugspannung in Richtung AD. In diese Richtung erfolgt auch die maximale Dehnung des Werkstoffs. Würde man die betrachtete Stelle mit einem spröden Lack überziehen, der der Dehnung nicht folgen kann, entstünden Risse in Richtung CA. Senkrecht zu σ_{max} wirken Druckspannungen. Diese würden den Lack zusammendrücken. In Schnitten die durch AE gekennzeichnet sind, ist die Belastung so, daß sich maximale Winkeländerungen nach Abschnitt 2.3 ergeben. Die Vorgänge im Werkstoff sind sehr komplex. Aus diesem Grunde ist es immer noch weitgehend unbekannt, welche der vielfältigen Wirkungen bei Überlastung letztlich zur Zerstörung eines Bauteils führt. Mit dieser Thematik befaßt sich das nächste Kapitel. Dort wird auf hier abgeleitete Gleichungen zurückgegriffen.

Beispiel 2
Für einen mit $\sigma = 100$ N/mm² gezogenen Stab sind die Spannungen in einem Schnitt unter 30° und 45° zur Querschnittsebene zu bestimmen. Die Ergebnisse sind mit dem MOHRschen Spannungskreis zu kontrollieren.

Lösung (Abb. 8-8)
In diesem Falle gelten die Gleichungen 8-1/2 für den Fall

$$\sigma = \sigma_y = \sigma_{max}; \quad \sigma_x = 0 \quad \text{und} \quad \tau_{yx} = 0$$

$$\sigma_\alpha = \frac{\sigma_y}{2} + \frac{\sigma_y}{2} \cos 2\alpha = \sigma_y \frac{1 + \cos 2\alpha}{2}$$

$$\sigma_\alpha = \sigma_y \cdot \cos^2 \sigma$$

$$\tau_\alpha = \frac{\sigma_y}{2} \sin 2\alpha .$$

Das sind die Gleichungen 3-3/4 des Abschnittes 3.

Die Berechnung der Spannungen für die beiden Schnitte ergibt

$\alpha = 45°$

$\sigma_{45} = 100 \text{ N/mm}^2 \cdot \cos^2 45° = \mathbf{50 \text{ N/mm}^2}$

$\tau_{45} = \tau_{max} = \mathbf{50 \text{ N/mm}^2} \cdot$

8.2 Die verschiedenen Beanspruchungsarten

Eine gleichartige Frage wurde bereits im Beispiel 3 des Abschnitts 3.1 behandelt.

$\alpha = 30°$

$\sigma_{30} = 100\,\text{N/mm}^2 \cdot \cos^2 30° = \mathbf{75\,N/mm^2}$

$\tau_{30} = 50\,\text{N/mm}^2 \cdot \sin 60° = \mathbf{43{,}3\,N/mm^2}$.

Da keine Schubspannungen im Ausgangssystem wirken, handelt es sich um ein Hauptachsensystem mit $\sigma_{max} = 100\,\text{N/mm}^2$ und $\sigma_{min} = 0$. Die Konstruktion erfolgt deshalb nach Abb. 8-4b. Der Kreis tangiert die Ordinate, wie in Abb. 8-8 gezeigt. Man findet dort die oben errechneten Ergebnisse bestätigt.

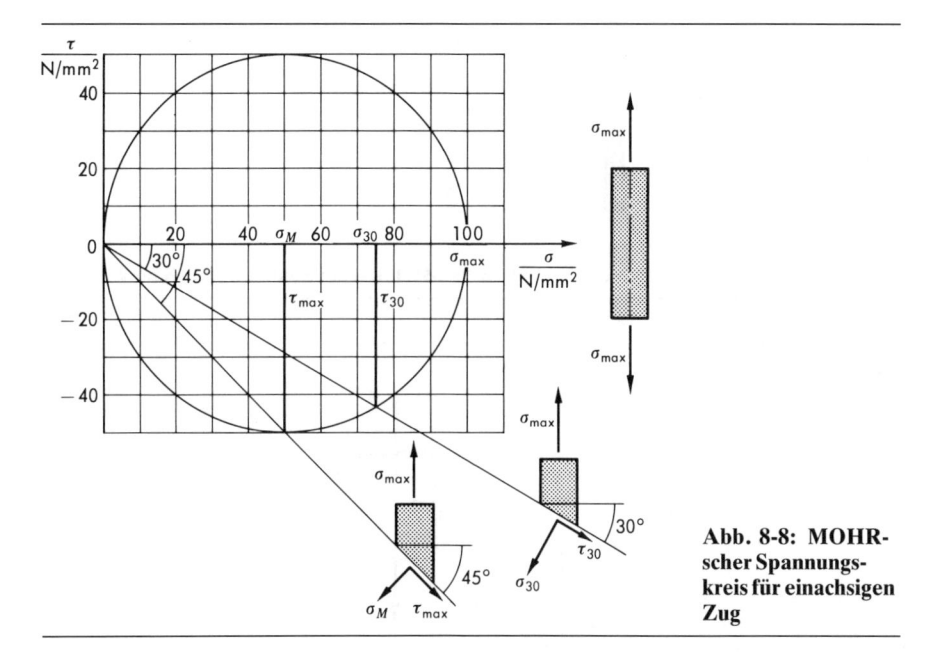

Abb. 8-8: MOHRscher Spannungskreis für einachsigen Zug

8.2 Die verschiedenen Beanspruchungsarten

8.2.1 Zug

Der einachsige Zug wird durch einen tangierenden Spannungskreis nach Abb. 8-9 dargestellt. Die maximale Schubspannung wirkt in Schnitten unter 45°. Sie ist halb so groß wie die Hauptspannung und verursacht bei Erreichen der Streckgrenze in zähen Werkstoffen das Abgleiten einzelner Schichten. Die damit verbundene Einschnürung führt durch die Querschnittsminderung letztlich zum Bruch.

Im Kerbgrund eines gekerbten Stabes entstehen durch Umlenkung des Kraftflusses Querspannungen. Das wurde bereits im Abschnitt 2.6 (Abb. 2-14/15) diskutiert. Dem Spannungskreis nach Abb. 8-10 entnimmt man, daß die Schubspannung z.T. erheblich vermindert ist. Damit entfällt die Ursache für Fließen und Einschnüren. Der *gekerbte Stab verhält sich spröde* und kann bei *ruhender* Belastung eine höhere Kraft übertragen als der ungekerbte. Der Vergleich gilt nur, wenn der Querschnitt im Kerbgrund gleich dem Querschnitt des ungekerbten Stabes ist. Für eine dynamische Belastung sind Kerben jedoch besonders gefährlich. Darauf wurde bereits im Kapitel 2 eingegangen.

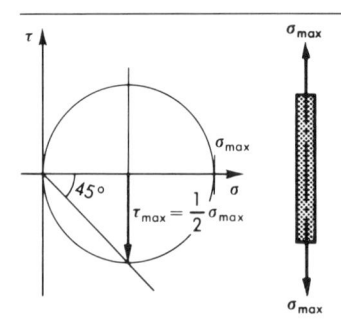

Abb. 8-9: MOHRscher Spannungskreis für Zugstab

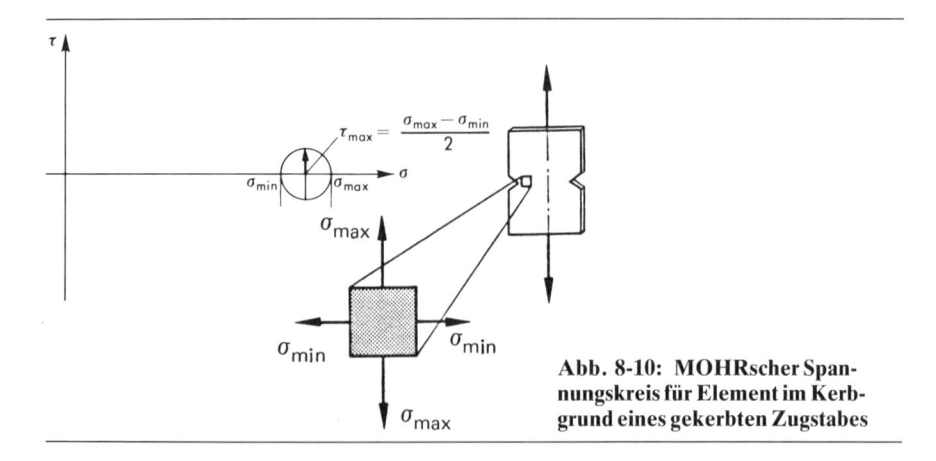

Abb. 8-10: MOHRscher Spannungskreis für Element im Kerbgrund eines gekerbten Zugstabes

8.2.2 Druck
Für den einachsigen Druck ergeben sich analoge Verhältnisse wie für den einachsigen Zug (Abb. 8-11). Die maximale Schubspannung führt bei einigen Werkstoffen zu Bruchflächen, wie sie in der Abb. 3-7 gezeigt sind.

8.2 Die verschiedenen Beanspruchungsarten

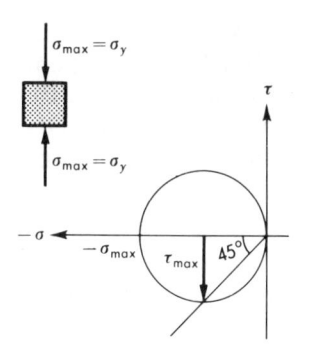

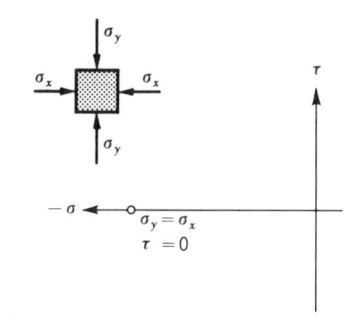

Abb. 8-11: MOHRscher Spannungskreis für einachsigen Druck

Abb. 8-12: MOHRscher Spannungskreis für allseitig gleichen Druck

Für die Behandlung des mehrachsigen Druckes soll vorausgesetzt werden, daß die Spannung senkrecht zur Zeichenebene gleich σ_x ist. Wirken von allen Seiten gleiche Druckspannungen auf den Versuchskörper, dann ist wegen $\sigma_x = \sigma_y$ der Spannungskreis zu einem Punkt zusammengeschrumpft (Abb. 8-12). Die Schubspannung verschwindet, die allseitig wirkenden Normalspannungen verursachen lediglich eine Volumenverkleinerung. Im Versuch ist bei einem *allseitig gleichen Druck eine Zerstörung nicht möglich*. Einer solchen Belastung unterliegt z.B. ein Stein im Wasser, der dabei dem allseitigen, gleichen Wasserdruck ausgesetzt ist.

Die Druckfestigkeit eines einachsig belasteten Versuchsblocks erhöht sich, wenn man zusätzlich senkrecht zur Belastungsachse den Block durch Druck belastet. Das folgt zunächst aus dem oben diskutierten Fall, für den eine Zerstörung nicht möglich ist. Das gilt aber auch, wenn $\sigma_y \neq \sigma_x$ ist. Da die Differenz dieser beiden Spannungen gleich der doppelten Schubspannung ist, können bei einer solchen Belastung z.T. *erhebliche Schubspannungen* auftreten. Diese können bei sonst *spröden Werkstoffen zum Fließen* führen, wobei die übertragbaren Spannungen we-

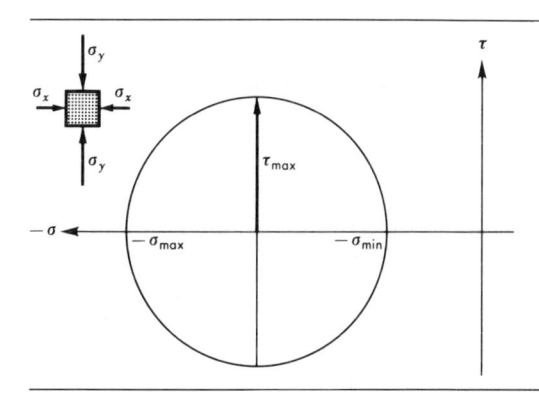

Abb. 8-13: MOHRscher Spannungskreis für mehrachsigen Druck

sentlich höher liegen als bei einachsiger Belastung. Die σ-ε-Diagramme entsprechen dabei denen von zähen Werkstoffen. KÁRMAN*) hat entsprechende Versuche mit Marmor durchgefürht und dabei bei einer Belastung, wie sie Abb. 8-13 entspricht, Fließlinien beobachtet und σ-ε-Diagramme aufgenommen, wie sie sich sonst nur für zähe Werkstoffe ergeben.

In diesem Zusammenhang zeigt sich erneut, daß ein Werkstoff nicht von Natur aus zäh oder spröde ist, sondern daß er je nach Belastungsart, Belastungsgeschwindigkeit, Form und Temperatur sich mehr oder weniger zäh oder spröde verhalten kann.

8.2.3 Verdrehung

Der Mittelpunkt des Spannungskreises liegt bei Verdrehung im Ursprungspunkt des Koordinatensystems, da $\sigma_x = \sigma_y = 0$ für den tordierten Querschnitt gilt. Daraus folgt, daß die Torsionsspannung $\tau_t = \tau_{max}$ ist (Abb. 8-14). In Schnitten unter 45° wirken je nach Richtung Zug- bzw. Druckspannungen der Größe $\sigma_z = \sigma_d = \tau_{max}$. Diese Zugspannungen führen z.B. bei gehärtetem Stahl, Grauguß, Porzellan und verschiedenen anderen Stoffen zu Brüchen nach Abb. 6-11.

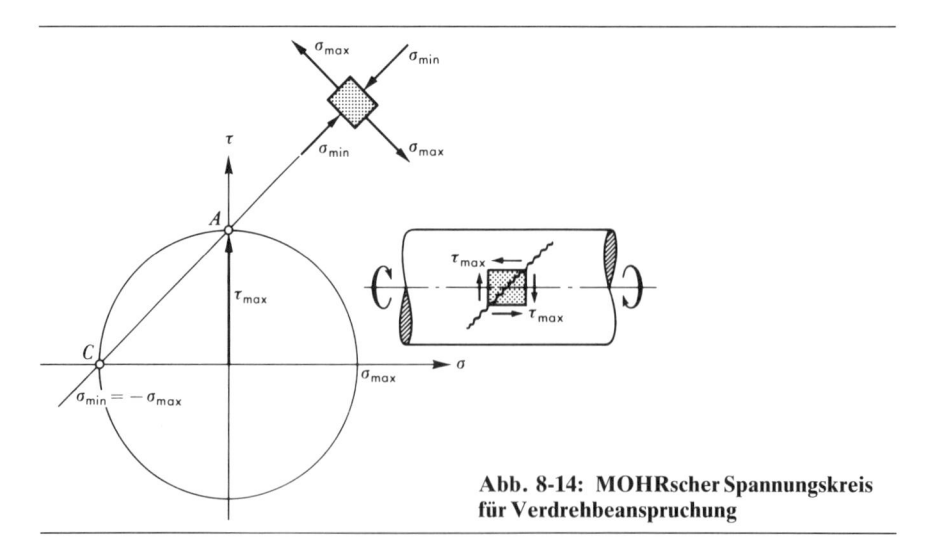

Abb. 8-14: MOHRscher Spannungskreis für Verdrehbeanspruchung

8.3 Zusammenfassung

An einem quaderförmigen Teilelement greifen im allgemeinen Falle die Normalspannungen σ_x und σ_y und die Schubspannungen τ_{xy} und τ_{xy} an.

Unter einem Winkel α zur *x*-Richtung wirken in der Schnittebene folgende Spannungen

---
*) KÁRMAN (1881-1963), amerikanischer Physiker und Mathematiker.

8.3 Zusammenfassung

$$\sigma_\alpha = \frac{\sigma_y + \sigma_x}{2} + \frac{\sigma_y - \sigma_x}{2} \cos 2\alpha + \tau_{yx} \sin 2\alpha \qquad \text{Gl. 8-1}$$

$$\tau_\alpha = \frac{\sigma_y - \sigma_x}{2} \sin 2\alpha - \tau_{yx} \cos 2\alpha \qquad \text{Gl. 8-2}$$

Für den Schnitt unter dem Winkel

$$\tan 2\alpha_h = \frac{2\tau_{yx}}{\sigma_y - \sigma_x} \qquad \text{Gl. 8-3}$$

verschwindet die Schubspannung τ_α. Gleichzeitig wird $\sigma_\alpha = \sigma_{\max/\min}$ in senkrecht zueinander stehenden Schnitten

$$\sigma_{\max/\min} = \frac{\sigma_y + \sigma_x}{2} \pm \sqrt{\left(\frac{\sigma_y - \sigma_x}{2}\right)^2 + \tau_{yx}^2} \; . \qquad \text{Gl. 8-4}$$

Die Achsen unter dem Winkel α_h und $\alpha_h + 90°$ werden analog zu den Flächenträgheitsmomenten Hauptachsen genannt. Folgende Werte entsprechen einander

    Normalspannung   –   Flächenträgheitsmoment
    Schubspannung   –   Flächenzentrifugalmoment

Unter 45° zur Hauptachse erreichen die Schubspannungen einen Maximalwert

$$\tau_{\max} = \frac{\sigma_{\max} - \sigma_{\min}}{2} \qquad \text{Gl. 8-6}$$

Graphisch werden die Gleichungen vom MOHRschen Spannungskreis wiedergegeben. Seine Anwendung auf Zug, Druck und Torsion erleichtert das Verständnis über das Verhalten der verschiedenen Werkstoffe bei diesen Beanspruchungen (Abb. 8-8 bis 14).

9. Zusammengesetzte Beanspruchung

9.1 Addition von Normalspannungen

9.1.1 Zug und Biegung

Ausgegangen wird von einem Stab, der axial außerhalb der Schwerpunktachse belastet ist. Hier ist einer zentrischen Zugbelastung, wie sie im Abschnitt 3.1.1 behandelt wurde, eine Biegung überlagert. Zur Bestimmung der Größe des Biegemomentes muß die Kraft F nach Abb. 9-1 parallel in die Schwerpunktachse verschoben werden. Bei Parallelverschiebung einer Kraft F um den Abstand f muß ein Moment $F \cdot f$ addiert werden. Das wurde im Band 1 Abschnitt 3.3.4 abgeleitet, ist aber auch aus der Abb. 9-1 ohne weitere Erklärung verständlich. Man erhält so eine Überlagerung des zentrischen Zuges (Kraft F) und einer Biegung (Biegemoment $F \cdot f$). *Beide verursachen gleichgerichtete Normalspannungen, die unter Beachtung der Vorzeichen addiert werden.* Die unbelastete Faser liegt nicht mehr in der Schwerpunktachse. Die Spannungen in den Außenfasern haben die Größe:

Seite des größeren Faserabstandes

$$\sigma = \frac{F}{A} \pm \frac{M_b}{I} e_{max} = \frac{F}{A} \pm \frac{M_b}{W}$$

Seite des kleineren Faserabstandes

$$\sigma = \frac{F}{A} \pm \frac{M_b}{I} e_{min}$$

Gl. 9-1

Schon kleine Exzentrizitäten in der Krafteinleitung führen zu einer wesentlichen Erhöhung der maximalen Spannung in einem Zugstab (siehe Beispiel 1). Auf der anderen Seite kann man bei gekröpften Trägern die auftretenden Zugspannungen gegenüber den normalerweise viel größeren Biegespannungen fast immer vernachlässigen (siehe Beispiel 2).

Beispiel 1 (Abb. 9-2)
Ein gewalzter T-50 Stahl ist nach Skizze mit $F = 20$ kN auf Zug beansprucht. An dem Ende, an dem die Kraft eingeleitet wird, ist der Flansch abgefräst. Zu bestimmen sind die Spannungen in den Schnitten A-A und B-B.

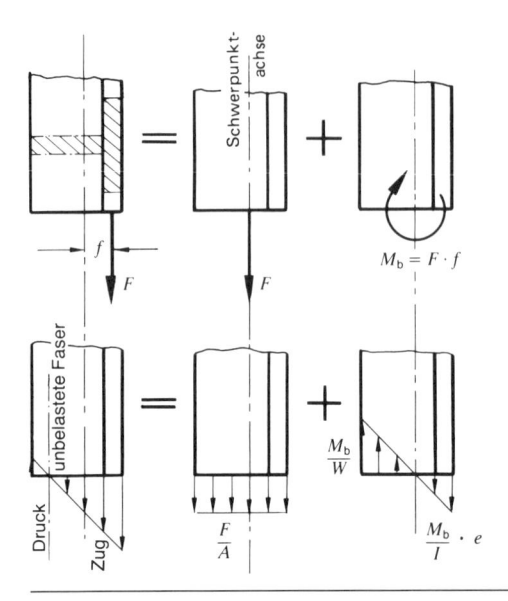

Abb. 9-1: Überlagerung von Zug und Biegung

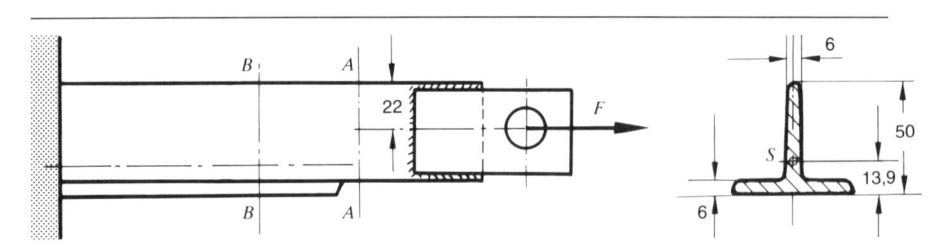

Abb. 9-2: T-Stahl exzentrisch gezogen

Lösung
Dem Normblatt entnimmt man folgende Werte $I_y = 12{,}1$ cm^4; $W_y = 3{,}36$ cm^3; $A = 5{,}66$ cm^2. Die Schwerpunktlage ist in der Abbildung 9-2 vermaßt.

Schnitt A-A:

$$\sigma = \frac{F}{A} = \frac{20 \cdot 10^3 \, \text{N}}{6 \cdot 44 \, \text{mm}^2} = 75{,}8 \, \text{N/mm}^2.$$

Schnitt B-B:
Die Kraft F muß um $f = 50$ mm $-$ 22 mm $-$ 13,9 mm $= 14{,}1$ mm in die Schwerpunktachse des T-Profils verschoben werden. Dabei entsteht ein Biegemoment

$$M_b = F \cdot f = 20 \cdot 10^3 \, \text{N} \cdot 1{,}41 \, \text{cm} = 2{,}82 \cdot 10^4 \, \text{Ncm}.$$

9.1 Addition von Normalspannungen

Man erhält nach Gl. 9-1

Stegseite (oben)

$$\sigma_o = \frac{F}{A} + \frac{M_b}{W} = \frac{20 \cdot 10^3 \, \text{N}}{566 \, \text{mm}^2} + \frac{2{,}82 \cdot 10^4 \, \text{Ncm}}{3{,}36 \, \text{cm}^3} \cdot \frac{1 \, \text{cm}^2}{100 \, \text{mm}^2}$$

$$\sigma_o = 35{,}3 \, \frac{\text{N}}{\text{mm}^2} + 83{,}9 \, \frac{\text{N}}{\text{mm}^2} = \mathbf{119{,}3 \, N/mm^2}$$

Flanschseite (unten)

$$\sigma_u = \frac{F}{A} - \frac{M_b}{I} \cdot e = 35{,}3 \, \frac{\text{N}}{\text{mm}^2} - \frac{2{,}82 \cdot 10^4 \, \text{Ncm}}{12{,}1 \, \text{cm}^4} \cdot 1{,}39 \, \text{cm} \cdot \frac{1 \, \text{cm}^2}{100 \, \text{mm}^2}$$

$$\sigma_u = 35{,}3 \, \frac{\text{N}}{\text{mm}^2} - 32{,}4 \, \frac{\text{N}}{\text{mm}^2} = \mathbf{2{,}9 \, N/mm^2}.$$

Durch die geringe Exzentrität von 14 mm steigt die Spannung von 35,3 N/mm² auf mehr als den dreifachen Wert 119,3 N/mm². Besonders beachtenswert ist, daß an der Stelle wo der Flansch abgefräst ist (Schnitt A-A), die Spannung geringer ist als im vollen Querschnitt. Der Schnitt A A ist gleichmäßig ausgelastet. Im Gegensatz dazu ist der volle Querschnitt sehr ungleichmäßig ausgenutzt. Der Flansch unterliegt einer sehr geringen Spannung, sein Betrag zur Kraftübertragung ist demnach sehr gering. Kompensiert wird das durch hohe Beanspruchung der Außenfaser des Steges.

Beispiel 2 (Abb. 9-3)
Der abgebildete gekröpfte Träger ist für $\sigma_{zul} = 60 \, \text{N/mm}^2$ zu dimensionieren. Es soll ein I Profil verwendet werden, das in Stegrichtung belastet ist.

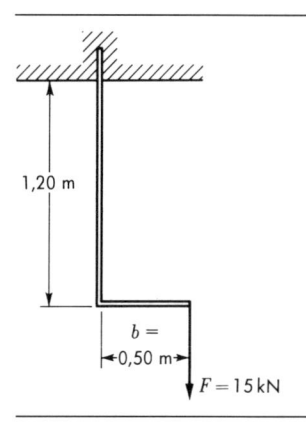

Abb. 9-3: Gekröpfter Träger

Lösung
Die Anwendung der Gleichung 9-1 ist in diesem Falle nicht möglich. Es ist einfacher, zunächst die Dimensionierung nur für Biegung durchzuführen.

$$W_y = \frac{M_b}{\sigma_{zul}} = \frac{15 \cdot 10^3 \, \text{N} \cdot 50 \, \text{cm}}{60 \cdot 10^2 \, \text{N/cm}^2} = 125 \, \text{cm}^3.$$

Das ergibt nach Tabelle 10 das Profil I 180 mit $W_y = 161 \, \text{cm}^3$ und $A = 27{,}9 \, \text{cm}^2$. Mit diesen Werten kann man nach Gleichung 9-1 kontrollieren, ob die zulässige Spannung nicht überschritten wird.

$$\sigma_{max} = \frac{F}{A} + \frac{M_b}{W_y} = \left(\frac{15 \cdot 10^3 \, \text{N}}{27{,}9 \, \text{cm}^2} + \frac{7{,}5 \cdot 10^5 \, \text{N cm}}{161 \, \text{cm}^3} \right) \cdot \frac{\text{cm}^2}{10^2 \, \text{mm}^2}$$

$$\sigma_{max} = 5{,}4 \, \text{N/mm}^2 + 46{,}6 \, \text{N/mm}^2 < \sigma_{zul}.$$

Man sieht, daß die Biegespannung trotz eines kurzen Hebelarms bei weitem überwiegt.

9.1.2 Druck und Biegung

Grundsätzlich gelten auch bei Überlagerung von Druck und Biegung die Gleichungen 9-1. Bei schlanken Stäben stellt sich jedoch die Frage der Knickung, die bei Überlagerung mit Biegung besonders gefährlich ist. Die Gleichungen 9-1 sollen deshalb nur auf Bauelemente mit geringem Schlankheitsgrad angewendet werden.

9.2 Zusammensetzung von Normal- und Schubspannung

9.2.1 Bruchhypothesen und Vergleichsspannungen

Es soll in diesem Abschnitt von dem im Kapitel 2 beschriebenen Zugversuch ausgegangen werden. Für einen weichen Stahl wird die Zerstörung eingeleitet, wenn Gefügeteile aneinander abgleiten und der Stab bleibend gedehnt wird. Bei sprödem Material erfolgt ein Trennbruch ohne bleibende Dehnung. In Kapitel 3 ist bereits darauf hingewiesen worden, daß die für die Dimensionierung benutzte zulässige Spannung eine Rechengröße ist, die nicht unbedingt die tatsächlichen Ursachen der Zerstörung erfaßt. Es fragt sich deshalb, welche andere Faktoren noch als *Ursache einer Zerstörung* angesehen werden können. Bisher sind fünf Größen in Betracht gezogen worden, die bei Überschreitung eines kritischen Wertes die Zerstörung einleiten könnten.

1. Die *Normalspannung*. Im Falle des Zugversuches an einem weichen Stahl ist das die Zugspannmung σ_E, bei deren Überschreiten der Stab bleibend gedehnt wird.
2. Die *maximale Schubspannung*. In einem gezogenen Stab wirkt sie in Schnitten unter 45° zur Achse (s. Kapitel 3). Ihre Größe ist bei einsetzender plastischer Deformation $\sigma_E/2$.
3. Die *Dehnung*. Im Zugversuch ist das die maximale elastische Dehnung $\varepsilon = \sigma_E/E$.
4. Die *Formänderungsarbeit*. Für den Zugversuch beträgt sie nach Gleichung 3-12 $\sigma_E^2/(2E)$.
5. Die *Gestaltänderungsarbeit*. Für den Zugversuch beträgt sie nach Gleichung 3-15 $\dfrac{1+\mu}{3E} \cdot \sigma_E^2$.

Alle diese Größen erreichen bei beginnendem Versagen eines Zugstabes ihren Maximalwert, da sie alle von σ_E abhängen. Es steht also für den Zugversuch nicht fest, ob die Zerstörung einsetzt, weil der Stab

1. keine größeren Normalspannungen im Querschnitt übertragen kann,
2. keine größeren Schubspannungen im Schnitt unter 45° zur Achse übertragen kann,
3. sich nicht weiter dehnen kann,
4. keine Formänderungsarbeit mehr zu absorbieren vermag
5. keine größere Gestaltänderungsarbeit mehr aufnehmen kann.

Da alle diese Größen beim Zugversuch gleichzeitig einen Maximalwert erreichen, erscheint es zunächst müßig zu klären, ob die Größe σ_E allein, oder in irgendeiner Kombination mit E und μ einen kritischen Wert nicht überschreiten darf. Bei zusammengesetzten Beanspruchungen jedoch erreichen nicht alle oben in Betracht gezogenen Faktoren bei einsetzender Zerstörung gleichzeitig ein Maximum. Man muß deshalb wissen – will man nicht an jedem Bauteil Festigkeitsversuche, z.B. am Modell, durchführen –, welche Grenze eine weitere Belastung ausschließt.

Die Festigkeitsberechnung eines Bauteiles erfordert die Annahme einer der oben aufgeführten Größen (bzw. einer Kombination mehrerer Größen), die für die Zerstörung unter der voraussichtlichen Belastung verantwortlich ist. Die so gewählte Größe (bzw. die Kombination mehrerer Größen) darf einen kritischen Wert nicht überschreiten, soll eine Zerstörung vermieden werden. Dieser kritische Wert muß an einem einfachen Versuch für den gewählten Werkstoff bestimmt werden. Da alle in Betracht gezogenen Faktoren für die Zerstörung beim Zugversuch gleichzeitig ihren Maximalwert erreichen, ist es möglich, durch diesen Versuch den jeweiligen nicht zu überschreitenden kritischen Wert zu ermitteln.

Es werden auf Grund von Versuchen an verschiedenen Bauteilen aus verschiedenen Werkstoffen *Hypothesen über den maßgeblichen Einfluß auf die Zerstörung* aufgestellt. Zunächst bieten sich die oben aufgeführten fünf Größen an, jedoch sind auch Kombinationen dieser Größen untereinander denkbar.

1. *Hypothese der größten Normalspannung (Hauptspannung)*
Für einen mehrachsigen Spannungszustand darf nach dieser Hypothese die Hauptspannung σ_{max} eine bei Zugversuch ermittelte zulässige Spannung nicht überschreiten. Man vergleicht den komplizierten Spannungszustand mit dem einfacheren eines Zugstabes, oder anders ausgedrückt, man reduziert ihn auf diesen. Deshalb spricht man von *Vergleichsspannung* σ_v oder reduzierter Spannung. Hier soll der erste Begriff verwendet werden. Danach ist mit der Gleichung 8-4

$$\sigma_{zul} \geq \sigma_v = \frac{\sigma_y + \sigma_x}{2} + \sqrt{\left(\frac{\sigma_y - \sigma_x}{2}\right)^2 + \tau_{yx}^2}$$

Für $\sigma_x = 0; \sigma_y = \sigma; \tau_{yx} = \tau$

$$\sigma_{zul} \geq \sigma_v = \frac{\sigma}{2} + \sqrt{\left(\frac{\sigma}{2}\right)^2 + \tau^2},$$

Gl. 9-2

für $\tau = 0$ (Hauptachsensystem)

$$\sigma_{zul} \geq \sigma_v = \sigma_{max}$$

Nach dieser Hypothese müßte ein auf Druck einachsig belasteter Block die gleiche Festigkeit haben wie ein mehrachsig belasteter, denn für $\tau_{yx} = 0$ gilt

$$\sigma_v = \frac{\sigma_y + \sigma_x}{2} + \frac{\sigma_y - \sigma_x}{2} = \sigma_y$$

9.2 Zusammensetzung von Normal- und Schubspannung

Danach ist σ_x ohne Einfluß auf die Zerstörung. Bei mehrachsigem Druck ist jedoch die Druckfestigkeit z.T. wesentlich höher. Für eine solche Belastung stimmt die Hypothese mit dem Versuch nicht überein.

Diese Hypothese auf einen verdrehten zylindrischen Stab angewendet, ergibt nach Abb. 6-10b mit $\sigma = 0$ und $\tau = \tau_{zul}$

$$\sigma_{zul} = \tau_{zul} \quad \text{bzw.} \quad \sigma_{Grenz} = \tau_{Grenz}.$$

Der Versuch ergibt eine z.T. erhebliche kleinere Belastbarkeit eines zylindrischen auf Verdrehung beanspruchten Stabes. Auch hier steht die Hypothese im Widerspruch zum Versuch.

Man erhält brauchbare Übereinstimmung zwischen Versuch und Berechnung nach der Hauptspannungshypothese für spröden Werkstoff bzw. für Fälle, bei denen die Zerstörung ohne vorhergehende plastische Deformation erfolgt.

2. Hypothese der größten Schubspannung
Nach dieser Hypothese ist die größte Schubspannung eines beliebigen Spannungszustandes für die Zerstörung verantwortlich, sie beträgt nach Gleichung 8-6

$$\tau_{max} = \sqrt{\left(\frac{\sigma_y - \sigma_x}{2}\right)^2 + \tau_{yx}^2}$$

Im Zugversuch ist die maximale Schubspannung in Schnitten unter 45° halb so groß wie die Normalspannung, die als Vergleichsspannung gilt (s. Abschnitt 8.2.1)

$$\tau_{max} = \frac{\sigma_v}{2} \quad \Rightarrow \quad \sigma_v = 2\,\tau_{max}.$$

Das ergibt

$$\sigma_{zul} \geq \boldsymbol{\sigma_v} = \sqrt{(\boldsymbol{\sigma_y} - \boldsymbol{\sigma_x})^2 + (\mathbf{2}\,\boldsymbol{\tau_{yx}})^2)}$$

Für $\sigma_y = \sigma; \sigma_x = 0; \tau_{yx} = \tau$

$$\boldsymbol{\sigma_v} = \sqrt{\boldsymbol{\sigma^2} + (\mathbf{2}\,\boldsymbol{\tau})^2},$$

für $\tau = 0$ (Hauptachsensystem)

$$\boldsymbol{\sigma_v} = \boldsymbol{\sigma_y} - \boldsymbol{\sigma_x} = \boldsymbol{\sigma_{max}} - \boldsymbol{\sigma_{min}}$$

Gl. 9-3

Die Anwendung dieser Hypothese auf die Verdrehung eines Stabes mit Kreisquerschnitt liefert eine Beziehung zwischen den zulässigen Spannungen τ_{zul} und σ_{zul}. Mit $\sigma_x = \sigma_y = 0$ und $\tau = \tau_{zul}$ erhält man aus Gleichung 9–3

$$\tau_{zul} = \frac{1}{2} \sigma_{zul} \qquad \text{bzw.} \qquad \tau_{Grenz} = \frac{1}{2} \sigma_{Grenz}.$$

Die Versuche ergeben eine höhere Belastbarkeit durch Verdrehung. Bei einer Berechnung nach dieser Hypothese ist man „auf der sicheren Seite".

Wie bereits in den Abschnitten 3.1.2 und 8.2.1 dargelegt, leitet die maximale Schubspannung das Abgleiten einzelner Schichten unter 45° ein (Fließlinien) und ist demnach für die einsetzende Zerstörung weitgehend verantwortlich. Das kommt hier in der Gleichung 9-3 zum Ausdruck. In dieser Gleichung hat die Schubspannung durch die Multiplikation mit dem Faktor 2 den größeren Einfluß.

Die Schubspannungshypothese ist in brauchbarer Übereinstimmung mit den Versuchen vor allem für Stahl mit ausgeprägter Streckgrenze. Sie kann für eine Berechnung zu Grunde gelegt werden, wenn bei der Zerstörung eine vorherige plastische Deformation zu erwarten ist.

3. *Hypthothese des elastischen Grenzzustandes nach MOHR*
Diese Hypothese versucht, die unter 1. und 2. behandelten Ansätze gemeinsam zu einer Lösung heranzuziehen. Zunächst werden für einen Werkstoff Zug-, Druck- und Verdrehungsversuche durchgeführt. Mit den Werten, die zur Zerstörung geführt haben, bzw. bei denen plastische Deformation eingesetzt hat, werden nach Abschnitt 8.1 die MOHRschen Spannungskreise gezeichnet. Versuche bei mehrachsigem Zug/Druck liefern zusätzliche Kreise. Um alle Kreise wird nach Abb. 9-4 eine Umhüllende gezeichnet. Nach der MOHRschen Hypothese ist eine Zerstörung nicht zu erwarten, wenn für einen allgemeinen Spannungszustand mit σ und τ der dazugehörige Punkt in diesem Diagramm innerhalb der Umhüllenden liegt.

Auf der einen Seite läßt sich die Hypothese sehr gut jedem Werkstoff anpassen, da sie nichts über den Charakter der Umhüllenden aussagt. Auf der anderen Seite erfordert sie umfangreiche Versuche auch für mehrachsige Spannungszustände für alle in Betracht kommenden Werkstoffe. Obwohl eine Reihe von *Versuchen in guter Übereinstimmung mit dieser Hypothese* stehen, sind die Grenzkurven weitgehend unbekannt, so daß eine ingenieurmäßige Arbeit auf Grund dieser Hypothese kaum möglich ist. Näherungsweise kann man aus den Werten σ_{zzul} und σ_{dzul} in einem Teilbereich die Umhüllende zeichnen wie in Abb. 9-5 gezeigt ist. Der Wert τ_{zul} kann dem Diagramm entnommen werden. Innerhalb der

9.2 Zusammensetzung von Normal- und Schubspannung

Grenzlinien ist mit einer gewissen Sicherheit eine Zerstörung nicht zu erwarten. Für den Fall gleicher Zug- und Druckfestigkeit ergeben sich Verhältnisse, wie sie in Abb. 9-6 dargestellt sind. Hier ist $\tau_{zul} = \sigma_{zul}/2$, was auch für die Schubspannungshypothese gilt.

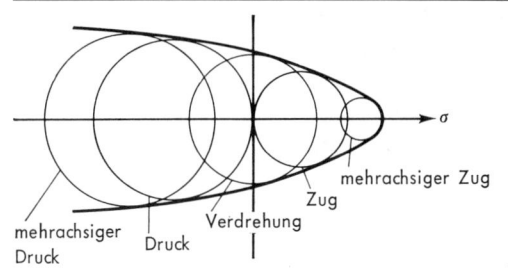

Abb. 9-4: Grenzzustand nach MOHR

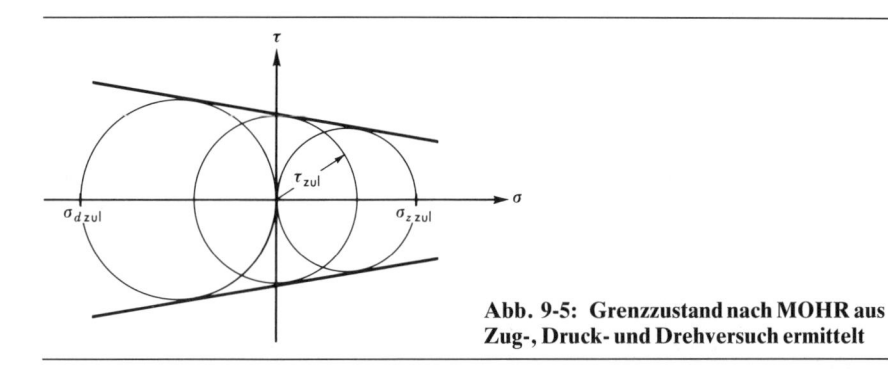

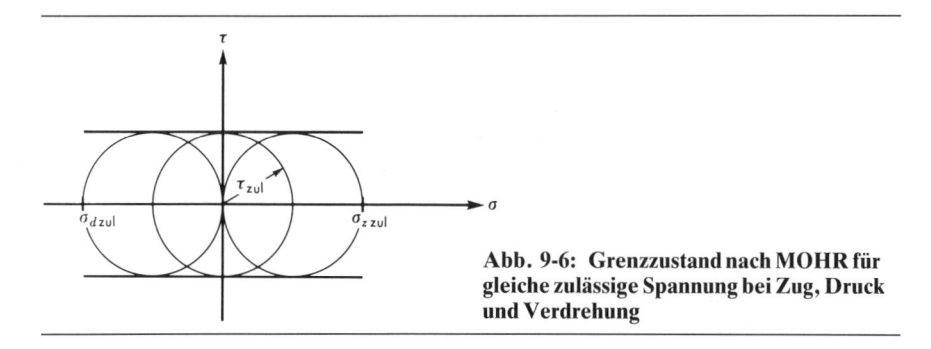

Abb. 9-5: Grenzzustand nach MOHR aus Zug-, Druck- und Drehversuch ermittelt

Abb. 9-6: Grenzzustand nach MOHR für gleiche zulässige Spannung bei Zug, Druck und Verdrehung

4. Hypothese der größten Dehnung
Diese Hypothese ist durch Versuche nicht bestätigt.

5. Hypothese der größten Formänderungsarbeit
Auch diese Hypothese ist durch Versuche nicht bestätigt.

6. *Hypothese der größten Gestaltänderungsarbeit*
Nach dieser Hypothese darf die Gestaltänderungsarbeit ein Maximum nicht überschreiten. Diesem Ansatz liegt folgende Überlegung zugrunde. Die *Volumen*änderungsarbeit wird durch einen allseitig gleichen Druck (Zug) verrichtet (Abschnitt 3.3). Wie im Abschnitt 8.2.2 dargelegt, kann sie nicht zur Zerstörung führen. Wenn man grundsätzlich davon ausgeht, daß das Versagen eines Bauteils durch die Arbeit der Kräfte eingeleitet wird, kann das nur der Anteil der Arbeit sein, der die Gestalt ändert.

Die Arbeit der Normalspannung ist nach Gleichung 3-15

$$u_{g1} = \frac{1+\mu}{3E} \sigma^2, \tag{1}$$

die der Schubspannung analog zu Gleichung 3-12

$$u_{g2} = \frac{\tau^2}{2G}$$

Der Gleitmodul G wird nach Gleichung 3-10 durch den E-Modul ersetzt

$$G = \frac{E}{2(1+\mu)}$$

Damit ist

$$u_{g2} = \frac{1+\mu}{E} \tau^2$$

Insgesamt ist die Gestaltänderungsarbeit eines ebenen Spannungszustandes

$$u_g = u_{g1} + u_{g2}$$

$$u_g = \frac{1+\mu}{3E} \sigma^2 + \frac{1+\mu}{E} \tau^2$$

Diese Arbeit wird am Zugstab (= Vergleichssystem) wirkend gedacht. Sie verursacht nach der Beziehung (1) die Vergleichsspannung

$$\sigma_v^2 = \frac{3E}{1+\mu} u_g$$

9.2 Zusammensetzung von Normal- und Schubspannung

$$\sigma_v^2 = \frac{3E}{1+\mu}\left(\frac{1+\mu}{3E}\sigma^2 + \frac{1+\mu}{E}\tau^2\right)$$

$$\sigma_v^2 = \sigma^2 + 3\tau^2$$

Das ist eine „vektorielle Addition" mit Überbetonung der Schubspannung, deren besonderer Anteil an der Zerstörung mehrfach diskutiert wurde. Diese Beziehung wird auf einen ebenen Spannungszustand angewendet, der durch den Mittelpunkt des MOHRschen Kreises gekennzeichnet ist. Die Gleichungen 8-6/7 liefern

$$\sigma = \sigma_M = \frac{\sigma_{max} + \sigma_{min}}{2} \; ; \qquad \tau = \tau_{max} = \frac{\sigma_{max} - \sigma_{min}}{2}$$

Einfache Umwandlungen führen auf

$$\sigma_v^2 = \sigma_{max}^2 + \sigma_{min}^2 - \sigma_{max} \cdot \sigma_{min}$$

Setzt man hier die Gleichung 8-4 ein, erhält man für den allgemeinen, ebenen Fall

$$\boldsymbol{\sigma_{zul} \geq \sigma_v} = \sqrt{\sigma_y^2 + \sigma_x^2 - \sigma_x \cdot \sigma_y + (\sqrt{3}\,\tau_{xy})^2}$$

Für $\sigma_y = \sigma; \sigma_x = 0; \tau_{xy} = \tau$

$$\boldsymbol{\sigma_v = \sqrt{\sigma^2 + 3\tau^2}}$$

Für $\tau = 0$ (Hauptachsensystem)

$$\sigma_v = \sqrt{\sigma_{max}^2 + \sigma_{min}^2 - \sigma_{max} \cdot \sigma_{min}}$$

Gl. 9-4

Die Anwendung dieser Hypothese auf den verdrehten Zylinder ergibt ($\sigma = 0; \tau = \tau_{zul}$)

$$\tau_{zul} = \frac{\sigma_{zul}}{\sqrt{3}} = 0{,}577\,\sigma_{zul} \qquad \text{bzw.} \qquad \tau_{Grenz} = \frac{\sigma_{Grenz}}{\sqrt{3}}.$$

Die Übereinstimmung zwischen Versuch und Berechnung nach der Gestaltänderungshypothese ist für zähe Werkstoffe gut. Sie wird angewendet, wenn bei der Zerstörung ein Bruch mit plastischer Verformung zu erwarten ist.

Es ist bisher noch nicht gelungen, eine Hypothese zu finden, die allen Werkstoffen und Belastungsarten gerecht wird.

Die oben abgeleiteten Gleichungen für die Vergleichsspannungen gelten nur für den gleichen Belastungsfall für σ und τ, beide entweder ruhend (I), schwellend (II) oder wechselnd (III). Es erhebt sich die Frage, wie man die Berechnung der Vergleichsspannung durchführen muß, wenn die Belastungsfälle für σ und τ verschieden sind.

Bei Betrachtung der Gleichungen 9-2/3/4 erkennt man, daß der Faktor, mit dem τ multipliziert wird, gleichzeitig das Verhältnis der zulässigen Spannungen σ und τ ist. Das ergibt die Anwendung der einzelnen Hypothesen auf den verdrehten Zylinder, wie jeweils gezeigt wurde.

Hypothese	Normalspannung	Schubspannung	Gestaltänderung
σ_{zul}/τ_{zul}	1	2	$\sqrt{3}$

Man kann folglich in den Gleichungen für σ_v die Schubspannung τ mit $\dfrac{\sigma_{zul}}{\tau_{zul}}$ bzw. $\dfrac{\sigma_{Gr}}{\tau_{Gr}}$ multiplizieren und dieses Verhältnis z.B. mit Hilfe der Tabelle 3 für verschiedene Belastungsfälle für τ und σ ermitteln.

BACH hat zur genaueren Erfassung dieses Tatbestandes den Begriff Anstrengungsverhältnis eingeführt und folgendermaßen definiert

$$\alpha_0 = \frac{\sigma_{zul}}{\varphi\, \tau_{zul}} \quad \text{bzw.} \quad \alpha_0 = \frac{\sigma_{Grenz}}{\varphi \cdot \tau_{Grenz}}$$

Um α_0 den einzelnen Hypothesen anzupassen, wird festgelegt

Hypothese	Normalspannung	Schubspannung	Gestaltänderung
φ	1	2	$\sqrt{3}$

Diese Zahlen sind so gewählt, daß sich für reinen Schub immer $\sigma_v = (\sigma_{zul}/\tau_{zul}) \cdot \tau$ ergibt. Die Schubspannung wird auf eine gleichwertige Normalspannung beim Zugversuch umgerechnet.

Die Gleichungen für die Vergleichsspannung kann man jetzt folgendermaßen schreiben:

9.2 Zusammensetzung von Normal- und Schubspannung

Normalspannungshypothese:

$$\sigma_v = \frac{\sigma_y + \sigma_x}{2} + \sqrt{\left(\frac{\sigma_y - \sigma_x}{2}\right)^2 + (\alpha_0 \tau)^2}$$

$$\sigma_v = \frac{\sigma}{2} + \sqrt{\left(\frac{\sigma}{2}\right)^2 + (\alpha_0 \cdot \tau)^2}$$

Gl. 9-5

Schubspannungshypothese:

$$\sigma_v = \sqrt{(\sigma_y - \sigma_x)^2 + 4(\alpha_0 \tau)^2} \quad \| \quad \sigma_v = \sqrt{\sigma^2 + 4(\alpha_0 \tau)^2}$$

Gl. 9-6

Gestaltänderungshypothese:

$$\sigma_v = \sqrt{\sigma_y^2 + \sigma_x^2 - \sigma_x \cdot \sigma_y + 3(\alpha_0 \tau)^2}$$

$$\sigma_v = \sqrt{\sigma^2 + 3(\alpha_0 \tau)^2}$$

Gl. 9-7

Für ein Hauptspannungssystem gelten die Gleichungen 9-5 bis 7 mit $\sigma_y = \sigma_{max}$; $\sigma_x = \sigma_{min}$ und $\tau = 0$.

Aus den bisherigen Ausführungen folgt $\alpha_0 = 1$ bei gleichem Belastungsfall für σ und τ. Bei Überlagerung von z.B. wechselnder Biegung und schwellender Verdrehung und Anwendung der Gestaltänderungshypothese ergibt sich sinngemäß

$$\alpha_0 = \frac{\sigma_{bW}}{\sqrt{3}\,\tau_{t\,Sch}}$$

Dabei ist angenommen, daß der Bemessungsfaktor für beide Belastungen gleich ist. Ist das nicht der Fall gilt

$$\alpha_0 = \frac{\sigma_{bW}/\nu_b}{\sqrt{3}\,\tau_{t\,Sch}/\nu_t}$$

Es sei jedoch mit Nachdruck darauf hingewiesen, daß es sich hier um ein Problem handelt, das für eine einfache Rechnung viel zu komplex ist. Auch andere Deutungen von α_0 sind möglich. Zur Vertiefung sei besonders auf Lit. [6] verwiesen.

In der Tabelle 17 sind die Vergleichsspannungen für die 1., 2. und 6. Hypothese zusammengefaßt.

9.2.2 Biegung und Verdrehung

Eine Welle ist gleichzeitig auf Biegung und Verdrehung beansprucht. Die Biegung verursacht im Querschnitt Normalspannungen, die Verdrehung Schubspannungen. Da Wellen aus zähem Material gefertigt werden, erfolgt die Berechnung meistens nach der Hypothese der größten Gestaltänderungsarbeit. Mit der Gleichung 9-7 kann für angenommene Wellenabmessungen der Nachweis einer ausrechnenden Festigkeit erbracht werden. Für die Dimensionierung einer Welle soll diese Gleichung umgewandelt werden.

$$\sigma_{zul} \geq \sigma_v = \sqrt{\sigma^2 + 3(\alpha_0 \tau)^2} \ .$$

Dabei sind

$$\sigma = \frac{M_b}{W} \qquad \tau = \frac{M_t}{W_t} \ .$$

Für den Kreisquerschnitt erhält man

$$\sigma = \frac{M_b \cdot 32}{d^3 \cdot \pi} \qquad \tau = \frac{M_t \cdot 16}{d^3 \cdot \pi} \ .$$

Damit ist

$$\sigma_{zul} \geq \sigma_v = \sqrt{\left(\frac{32 M_b}{d^3 \cdot \pi}\right)^2 + 3\left(\alpha_0 \frac{16 M_t}{d^3 \cdot \pi}\right)^2} \ .$$

Die Auflösung dieser Gleichung nach d ergibt

$$d \geq \sqrt[3]{\frac{16}{\sigma_{zul} \pi} \sqrt{4 M_b^2 + 3(\alpha_0 M_t)^2}} \qquad \text{Gl. 9-8}$$

Nach dieser Gleichung wird der notwendige Durchmesser zunächst ohne Berücksichtigung von Kerbwirkungen, Bearbeitungsqualitäten usw. bestimmt. Eine genaue Nachrechnung ist erst nach erfolgter Konstruktion möglich. Dazu wird in Kapitel 10 einiges ausgeführt.

Beispiel 1 (Abb. 9-7)
Für die skizzierte Getriebewelle ist der erforderliche Durchmesser an der am höchsten beanspruchten Stelle zu bestimmen. Am Zahnrad 1 wird eine Leistung von 50 kW eingeleitet. Je die Hälfte dieser Leistung wird an den Zahnrädern 2 und 3 abgenommen. Die Zahnkräfte wirken in der angegebenen Richtung. Die Drehzahl beträgt 600 min^{-1}. Die zulässige Vergleichsspannung wird mit 100 N/mm^2 angenommen, als Werkstoff soll St 50 verwendet werden.

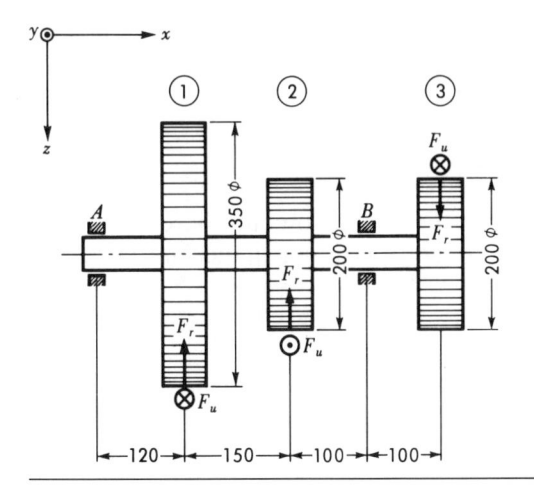

9.2 Zusammensetzung von Normal- und Schubspannung

Abb. 9-7: Getriebewelle

Lösung (Abb. 9-8/9)
Zuerst werden die erforderlichen Drehmomente berechnet. Die Welle zwischen Zahnrädern 1 und 2 überträgt 50 kW

$$M_{t1-2} = \frac{P}{\omega} \qquad \omega = 2\pi n = 2\pi \frac{600}{60} \text{s}^{-1} = 62{,}8\,\text{s}^{-1}$$

$$M_{t1-2} = \frac{50\,\text{kNm s}^{-1}}{62{,}8\,\text{s}^{-1}} = 0{,}796\,\text{kNm}\,.$$

Die Welle zwischen den Zahnrädern 3 und 2 überträgt die halbe Leistung und deshalb auch das halbe Drehmoment

$$M_{t3-2} = 0{,}398\,\text{kNm}\,.$$

Die Größe der Umfangskräfte am Zahnkranz erhält man aus

$$F_u = \frac{M_t}{r}$$

$$F_{u1} = \frac{M_{t1}}{r_1} = \frac{0{,}796\,\text{kNm}}{0{,}175\,\text{m}} = 4{,}55\,\text{kN}\,.$$

$$F_{u2} = F_{u3} = \frac{M_{t2}}{r_2} = \frac{0{,}398\,\text{kNm}}{0{,}10\,\text{m}} = 3{,}98\,\text{kN}\,.$$

Die radialen Kräfte betragen für einen Eingriffswinkel von 20° (s. Band 1; Abb. 11-15)

$F_r = F_u \cdot \tan 20°$

$F_{r1} = 4{,}55 \, \text{kN} \cdot \tan 20° = 1{,}66 \, \text{kN}$

$F_{r2} = 3{,}98 \, \text{kN} \cdot \tan 20° = 1{,}45 \, \text{kN}$.

Für die x-y- und x-z-Ebene müssen die Biegemomente berechnet werden. Dazu ist es notwendig, die Auflagerreaktionen in diesen Ebenen zu bestimmen.

x-y-Ebene (Abb. 9-8a)

$F_{Ay} = 0{,}92 \, \text{kN} \qquad F_{By} = 3{,}63 \, \text{kN}$.

Biegemomente in der x-y-Ebene

$M_{b1} = 0{,}92 \, \text{kN} \cdot 0{,}12 \, \text{m} = 0{,}110 \, \text{kNm}$

$M_{b2} = 0{,}92 \cdot 0{,}27 \, \text{kNm} - 4{,}55 \cdot 0{,}15 \, \text{kNm} = -0{,}434 \, \text{kNm}$

$M_{bB} = -3{,}98 \, \text{kN} \cdot 0{,}10 \, \text{m} = -0{,}398 \, \text{kNm}$

x-z-Ebene (Abb. 9-8b)

$F_{Az} = 1{,}91 \, \text{kN} \qquad F_{Bz} = 0{,}25 \, \text{kN}$.

Biegemomente in der x-y-Ebene

$M_{b1} = -1{,}91 \, \text{kN} \cdot 0{,}12 \, \text{m} = -0{,}229 \, \text{kNm}$

$M_{b2} = -1{,}91 \cdot 0{,}27 \, \text{kNm} + 1{,}66 \cdot 0{,}15 \, \text{kNm} = -0{,}267 \, \text{kNm}$

$M_{bB} = -1{,}45 \, \text{kN} \cdot 0{,}10 \, \text{m} = -0{,}145 \, \text{kNm}$.

Die Biege- und Drehmomente sind in Abb. 9-9 über die Wellenachse aufgetragen. Der gefährdete Querschnitt liegt unmittelbar links vom Zahnrad 2. An dieser Stelle muß die volle Leistung von 50 kW übertragen werden und gleichzeitig wirkt hier das maximale Biegemoment. Die Berechnung des Wellendurchmessers erfolgt deshalb für

$M_{b\,max} = \sqrt{0{,}267^2 + 0{,}434^2} \, \text{kNm} \quad = 0{,}510 \, \text{kNm}$

$M_{t\,max} = 0{,}796 \, \text{kNm}$.

Laut Aufgabenstellung handelt es sich für σ (Biegung) um den Belastungsfall III. Um den Beschleunigungskräften beim Anfahren bzw. Ab-

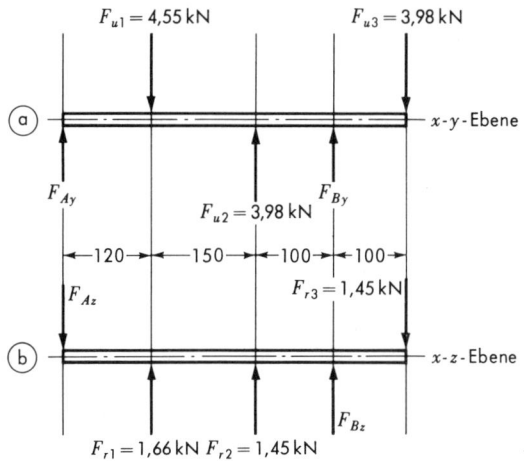

9.2 Zusammensetzung von Normal- und Schubspannung

Abb. 9-8: Freigemachte Getriebewelle nach Abb. 9-7

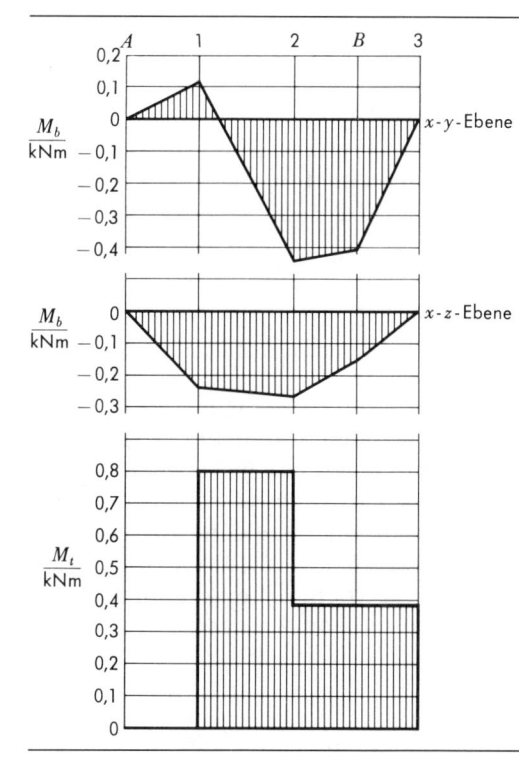

Abb. 9-9: M_b und M_t-Diagramme für Getriebewelle nach Abb. 9-7

bremsen des Getriebes in etwa Rechnung zu tragen, wird für τ nicht mit dem Belastungsfall I, sondern mit II gerechnet. Die Dimensionierung soll nach Gl. 9-8 und damit nach der Gestaltänderungshypothese erfolgen

$$d^3 \geq \frac{16}{\sigma_{zul} \cdot \pi} \sqrt{4 M_b^2 + 3 (\alpha_0 M_t)^2} \ .$$

Die Werte für die zulässigen Spannungen werden der Tabelle 3 für St 50 entnommen:

$$\alpha_0 = \frac{\sigma_{zul}}{\sqrt{3} \cdot \tau_{zul}} = \frac{105 \text{ N/mm}^2}{\sqrt{3} \cdot 85 \text{ N/mm}^2} \approx 0{,}71 \ .$$

Bei Verwendung der Grenzspannungen erhält man aus

$$\alpha_0 = \frac{\sigma_{bW}}{\sqrt{3} \cdot \tau_{tSch}} \ .$$

mit $\sigma_{bW} = 240 \text{ N/mm}^2$ und $\tau_{tSch} = 190 \text{ N/mm}^2$

$$\alpha_0 = \frac{240 \text{ N/mm}^2}{\sqrt{3} \cdot 190 \text{ N/mm}^2} \approx 0{,}73 \ .$$

Der Unterschied liegt innerhalb der Genauigkeit des Rechenverfahrens. Er soll weiter mit dem höheren Ergebnis gerechnet werden.

$$d^3 \geq \frac{16}{\pi \cdot 100 \text{ N/mm}^2} \sqrt{[4 \cdot 510^2 + 3 (0{,}73 \cdot 796)^2] (\text{Nm})^2 \cdot \left(\frac{10^3 \text{ mm}}{\text{m}}\right)^2}$$

$$d \geq 42 \text{ mm} \ .$$

Auch hier muß besonders darauf hingewiesen werden, daß dieses Berechnungsverfahren die tatsächlichen Spannungen sehr ungenau erfaßt (Nähe der Lastangriffspunkte, Kerbspannungen usw.). Deshalb wurde die Vergleichsspannung mit entsprechender Vorsicht gewählt. Der endgültige Spannungsnachweis kann erst nach einem zeichnerischen Entwurf der Welle erfolgen. Die an den Übergängen, Nuten u.ä. auftretenden Spannungsspitzen müssen berechnet werden. Eine Anleitung dazu bringt das Kapitel 10. U.U. muß in einem zweiten Ansatz die Welle neu dimensioniert werden.

Beispiel 2 (Abb. 9-10)
Ein gekröpfter Stahlträger aus Rechteck-Hohlprofil 200 × 120 × 8 ist nach Skizze mit der Kraft F belastet. Diese liegt in der x-y-Ebene. Für die nachfolgend gegebenen Daten ist die Vergleichsspannung für die Anschlußnaht an der Grundplatte zu berechnen. Es kann von einer ruhenden Belastung ausgegangen werden.

$a = 2000 \text{ mm}$; $b = 1500 \text{ mm}$; $\alpha = 30°$; $F = 8{,}0 \text{ kN}$.

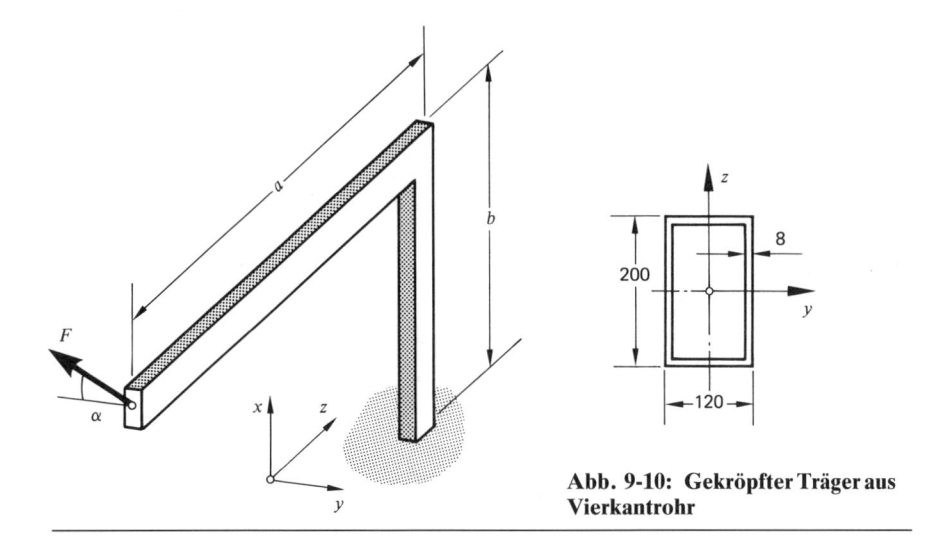

9.2 Zusammensetzung von Normal- und Schubspannung

Abb. 9-10: Gekröpfter Träger aus Vierkantrohr

Lösung
Schweißnähte brechen bei Übelastung in der Regel ohne größere plastische Verformung. Aus diesem Grunde wird beim Spannungsnachweis von Schweißnähten die Hauptspannungshypothese angewendet. Die Anschlußnaht des vorliegenden Trägers wird durch Biegung um die y- und z-Achse und durch Verdrehung belastet. Bei den Abmessungen liegen die Einflüsse der Querkraftwirkung und der Zugbelastung innerhalb der Genauigkeit, mit der sinnvoll gerechnet werden kann. Schweißnähte sind durch Schweißspannungen, Übergänge, Einbrand, metallurgische Veränderungen usw. besonders problematisch. Die errechnete Vergleichsspannung ist eher ein Rechenwert, der nach vorliegenden Erfahrungen eine bestimmte Größe nicht übersteigen darf.

Im Stahlbau wird mit einer Abmessung der Schweißnaht gerechnet, die gleich der Wanddicke ist. Entsprechend muß die Ausführung sein. Dem Normblatt entnimmt man für das Profil

$$W_y = 244 \text{ cm}^3 ; \qquad W_z = 183 \text{ cm}^3.$$

Das Torsionswiderstandsmoment der Schweißnaht wird mit der BREDTschen Gleichung 6-12 berechnet.

$$W_t = (A_a + A_i) \cdot s = (20 \cdot 12 + 18{,}4 \cdot 10{,}4) \text{ cm}^2 \cdot 0{,}8 \text{ cm} = 345 \text{ cm}^3$$

In den Ecken rechts/unten und links/oben des Profils Abb. 9-10 addieren sich die Biegespannungen.

$$\sigma_b = \frac{M_{by}}{W_y} + \frac{M_{bz}}{W_z}$$

mit $M_{by} = F \cdot \sin \alpha \cdot a = 8 \cdot 10^3 \text{ N} \cdot \sin 30° \cdot 200 \text{ cm} = 8{,}0 \cdot 10^5 \text{ Ncm}$

$M_{bz} = F \cdot \cos \alpha \cdot b = 8 \cdot 10^3 \text{ N} \cdot \cos 30° \cdot 150 \text{ cm} = 10{,}39 \cdot 10^5 \text{ Ncm}$

$$\sigma_b = \left(\frac{8{,}0 \cdot 10^5 \text{ Ncm}}{244 \text{ cm}^3} + \frac{10{,}39 \cdot 10^5 \text{ Ncm}}{183 \text{ cm}^3} \right) \frac{\text{cm}^2}{10^2 \text{ mm}^2} = 89{,}6 \text{ N/mm}^2$$

Dieser Spannung, die in Richtung der *x*-Achse wirkt, ist die Torsionsspannung in der Anschlußebene überlagert.

$\tau = \dfrac{M_t}{W_t}$ mit $M_t = F \cdot \cos \alpha \cdot a = 8 \cdot 10^3 \text{ N} \cdot \cos 30° \cdot 200 \text{ cm} = 13{,}86 \cdot 10^5 \text{ Ncm}$

$$\tau = \frac{13{,}86 \cdot 10^5 \text{ Ncm}}{345 \text{ cm}^3} \cdot \frac{\text{cm}^2}{10^2 \text{ mm}^2} = 40{,}2 \text{ N/mm}^2$$

Die maximale Hauptspannung beträgt für $\alpha_0 = 1$ nach Gleichung 9-5

$$\sigma_v = \frac{\sigma}{2} + \sqrt{\left(\frac{\sigma}{2}\right)^2 + \tau^2} = \left(\frac{89{,}6}{2} + \sqrt{\left(\frac{89{,}6}{2}\right)^2 + 40{,}2^2} \right) \text{N/mm}^2$$

$\sigma_v = 105 \text{ N/mm}^2$

Für die üblichen Baustähle ist das eine zulässige Spannung.

9.2.3 Biegung und Schub
In einem belasteten Träger verursachen die Biegemomente Normalspannungen und die Querkräfte Schubspannungen. Sofern die letzteren nicht vernachlässigt werden können, muß eine Berechnung mit beiden Spannungen nach einer Festigkeitshypothese erfolgen. In vielen Fällen handelt es sich hier um Berechnung von Schweißnähten. Eine plastische Deformation bei einer Zerstörung ist nicht zu erwarten, deshalb wird nach der Hauptspannungshyposthese gearbeitet.

Beispiel (Abb. 9-11)
Der geschweißte I-Träger ist wie abgebildet belastet. Für die nachfolgend gegebenen Daten ist die Hauptspannung in den Kehlnähten zu berechnen.

$l = 4{,}0 \text{ m}; \quad a = 1{,}0 \text{ m}; \quad F = 150 \text{ kN}.$

Lösung (Abb. 9-12/13)
Die Auflagerreaktionen betragen

$F_A = 112{,}5 \text{ kN} \quad F_B = 37{,}5 \text{ kN}.$

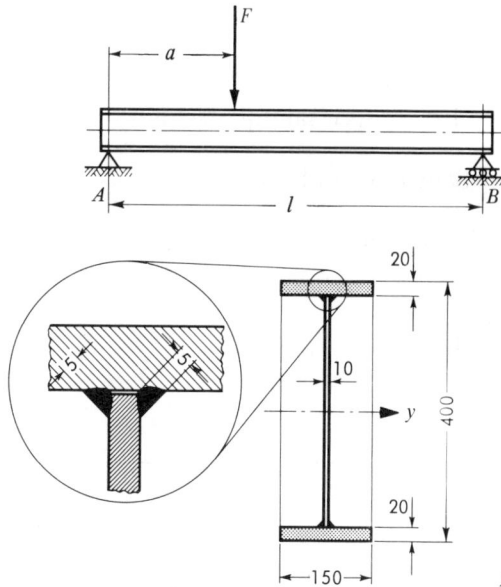

9.2 Zusammensetzung von Normal- und Schubspannung

Abb. 9-11: Geschweißter I-Träger

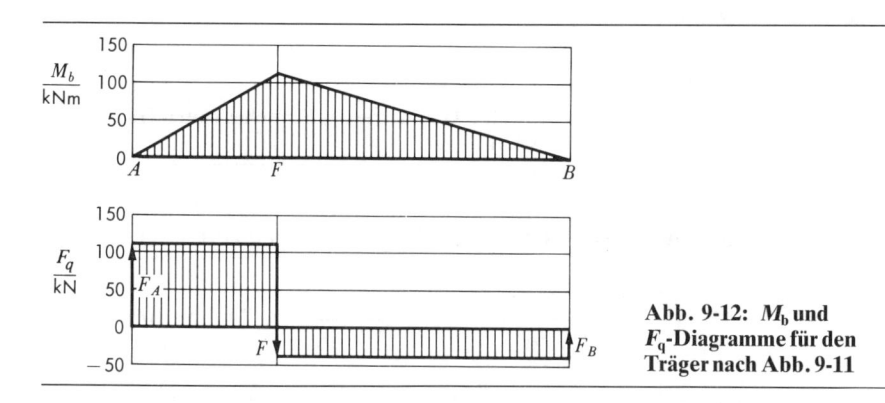

Abb. 9-12: M_b und F_q-Diagramme für den Träger nach Abb. 9-11

Das maximale Biegemoment ist am Lastangriffspunkt

$$M_{b\,max} = 112{,}5\,\text{kN} \cdot 1\,\text{m} = 112{,}5\,\text{kNm}\,.$$

Die maximale Querkraft zwischen A und F ist

$$F_{q\,max} = F_A = 112{,}5\,\text{kN}\,.$$

Der gefährdete Querschnitt ist an der Stelle des Lastangriffspunktes. Die Schweißnaht muß die Schubspannung τ und die Normalspannung σ_b übertragen. Die Schubspannung beträgt nach Gl. 5-1 (vgl. Beispiel 2 Abschnitt 5.2).

$$\tau = \frac{F_q \cdot S}{I \cdot b}.$$

Mit $F_q = 112{,}5\,\text{kN}$ $\quad I_y = 2{,}56 \cdot 10^4$ $\quad$ (Gesamtquerschnitt)

$b = 2 \cdot 5\,\text{mm} = 10\,\text{mm}$ (5 mm Schweißnahtdicke)

$S = \bar{z} \cdot \Delta A = 19{,}0\,\text{cm} \cdot 30\,\text{cm}^2 = 570\,\text{cm}^3$ $\quad$ (Abb. 9-13)

ist $\quad \tau = \dfrac{112{,}5 \cdot 10^3\,\text{N} \cdot 570\,\text{cm}^3}{2{,}56 \cdot 10^4\,\text{cm}^3 \cdot 1{,}0\,\text{cm}} \cdot \dfrac{1\,\text{cm}^2}{10^2\,\text{mm}^2}$

$\tau = 25{,}1\,\text{N/mm}^2$.

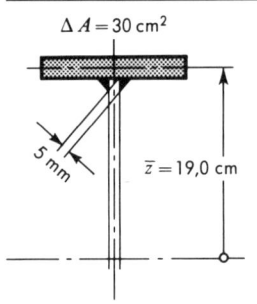

Abb. 9-13: Geometrie des Flansches vom I-Träger nach Abb. 9-11

Die Normalspannung, verursacht durch Biegung beträgt (Gl. 4-4)

$$\sigma = \frac{M_b}{I_y} \cdot z = \frac{112{,}5 \cdot 10^5\,\text{Ncm}}{2{,}56 \cdot 10^4\,\text{cm}^4} \cdot 18\,\text{cm} \cdot \frac{1\,\text{cm}^2}{10^2\,\text{mm}^2} = 79{,}1\,\text{N/mm}^2.$$

Für $\alpha_0 = 1$ (ruhende Belastung für σ und τ) ist nach Gl. 9-2/5 bzw. Tabelle 17

$$\sigma_v = \frac{\sigma}{2} + \sqrt{\left(\frac{\sigma}{2}\right)^2 + \tau^2}$$

$$= \left(\frac{79{,}1}{2} + \sqrt{\left(\frac{79{,}1}{2}\right)^2 + 25{,}1^2}\right)\,\text{N/mm}^2$$

$\sigma_v = \mathbf{86{,}6\,\text{N/mm}^2}$.

Dieser Wert wird mit der zulässigen Spannung verglichen. Für die üblichen Baustähle wäre damit der Spannungsnachweis erbracht.

9.2.4 Verdrehung und Zug/Druck

Diese Kombination von Beanspruchungen kommt hauptsächlich bei längsbelasteten Gewindespindeln und Schrauben vor. Neben der Längsbelastung unterliegt eine Schraube beim Anziehen einer Verdrehung durch das Moment (s. Band 1; Gl. 10-6)

$$M_t = F_A \cdot r_m \cdot \tan(\alpha + \varrho).$$

F_A ist die Axialbelastung der Schraube, r_m der mittlere Radius des Gewindes, α die Gewindesteigung, ϱ der Reibungswinkel. Es soll in erster Näherung berechnet werden, in welchem Verhältnis die auf den Kernquerschnitt bezogene Zugspannung und die durch das Drehmoment beim Anziehen verursachte Schubspannung stehen.

Die Schubspannung hat die Größe

$$\tau = \frac{M_t}{W_t} = \frac{F_A \cdot r_m \cdot \tan(\alpha + \varrho)}{\pi d^3/16}$$

Der mittlere Radius des Gewindes wird $0{,}55 \cdot d$ angenommen. Weiter wird $\tan(\alpha + \varrho) = 0{,}20$ gesetzt.

$$\tau = \frac{F_A \cdot 0{,}55 \cdot d \cdot 0{,}20 \cdot 16}{\pi \cdot d^3} = 0{,}55 \cdot 0{,}20 \cdot 4 \cdot \frac{F_A}{\pi \cdot d^2/4} = 0{,}44 \cdot \sigma$$

Das ist ein hoher Wert. In den Abschnitten 3.1.2; 8.2; 9.2.1 wurde der besondere Einfluß der Schubspannung auf die Zerstörung behandelt. Es soll deshalb hier untersucht werden, wie sich der oben errechnete Anteil auf die Gesamtbelastung auswirkt. Diese wird durch die Vergleichsspannung ausgedrückt. Die Gestaltänderungshypothese erhält man (Gl. 9-4)

$$\sigma_v = \sqrt{\sigma^2 + 3\tau^2} = \sqrt{\sigma^2 + 3 \cdot 0{,}44^2 \cdot \sigma^2} = 1{,}26 \cdot \sigma$$

Diese um etwa ein Viertel höhere Beanspruchung bleibt wegen der Reibung teilweise auch nach dem Anzug erhalten. Extrem hoch belastete Schrauben werden deshalb zunächst hydraulisch gedehnt. Dann wird die Mutter angedreht. So vermeidet man das Einleiten von Momenten und damit Schubspannungen.

Wie in Abschnitt 12.3 abgeleitet, verursacht Druck im Rohr Normalspannungen in Längs- und Umfangsrichtung. Bei einer zusätzlichen Verdrehung des Rohres entsteht die hier diskutierte Beanspruchung. Dabei kann Biegung zusätzlich überlagert sein.

Beispiel 1
Die Dehnschraube M 20 soll so angezogen werden, daß sie auf die Unterlage eine Kraft von 60 kN erzeugt. Welche Vergleichsspannung (Gestaltänderungshypothese) ist bei höchster Belastung während des Einschraubvorgangs wirksam?

Lösung
Maximal belastet ist die Schraube während des Eindrehens, wenn neben dem schon wirkenden, vollen Zug das Anzugsmoment noch vorhanden ist. Es soll mit tan $(\alpha + \varrho) = 0{,}20$ gerechnet werden.

$$M_t = F_A \cdot r_m \cdot \tan(\alpha + \varrho) = 60 \cdot 10^3 \,\text{N} \cdot 9{,}2 \cdot 10^{-3}\,\text{m} \cdot 0{,}20 = 110\,\text{Nm}$$

$$\tau = \frac{M_t}{W_t} \qquad W_t = 0{,}948\,\text{cm}^3 \quad \text{mit}\quad d_K = 1{,}69\,\text{cm}$$

$$\tau = \frac{110 \cdot 10^2\,\text{Ncm}}{0{,}948\,\text{cm}^3} \cdot \frac{\text{cm}^2}{10^2\,\text{mm}^2} = 116\,\text{N/mm}^2$$

$$\sigma = \frac{F}{A} = \frac{60 \cdot 10^3\,\text{N}}{224\,\text{mm}^2} = 268\,\text{N/mm}^2$$

Vergleichsspannung (Gl. 9-4)

$$\sigma_v = \sqrt{\sigma^2 + 3\tau^2} = (\sqrt{268^2 + 3 \cdot 116^2})\,\text{N/mm}^2 = 335\,\text{N/mm}^2$$

Dieser Wert ist deutlich höher als der für die Zugbeanspruchung allein.

Beispiel 2
Für ein Rohr unter Innendruck, das zusätzlich auf Biegung und Torsion beansprucht wird, sollen die drei Vergleichsspannungen berechnet werden. Auf die Ermittlung der Einzelspannungen wird hier verzichtet. Aus den Gleichungen 12-13/14 (Abb. 12-14/16); 4-6; 6-2 erhält man für ein Rohr $d_m = 100\,\text{mm}$; $s = 6{,}0\,\text{mm}$, das unter Druck von $p = 60\,\text{bar}$ steht und Momente $M_b = 0{,}60\,\text{kNm}$ (ruhend); $M_t = 2{,}50\,\text{kNm}$ (wechselnd) überträgt, folgende Werte

Druck $\quad \sigma_y = 50{,}0\,\text{N/mm}^2$; $\quad \sigma_{x1} = 25{,}0\,\text{N/mm}^2$;

Biegung $\quad \sigma_b = \sigma_{x2} = 13{,}5\,\text{N/mm}^2$;

Verdrehung $\quad \tau = 28{,}0\,\text{N/mm}^2$.

9.2 Zusammensetzung von Normal- und Schubspannung

Für den Werkstoff sind die Festigkeitswerte bekannt:

Streckgrenze $R_e = 240\,\text{N/mm}^2$

Wechselfestigkeit Torsion $\tau_{tW} = 80\,\text{N/mm}^2$

Lösung (Tabelle 17)
Normalspannungshypothese:
Der Wert α_0 wird aus den Grenzspannungen berechnet

$$\alpha_0 = \frac{R_e}{\tau_{tW}} = \frac{240\,\text{N/mm}^2}{80\,\text{N/mm}^2} = 3{,}0$$

$$\sigma_v = \frac{\sigma_y + \sigma_x}{2} + \sqrt{\left(\frac{\sigma_y - \sigma_x}{2}\right)^2 + (\alpha_0\tau)^2}$$

$$\sigma_v = \left(\frac{50{,}0 + 38{,}5}{2} + \sqrt{\left(\frac{50{,}0 - 38{,}5}{2}\right)^2 + (3\cdot 28{,}0)^2}\right)\text{N/mm}^2 = 129\,\text{N/mm}^2$$

Schubspannungshypothese:

$$\alpha_0 = \frac{R_e}{2\cdot\tau_{tW}} = \frac{240\,\text{N/mm}^2}{2\cdot 80\,\text{N/mm}^2} = 1{,}5$$

$$\sigma_v = \sqrt{(\sigma_y - \sigma_x)^2 + 4(\alpha_0\tau)^2}$$

$$\sigma_v = \left(\sqrt{(50{,}0 - 38{,}5)^2 + 4(1{,}5\cdot 28{,}0)^2}\right)\text{N/mm}^2 = 85\,\text{N/mm}^2$$

Gestaltänderungshypothese:

$$\alpha_0 = \frac{R_e}{\sqrt{3}\,\tau_{tW}} = \frac{240\,\text{N/mm}^2}{\sqrt{3}\cdot 80\,\text{N/mm}^2} = 1{,}73$$

$$\sigma_v = \sqrt{\sigma_y^2 + \sigma_x^2 - \sigma_x\cdot\sigma_y + 3(\alpha_0\tau)^2}$$

$$\sigma_v = \left(\sqrt{50{,}0^2 + 38{,}5^2 - 50{,}0\cdot 38{,}5 + 3(1{,}73\cdot 28{,}0)^2}\right)\text{N/mm}^2 = 96\,\text{N/mm}^2$$

Der höchste Wert ergibt sich nach der Normalspannungshypothese. Da dieser immer noch deutlich unter der Streckgrenze liegt, dürfte ausreichende Festigkeit nachgewiesen sein.

9.2.5 Mehrachsiger Zug/Druck

Mehrachsiger Zug entspricht Beanspruchung nach Abb. 8-10 und 12-16. Zunächst scheint es, als sei hier keine Schubspannung vorhanden, denn es handelt sich um Hauptspannungssysteme. Die Schubspannungen wirken jedoch in allen anderen Schnitten. In die Gleichungen für die Vergleichsspannungen wird $\tau = 0$ eingesetzt. Druckbeanspruchte Behälter und rotierende Scheiben unterliegen der hier behandelten Belastung. Beispiele bringt das Kapitel 12.

9.3 Zusammenfassung

Normalspannungen, wie sie z.B. bei gleichzeitiger Wirkung von Zug/Druck und Biegung auftreten, werden addiert.

Seite des größeren Faserabstandes

$$\sigma = \frac{F}{A} \pm \frac{M_b}{I} e_{max} = \frac{F}{A} \pm \frac{M_b}{W}.$$

Seite des kleineren Faserabstandes

$$\sigma = \frac{F}{A} \pm \frac{M_b}{I} e_{min}.$$

Gl. 9-1

Schon eine geringe Abweichung der Krafteinleitung von der Schwerpunktachse hat in einem Zugstab hohe zusätzliche Spannungen durch Biegung zur Folge. Sind die Hebelarme der Kräfte groß gegenüber den Abmessungen des Querschnitts, kann man die Zug- bzw. Druckspannungen gegenüber den Biegespannungen vernachlässigen.

Treten Normal- und Schubspannungen gleichzeitig auf, erfordert die Berechnung die Annahme einer Bruchhypothese. Dabei wird der komplizierte, mehrachsige Spannungszustand mit dem einachsigen Belastungszustand eines gezogenen Stabes verglichen. Eine Hypothese, die allen Werkstoffen und Belastungen gerecht wird, gibt es nicht.

Für spröde Werkstoffe und wenn eine Verformung vor einem Bruch nicht zu erwarten ist (Schweißnaht), rechnet man nach der Hypothese der größten Normalspannung.

Für zähe Werkstoffe und wenn ein Bruch mit vorheriger Verformung zu erwarten ist, stimmt die Gestaltänderungshypothese am besten mit Versuchen überein.

Die Berechnungsgleichungen für die Vergleichsspannungen sind in der Tabelle 17 zusammengefaßt.

10. Versuch einer wirklichkeitsgetreuen Festigkeitsberechnung

10.1 Allgemeines

Die Festigkeitswerte für die verschiedenen Werkstoffe werden aus genormten Versuchen (Zugversuch, Dauerfestigkeitsversuche usw.) an genormten Probestücken gewonnen. Es erhebt sich dabei die Frage, ob bzw. inwieweit man die so gewonnenen Werte auf beliebig geformte Werkstücke, u.U. von anderer Größenordnung und anderer Oberflächenbeschaffenheit, übertragen kann.

Zunächst ist die Übertragbarkeit nicht vollständig gewährleistet, wenn Probestab und Werkstück zwar aus gleichem Werkstoff bestehen, aber nicht gleicher *Bearbeitung* unterlegen haben. Als Beispiel sollen Bauteile betrachtet werden, die aus demselben Stahl unterschiedlich gefertigt wurden. Ein Teil sei aus dem Vollen gefräst, der andere geschmiedet. Alle Bauteile werden einer Festigkeitsprüfung unterzogen. Damit ist ein Vergleich mit den Kennwerten möglich, die im genormten Versuch ermittelt wurden. Insgesamt sind die Einflüsse mannigfaltig, jedoch kann man davon ausgehen, daß im statistischen Mittel die geschmiedeten Teile höher belastbar sind. Damit ist die Übertragbarkeit der Versuchsergebnisse nicht eindeutig, sondern hängt von der Art der Bearbeitung des Werkstoffs ab. Zusätzlich spielt im genannten Beispiel auch der Oberflächeneinfluß eine Rolle. Dieser wird weiter unten diskutiert.

Einfluß auf die Übertragbarkeit der Ergebnisse eines Festigkeitsversuchs auf Maschinenteile hat außerdem das *Größenverhältnis* von Maschinenteil und Probe. Bei Biegung und Verdrehung ist die Spannungsverteilung im Querschnitt nicht konstant. Zwei benachbarte Fasern unterliegen demnach unterschiedlichen Spannungen. Was dabei im Werkstoff vorgeht, kann man sich an einem Gedankenmodell klar machen. Zwei gleiche Drähte werden parallel gelegt und nach Abb. 10-1 mit Klammern untereinander verbunden. Die Drahtenden bleiben dabei frei. Die beiden Drähte werden jetzt unterschiedlich belastet. Der stärker belastete Draht 1 versucht, sich stärker zu dehnen als der weniger belastete Draht 2. Durch die Querverbindungen (Klammern) wird er z.T. daran gehindert. Dabei wird ein Teil der höheren Belastung auf den weniger belasteten Draht übertragen. Es wird also eine *Stützwirkung* von 2 auf 1 ausgeübt. Draht 1 kann demnach im Verband mit 2 eine höhere Last übertragen als allein. Diese Stützwirkung ist um so größer, je größer der Unterschied der Belastungen ist. Übertragen auf ein unter nicht konstanter Spannung stehendes Werkstück heißt das, daß die Stützwirkung um so größer ist, je steiler die Spannungsverteilung ist. Für kleine Abmessungen eines biege- oder verdrehbeanspruchten Stabes ergeben sich bei gleichen Außenspannungen steilere Spannungsgefälle als bei größeren Abmessungen. Das verdeutlicht die Abb. 10-2. Die verminderte Stützwirkung bei größeren Bauteilen hat zur Folge, daß bei diesen die Festigkeit auf 60 bis 70% der an genormten Probestäben ermittelten Werte sinken kann.

Im reinen Zugversuch ist wegen der konstanten Spannung keine Stützwirkung vorhanden. Trotzdem ergeben sich bei Probestäben von sehr kleinem Durchmesser vor allem bei weichen Stählen erhöhte Festigkeitswerte. Das ist bedingt durch die infolge der kleinen Querabmessungen behinderte Einschnürung. Die kleineren Stäbe haben auch weniger Inhomogenitäten, von denen ein Anriß ausgehen kann. Die Argumentation ist z.T. umstritten. Der Fragenkomplex ist nicht abschließend geklärt.

Insgesamt muß bei Festigkeitsberechnungen für größere Teile von verminderten Festigkeitswerten ausgegangen werden.

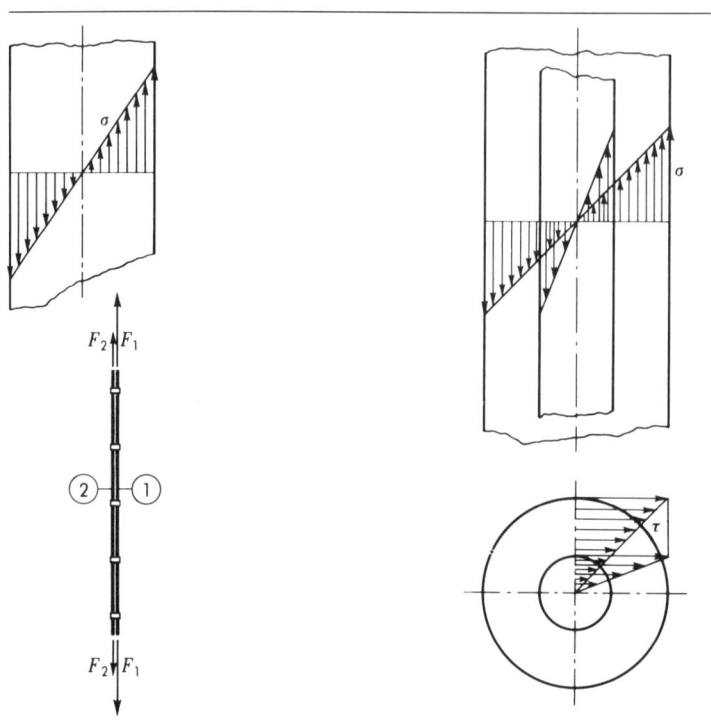

Abb. 10-1: Stützwirkung bei ungleichmäßiger Spannungsverteilung

Abb. 10-2: Zum Einfluß der Bauteilgröße auf die Stützwirkung

10.1 Allgemeines

Einen weiteren Einfluß auf die Festigkeit hat die *Form* des betreffenden Teiles. Jede Abweichung von der zylindrischen Form der Probestäbe hat eine Konzentration von Spannungen zur Folge und damit einen Spannungsanstieg, auf den sich wiederum die oben beschriebene Stützwirkung auswirkt. Die lokale Spannungserhöhung hat unterschiedliche Auswirkungen bei ruhender und schwingender Belastung und Werkstoffen mit und ohne Streckgrenze.

Der Einfachheit halber soll von einem gekerbten Stab ausgegangen werden. Bei *ruhender Belastung eines weichen Stahls erhöht ein Kerb trotz einer lokalen Spannungsspitze die Belastbarkeit.* Die Gründe dafür sind in den Abschnitten 2.6 und 8.2.1 ausführlich erläutert. Nicht die absolute Höhe der Spannung ist von entscheidender Bedeutung, sondern ob die Spannung zu einer Zerstörung des Werkstoffes führt. Hier werden wiederum die verschiedenen Festigkeitshypothesen berührt.

Bei einem spröden Werkstoff wirkt sich das Spannungsmaximum im Kerbgrund eines Zugstabes voll aus. Der Grund dafür ist: der aus sprödem Werkstoff gefertigte Stab reißt ohne Einschnürung, deshalb ist die Vermeidung einer solchen durch den Kerb ohne Wirkung.

Bei *schwingender Belastung setzt ein Kerb die Festigkeit immer herab.* Wie im Abschnitt 2.5 erläutert, wird bei diesem Belastungsfall die Zerstörung durch Zerrüttung des Gefüges eingeleitet.

Das führt zu einem weiteren Faktor, der von Einfluß auf die Übertragbarkeit von Versuchsergebnissen ist. Die Normen schreiben für die meisten Probestäbe eine polierte Oberfläche vor. Wie wirkt sich eine davon abweichende *Oberflächenbeschaffenheit* auf die Festigkeit aus? Die Bearbeitungsunebenheiten wirken sich wie sehr kleine Kerben aus, die örtlich Spannungsspitzen zur Folge haben. Diese führen bei schwingender Belastung zu einer vorzeitigen Zerrüttung des Gefüges an der Oberfläche und damit zur vorzeitigen Zerstörung. Die nicht polierte oder nicht feingeschlichtete Oberfläche führt zu einer Verminderung der Festigkeit, die bei genauer Berechnung zu berücksichtigen ist.

Zusammenfassend sollen die Einflüsse festgehalten werden, die die Übertragbarkeit der im genormten Versuch ermittelten Festigkeitswerte auf ein Bauteil beeinflussen

1. Bearbeitung,
2. Größe,
3. Form,
4. Obeflächenbeschaffenheit.

Die Festigkeitsberechnung, wie sie in den vorausgehenden Kapiteln dargestellt wurde, setzt viele vereinfachende Annahmen voraus. Die nach den wichtigsten Gleichungen

$$\sigma_{zd} = \frac{F}{A} \qquad \text{Gl. 3-1}$$

$$\sigma_b = \frac{M_b}{W} \qquad \text{Gl. 4-6}$$

$$\tau_t = \frac{M_t}{W_t} \qquad \text{Gl. 6-2}$$

berechneten Spannungen werden in diesem Kapitel *Nennspannungen* genannt. Sie stellen, wie wiederholt betont, Rechengrößen dar, die bestimmte Werte nicht übersteigen dürfen, soll nach den Erfahrungen keine Zerstörung eintreten. Die Erfahrung liegt im Bemessungsfaktor, in dem alle Einflüsse Berücksichtigung finden müssen. Auch hier zeigt sich wieder, daß der Bemessungsfaktor um so größer gewählt werden muß, je weniger Einflüsse in der Rechnung erfaßt wurden.

In den nachfolgenden Abschnitten soll für einige Fälle eine Berechnungsmethode erläutert werden, die in gewissen Grenzen die oben angegebenen Einflüsse auf die Festigkeit berücksichtigt. Bei richtiger Anwendung ist es möglich, dabei die Bemessungsfaktoren auf 1,2 bis 1,5 herabzusetzen. Da für diesen Wert oft der Begriff Sicherheitsgrad gebraucht wird, sei nochmals darauf hingewiesen, daß damit nicht etwa eine Verminderung der Sicherheit des betreffenden Bauteiles verbunden ist. Ganz im Gegenteil verbürgt eine den tatsächlichen Verhältnissen mehr gerecht werdende Berechnung eine erhöhte Sicherheit.

Anschließend sollen einige Verfahren genannt werden, die einen besseren Einblick in die Vorgänge im belasteten Bauteil ermöglichen.

Mit der Methode der Finiten Elemente (FEM) versucht man, die Vorgänge im Werkstoff zu erfassen. Der belastete Körper wird für die Rechnung in einzelne Grundelemente zerlegt. Im einfachsten Fall verwendet man Stäbe. Das zu untersuchende Objekt wird durch ein räumliches, vielfach statisch unbestimmtes Fachwerk ersetzt. In den Bereichen von Kerben und von Lasteinleitungen wird naturgemäß das Fachwerk besonders dicht ausgeführt. Neben den Stäben (Zug-Druck-Element) können Balken (Zug-Druck-Biegung-Element), Platten usw. als Teilelemente verwendet werden. Bereits die Aufgabe, in den vorgegebenen Körper ein Punktraster einzufügen und alle Einzelpunkte (Knoten) mit den Elementen (z.B. Stäben) zu verbinden, erfordert sehr umfangreiche Rechenprogramme. Die Berechnung der Spannungen und Deformationen für eine vorgegebene Belastung ist nur mit leistungsfähigen Rechenanlagen möglich.

Eine Spannung verursacht eine Dehnung. Ist der Werkstoff elastisch, gilt das HOOKEsche Gesetz, das beide Größen verbindet. Deshalb ist es möglich, über die Messung der örtlichen Dehnung auf die dort vorhandene Spannung zu schließen. Am unbelasteten Bauteil werden Dehnungsmeßstreifen (DMS) aufgeklebt, deren Längenänderung ermittelt wird.

Ein Verfahren, das grundsätzlich von gleichen Überlegungen ausgeht, ist die Lack-Methode. Das betreffende Teil wird mit einem spröden Lack überzogen. Bei Belastung kann der spröde Überzug der Dehnung des Teiles nicht folgen und reißt. Die Risse treten zuerst an den Stellen der höchsten Beanspruchung auf und stehen senkrecht zur Richtung der maximalen Normalspannung. Dieses Verfahren liefert qualitative Ergebnisse. Es ist sehr gut geeignet, mit geringem Aufwand gefährdete Stellen aufzuzeigen und eine Form spannungstechnisch zu optimieren.

Eine spannungsoptische Methode beruht auf der Doppelbrechung von polarisiertem Licht in verschiedenen Stoffen, z.B. in Plexiglas. Ein daraus gefertigtes Modell wird belastet und durchleuchtet. Mit Hilfe einer optischen Meßeinrichtung werden am projizierten Modell Linien sichtbar gemacht, die Rückschlüsse auf Ort und Größe der Hauptspannungen ermöglichen. Zusätzlich gibt es ein Verfahren, das nach den gleichen Grundlagen arbeitet, aber die Herstellung eines Modells aus durchsichtigem Stoff umgeht. Das Bauteil selbst wird mit einem dünnen Überzug versehen und in einer optischen Meßeinrichtung untersucht.

10.2 Die Kerbwirkung

In diesem Abschnitt soll der Einfluß schroffer Querschnittsübergänge auf den Spannungsverlauf behandelt werden. Grundsätzlich wurde die Frage bereits im Kapitel 2 im Zusammenhang mit der Abb. 2-15 angeschnitten. Die Abb. 10-3 zeigt qualitativ die Spannungsverteilung in gekerbten Stäben, die auf Zug, Biegung und Torsion beansprucht sind. Zusätzlich ist gestrichelt die Verteilung dargestellt, die sich nach den bisher dargestellten Rechenmethoden ergibt. Diese führen auf die Nennspannungen, die aus den Werten A; W des Schnitts im Kerbgrund berechnet werden. Im Zugstab geht diese von einer gleichmäßigen Auslastung aus. Bei Biegung und Torsion erhält man eine lineare Zunahme auf den außenliegenden Maximalwert. Die tatsächliche Spannung im Kerbgrund ist größer als die jeweilige Nennspannung. Um diesen Tatbestand rechnerisch zu erfassen, führt man einen Faktor ein, mit dem die Nennspannung multipliziert wird und so die Spannungsspitze im Kerbgrund ergibt

$$\sigma_{max} = \alpha_K \cdot \sigma_n \qquad \text{Gl. 10-1}$$

Der Faktor α_K wird *Formzahl* genannt. Er *hängt von der Geometrie des Kerbs, des Stabs und Beanspruchungsart (z.B. Biegung) ab, nicht vom Werkstoff und gilt für ideal elastische Deformation.* Die Tabelle 18 enthält eine Auswahl von α_K-Werten aus [9].

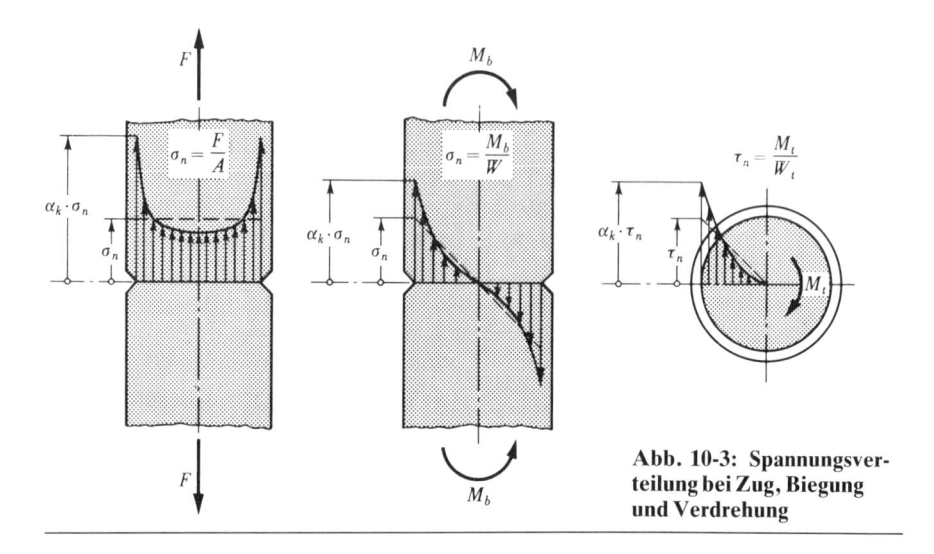

Abb. 10-3: Spannungsverteilung bei Zug, Biegung und Verdrehung

Bei schwingender Beanspruchung müßte die Zerstörung im Kerbgrund einsetzen, wenn die Dauerfestigkeit σ_D die maximale Spannung $\alpha_K \cdot \sigma_n$ erreicht. Versuche ergeben aber, daß eine höhere Spannungsspitze ertragen wird. Die Abb. 10-4 soll an einem Zahlenbeispiel die Verhältnisse veranschaulichen. Der glatte Stab hat eine Dauerfestigkeit von $\sigma_D = 240 \text{ N/mm}^2$. Ein Stab aus gleichem Werkstoff mit einer Kerbe, für die $\alpha_K = 3$ ist, müßte danach bei einer Nenndauerfestigkeit von

$$\sigma_n = \frac{\sigma_D}{\alpha_K} = \frac{240}{3} \text{ N/mm}^2 = 80 \text{ N/mm}^2$$

zerstört werden. Ein durchgeführter Versuch ergibt aber z.B. eine Nenndauerfestigkeit von 100 N/mm². Die tatsächliche Spannungsspitze beträgt $3 \cdot 100 \text{ N/mm}^2 = 300 \text{ N/mm}^2$. Für die Zerstörung wirkt sich demnach nicht der volle Betrag der Spannungsspitze aus. Da man bei der Festigkeitsberechnung von der am glatten Stab ermittelten Dauerfestigkeit, hier also von 240 N/mm² ausgeht, definiert man als *Kerbwirkungszahl*

$$\beta_K = \frac{\sigma_D}{\sigma_{DK}} = \frac{\textbf{Dauerfestigkeit glatter Stab}}{\textbf{Nenndauerfestigkeit gekerbter Stab}} \qquad \text{Gl. 10-2}$$

Im vorliegenden Beispiel

$$\beta_K = \frac{240 \text{ N/mm}^2}{100 \text{ N/mm}^2} = 2{,}4 \; .$$

10.2 Die Kerbwirkung

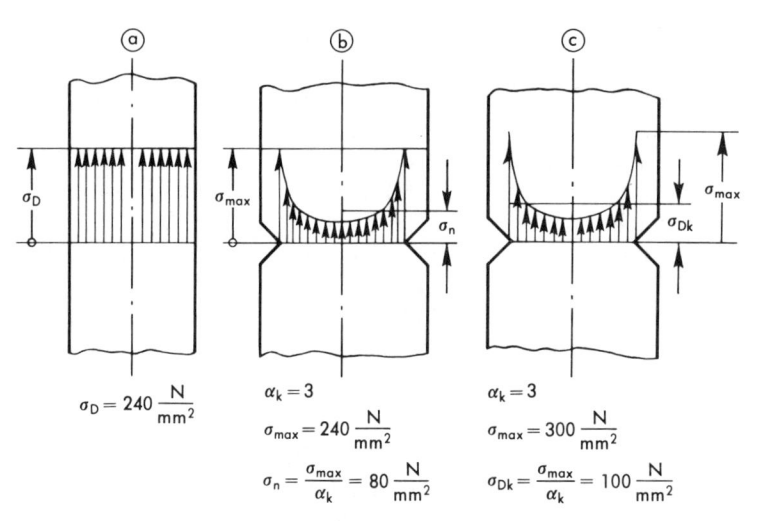

Abb. 10-4: Zur Definition der Kerbwirkungszahl β_K

(a) $\sigma_D = 240 \, \frac{N}{mm^2}$

(b) $\alpha_k = 3$
$\sigma_{max} = 240 \, \frac{N}{mm^2}$
$\sigma_n = \frac{\sigma_{max}}{\alpha_k} = 80 \, \frac{N}{mm^2}$

(c) $\alpha_k = 3$
$\sigma_{max} = 300 \, \frac{N}{mm^2}$
$\sigma_{Dk} = \frac{\sigma_{max}}{\alpha_k} = 100 \, \frac{N}{mm^2}$

Aus dem oben Gesagten folgt, daß $1 < \beta_K < \alpha_K$ sein muß. Trotz vieler Bemühungen ist es bisher *nicht gelungen, einen eindeutigen Zusammenhang zwischen β_K und α_K zu formulieren. Man weiß aus Versuchen, daß im Gegensatz zu α_K die Kerbwirkungszahl β_K vom Werkstoff abhängt.*

Hochfeste Werkstoffe, die im Zugversuch keine ausgeprägte Streckgrenze aufweisen, sind *kerbempfindlich*. Weiche Stähle mit ausgeprägter Streckgrenze sind weniger kerbempfindlich, da durch örtliches Fließen Spannungsspitzen abgebaut werden können. Wirkt sich bei der Zerstörung bei schwingender Belastung die volle Spannungsspitze $\alpha_K \cdot \sigma_n$ aus, dann ist der Werkstoff extrem kerbempfindlich und es gilt nach dem oben Gesagten $\beta_K = \alpha_K$. Für Werkstoffe, für die die Spannungsspitze fast ungefährlich ist, nähert sich β_K dem Wert 1.

Für oft vorkommende Fälle in der Maschinenkonstruktion findet man Erfahrungswerte für β_K in der einschlägigen Literatur. Liegen keine Werte für β_K vor, dann ist $\beta_K = \alpha_K$ ein sicherer Ansatz.

Man hat bisher im wesentlichen folgende Einflüsse auf die Kerbwirkungszahl β_K festgestellt:

1. Form der Kerbe,
2. Beanspruchungsart (Zug – Druck, Biegung usw.),
3. Festigkeit des Werkstoffes (Härte, Zugfestigkeit usw.),
4. Größe des Spannungsgefälles im Kerbgrund,
5. Zustand der Oberfläche (Bearbeitungsart) und der unmittelbar darunter liegenden Schichten (z.B. Verfestigung),
6. Größe des Bauteils (dieser Einfluß ist mit dem unter 4 genannten gekoppelt, die Zusammenhänge sind jedoch nicht geklärt).

Der physikalische Vorgang ist sehr komplex und teilweise nicht geklärt. Aus diesem Grunde sind bisher allgemeingültige Rechenverfahren, die alle Einflüsse erfassen, nicht bekannt. Es sind fünf etwa gleichwertige Rechenverfahren zur Bestimmung von β_K im praktischen Gebrauch. Sie gehen auf folgende Wissenschaftler zurück: THUM, SIEBEL, PETERSEN, BOLLENRATH/TROOST, RÜHL (ausführlich mit Literaturangaben in Lit. [6]). Nach Angaben von [6] erreicht keines der Verfahren in jedem Fall eine Genauigkeit von ± 10%. Die Rechnungen von PETERSEN und SIEBEL liefern jedoch immer Werte, die auf der „sicheren Seite" liegen und es sind kaum größere Abweichungen von Meßwerten bekannt geworden. Diese Ansätze sollen deshalb hier behandelt werden.

PETERSEN versucht, die ersten vier oben aufgeführten Einflüsse zu erfassen. Form der Kerbe und Beanspruchungsart sind in der Formziffer α enthalten. Dieser Wert wird mit einem Faktor multipliziert, in dem die Einflüsse der Punkte 3 und 4 verarbeitet sind. Die Auswertung der nachfolgenden Gleichung ergibt verminderte Festigkeit für größere Bauteile. Damit ist auch der Größeneinfluß verursacht durch Kerbwirkung implizit berücksichtigt.

$$\beta_K = \frac{1 + \sqrt{\rho^* \cdot \chi_0}}{1 + \sqrt{\rho^* \cdot \chi}} \cdot \alpha_K \qquad \text{Gl. 10-3}$$

Dabei ist ϱ^* der Rundungsradius einer im Gefüge vorhanden gedachten Ersatzkerbe, die die Inhomogenität des Werkstoffs, damit den Gefügeaufbau und damit die Festigkeit des Werkstoffes berücksichtigt. Näherungsweise gilt

$$\varrho^* \approx \left(\frac{H_0}{H}\right)^2 \quad \text{in mm}.$$

Dabei ist H die Brinellhärte des Werkstoffes. Der Bezugswert H_0 entspricht 40 HB. Es besteht ein Zusammenhang zwischen der Härte und der Zugfestigkeit R_m von metallischen Werkstoffen. Für Kohlenstoffstahl gilt etwa folgende Beziehung

$$R_m \approx 0{,}35 \cdot HB.$$

Dabei ist zu bedenken, daß die Angabe HB auf die Krafteinheit kp bezogen ist. 40 HB heißt 40 kp/mm² = 400 N/mm² Prüflast dividiert durch Eindrucksfläche. Man kann die Beziehung für den Radius der Ersatzkerbe demnach auf die Zugfestigkeit R_m beziehen. Dabei entspricht 40 HB einem R_m-Wert von ungefähr 0,35 · 400 N/mm² = 140 N/mm². Man erhält damit folgende zugeschnittene Größengleichung

10.2 Die Kerbwirkung

$$\varrho^* \approx \left(\frac{140}{R_m}\right)^2 \quad \begin{array}{l} R_m \text{ in N/mm}^2 \\ \varrho^* \text{ in mm} \end{array}$$

Die nach dieser Gleichung ermittelten Werte liegen im Bereich „häufigste Werte" in verschiedenen veröffentlichten Diagrammen und Tabellen. Neben der Zugfestigkeit haben auch Wärmebehandlung, Bauteilgröße usw. Einfluß auf die Größe der Ersatzkerbe.

Der Wert χ stellt das bezogene Spannungsgefälle nach folgender Definition dar (Abb. 10-5a)

Spannungsgefälle im Kerbgrund $\quad \tan \alpha = \dfrac{d\sigma}{dy}$

Auf σ_{max} bezogenes Spannungsgefälle $\quad \chi = \dfrac{1}{\sigma_{max}} \cdot \dfrac{d\sigma}{dy}$

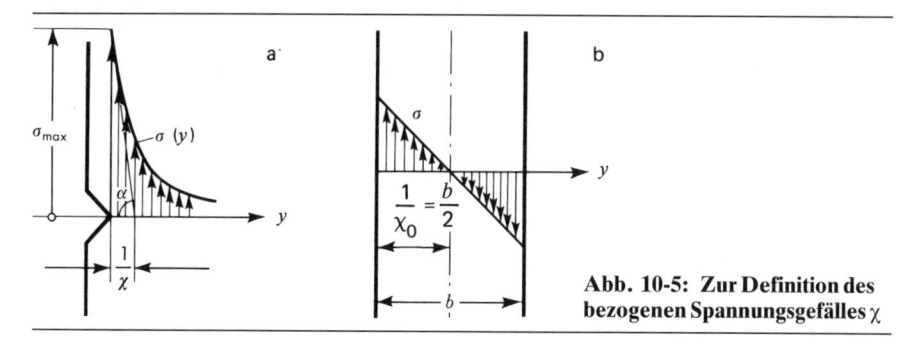

Abb. 10-5: Zur Definition des bezogenen Spannungsgefälles χ

Geometrisch läßt sich χ als der Kehrwert der durch die Tangente abgeschnittenen Strecke auf der y-Achse deuten. Bei Biegung und Torsion ist auch im glatten Stab ein Spannungsgefälle vorhanden. Dieses wird χ_0 bezeichnet und beträgt nach Abb. 10-5b

$$\chi_0 = \frac{2}{b}.$$

Die bezogenen Spannungsgefälle sind näherungsweise berechnet worden und sind in Tabelle 19 gegeben. Sie hängen nur von dem Abgrundradius der Kerbe ab.

Einen völlig analogen Ansatz hat SIEBEL gewählt. Er definiert ein *Wechselfestigkeitsverhältnis*

$$\delta_W = \frac{\alpha_K}{\beta_K} = \frac{1 + \sqrt{s_g \chi}}{1 + \sqrt{s_g \chi_0}},$$

Abb. 10-6: Das Wechselfestigkeitsverhältnis δ_W in Abhängigkeit vom bezogenen Spannungsgefälle für verschiedene Werkstoffe

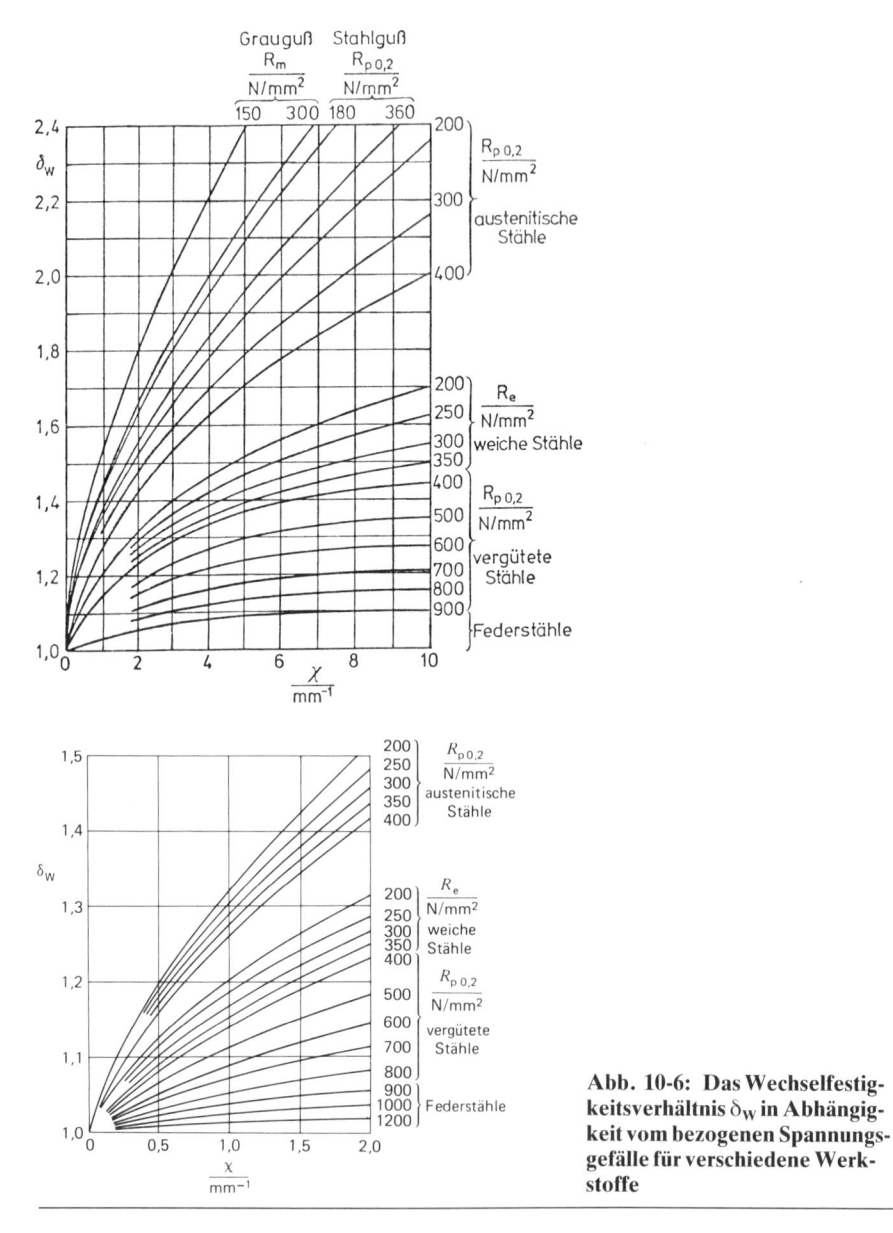

wobei s_g auch eine gefügeabhängige Längenabmessung ist und weitgehend ϱ^* entspricht. Der Wert δ_W wird nach SIEBEL in Abhängigkeit von χ mit der Streckgrenze als Parameter angegeben. Das Diagramm zeigt die Abb. 10-6. Ist δ_W bekannt, kann

$$\beta_K = \frac{\alpha_K}{\delta_W}$$

berechnet werden.

10.3 Die Festigkeitsberechnung für gekerbte Werkstücke unter Berücksichtigung von Oberflächenbeschaffenheit und Größe (Gestaltfestigkeit)

Wie in Abschnitt 10.1 bereits ausgeführt, werden die Dauerfestigkeiten der verschiedenen Werkstoffe an polierten Stäben gemessen. Eine andere Oberflächenbeschaffenheit führt im allgemeinen zur Verminderung der Dauerfestigkeit.

In Abb. 10-7 sind in starker Vergrößerung die Schnitte durch Oberflächen gezeigt, die bei verschiedener Bearbeitung entstehen. Es fragt sich, wie die einzelnen Oberflächen die Festigkeit des betreffenden Teiles beeinflussen. Jede Bearbeitung verursacht eine plastische Deformation in unmittelbarer Nähe der Oberfläche. Ein Schneidstahl, der einen Span abhebt, übt eine gewisse Krafteinwirkung auch auf die Gefügeteile, die unmittelbar unter der neu entstehenden Oberfläche liegen. In einer dünnen Schicht wird durch den Schneidvorgang das Korn zerstört und es entstehen feine Risse, die zur Festigkeitsverminderung führen. Das gleiche Oberflächenbild durch Walzen erzeugt, würde in einer Festigkeitserhöhung resultieren. Schon daran sieht man, wie problematisch die Erfassung des Oberflächeneinflusses ist.

Eine technisch bearbeitete Oberfläche kann man ganz grob als eine Aneinanderreihung verschieden geformter Kerben ansehen. Daraus läßt sich schließen, daß die Dauerfestigkeit kerbempfindlicher Werkstoffe am meisten durch die Oberflächenbeschaffenheit beeinflußt wird. Das wird durch mannigfaltige Versuche bestätigt. Besonders hoch ist der Einfluß der Oberflächenbeschaffenheit bei hochfesten und vergüteten Stählen, die einer schwingenden Belastung unterliegen.

Die Verminderung der Dauerfestigkeit auf Grund der Oberflächenbeschaffenheit wird durch den *Oberflächenbeiwert o* berücksichtigt. Er ist folgendermaßen definiert

$$\sigma_D \big|_{\text{beliebige Oberfläche}} = o \cdot \sigma_D.$$

Dabei ist σ_D die Dauerfestigkeit, die an einem glatten und polierten Stab ermittelt wurde. Nach dem oben Gesagten muß $o < 1$ sein.

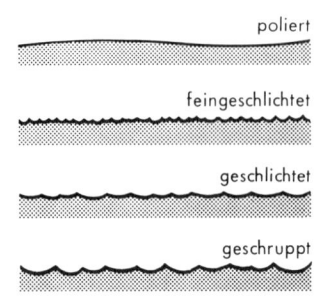

322   10. Versuch einer wirklichkeitsgetreuen Festigkeitsberechnung

Abb. 10-7: Oberflächenqualitäten

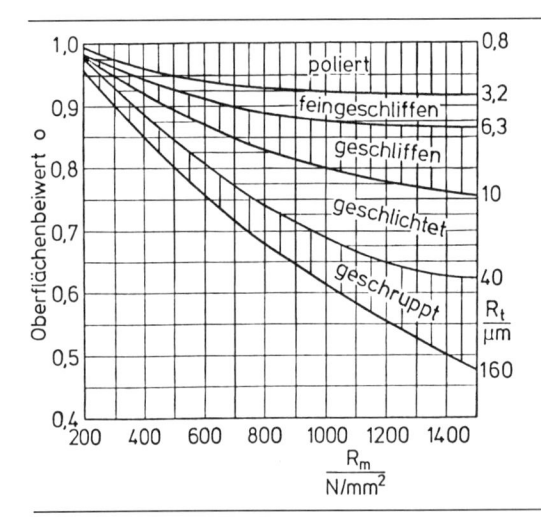

Abb. 10-8: Oberflächenbeiwert o in Abhängigkeit von der Zugfestigkeit für verschiedene Oberflächenqualitäten

In Abb. 10-8 ist o für verschiedene Oberflächen und für den Belastungsfall III als Funktion der Zugfestigkeit R_m aufgetragen [9]. Beachtenswert ist, daß hochfeste Stähle, die keine ausgeprägte Streckgrenze haben, viel empfindlicher auf eine größere Rauhtiefe bei Wechselbeanspruchung reagieren als zähe Stähle geringer Festigkeit.

Die Größe des Bauteils ist vor allem wegen der in Abschnitt 10.1 erläuterten Stützwirkung bei Biegung und Torsion von Einfluß. Die geringere Stützwirkung in größeren Bauteilen führt zu einer Verminderung der zulässigen Spannungen. Hier sei auf die Diskussion in Zusammenhang mit der Abb. 10-1/2 verwiesen. Analog zum Beiwert o wird hier ein Maßstabwert m definiert:

$$\sigma_{D \text{ beliebige Größe}} = m \cdot \sigma_D .$$

Dieser Wert ist im Diagramm Abb. 10-9 für die wechselnde Belastung einer Welle gegeben [9]. Die gegenseitige Beeinflussung der Größen m und

10.3 Die Festigkeitsberechnung für gekerbte Werkstücke

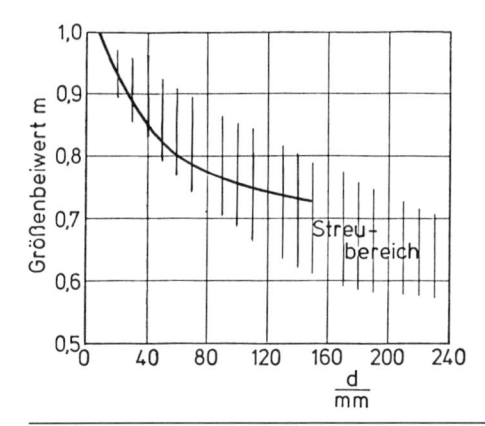

Abb. 10-9: Größenbeiwert m in Abhängigkeit vom Durchmesser

o ist weitgehend ungeklärt. In der Gl. 10-3 ist der Größeneinfluß verursacht durch die Stützwirkung von Kerben implizit enthalten. Die Diagramme geben im wesentlichen Tendenzen an.

Die Dauerfestigkeit ist demnach

$$\sigma_{D_{\text{Werkstück}}} = m \cdot o \cdot \sigma_D.$$

Wie gehen die oben definierten Werte α_K; β_K; o; m in die Festigkeitsberechnung eines gekerbten Werkstückes ein?

Ruhende Belastung

Im zähen Werkstoff steigt zwar die Spannung im Kerbgrund an, gleichzeitig ist die Festigkeit des gekerbten Stabes größer (Abschnitt 2.6 und 8.2.1). Da es, wie mehrfach betont, nicht auf die Höhe der Spannung, sondern auf die Zerstörung ankommt, ist die Spannungserhöhung an sich ungefährlich. Hier muß nochmals auf den teilweisen Spannungsabbau durch örtliches Fließen hingewiesen werden. Für die Berechnung genügt es deshalb, von der Nennspannung auszugehen und das Werkstück so zu dimensionieren, daß die Nennspannung nicht größer als die Streckgrenze ist $\sigma_n < R_e$. Anhaltswerte für die Bemessungsfaktoren sind in der Tabelle 4 gegeben.

Der spröde Werkstoff wird ohne vorheriges Fließen zerstört. Der Bruch wird durch die erhöhte Spannung im Kerbgrund eingeleitet. Hier ist es notwendig, mit der Formzahl α_K die maximale Spannung zu berechnen. Diese muß kleiner als R_m sein. Auch hier muß ein dem Anwendungsfall entsprechender Bemessungsfaktor gewählt werden.

Wechselnde Belastung

Zum Einfluß der Oberflächenbeschaffenheit und der Werkstückgröße kommt der Einfluß der Spannungserhöhung im Kerb hinzu. Er wird durch die oben definierte Kerbwirkungszahl berücksichtigt. Die Wechselfestigkeit beträgt folglich

$$\sigma_{W \text{ gekerbtes Werkstück}} = \frac{m \cdot o \cdot \sigma_W}{\beta_K} \qquad \text{Gl. 10-4}$$

Die zulässige Nennspannung im Werkstück hat die Größe

$$\sigma_{W \text{ zul}} = \frac{m \cdot o \cdot \sigma_W}{\beta_K \cdot v}. \qquad \text{Gl. 10-5}$$

Wird β_K nach Gl. 10-3 berechnet, dann ist der Größeneinfluß verursacht durch Kerbwirkung bereits berücksichtigt. Der Faktor m kann damit etwa 1 gesetzt werden. Der Bemessungsfaktor kann im Bereich von 1,2 bis 1,5 festgelegt werden.

Überlagerung von ruhender und wechselnder Beanspruchung für gleiche Spannungen (Normal- oder Schubspannungen).

Für diesen Fall ist es günstig, mit dem Dauerfestigkeitsschaubild nach Abb. 2-12 zu arbeiten. Für die wichtigsten Werkstoffe sind die Schaubilder in der einschlägigen Literatur gegeben. Für einen Werkstoff gibt es jedoch unterschiedliche Diagramme für Zug/Druck und Biegung. Werden Zug/Druck und Biegung überlagert, muß deshalb aus den Werkstoffdaten ein Schaubild konstruiert werden. Das wird im nachfolgenden Beispiel vorgeführt.

Überlagerung von Normal- und Schubspannung bei schwingender Belastung

Hier müssen die Bruchhypothesen angewendet werden. Die gegenseitige Beeinflussung der Kerbwirkungen ist weitgehend unbekannt. Weitere Unsicherheiten stecken in der Auswahl der Hypothese und der Berechnung des Anstrengungsverhältnisses α_0. Grundsätzlich ist das Arbeiten mit einem Dauerfestigkeitsschaubild möglich, jedoch ist die Aussage unsicher, weil ein Schaubild für Vergleichsspannungen konstruiert werden muß. Im nachfolgenden Beispiel 2 wird ein übliches Rechenverfahren gezeigt.

Beispiel 1 (Abb. 10-10)
Der abgebildete Wellenabschnitt ist wechselnd mit einem Biegemoment von 0,40 kNm und konstant mit einer Zugkraft von 100 kN belastet. Der Bemessungsfaktor für die Deformation (Streckgrenze) soll mindestens $v_e = 1,5$ für Dauerbruch mindestens $v_D = 1,8$ sein. Die Oberflächenbeschaffenheit wird durch den Wert $o \approx 0,8$ berücksichtigt. Da β_K mit der Gl. 10-3 berechnet werden soll, wird $m = 1$ gesetzt. Sind für die angegebenen Bedingungen und für den Werkstoff St 50 die Abmessungen ausreichend?

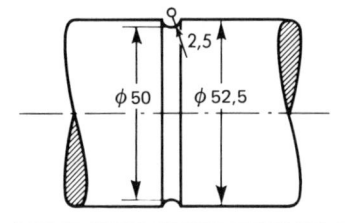

10.3 Die Festigkeitsberechnung für gekerbte Werkstücke

Abb. 10-10: Welle mit Kerb

Lösung (Abb. 10-11)
Es handelt sich hier um die Überlagerung von Biegung und Zug, d.h. um die Addition von Normalspannungen. Die konstante Mittelspannung wird durch den Zug, der Spannungsausschlag durch die Biegung verursacht. Da die Dauerfestigkeitsschaubilder Zug und Biegung verschieden sind, ist es notwendig, mit den Stoffwerten ein Diagramm zu konstruieren. Näherungsweise erfolgt das in der Abb. 10-11 nach [6]. Zunächst werden die Biegewechselfestigkeiten an der Ordinate ($\pm$ 240 N/mm²) aufgetragen. Das Ende des Diagramms ist durch R_m (500 N/mm²) gegeben. Da jedoch eine bleibende Deformation zu vermeiden ist, muß das Diagramm durch die Streckgrenze begrenzt werden (300 N/mm² nach Tab. 3 für Zug). Die Begrenzung σ_0 wird nach SMITH folgendermaßen konstruiert. Der Punkt σ_W auf der Ordinate wird mit dem Punkt B verbunden. Der Winkel zwischen dieser Geraden und dem Winkelschenkel unter 45° wird halbiert. Diese Winkelhalbierende ist die Begrenzung der Oberspannung. Durch Umklappen nach unten erhält man die Unterspannung (s. auch Abb. 2-12). Man erhält so die Spannungen, die für den idealen Probestab dieses Werkstoffes eine Zerstörung erwarten lassen. Der Spannungsausschlag σ_A wird mit $m \cdot o/v_D = 0,8/1,8 = 0,444$ multipliziert. Das ergibt den zulässigen Spannungszuschlag σ_a. Mit dem Bemessungsfaktor $v_e = 1,5$, der die Sicherheit gegen unzulässige Deformation gewährleisten soll, wird die Streckgrenze umgerechnet und liefert die Begrenzung des Diagramms nach oben. Innerhalb dieses so ermittelten Diagramms müssen die maximale und minimale Spannung liegen.

Mit $d/2\varrho$ = 50 mm/5 mm = 10 und t/ϱ = 1,25 mm/2,50 mm = 0,5 erhält man aus Tabelle 18

Biegung $\alpha_{Kb} = 2{,}27$;   Zug $\alpha_{Kz} = 2{,}34$.

Weiterhin muß β_K berechnet werden (Gl. 10-3).

$$\beta_K = \frac{1 + \sqrt{\varrho^* \cdot \chi_0}}{1 + \sqrt{\varrho^* \cdot \chi}} \cdot \alpha_K$$

Ersatzkerbe

$$\varrho^* \approx \left(\frac{140}{R_m}\right)^2 \qquad \begin{array}{l} R_m \text{ in N/mm}^2 \\ \varrho^* \text{ in mm} \end{array}$$

$$\varrho^* \approx \left(\frac{140}{500}\right)^2 \text{mm} \approx 0{,}078 \text{ mm} .$$

Nach Tabelle 19 ist

$$\chi_0 = \frac{2}{d} = \frac{2}{50} \text{ mm}^{-1} = 0{,}04 \text{ mm}^{-1}$$

$$\chi = \frac{2}{d} + \frac{2}{\varrho} = 0{,}04 \text{ mm}^{-1} + \frac{2}{2{,}5} \text{ mm}^{-1} = 0{,}84 \text{ mm}^{-1}$$

$$\beta_K = \frac{1 + \sqrt{0{,}078 \cdot 0{,}04}}{1 + \sqrt{0{,}078 \cdot 0{,}84}} \cdot \alpha_K = 0{,}841 \cdot \alpha_K .$$

Biegung

$$\beta_K = 0{,}841 \cdot 2{,}27 = 1{,}91$$

$$\sigma_{b\,max} = \beta_{Kb} \cdot \frac{M_b}{W} = 1{,}91 \frac{0{,}40 \cdot 10^6 \text{ Nmm}}{\dfrac{\pi}{32} \cdot 50^3 \text{ mm}^3} = 1{,}91 \cdot 32{,}6 \text{ N/mm}^2$$

$$\sigma_{b\,max} = 62{,}2 \text{ N/mm}^2 .$$

Zug

$$\sigma_{z\,max} = \alpha_{Kz} \cdot \frac{F}{A} = 2{,}34 \frac{10^5 \text{ N} \cdot 4}{\pi \cdot 50^2 \text{ mm}^2}$$

$$\sigma_{z\,max} = 119{,}2 \text{ N/mm}^2 .$$

Nach Aufgabenstellung ist $\sigma_m = \sigma_{z\,max}$ und $\sigma_a = \sigma_{b\,max}$. Die entsprechenden Punkte liegen nach Abb. 10-11 innerhalb des zulässigen Spannungsbereichs.

Rechnung mit der Stützzahl δ_W.

Dem Diagramm Abb. 10-6 entnimmt man für $R_e \approx 300 \text{ N/mm}^2$ und $\chi = 0{,}84 \text{ mm}^{-1}$

10.3 Die Festigkeitsberechnung für gekerbte Werkstücke

$$\delta_W \approx 1{,}15 \qquad \beta_{Kb} = \frac{\alpha_{Kb}}{\delta_W} \approx \frac{2{,}27}{1{,}15} = 1{,}97$$

$$\sigma_{b\,max} = 1{,}97 \cdot 32{,}6\,\text{N/mm}^2 = 64{,}2\,\text{N/mm}^2\,.$$

Auch diese Werte liegen innerhalb des zulässigen Bereichs.

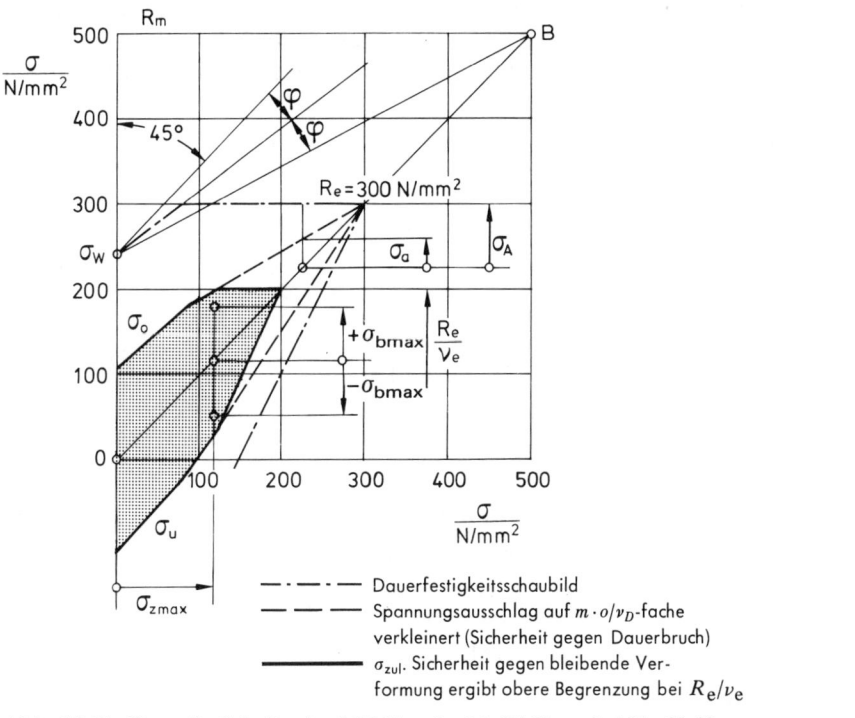

—·—·— Dauerfestigkeitsschaubild
— — — Spannungsausschlag auf $m \cdot o/\nu_D$-fache verkleinert (Sicherheit gegen Dauerbruch)
——— σ_{zul}. Sicherheit gegen bleibende Verformung ergibt obere Begrenzung bei R_e/ν_e

Abb. 10-11: Dauerfestigkeitsschaubild für gekerbte Welle nach Abb. 10-10

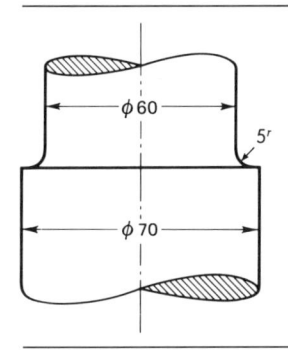

Abb. 10-12: Abgesetzte Welle

Beispiel 2 (Abb. 10-12)
Der abgebildete Wellenabschnitt wird wechselnd mit einem Biegemoment von $M_b = 1{,}0$ kNm und konstant mit einem Verdrehmoment von $M_t = 1{,}5$ kNm belastet. Zur Berücksichtigung von Anfahrbeschleunigung u.ä. soll für die Verdrehung mit dem Belastungsfall II gerechnet werden. Für St 50 und $m \cdot o = 0{,}8$ ist der Bemessungsfaktor zu berechnen.

Lösung
Da eine Welle aus zähem Werkstoff gefertigt wird, erfolgt ihre Berechnung normalerweise nach der Gestaltänderungshypothese. In die Gleichung 9-7 werden die Maximalspannungen im Kerbgrund eingesetzt. Es sei hier auf die Ausführung oben zu der Problematik hingewiesen.

Berechnung der Nennspannungen.

$$\sigma_{nb} = \frac{M_b}{W} = \frac{10^6 \, \text{Nmm}}{\frac{\pi}{32} \cdot 60^3 \, \text{mm}^3} = 47{,}2 \, \text{N/mm}^2$$

$$\tau_{nt} = \frac{M_t}{W_t} = \frac{1{,}5 \cdot 10^6 \, \text{Nmm}}{\frac{\pi}{16} \cdot 60^3 \, \text{mm}^3} = 35{,}4 \, \text{N/mm}^2 .$$

Berechnung der Maximalspannungen.

Mit Tabelle 18 erhält man für $d/2\varrho = 60 \, \text{mm}/10 \, \text{mm} = 6$; $t/\varrho = 5 \, \text{mm}/5 \, \text{mm} = 1$

$$\alpha_{Kb} = 1{,}73 \quad \text{und} \quad \alpha_{Kt} = 1{,}44 .$$

Nach Tabelle 19 ist für Biegung

$$\chi_0 = \frac{4}{D+d} = 0{,}031 \, \text{mm}^{-1}; \quad \chi = \frac{4}{D+d} + \frac{2}{\varrho} = 0{,}431 \, \text{mm}^{-1} .$$

Da es sich um den gleichen Werkstoff handelt wie im Beispiel 1, gilt $\varrho^* \approx 0{,}078$ mm und nach Gleichung 10-3 analog

$$\beta_{Kb} = \frac{1 + \sqrt{0{,}078 \cdot 0{,}031}}{1 + \sqrt{0{,}078 \cdot 0{,}431}} \cdot 1{,}73 = 1{,}54$$

$$\sigma_{b \, max} = \beta_{Kb} \cdot \sigma_n = 1{,}54 \cdot 47{,}2 \, \text{N/mm}^2 = 72{,}7 \, \text{N/mm}^2 .$$

10.3 Die Festigkeitsberechnung für gekerbte Werkstücke

Für Torsion erhält man auf gleichem Wege

$$\chi_0 = \frac{4}{D+d} = 0{,}031 \text{ mm}^{-1}; \qquad \chi = \frac{4}{D+d} + \frac{1}{\varrho} = 0{,}231 \text{ mm}^{-1}.$$

$$\beta_{Kt} = \frac{1+\sqrt{0{,}078 \cdot 0{,}031}}{1+\sqrt{0{,}078 \cdot 0{,}231}} \cdot 1{,}44 = 1{,}33$$

$$\tau_{t\,max} = \beta_{Kt} \cdot \tau_n = 1{,}33 \cdot 35{,}4 \text{ N/mm}^2 = 47{,}1 \text{ N/mm}^2.$$

Da die Belastungsfälle nicht gleich sind, muß das Anstrengungsverhältnis α_0 bestimmt werden. Für den vorliegenden Fall ist (siehe Abschnitt 9.2.1 und Beispiel 1 im Abschnitt 9.2.2)

$$\alpha_0 = \frac{\sigma_{bW}}{\sqrt{3}\,\tau_{t\,Sch}} = \frac{240 \text{ N/mm}^2}{\sqrt{3} \cdot 190 \text{ N/mm}^2} \approx 0{,}73.$$

$$\sigma_{max\,v} = \sqrt{\sigma_{b\,max}^2 + 3\,(\alpha_0 \cdot \tau_{t\,max})^2}$$

$$\sigma_{max\,v} = \left(\sqrt{72{,}7^2 + 3\,(0{,}73 \cdot 47{,}1)^2}\right) \text{N/mm}^2 = 94{,}0 \text{ N/mm}^2.$$

Da die Kerbwirkung bereits in der Vergleichsspannung verarbeitet ist, gilt

$$v = \frac{m \cdot o \cdot \sigma_{bW}}{\sigma_{max\,v}} = \frac{0{,}8 \cdot 240 \text{ N/mm}^2}{94{,}0 \text{ N/mm}^2} = 2{,}04.$$

Die Rechnung soll wiederholt werden, wobei die maximalen Spannungen mit Hilfe der Stützzahl nach Abb. 10-6 mit $R_e = 300$ N/mm² ermittelt werden.

Biegung

$$\chi = 0{,}431 \text{ mm}^{-1}; \quad \delta_W = 1{,}09; \quad \beta_{Kb} = \frac{\alpha_{Kb}}{\delta_W} \approx 1{,}59$$

$$\sigma_{b\,max} = 1{,}59 \cdot 47{,}2 \text{ N/mm}^2 = 75{,}0 \text{ N/mm}^2.$$

Torsion

$$\chi = 0{,}231 \text{ mm}^{-1}; \quad \delta_W = 1{,}055; \quad \beta_{Kt} = \frac{\alpha_{Kt}}{\delta_W} \approx 1{,}36$$

$$\tau_{t\,max} = 1{,}36 \cdot 35{,}4 \text{ N/mm}^2 = 48{,}1 \text{ N/mm}^2.$$

Vergleichsspannung

$$\sigma_{\text{max}\,v} = \left(\sqrt{75{,}0^2 + 3\,(0{,}73 \cdot 48{,}1)^2}\,\right) \text{N/mm}^2 = 96{,}6\,\text{N/mm}^2$$

$$v = \frac{0{,}8 \cdot 240\,\text{N/mm}^2}{96{,}6\,\text{N/mm}^2} = 1{,}99\,.$$

Die beiden berechneten Bemessungsfaktoren liegen innerhalb der Genauigkeit mit der solche Berechnungen möglich sind.

10.4 Betriebsfestigkeit

Die schwingenden Belastungen wurden in den vorherigen Abschnitten idealisiert behandelt. Dabei wurde angenommen, daß einer konstanten Mittellast eine ebenfalls konstante Lastamplitude im sin-Rhythmus überlagert ist. Dieses Verfahren war zunächst notwendig, um rekonstruierbare Werte bei Dauerfestigkeitsversuchen zu erhalten. Auf der anderen Seite gibt es im Maschinenbau genügend Fälle, bei denen eine Beanspruchung sich im oben beschriebenen Maße weitgehend ideal verhält. Als Beispiel sei eine auf Biegung beanspruchte, rotierende Welle genannt. Hier schwankt die Biegespannung wechselnd im sin-Rhythmus.

In der überwiegenden Anzahl der Anwendungen kann man jedoch von gleichbleibenden Beanspruchungen in Maschinenteilen nicht ausgehen. Zunächst ist es notwendig, sich einen Überblick über die voraussichtliche Anzahl der einzelnen Belastungshöhen zu verschaffen. Das kann sowohl experimentell als auch rechnerisch erfolgen. Das Ergebnis ist dann z.B. ein Diagramm nach Abb. 2-7. Diesem kann man durch Auszählung entnehmen, daß im untersuchten Bauteil n_1 mal eine Belastung auftritt, die im gefährdeten Querschnitt eine Spannung σ_1 erzeugt. Analog gilt diese Aussage für n_2 und σ_2 usw. Zugeordnete Werte werden in einem neuen Diagramm nach Abb. 10-13 aufgetragen. Dieses Diagramm nennt man *Beanspruchungskollektiv*. Eine entsprechende Auftragung von Lasten (Kräfte; Momente) über n wird als *Lastkollektiv* bezeichnet.

In diesem Zusammenhang stellt sich folgende Frage. Kann man eine Prognose über das Versagen des Bauteils machen, wenn ein Teil der Spannungen im Beanspruchungskollektiv größer als die Dauerfestigkeit ist? Man spricht hier vom Nachweis ausreichender *Betriebsfestigkeit*.

Es gibt eine Reihe von Hypothesen zu diesem Problem. In der Praxis wird oft mit dem Ansatz von MINER-PALMGREN gearbeitet [10]. Ausgangspunkt ist ein WÖHLERdiagramm, das möglichst nicht für einen genormten Probestab sondern für das Maschinenteil selbst aufgenommen sein sollte. In dieses wird das Beanspruchungskollektiv nach Abb. 10-14 eingezeichnet. Eine Spannung σ_1 könnte N_1 mal ertragen

10.4 Betriebsfestigkeit

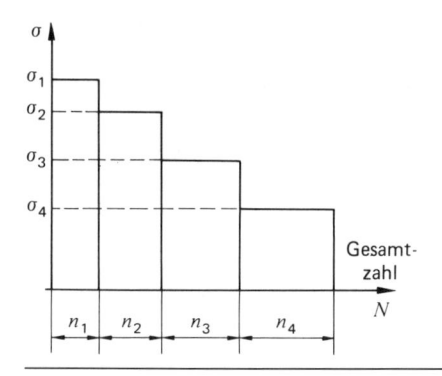

Abb. 10-13: Beanspruchungskollektiv

werden. Sie tritt jedoch nur n_1 mal auf. Der dadurch verursachte Anteil an der bleibenden Schädigung beträgt nach diesen Überlegungen

$$\Delta S_1 = \frac{n_1}{N_1}.$$

Man nennt diesen Quotienten *Schädigungsanteil* ΔS. Die *Schadenssumme* ist

$$S = \Sigma \, \Delta S = \frac{n_1}{N_1} + \frac{n_2}{N_2} + \ldots = \sum_i \frac{n_i}{N_i}. \qquad \text{Gl. 10-6}$$

In diese Summation gehen nur Spannungen ein, die größer als die Dauerfestigkeit sind. Diese kann definitionsgemäß beliebig oft ertragen werden, d.h. $N \to \infty$.

Das Problem ist auf die Frage reduziert, welche Schadenssumme ertragen werden kann. Nach der hier diskutierten Hypothese tritt ein

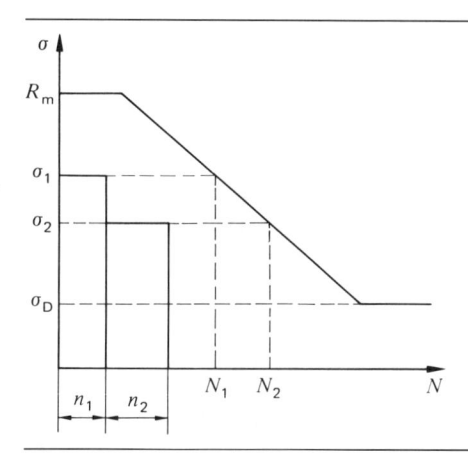

Abb. 10-14: Beanspruchungskollektiv mit WÖHLER-Diagramm

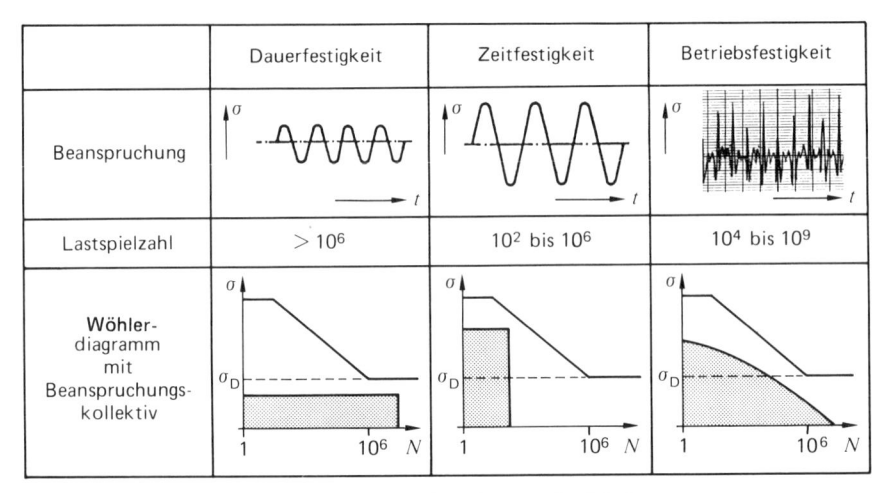

332   10. Versuch einer wirklichkeitsgetreuen Festigkeitsberechnung

	Dauerfestigkeit	Zeitfestigkeit	Betriebsfestigkeit
Beanspruchung	σ vs t	σ vs t	σ vs t
Lastspielzahl	$> 10^6$	10^2 bis 10^6	10^4 bis 10^9
Wöhlerdiagramm mit Beanspruchungskollektiv	σ, σ_D, $1 \ldots 10^6$ N	σ, σ_D, $1 \ldots 10^6$ N	σ, σ_D, $1 \ldots 10^6$ N

Abb. 10-15: Begriffe aus dem Bereich der Schwingungsfestigkeit

Bruch ein, wenn $S = 1$ ist. Zahlreiche Versuche ergeben ein Maximum bei $S = 1$, jedoch mit erheblichen Streuungen behaftet. Häufig wird mit $S = 0{,}3$ dimensioniert. Eine absolute Sicherheit gegen Bruch ist damit jedoch auch nicht gewährleistet.

Die einzelnen Begriffe aus dem Bereich der Schwingfestigkeit versucht die Abb. 10-15 darzustellen.

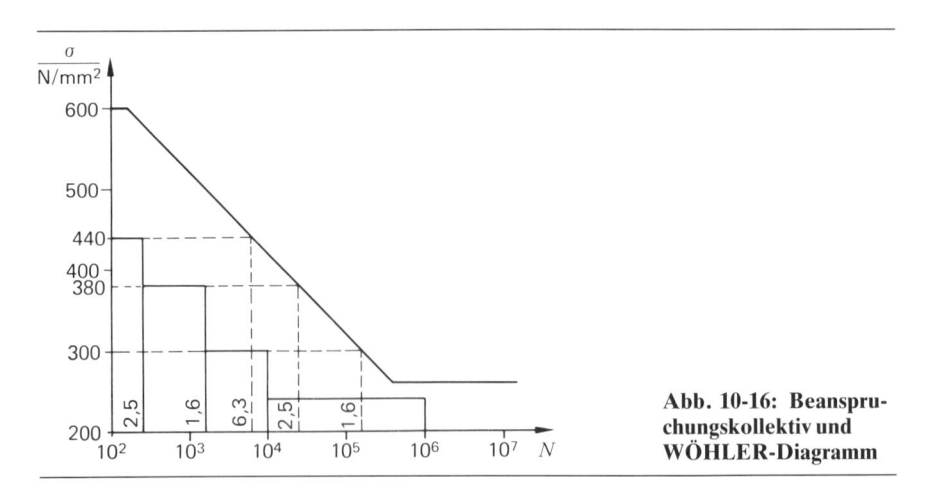

Abb. 10-16: Beanspruchungskollektiv und WÖHLER-Diagramm

Beispiel (Abb. 10-16)
Für ein Bauteil ist ein WÖHLERdiagramm gegeben. Der Linienzug entspricht etwa der unteren Umhüllung. Dieses Bauteil unterliegt in der vorgesehenen Lebenszeit dem eingezeichneten Beanspruchungskollektiv. Zu bestimmen ist die Schadenssumme.

Lösung
Die maximale Spannung $\sigma_1 = 440$ N/mm² tritt 250 mal auf. Sie kann 6 300 mal ertragen werden.

$$\Delta S_1 = \frac{2{,}5 \cdot 10^2}{6{,}3 \cdot 10^3}.$$

Analog ist

$$n_2 = 1{,}6 \cdot 10^3 - 2{,}5 \cdot 10^2 = 1{,}35 \cdot 10^3 \quad ; \quad N_2 = 2{,}5 \cdot 10^4$$

$$n_3 = 10^4 - 1{,}6 \cdot 10^3 = 8{,}4 \cdot 10^3 \quad\quad\quad ; \quad N_3 = 1{,}6 \cdot 10^5.$$

Damit ist

$$S = \frac{2{,}5 \cdot 10^2}{6{,}3 \cdot 10^3} + \frac{1{,}35 \cdot 10^3}{2{,}5 \cdot 10^4} + \frac{8{,}4 \cdot 10^3}{1{,}6 \cdot 10^5} = \mathbf{0{,}146}.$$

Das betreffende Bauteil würde mit sehr hoher Wahrscheinlichkeit nicht versagen.

10.5 Zusammenfassung

Die nach den Gleichungen

$$\sigma_{z;d} = \frac{F}{A} \quad\quad \sigma_b = \frac{M_b}{W} \quad\quad \tau_t = \frac{M_t}{W_t}$$

berechneten Spannungen gelten unter einer Reihe von Voraussetzungen, die in vielen Anwendungsfällen nicht gegeben sind. Werden diese Gleichungen trotzdem angewendet, dann können z.T. erhebliche Abweichungen der tatsächlichen Spannung von den errechneten auftreten. Die nach einfachen Beziehungen berechneten Spannungen werden deshalb Nennspannungen genannt.

Für einige Grundformen von Kerben können für verschiedene Beanspruchungen die tatsächlichen Spannungen in ideal elastischen Werkstoffen mit Hilfe der Formzahl α_K nach der Beziehung

$$\sigma_{max} = \alpha_K \cdot \sigma_n \quad\quad\quad\quad\quad\quad\quad\quad\quad \text{Gl. 10-1}$$

berechnet werden (n = Nennspannung).

Bei schwingender Belastung wirkt sich bei der Zerstörung meistens nicht die volle α_K berechnete Spannungsspitze aus, sondern eine kleinere. Deshalb wird folgende Kerbwirkungszahl definiert

$$\beta_K = \frac{\sigma_D}{\sigma_{DK}} = \frac{\text{Dauerfestigkeit glatter Stab}}{\text{Nenndauerfestigkeit gekerbter Stab}} \qquad \text{Gl. 10-2}$$

Die Größe hängt vor allem von der Kerbform, der Beanspruchungsart, dem Spannungsgefälle im Kerbgrund und der Werkstoffestigkeit ab. Es gibt eine Reihe von Berechnungsverfahren, von denen in diesem Buch die von PETERSEN und SIEBEL ausgewählt wurden.

Die Dauerfestigkeit wird an genormten Stäben mit polierter Oberfläche ermittelt. Für größere Abmessungen und andere Oberflächenbeschaffenheit vermindert sich die Nenndauerfestigkeit auf den Wert

$$\sigma_{D\,\text{Werkstück}} = m \cdot o \cdot \sigma_D .$$

Die *Überlagerung von Normal- und Schubspannungen* (z.B. Biegung und Verdrehung) erfordert die Annahme einer Festigkeitshypothese. Die Kerbwirkungen verschiedener Belastungen überlagern und beeinflussen sich gegenseitig in unbekannter Weise.

Festigkeitsberechnung

Ruhende Belastung

zäher Werkstoff	spröder Werkstoff
$\sigma_n < R_e$	$\alpha_K \cdot \sigma_n < R_m$

Wechselnde Belastung ($\sigma_m = 0$)

Wechselfestigkeit des polierten Versuchsstabes	σ_W
Wechselfestigkeit des ungekerbten Werkstückes anderer Größen und Oberflächenbeschaffenheit	$m \cdot o \cdot \sigma_W$
Wechselfestigkeit des gekerbten Werkstückes (für unbekannte Kerbempfindlichkeit, sicherer Ansatz $\beta_K = \alpha_K$)	$\dfrac{m \cdot o \cdot \sigma_W}{\beta_K}$
Zulässige Spannung	$\sigma_{zul} = \dfrac{m \cdot o \cdot \sigma_W}{\beta_K \cdot v}$
Bedingung für ausreichende Festigkeit	$\sigma_n < \sigma_{zul}$

10.5 Zusammenfassung

Schwingende Belastung ($\sigma_m \neq 0$)

Die Dauerfestigkeit des polierten Stabes wird im Dauerfestigkeitsdiagramm dargestellt. Dieses ist dem Werkstück durch Umrechnen der Spannungsamplitude mit $m \cdot o/v_D$ anzupassen. Im verbleibenden Feld müssen die mit den Kerbzahlen berechneten maximalen Spannungen liegen.

Die Anwendung des Dauerfestigkeitsschaubilds bei Überlagerung von Normal- und Schubspannungen (Bruchhypothesen) ist problematisch.

Liegt ein Teil der Spannungen im Beanspruchungskollektiv über der Dauerfestigkeit, muß die Betriebsfestigkeit nachgewiesen werden. Normalerweise geschieht das mit der Gleichung 10-6 (MINER-Formel).

11. Die statisch unbestimmten Systeme

11.1 Allgemeines

Die Lagerung eines starren Körpers ist statisch bestimmt, wenn man aus den verfügbaren Gleichgewichtsbedingungen die Auflagerreaktionen berechnen kann. Für das allgemeine, ebene Kräftesystem stehen drei Gleichgewichtsbedingungen für drei unbekannte Auflagerreaktionen zur Verfügung. Jede weitere Lagerung macht das System statisch unbestimmt. Zu diesem Thema wurde im Band 1 Abschnitt 6.5 einiges ausgeführt. *Als Grad der statischen Unbestimmtheit definiert man die Anzahl der überschüssigen Auflagerreaktionen.* Das ist an einigen Beispielen in der Abb. 11-1 gezeigt. Beim dreifach aufgehängten Gewicht ist *ein* Seil überzählig, das System ist *ein*fach statisch unbestimmt. Formalistisch könnte man folgendermaßen vorgehen: Zahl der Unbekannten (= Seilkräfte) = 3; Zahl der Gleichgewichtsbedingungen ($\Sigma F_x = 0$; $\Sigma F_y = 0$) = 2. Differenz: 3 minus 2 = 1-fach statisch unbestimmt. Für ein Gelenklager müssen zwei, für eine Einspannung drei Unbekannte gezählt werden. Die weiteren Beispiele sind ohne weitere Erklärung verständlich.

Für ein statisch unbestimmtes System reichen demnach die aus der Statik bekannten Gleichgewichtsbedingungen nicht aus, um die Auflagerkräfte zu berechnen. Ohne diese ist es aber nicht möglich, die Biegemomente im Träger zu bestimmen und diesen zu dimensionieren. Eine Berechnung ist nur möglich, wenn es gelingt, eine entsprechende Anzahl zusätzlicher Gleichungen bzw. Bedingungen zu gewinnen.

Jedes statisch unbestimmte System läßt sich durch *Wegnahme einer entsprechenden Anzahl von Auflagerreaktionen auf ein statisch bestimmtes System zurückführen (reduziertes System)*. Es soll als Beispiel ein eingespannter Träger betrachtet werden, der zusätzlich am Ende nach Abb. 11-2 auf einem Rollenlager ruht. Durch Wegnahme des Rollenlagers erhält man den statisch bestimmten eingespannten Träger, der sich an der Stelle des weggenommenen Lagers B um den Betrag w_B durchbiegt. Bei Vorhandensein eines Lagers ist dort naturgemäß eine Durchbiegung nicht vorhanden. Deshalb muß die Lagerkraft F_B gerade so groß sein, daß sie, allein an dem Balken angreifend, die Durchbiegung w_B verursacht. Die Überlagerung der beiden statisch bestimmten Fälle ergibt demnach den statisch unbestimmt gelagerten Träger. Nach den in Abschnitt 4.5 besprochenen Verfahren kann F_B aus der vorgegebenen Durchbiegung w_B berechnet werden. Für die Bestimmung der Biegemomente und für

338   11. Die statisch unbestimmten Systeme

Zahl der Unbekannten $U = 3$
Zahl der Bedingungen $B = 2$
Grad der stat. Unbestimmtheit = 1-fach

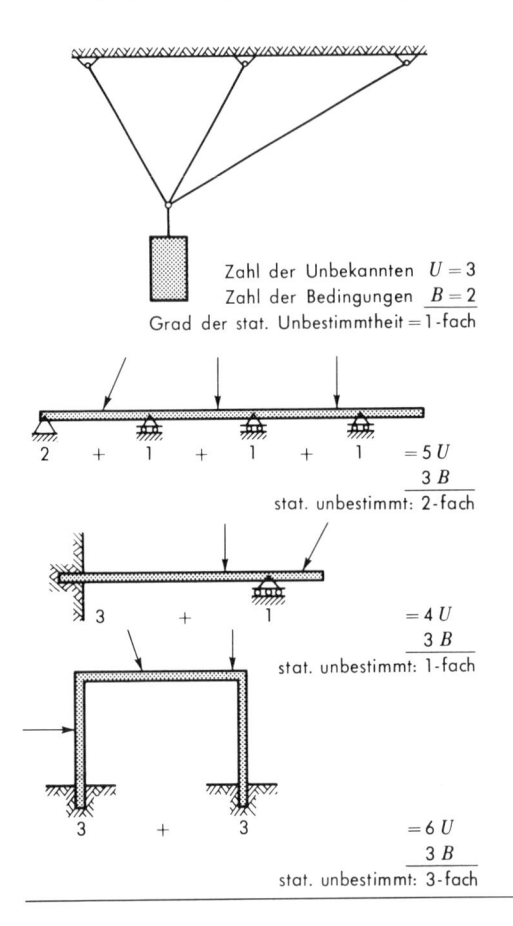

$2 + 1 + 1 + 1 = 5\,U$
$ 3\,B$
stat. unbestimmt: 2-fach

$3 + 1 = 4\,U$
$ 3\,B$
stat. unbestimmt: 1-fach

$3 + 3 = 6\,U$
$ 3\,B$
stat. unbestimmt: 3-fach

Abb. 11-1: Zum Grad der statischen Umbestimmtheit

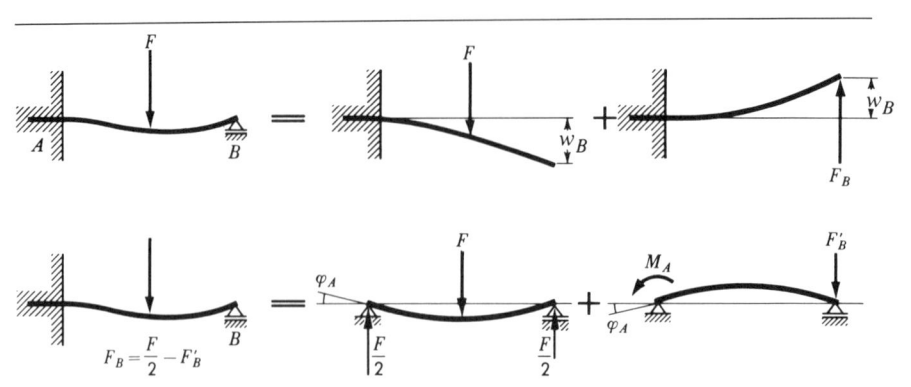

$F_B = \dfrac{F}{2} - F'_B$

Abb. 11-2: Reduktion eines statisch unbestimmten Systems auf zwei statisch bestimmte Systeme

die Dimensionierung des Balkens wird F_B wie eine äußere Kraft behandelt.

11.1 Allgemeines

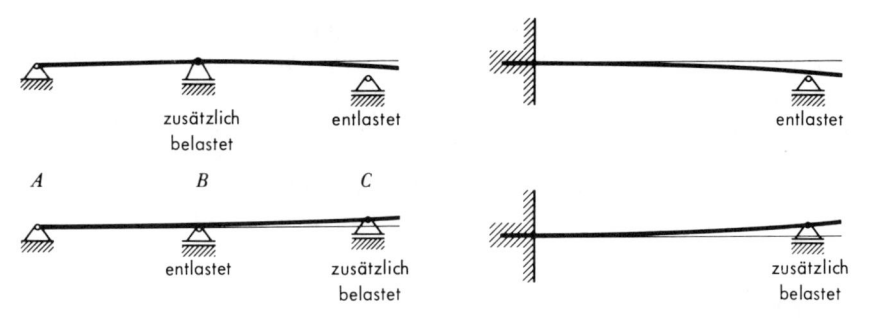

Abb. 11-3: Einfluß von Herstellungsfehlern auf eine statisch unbestimmte Lagerung

Eine andere Methode, den eben diskutierten Fall auf ein statisch bestimmtes System zu reduzieren, ist der Ersatz der Einspannung durch ein Gelenk. Jetzt entsteht an der Stelle A eine vorher nicht vorhandene Winkeländerung φ_A. Offensichtlich muß das Einspannmoment gerade so groß sein, daß es eine Verdrehung nicht zuläßt. Wenn es allein an dem reduzierten System angreift, wird der Träger gerade um φ_A verdreht. Aus dieser Bedingung läßt sich nach Abschnitt 4.5 die Größe des Momentes bestimmen. Die aus der Statik bekannten Gleichgewichtsbedingungen gestatten die Berechnung der restlichen Auflagerreaktionen.

Wie aus dem oben Ausgeführten folgt, können die Auflagerreaktionen eines statisch unbestimmten Systems nur dann berechnet werden, wenn man *zusätzliche Bedingungen aus der Formänderung* des Systems aufstellt.

Es soll kurz auf die statisch unbestimmten Fachwerke eingegangen werden. Im Band 1 sind im Abschnitt 9.1 ausführlich die Bedingungen für die statische Bestimmung aufgeführt worden. Aus einem statisch bestimmten Fachwerk mit einfachem oder nicht einfachem Aufbau wird ein statisch unbestimmtes Fachwerk, wenn Stäbe so eingefügt werden, daß keine neuen Knoten dabei entstehen. Umgekehrt wird aus einem statisch unbestimmten Fachwerk ein statisch bestimmtes, wenn man je nach dem Grad der statischen Unbestimmtheit eine entsprechende Anzahl von Stäben herausnimmt. Durch Überlagerung verschiedener Fälle, ähnlich wie in Abb. 11-2 angegeben, kommt man auch in diesem Falle zu einer Lösung. Entsprechende Verfahren übersteigen jedoch den Rahmen dieses Buches.

An dieser Stelle sollte man sich darüber klar werden, daß im Gegensatz zum statisch bestimmten System *bei statisch unbestimmten Systemen die Herstellungstoleranzen einen Einfluß auf Lagerkräfte und damit Spannungen haben*. Ein mittig belasteter Träger auf zwei Stützen verursacht Lagerkräfte $F/2$ auch dann, wenn ein Lager etwas zu tief montiert wurde. Grundsätzlich anders sind die Verhältnisse im statisch unbestimmten System. Die Beanspruchung im dreifach gelagerten Träger Abb. 11-3 hängt davon ab, wie die Lager fluchten. Gleiches ergibt sich beim eingespannten Träger mit zusätzlichem Stützlager. *Liegen keine Angaben vor, muß von idealen Verhältnissen ausgegangen werden: Lager sind ideal montiert und starr, Einspannungen sind unnachgiebig, Zugelemente haben Solllänge.* Bei Abweichungen kann der Einfluß erheblich sein. Schon aus diesem Grunde sollte, liegen keine schwerwiegenden Gründe vor, der statisch bestimmten Konstruktion der Vorzug gegeben werden.

11.2 Zug

In den meisten Fällen handelt es sich hier um Systeme, die von Seilen gebildet werden. Zunächst soll eine aufgehängte Masse nach Abb. 11-4 betrachtet werden. Die an zwei Seilen befestigte Masse stellt ein statisch bestimmtes System dar. Für die Berechnung der beiden Seilkräfte stehen die beiden Gleichungen $\Sigma F_x = 0$ und $\Sigma F_y = 0$ zur Verfügung. Die dreifache Aufhängung nach der Abb. b) ist statisch unbestimmt. Hier ist gezeigt, daß es im Gegensatz zur zweifachen Befestigung auf die Einhaltung der Seillängen ankommt. Ist z.B. das Seil 2 zu lang gefertigt, dann kann es unbelastet sein. Analoges gilt für Seil 3. Eine Berechnung setzt normalerweise exakte Einhaltung der Sollängen voraus. In der Praxis wird diese Voraussetzung durch Einstellen am Spannschloß realisiert. Die Aufhängung nach Abb. 11-4c ist – obwohl aus zwei Seilen bestehend – statisch

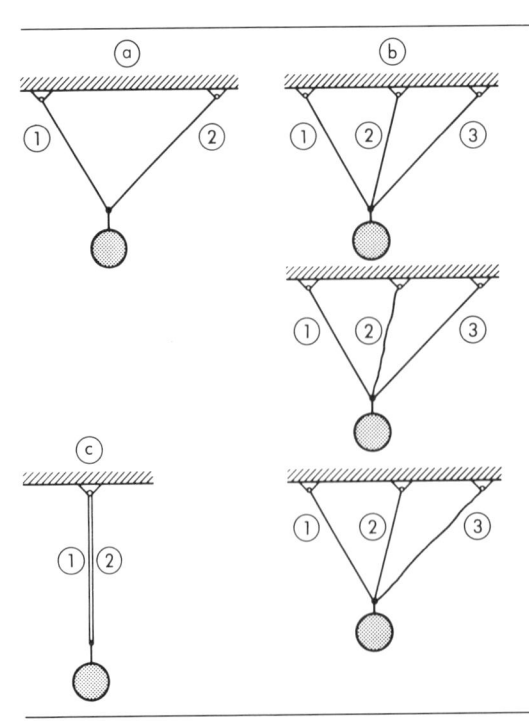

Abb. 11-4: Statisch bestimmte und unbestimmte Aufhängungen einer Masse

11.2 Zug und Druck

unbestimmt, wenn die Seile unten fest miteinander verbunden sind. Die Gleichung $\Sigma F_x = 0$ ist identisch erfüllt ($0 \equiv 0$). Die verbleibende Gleichung $\Sigma F_y = 0$ ist für die Bestimmung von zwei Unbekannten nicht ausreichend. Den hier angesprochenen Fall behandelt das nachfolgende Beispiel 1.

Die Berechnung eines statisch unbestimmten Systems der hier vorliegenden Art erfordert folgende Schritte:

1) Die statische(n) Gleichgewichtsbedingung(en) wird (werden) aufgestellt.
2) Das System wird deformiert gezeichnet (Verschiebungsplan). Die Geometrie liefert zusätzliche Gleichung(en).
3) Das HOOKEsche Gesetz wird in die Gleichung(en) von 2) eingeführt. Das System ist damit lösbar geworden.

Beispiel 1 (Abb. 11-5)
Zwei gleiche Stahldrähte mit gering unterschiedlicher Länge werden an den Enden miteinander verbunden und mit der Kraft F belastet. Zu bestimmen sind die Spannungen in den Drähten allgemein und für eine Längendifferenz von 0,20%; $A = 1,0$ mm^2; $F = 500$ N.

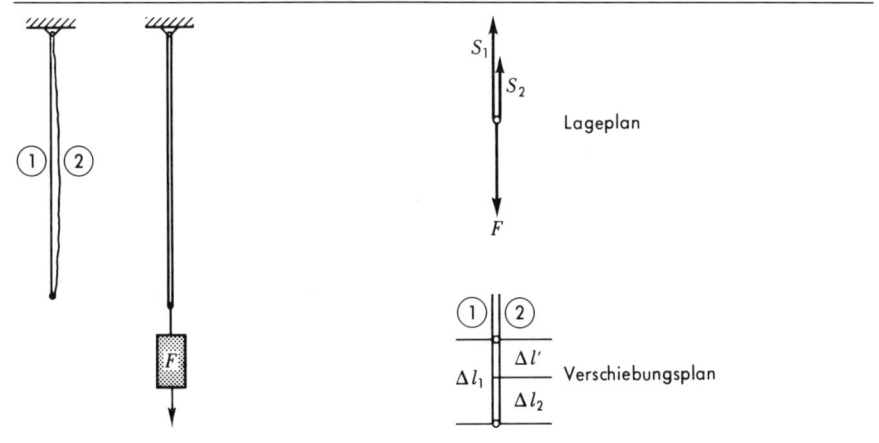

Abb. 11-5: Drähte unterschiedlicher Länge gemeinsam belastet

Abb. 11-6: Lage- und Verschiebungsplan des Systems Abb. 11-5

Lösung (Abb. 11-6)
Die statische Gleichgewichtsbedingung ergibt $S_1 + S_2 = F$.

Nach Division durch die Querschnittfläche A

$$\sigma_1 + \sigma_2 = \frac{F}{A} \qquad (1)$$

Die elastischen Verlängerungen werden mit Δl, die Überlänge von Draht 2 mit $\Delta l'$ bezeichnet. Der Draht 2 beginnt sich erst dann elastisch zu dehnen, wenn der Draht 1 um $\Delta l'$ gedehnt wurde. Nach dem Verschiebungsplan ist

$$\Delta l_1 = \Delta l' + \Delta l_2. \quad \Rightarrow \quad \frac{\Delta l_1}{l} = \frac{\Delta l'}{l} + \frac{\Delta l_2}{l}$$

$$\varepsilon_1 = \frac{\Delta l'}{l} + \varepsilon_2.$$

Das HOOKEsche Gesetz nach Gl. 2-2 wird eingesetzt

$$\frac{\sigma_1}{E} = \frac{\Delta l'}{l} + \frac{\sigma_2}{E}. \tag{2}$$

Das ist die zusätzlich zu der Gleichgewichtsbedingung aus der Deformation gewonnene Beziehung. Aus den Gleichungen (1) und (2) können die Spannungen σ_1 und σ_2 berechnet werden. Man erhält

$$\boldsymbol{\sigma_1 = \frac{F}{2\,A} + \frac{\Delta l'}{2\,l} \cdot E} \quad ; \quad \boldsymbol{\sigma_2 = \frac{F}{2\,A} - \frac{\Delta l'}{2\,l} \cdot E}$$

Für den Fall gleicher Ausgangslängen ($\Delta l' = 0$) ergeben sich, wie oben diskutiert, gleiche Spannungen in beiden Drähten. Im vorliegenden Fall wird der kürzere Draht um den Betrag $\frac{\Delta l'}{2l} \cdot E$ überlastet. Die Überlastung ist um so größer, je größer die Längendifferenz, je kürzer der Draht und je starrer der Werkstoff ist. Für den vorliegenden Fall erhält man folgende Zahlenwerte mit $\Delta l'/l = 2 \cdot 10^{-3}$

$$\sigma_1 = \frac{500\,\text{N}}{2 \cdot 1{,}0\,\text{mm}^2} + \tfrac{1}{2} \cdot 2 \cdot 10^{-3} \cdot 2{,}1 \cdot 10^5\,\text{N/mm}^2$$

$$\sigma_1 = 250\,\text{N/mm}^2 + 210\,\text{N/mm}^2$$

$\boldsymbol{\sigma_1 = 460\,\text{N/mm}^2}$ (Für den Werkstoff muß gelten $\sigma_p > 460\,\text{N/mm}^2$)

$$\sigma_2 = 250\,\text{N/mm}^2 - 210\,\text{N/mm}^2$$

$\boldsymbol{\sigma_2 = 40\,\text{N/mm}^2}$.

Obwohl die Differenz der Ausgangslängen sehr gering ist (0,2%), ist der Draht 1 stark überlastet, während der Draht 2 fast keinen Beitrag zur

11.2 Zug und Druck

Lastaufnahme leistet. Eine gleichmäßige Kraftübertragung ist nur gewährleistet, wenn ein Kräfteausgleich über eine Rolle nach Abb. 11-7 möglich ist.

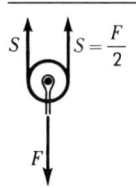

$$S = \frac{F}{2}$$

Abb. 11-7: Belastungsausgleich durch lose Rollen

Beispiel 2 (Abb. 11-8)
Ein starr angenommener Träger ist in A gelenkig gelagert und wie abgebildet mit zwei Seilen gleicher Ausführung abgehängt. Die Seilkräfte sind allgemein und für $a = 2{,}0$ m; $b = 1{,}50$ m; $q = 10{,}0$ kN/m zu bestimmen.

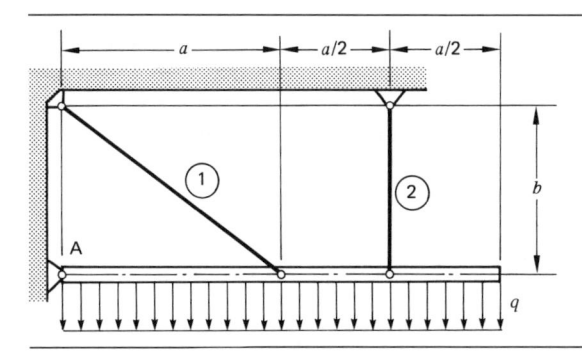

Abb. 11-8: Abgehängter Träger mit Streckenlast

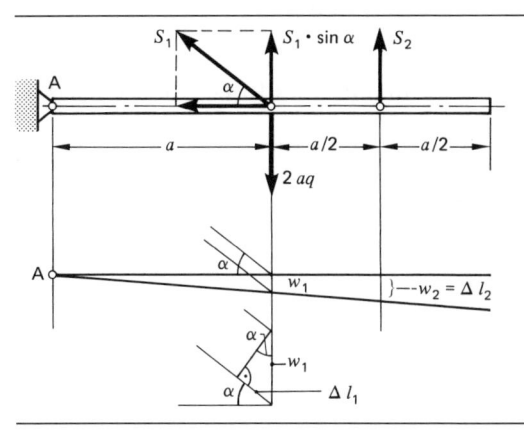

Abb. 11-9: Freigemachter Träger nach Abb. 11-8 mit Verlagerung der Trägerachse

Lösung (Abb. 11-9)
Das System ist einfach statisch unbestimmt. Den vier Unbekannten F_{Ax}; F_{Ay}; S_1; S_2 stehen die drei Gleichgewichtsbedingungen gegenüber. Da hier nur nach den Seilkräften gefragt ist, genügt es, das System nach Abb. 11-9 freizumachen.

$$\Sigma M_A = 0 \qquad S_1 \cdot \sin \alpha \cdot a + S_2 \cdot \frac{3}{2} a - 2 a^2 \cdot q = 0 \qquad (1)$$

Zusätzlich muß eine geometrische Beziehung am deformierten System aufgestellt werden (Verschiebungsplan). Die Abbildung liefert

$$\Delta l_1 = w_1 \cdot \sin \alpha \qquad \text{und} \qquad \Delta l_2 = w_2$$

Da der Träger starr ist, kann der Strahlensatz angewendet werden. Man erhält so eine Beziehung zwischen den beiden Verlängerungen

$$\frac{w_1}{a} = \frac{w_2}{1{,}50\, a} \quad \Rightarrow \quad w_1 = \frac{2}{3} w_2 \quad \Rightarrow \quad \frac{\Delta l_1}{\sin \alpha} = \frac{2}{3} \Delta l_2$$

Das HOOKEsche Gesetz in der Form der Gleichung 3-9 führt auf

$$\frac{S_1 \cdot l_1}{AE \cdot \sin \alpha} = \frac{2 \cdot S_2 \cdot l_2}{3 \cdot AE}$$

Dabei sind $l_2 = b$ und $l_1 = b/\sin \alpha$

$$\frac{S_1 \cdot b}{\sin^2 \alpha} = \frac{2 \cdot S_2 \cdot b}{3} \quad \Rightarrow \quad S_1 = \frac{2}{3} S_2 \cdot \sin^2 \alpha \qquad (2)$$

Das ist die aus der Deformation gewonnene zweite Bestimmungsgleichung für die Kräfte. Sie wird in (1) eingesetzt.

$$\frac{2}{3} S_2 \cdot \sin^3 \alpha + \frac{3}{2} S_2 - 2 a \cdot q = 0$$

Nach einfachen Umwandlungen ist

$$S_2 = \frac{3 a \cdot q}{\sin^3 \alpha + 2{,}25}$$

und nach dem Einsetzen in (2)

11.3 Biegung

$$S_1 = \frac{2a \cdot q \cdot \sin^2 \alpha}{\sin^3 \alpha + 2{,}25}$$

Mit dem Winkel $\alpha = \arctan(b/a) = 36{,}9°$ liefert die Zahlenauswertung

$S_1 = 5{,}84$ kN ; $S_2 = 24{,}33$ kN .

Die ungleiche Auslastung der Seile kann man sich am deformierten System überlegen. Das Seil 1 ist länger, sitzt an der Stelle der kleineren Verlagerung und verlängert sich nur um einen Teil von dieser. Es nimmt deshalb eine wesentlich kleinere Kraft auf als Seil 2.

Kontrollieren kann man das Ergebnis über eine unabhängige Momentengleichung. Die Kräfte in A können aus den noch nicht verwendeten Gleichgewichtsbedingungen berechnet werden.

11.3 Biegung

11.3.1 Integrations-Verfahren

Die Biegelinie erhält man durch zweifache Integration des Biegemomentendiagramms. Für jeden Abschnitt müssen zwei Integrationskonstanten aus den Randbedingungen bestimmt werden. Das sind z.B. für den Übergang zum nächsten Abschnitt $w_1 = w_2$; $w'_1 = w'_2$. Ein zusätzliches Lager liefert eine weitere Randbedingung $w = 0$. Für ein einfach statisch unbestimmtes System steht eine Randbedingung mehr zur Verfügung, als für die Bestimmung der Integrationskonstanten notwendig ist. Es sind damit genügend Gleichungen vorhanden, um sowohl alle Integrationskonstanten als auch die zusätzliche Lagerkraft zu bestimmen. Entsprechendes gilt für ein mehrfach statisch unbestimmtes System.

Das in diesem Abschnitt behandelte Verfahren ergibt für abgesetzte Wellen, viele Kräfte und mehrfache statische Unbestimmtheit eine sehr umfangreiche Rechnung. Das von FÖPPL vorgeschlagene Verfahren läßt sich auch hier vorteilhaft anwenden.

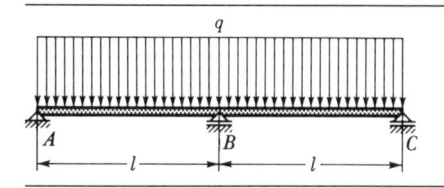

Abb. 11-10: Dreifach gelagerter Träger mit Streckenlast

Beispiel 1 (Abb. 11-10)
Ein Träger gleicher Querschnittsfläche von der Länge $2l$ liegt auf im gleichen Abstand angebrachten Lagern A, B, C und ist mit einer konstanten Streckenlast q belastet. Zu bestimmen sind die Auflagerreaktionen und der Momentenverlauf.

346   11. Die statisch unbestimmten Systeme

Lösung (Abb. 11-11/12)
Da das System symmetrisch ist, muß es auch die Biegelinie sein. Wenn sie außerdem knickfrei verlaufen soll, muß für das Lager B die Tangente an der elastischen Linie horizontal verlaufen. Diese Aussage führt auf $w_B = 0$ und $w'_B = 0$. Die zweite Bedingung gilt für eine Einspannung. Man kann deshalb eine Hälfte als eingespannten Träger mit Zusatzstütze betrachten. Es genügt, für den Fall b die Auflagerreaktionen zu bestimmen. Das soll mit dem FÖPPLschen Verfahren geschehen. Dazu werden die Gleichungen 4-9/10 ausgewertet. Es gelten die Vorzeichen von Abb. 4-26. Das Koordinatensystem $x; w$ wird in den Punkt A gelegt.

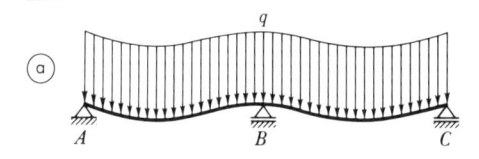

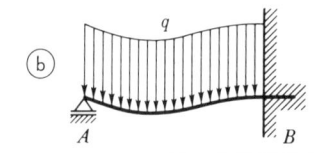

Abb. 11-11: Symmetriebetrachtung am Durchlaufträger

$$q = \langle x \rangle^0 \cdot q$$

$$F_q = - \int_0^x q \cdot dx + \Sigma_i \langle x - a \rangle^0 \cdot F_i$$

$$F_q = - x \cdot q + \langle x \rangle^0 \cdot F_A .$$

Die Stelle B muß nicht eingeführt werden, da $\langle x - l \rangle = 0$ für $x \leq l$ ist.

$$M = \int_0^x F_q \cdot dx + \Sigma_j \langle x - a \rangle^0 \cdot M_j$$

$$M = - \frac{x^2}{2} \cdot q + x \cdot F_A \tag{1}$$

$$EI \cdot \varphi = - \int M \cdot dx$$

$$EI \cdot \varphi = + \frac{x^3}{6} \cdot q - \frac{x^2}{2} \cdot F_A + K_1 \tag{2}$$

11.3 Biegung

$$EI \cdot w = \int EI \cdot \varphi \cdot dx$$

$$EIw = \frac{x^4}{24} \cdot q - \frac{x^3}{6} F_A + K_1 \cdot x + K_2. \tag{3}$$

In den Gleichungen (1); (2) und (3) sind die Integrationskonstanten K_1, K_2 und die Auflagerreaktionen F_A unbekannt. Es muß deshalb möglich sein, drei Randbedingungen aufzustellen.

$$\begin{array}{lll} x = 0 & w = 0 & \Rightarrow \quad K_2 = 0 \\ x = l & w = 0 & \\ x = l & \varphi = 0 & \end{array}$$

Diese liefern die Gleichungen

$$0 = \frac{l^4}{24} \cdot q - \frac{l^3}{6} \cdot F_A + K_1 \cdot l$$

$$0 = \frac{l^3}{6} \cdot q - \frac{l^2}{2} \cdot F_A + K_1.$$

Die Lösungen sind

$$\boldsymbol{F_A = \frac{3}{8} \cdot q \cdot l} \quad \text{und} \quad K_1 = \frac{q \cdot l^3}{48}.$$

Aus Symmetriegründen ist

$$\boldsymbol{F_C = \frac{3}{8} \cdot q \cdot l}.$$

Die Gleichgewichtsbedingung für den ganzen Träger liefert

$$F_B = 2 \cdot q \cdot l - F_A - F_C \quad \Rightarrow \quad \boldsymbol{F_B = \frac{5}{4} \cdot q \cdot l}.$$

Damit ist die Aufgabe grundsätzlich gelöst. Der Momentenverlauf (Abb. 11-12) und die elastische Linie können durch Auswertung der Gleichungen (1) und (3) ermittelt werden.

Beispiel 2 (Abb. 11-13)
Für den abgebildeten Rahmen sind alle Auflagerreaktionen, der Momentenverlauf und die Durchbiegung am Lastangriffspunkt in allgemeiner Form zu bestimmen (EI = konst.).

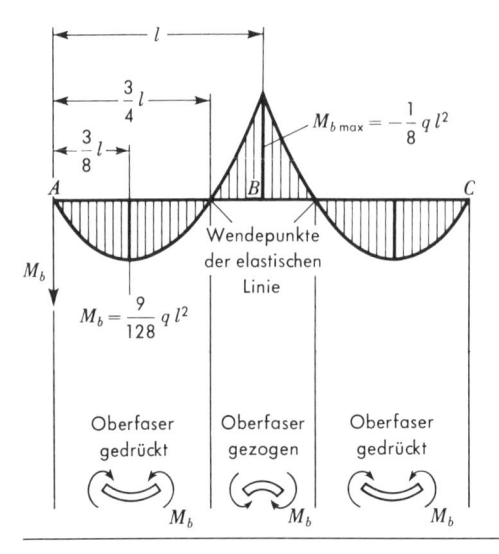

Abb. 11-12: M_b-Diagramm für Durchlaufträger nach Abb. 11-10

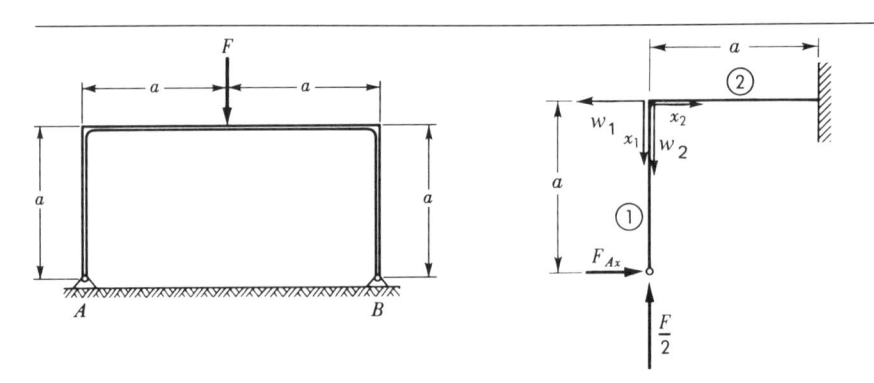

(Bildbeschriftungen: $M_{b\,max} = -\frac{1}{8}ql^2$; $M_b = \frac{9}{128}ql^2$; Wendepunkte der elastischen Linie; Oberfaser gedrückt; Oberfaser gezogen; Oberfaser gedrückt)

Abb. 11-13: Statisch unbestimmter Rahmen

Abb. 11-14: Koordinatensystem für Rahmen nach Abb. 11-13

Lösung (Abb. 11-14/15)
Aus Symmetriegründen muß gelten

$$F_{Ay} = \frac{1}{2}F(\uparrow) \qquad F_{By} = \frac{1}{2}F(\uparrow)$$

Es genügt, nur eine Hälfte des symmetrischen Systems zu betrachten. Da es sich um einen gekröpften Träger handelt, müssen zwei Koordinatensysteme eingeführt werden. Unter Beachtung der Vorzeichen der Momente erhält man

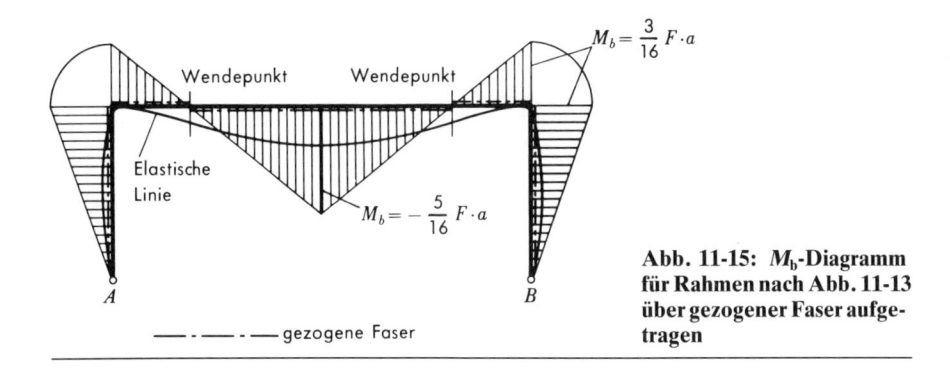

11.3 Biegung

Abb. 11-15: M_b-Diagramm für Rahmen nach Abb. 11-13 über gezogener Faser aufgetragen

Wendepunkt, Wendepunkt, $M_b = \frac{3}{16} F \cdot a$, $M_b = -\frac{5}{16} F \cdot a$, Elastische Linie, A, B, —·—·— gezogene Faser

Abschnitt 1

$$-M = EI \cdot w_1'' = -F_{Ax}(a - x_1) = -F_{Ax}a + F_{Ax} \cdot x_1$$

$$EI \cdot \varphi = EI w_1' = -F_{Ax} a x_1 + F_{Ax} \frac{x_1^2}{2} + C_1$$

$$EI w_1 = -F_{Ax} \cdot a \frac{x_1^2}{2} + F_{Ax} \frac{x_1^3}{6} + C_1 x_1 + C_2 .$$

Abschnitt 2

$$-M = EI \cdot w_2'' = -\frac{F}{2} x_2 + F_{Ax} a$$

$$EI \cdot \varphi = EI w_2' = -\frac{F}{2} \frac{x_2^2}{2} + F_{Ax} a x_2 + C_3$$

$$EI w_2 = -\frac{F}{2} \frac{x_2^3}{6} + F_{Ax} a \frac{x_2^2}{2} + C_3 x_2 + C_4 .$$

Für die Berechnung der fünf Unbekannten $F_{Ax}, C_1, C_2, C_3, C_4$ stehen fünf Randbedingungen zur Verfügung:

1. $x_1 = 0 \quad w_1 = 0$ } Knoten verlagert sich nicht
2. $x_2 = 0 \quad w_2 = 0$
3. $x_2 = a \quad w_2' = 0$ Tangente an elastischer Linie bleibt an der Lastangriffsstelle horizontal (Symmetrie)
4. $x_1 = a \quad w_1 = 0$ Lager A
5. $x_1 = 0$ } $w_1' = w_2'$ Der rechte Winkel an der biegesteifen Ecke bleibt erhalten.
   $x_2 = 0$

Die Bedingungen 1 und 2 liefern

$$C_2 = C_4 = 0.$$

Aus Bedingung 3 erhält man

$$0 = -\frac{F}{2}\frac{a^2}{2} + F_{Ax}a^2 + C_3$$

und aus Bedingung 4

$$0 = -F_{Ax}\frac{a^3}{2} + F_{Ax}\frac{a^3}{6} + C_1 a.$$

Diese beiden Gleichungen werden nach C_3 und C_1 aufgelöst

$$C_3 = F\frac{a^2}{4} - F_{Ax}a^2 \qquad C_1 = \frac{1}{3}F_{Ax}a^2.$$

Die 5. Bedingung liefert $C_1 = C_3$ und damit

$$\frac{1}{3}F_{Ax}a^2 = F\frac{a^2}{4} - F_{Ax}a^2 \quad \Rightarrow \quad \frac{4}{3}F_{Ax} = \frac{1}{4}F$$

$$\boldsymbol{F_{Ax} = \frac{3}{16}F(\rightarrow)} \quad \text{und} \quad \boldsymbol{F_{Bx} = \frac{3}{16}F(\leftarrow)}$$

Das Biegemoment an den Lagerstellen ist gleich Null, an der Kröpfung

$$M_b = \frac{3}{16}F \cdot a$$

und am Lastangriffspunkt

$$M_b = \frac{3}{16}F \cdot a - \frac{1}{2}F \cdot a = -\frac{5}{16}F \cdot a.$$

Das ist gleichzeitig das maximale Biegemoment. Das Biegemomentendiagramm zeigt Abb. 11-15.

Die Durchbiegung am Lastangriffspunkt w_F erhält man, wenn man in die Gleichung für w_2 den Wert $x_2 = a$ einsetzt. Dazu ist es notwendig, die Integrationskonstante C_3 zu berechnen. Wie oben abgeleitet, gilt

11.3 Biegung

$$C_1 = C_3 = \frac{1}{3} F_{Ax} \cdot a^2 = \frac{1}{16} F a^2 .$$

In die Gleichung für w_2 eingesetzt, erhält man

$$E I w_F = - F \frac{a^3}{12} + \frac{3}{32} F a^3 + \frac{1}{16} F a^3$$

$$w_F = \frac{7}{96} \frac{F a^3}{E I} .$$

11.3.2 Das Kraftgrößenverfahren

Die Grundlage dieses Verfahrens wurde im Abschnitt 4.4.3 behandelt. Es eignet sich – wie grundsätzlich jede Methode zur Ermittlung der elastischen Linie – auch für die Lösung statisch unbestimmter Systeme. Wie die nachfolgenden Beispiele zeigen, kommt man sehr schnell zu Ergebnissen.

Beispiel 1
Für den Träger Abb. 11-10 sind die Auflagerkräfte zu bestimmen.

Lösung (Abb. 11-16)
Das System wird durch die Wegnahme des mittleren Lagers zu einem statisch bestimmten Fall reduziert. Für dieses wird die Durchbiegung mit Hilfe der Tabelle 12 bestimmt (Zeile 5; Spalte β mit 2 multipliziert)

$$E I \cdot w_B = 2 \left(\frac{5}{12} s \cdot M_i \cdot M_K \right) = 2 \left(\frac{5}{12} \cdot l \cdot \frac{q \cdot l^2}{2} \cdot \frac{l}{2} \right) = \frac{5}{24} q \cdot l^4$$

Die Lagerkraft alleine wirkend verursacht die Durchbiegung (Zeile 2; Spalte β)

$$E I \cdot w_B = 2 \left(\frac{1}{3} s \cdot M_i \cdot M_K \right) = 2 \left(\frac{1}{3} \cdot l \cdot \frac{F_B \cdot l}{2} \cdot \frac{l}{2} \right) = \frac{F_B \cdot l^3}{6}$$

Insgesamt gilt für die Lagerstelle $w = 0$

$$\frac{5}{24} q \cdot l^4 - \frac{F_B \cdot l^3}{6} = 0 \qquad \Rightarrow \qquad \boldsymbol{F_B = \frac{5}{4} q \cdot l}$$

Diese Auflagerreaktion kann wie eine äußere Kraft am statisch bestimmt gelagerten Träger aufgefaßt werden. Man kann so die anderen Lagerkräfte, Querkraft-, Momentenverlauf und die Biegelinie berechnen.

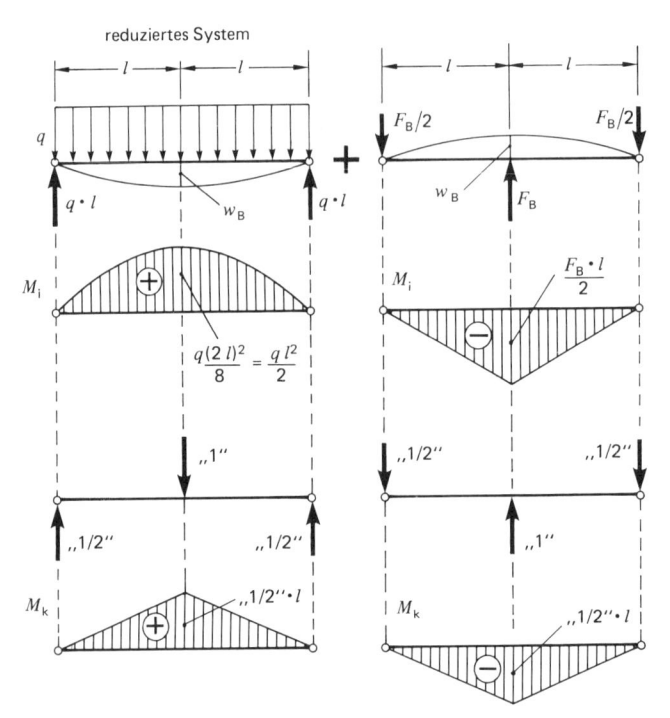

Abb. 11-16: M_i- und M_k-Diagramme für Durchlaufträger nach Abb. 11-10

Beispiel 2
Für den Rahmen Abb. 11-13 sind die Auflagerreaktionen zu bestimmen.

Lösung (Abb. 11-17)
Das System wird durch Umwandlung des Festlagers B in ein Rollenlager reduziert. Jetzt erfolgt eine Verschiebung des Lagers. Es ist zu beachten, daß die Ständer dadurch momentenfrei sind. Man erhält aus Tabelle 12 (Zeile 2; Spalte α)

$$E I \cdot w_B = 2 \left(\frac{1}{2} s \cdot M_i \cdot M_K \right) = 2 \left(\frac{1}{2} \cdot a \cdot \frac{F \cdot a}{2} \cdot a \right) = \frac{F \cdot a^3}{2}$$

Die Kraft F_B verursacht alleine wirkend (Zwei Ständer: Zeile 2; Spalte β. Holm: Zeile 1; Spalte α)

$$E I \cdot w_B = 2 \left(\frac{1}{3} s \cdot M_i \cdot M_K \right) + s \cdot M_i \cdot M_K$$

$$E I \cdot w_B = 2 \left(\frac{1}{3} a \cdot F_B \cdot a \cdot a \right) + 2a \cdot F_B \cdot a \cdot a = \frac{8}{3} F_B \cdot a^3$$

11.3 Biegung

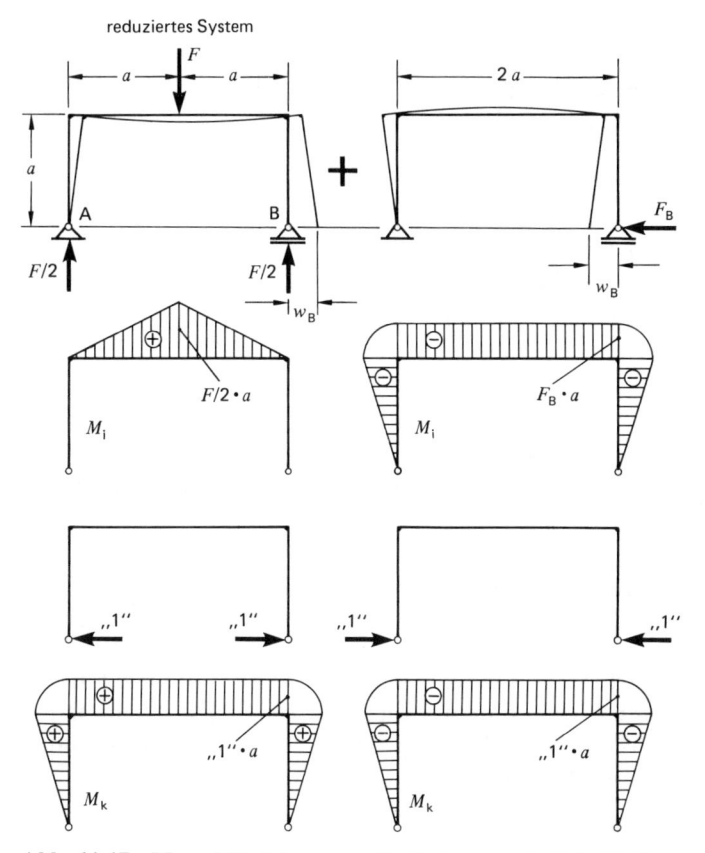

Abb. 11-17: M_i- und M_k-Diagramme für Rahmen nach Abb. 11-13

Die Bedingung $w_B = 0$ führt auf

$$\frac{F \cdot a^3}{2} - \frac{8}{3} F_B \cdot a^3 = 0 \quad \Rightarrow \quad \boldsymbol{F_B = \frac{3}{16} F}$$

Hier gilt das gleiche, was zur Lösung des Beispiel 1 ausgeführt wurde.

11.3.3 Überlagerung bekannter Belastungsfälle

Wie mehrfach ausgeführt, kann man ein statisch unbestimmtes System aus statisch bestimmten Systemen zusammensetzen. Die Auflagerreaktionen können damit auch durch rechnerische Überlagerungen der Belastungsfälle nach Tabelle 11 bestimmt werden. Die Benutzung dieser Tabelle setzt voraus, daß der Balkenquerschnitt durchgehend gleich ist. Für einfache Fälle ergibt dieses Verfahren eine schnelle Lösungsmöglichkeit.

Für abgesetzte Wellen mit mehreren Kräften ist es oft von Vorteil, das Verfahren von MOHR/FÖPPL nach Abschnitt 4.5.4 anzuwenden. Der

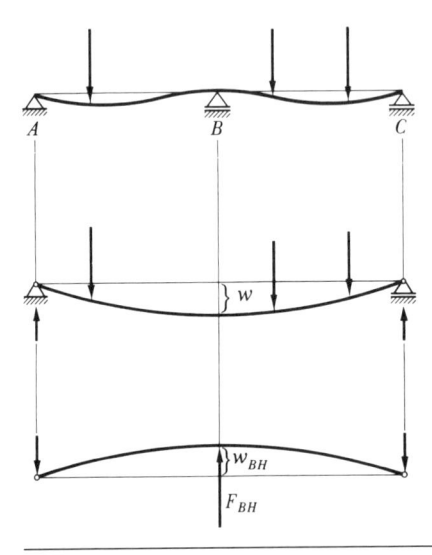

Abb. 11-18: Reduktion einer dreifach gelagerten Welle

Lösungsweg soll an einer dreifach gelagerten Welle nach Abb. 11-18 erklärt werden. Das System wird durch Entfernen des Lagers B reduziert. Die Durchbiegunng w_B wird, wie oben angegeben, ermittelt. Mit einer angenommenen Lagerkraft F_{BH} wird an der entlasteten Welle die Durchbiegung w_{BH} bestimmt. Diese ist nicht gleich w_B, weil F_{BH} nicht die richtige Lagerkraft ist. Da die Durchbiegung linear von der Kraft abhängt, kann man folgende Proportion aufstellen

$$\frac{F_B}{w_B} = \frac{F_{BH}}{w_{BH}} \quad \Rightarrow \quad F_B = \frac{w_B}{w_{BH}} F_{BH}$$

Mit dieser Beziehung kann die überschüssige Lagerkraft berechnet werden.

Beispiel
Für den Träger Abb. 11-10 sind die Auflagerreaktionen zu bestimmen.

Lösung
Bei Entfernung des mittleren Auflagers ergibt sich in B eine Durchbiegung (Tabelle 11, Nr. 7)

$$y_B = \frac{5q(2l)^4}{384\,EI} = \frac{5ql^4}{24\,EI} \downarrow$$

Am entlasteten Träger verursacht die Kraft F_B eine Durchbiegung (Tabelle 11 Nr. 2)

$$y_B = \frac{F_B (2l)^3}{48 EI} = \frac{F_B l^3}{6 EI} \uparrow$$

Soll die Durchbiegung B null sein, muß gelten

$$\frac{5}{24} \frac{ql^4}{EI} - \frac{F_B l^3}{6 EI} = 0 \quad \Rightarrow \quad F_B = \frac{5}{4} ql.$$

Damit erhält man

$$\boldsymbol{F_A} = \boldsymbol{F_C} = \frac{3}{8} \boldsymbol{ql}.$$

11.4 Zusammenfassung

Ein System ist statisch unbestimmt, wenn die Anzahl der zur Verfügung stehenden Gleichgewichtsbedingungen nicht ausreicht, alle Auflagerreaktionen zu berechnen. Aus der Verformung des Systems werden die noch notwendigen Berechnungsgleichungen gewonnen.

Bei Systemen mit Zug-Druck-Beanspruchung muß in die am verformten Bauteil aufgestellte geometrische Beziehung(en) das HOOKEsche Gesetz eingeführt werden. Man erhält so eine (mehrere) zusätzliche Kräftegleichung(en).

Für statisch unbestimmt gelagerte Träger (Wellen) müssen grundsätzlich in die Biegelinie die Lagerbedingung $w = 0$ bzw. die Einspannbedingung $w = 0$; $w' = 0$ eingeführt werden. Das kann über Integrationskonstanten geschehen. Eine Reihe von Verfahren beruhen auf folgender Überlegung: Durch Wegnahme überzähliger Lager (Einspannungen) wird der Träger auf ein statisch bestimmtes System reduziert. An der Stelle des entfernten Lagers wird nach einem beliebigen Verfahren die Durchbiegung (Winkeländerung) bestimmt. In einem zweiten Schritt wird am entlasteten System an der Lagerstelle eine Kraft (ein Moment) eingeführt. Die Größe dieser Auflagerreaktion wird aus der Bedingung $w = 0$ ($w' = 0$) berechnet.

12. Verschiedene Anwendungen

12.1 Die Wärmespannung

12.1.1 Die Wärmedehnungszahl
Stoffe dehnen sich bei Erwärmung aus und ziehen sich bei Abkühlung zusammen. Ein Körper wird bei der Erwärmung in seinen Längenabmessungen und damit auch in seinem Volumen größer. Die Längenausdehnung ist um so größer, je länger der Körper ist und je stärker er erwärmt wird

$$\Delta l \sim l \cdot \Delta t.$$

Nach Einführung einer Proportionalitätskonstanten erhält man

$$\Delta l = \alpha \cdot \Delta t \cdot l \qquad \text{Gl. 12-1}$$

α wird die *lineare Ausdehnungszahl* genannt. Ihre Einheit ist K^{-1}. α hängt vom Werkstoff und vom Temperaturbereich ab. Ein Auswahl von α-Werten ist in Tabelle 20 im Anhang gegeben.

Ein Quader mit dem Volumen $V = a \cdot b \cdot c$ hat nach der Ausdehnung durch Erwärmung um die Temperatur Δt, das Volumen

$$V' = a(1 + \alpha \Delta t) \cdot b(1 + \alpha \Delta t) \cdot c(1 + \alpha \Delta t)$$

$$V' = a \cdot b \cdot c (1 + \alpha \Delta t)^3$$

$$V' = a \cdot b \cdot c [1 + 3 \alpha \Delta t + 3(\alpha \Delta t)^2 + (\alpha \Delta t)^3].$$

Die höheren Potenzen von α sind sehr klein, das α selbst klein ist. Man kann α^2 und α^3 gegenüber α vernachlässigen

$$V' = V(1 + 3 \alpha \Delta t) = V + \Delta V.$$

Das Volumen nimmt demnach um

$$\Delta V = 3 \alpha \Delta t \cdot V$$

$$\Delta V = 3 \alpha \cdot \Delta t \cdot V = \gamma \cdot \Delta t \cdot V \qquad \text{Gl. 12-2}$$

zu. Die *Volumensausdehnungszahl* γ ist gleich 3α.

Wird ein Körper an der *Ausdehnung bzw. Zusammenziehung gehindert*, dann sind dazu Kräfte notwendig, die zu *Spannungen* in diesem Körper führen. Aus diesem Grunde werden Wellen, Brücken u.ä. so gelagert, daß eine *freie Ausdehnung* möglich ist und unkontrollierte Spannungen nicht entstehen können. Auf der anderen Seite macht man sich die Wärmespannungen in vielen Anwendungen zu nutze. Beispiele dafür sind Schrumpfverbindungen zwischen Nabe und Welle und warm eingezogene Niete, die durch die Wärmespannung die Teile so zusammenhalten sollen, daß der Reibungsschluß genügt, die Kräfte zu übertragen.

12.1.2 Die Spannungen
Die Bestimmung der Wärmespannungen erfolgt folgendermaßen
1. Berechnung der freien Dehnung bzw. Zusammenziehung.
2. Berechnung der Kräfte, die notwendig sind, um den Körper auf die ursprünglichen Abmessungen zu ziehen bzw. zu drücken.

Es stehen jeweils Gleichungen für die Wärmedehnung, die Beziehungen zwischen Dehnung und Spannung (z.B. HOOKEsches Gesetz) und statischen Gleichgewichtsbedingungen zur Verfügung.

Beispiel 1 (Abb. 12-1)
Zwischen zwei starr angenommenen Wänden sind spielfrei ein Aluminium- und ein Stahlblock eingeschoben. Das System wird von 20°C auf 95°C erwärmt. Zu bestimmen sind die Spannungen im Stahl und im Aluminium.

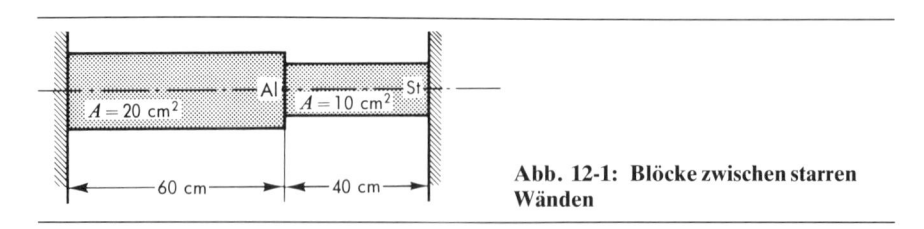

Abb. 12-1: Blöcke zwischen starren Wänden

Lösung
Bei Wegnahme einer Wand würden sich die beiden Blöcke um den Betrag

$$\Delta l_{ges} = \Delta l_{Al} + \Delta l_{St}$$

$$\Delta l_{ges} = \alpha_{Al} \cdot l_{Al} \cdot \Delta t + \alpha_{St} \cdot l_{St} \cdot \Delta t$$

ausdehnen. Die Wände nehmen Kräfte auf, die diese Ausdehnung rückgängig machen. Um den Aluminiumblock auf seine Ausgangslänge zurückzudrücken, ist folgende Kraft nach Gleichung 3-9 notwendig

12.1 Die Wärmespannung

$$F_{Al} = \frac{A_{Al} \cdot E_{Al} \cdot \Delta l_{Al}}{l_{Al}}.$$

Analog ist für den Stahlblock

$$F_{St} = \frac{A_{St} \cdot E_{St} \cdot \Delta l_{St}}{l_{St}}.$$

Aus diesen beiden Gleichungen erhält man

$$\Delta l_{Al} = \frac{F_{Al} \cdot l_{Al}}{A_{Al} \cdot E_{Al}} ; \qquad \Delta l_{St} = \frac{F_{St} \cdot l_{St}}{A_{St} \cdot E_{St}}.$$

Die statischen Gleichgewichtsbedingungen an den beiden Blöcken ergeben

$$F_{Al} = F_{St} = F.$$

Nach Einführung dieser Größen in die Ausgangsgleichung für Δl_{ges} erhält man

$$\frac{F \cdot l_{Al}}{A_{Al} \cdot E_{Al}} + \frac{F \cdot l_{St}}{A_{St} \cdot E_{St}} = \alpha_{Al} \cdot l_{Al} \cdot \Delta t + \alpha_{St} \cdot l_{St} \cdot \Delta t.$$

Die Auflösung nach F ergibt

$$F = \frac{\alpha_{Al} \cdot l_{Al} + \alpha_{St} l_{St}}{\dfrac{l_{Al}}{A_{Al} \cdot E_{Al}} + \dfrac{l_{St}}{A_{St} \cdot E_{St}}} \cdot \Delta t$$

Die Zahlenrechnung führt auf $F = 232$ kN. Damit erhält man

$$\sigma_{St} = \frac{232 \cdot 10^3 \text{ N}}{10^3 \text{ mm}^2} = \mathbf{232 \text{ N/mm}^2} ; \qquad \sigma_{Al} = \frac{232 \cdot 10^3 \text{ N}}{2 \cdot 10^3 \text{ mm}^2} = \mathbf{116 \text{ N/mm}^2}.$$

Beispiel 2 (Abb. 12-2)
Über eine Bronzeschraube mit einem Schaftdurchmesser von 10 mm ist eine Stahlbuchse gesteckt. Die Muttern sind bei einer Temperatur von +30°C in einer Position gekontert, bei der die Buchse kein Spiel hat, aber auch unter keiner nennenswerten Spannung steht. Zu berechnen sind die Spannungen in der Buchse und im Schraubenschaft für die Temperatur von −40°C.

Abb. 12-2: Schraube mit Hülse

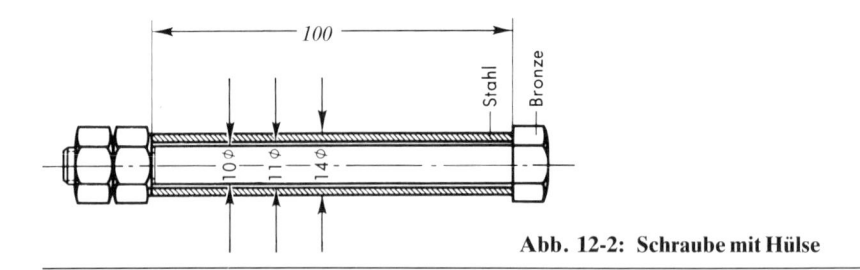

Lösung (Abb. 12-3)
Ohne Behinderung würden sich Schraube und Buchse um folgende Längen zusammenziehen

$$\Delta l_{Br} = \alpha_{Br} \cdot l \cdot \Delta t; \qquad \Delta l_{St} = \alpha_{St} \cdot l \cdot \Delta t.$$

Wegen $\alpha_B > \alpha_{St}$ würde sich die Schraube stärker zusammenziehen (Abb. 12-3a). Die Differenz dieser Kontraktionen muß dadurch ausgeglichen werden, daß einerseits die Schraube gezogen und andererseits die Buchse gedrückt wird (Abb. 12-3b). Die geometrische Bedingung für die elastischen Längenänderungen ist

$$\Delta l_{Br}' + \Delta l_{St}' = \Delta l_{Br} - \Delta l_{St}.$$

Nach Einsetzen der Gleichungen 3-9 bzw. 12-1

$$\frac{F_{Br} \cdot l}{E_{Br} \cdot A_{Br}} + \frac{F_{St} \cdot l}{E_{St} \cdot A_{St}} = \alpha_{Br} \cdot l \cdot \Delta t - \alpha_{St} \cdot l \cdot \Delta t.$$

Aus den statischen Gleichgewichtsbedingungen erhält man

$$F_{Br} = F_{St} = F.$$

Damit kann man F eliminieren

$$F = \frac{\alpha_{Br} - \alpha_{St}}{\dfrac{1}{E_{Br} \cdot A_{Br}} + \dfrac{1}{E_{St} \cdot A_{St}}} \cdot \Delta t.$$

Folgende Zahlenwerte werden eingesetzt

$\alpha_{Br} = 1{,}8 \cdot 10^{-5}\,K^{-1} \qquad E_{Br} = 1{,}16 \cdot 10^5\,N/mm^2$

$\alpha_{St} = 1{,}1 \cdot 10^{-5}\,K^{-1} \qquad E_{St} = 2{,}1 \cdot 10^5\,N/mm^2$

$A_{Br} = 78{,}5\,mm^2 \qquad A_{St} = 58{,}9\,mm^2 \qquad \Delta t = 70\,K.$

12.1 Die Wärmespannung

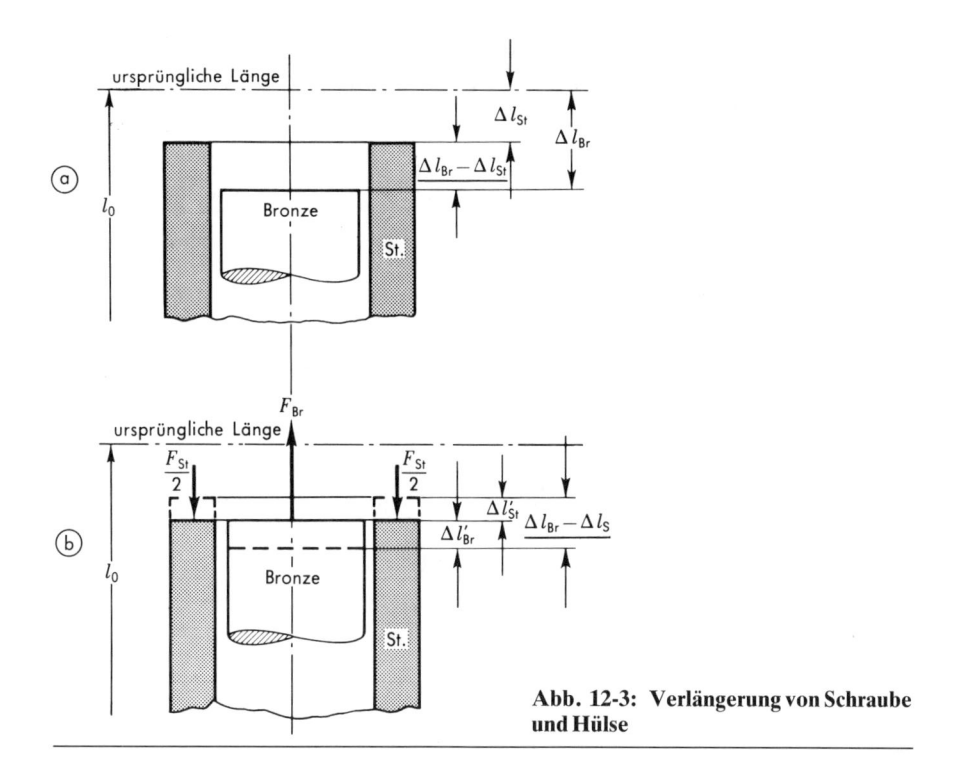

Abb. 12-3: Verlängerung von Schraube und Hülse

Die Ausrechnung ergibt $F = 2{,}57$ kN. Die Spannungen betragen

$$\sigma_{Br} = \frac{2{,}57 \cdot 10^3 \text{ N}}{78{,}5 \text{ mm}^2} = \mathbf{32{,}7 \text{ N/mm}^2} \quad ; \quad \sigma_{St} = \frac{2{,}57 \cdot 10^3 \text{ N}}{58{,}9 \text{ mm}^2} = \mathbf{43{,}6 \text{ N/mm}^2}.$$

Beispiel 3
Ein dünner Kupferring kann gerade spielfrei über eine Stahlwelle von 20°C (Durchmesser d) geschoben werden, wenn er auf 70°C erwärmt wird. Zu bestimmen sind

a) die Spannung im Ring, wenn sich das System auf 20°C abkühlt,
b) die Spannung im Ring, wenn das System weiter auf -20°C abgekühlt wird,
c) die Temperatur, auf die man die gesamte Verbindung mindestens erwärmen muß, wenn der Ring sich von der Welle lösen soll.

Die elastische Dehnung der Welle ist zu vernachlässigen.

Lösung
Zu a) Der Ring versucht sich um den Betrag

$$\Delta l = \alpha_{Cu} \cdot l_{Cu} \cdot \Delta t \qquad l = \text{Umfang}$$

zusammenzuziehen. Bei starrer Welle muß er um den gleichen Betrag durch die elastische Spannung gedehnt werden. Nach den Gleichungen 3-9 und 12-1 gilt

$$\frac{\sigma}{E_{Cu}} \cdot l_{Cu} = \alpha_{Cu} \cdot l_{Cu} \cdot \Delta t$$

$$\sigma = \alpha_{Cu} \cdot E_{Cu} \cdot \Delta t$$

$$\boldsymbol{\sigma} = 1{,}6 \cdot 10^{-5}\,\text{K}^{-1} \cdot 1{,}3 \cdot 10^5\,\text{N/mm}^2 \cdot 50\,\text{K} = \mathbf{104\,N/mm^2}$$

Zu b) Bei der weiteren Abkühlung würde sich ohne Behinderung der Kupferring stärker zusammenziehen als die Welle ($\alpha_{Cu} > \alpha_{St}$). Das führt zu zusätzlichen Spannungen in der Schrumpfverbindung. Die Differenz der thermischen Dehnungen, die sich ohne Behinderung einstellen würde, muß durch die zusätzliche elastische Dehnung des Kupfers (Welle starr) aufgenommen werden (siehe Beispiel 2)

$$\alpha_{Cu} \cdot \Delta t \cdot l - \alpha_{St} \cdot \Delta t \cdot l = \frac{\Delta \sigma}{E} \cdot l$$

$$\Delta \sigma = (\alpha_{Cu} - \alpha_{St}) \cdot E_{Cu} \cdot \Delta t \, .$$

Kontrolle: Für gleiche Ausdehnungszahlen α ist $\Delta\sigma = 0$.

$$\Delta\sigma = (1{,}6 - 1{,}1) \cdot 10^{-5}\,\text{K}^{-1} \cdot 1{,}3 \cdot 10^5\,\text{N/mm}^2 \cdot 40\,\text{K}$$

$$\Delta\sigma = 26\,\text{N/mm}^2$$

Damit ist

$$\sigma = 104\,\text{N/mm}^2 + 26\,\text{N/mm}^2 = \mathbf{130\,N/mm^2}$$

Zu c) Hat der Ring eine Temperatur von 70°C und die Welle von 20°C, dann sind Ring-Innendurchmesser und Wellendurchmesser gleich. Kühlt sich der Ring unabhängig von der Welle auf 20°C ab, dann nimmt sein Innenumfang um den Betrag

$$\Delta l_{Cu}' = \alpha_{Cu} \cdot l \cdot \Delta t' \qquad (\Delta t' = 70° - 20°)$$

ab. Das entspricht nach Abb. 12-4 einer Abnahme des Durchmessers um

$$\Delta d_{Cu}' = \alpha_{Cu} \cdot d \cdot \Delta t' \, .$$

12.2 Umlaufende Bauteile

Der Ring läßt sich bei der Temperatur abziehen, bei der der Ring-Innendurchmesser und der Wellendurchmesser gleich sind. Nach Abb. 12-4 ist

$$\Delta d_{St} = \Delta d_{Cu} - \Delta d_{Cu}'$$

$$\alpha_{St} \cdot d \cdot \Delta t = \alpha_{Cu} \cdot d \cdot \Delta t - \alpha_{Cu} \cdot d \cdot \Delta t'$$

$$\Delta t = \frac{\alpha_{Cu}}{\alpha_{Cu} - \alpha_{St}} \cdot \Delta t' .$$

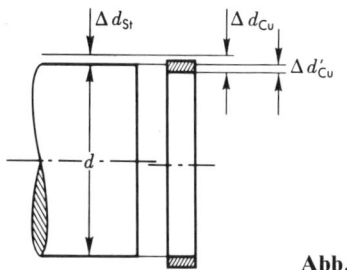

Abb. 12-4: Welle mit Ring

Kontrolle: für gleiche Ausdehnungszahlen α ist $\Delta t \to \infty$

$$\Delta t = \frac{1{,}6}{1{,}6 - 1{,}1} \cdot 50°C \qquad \Delta t = 160°C$$

$$t = 160° + 20° = \mathbf{180°C} .$$

Bei 180°C ist der Kupferring ohne Spannung und gerade spielfrei. Die Temperatur muß größer als 70°C sein, da im vorliegenden Fall die Welle miterwärmt wird und sich mit ausdehnt.

12.2 Umlaufende Bauteile

12.2.1 Der umlaufende Stab
In einem umlaufenden Stab ohne Masse am Ende nach Abb. 12-5a ist im Schnitt x folgende Spannung vorhanden

$$\sigma = \frac{F}{A} = \frac{m \cdot r \cdot \omega^2}{A} = \frac{\varrho \cdot A \, (l-x) \cdot \dfrac{l+x}{2} \cdot \omega^2}{A}$$

$$\sigma = \frac{(l^2 - x^2) \cdot \omega^2 \cdot \varrho}{2}.$$

Die maximale Spannung ist an der Stelle $x = 0$

$$\sigma_{max} = \frac{1}{2} \, l^2 \cdot \omega^2 \cdot \rho. \qquad \text{Gl. 12-3}$$

Die Spannung hängt nicht vom Stabquerschnitt ab. Ein dickerer Stab unterliegt wohl höheren Fliehkräften, im gleichen Maße ist aber auch der tragende Querschnitt vergrößert.

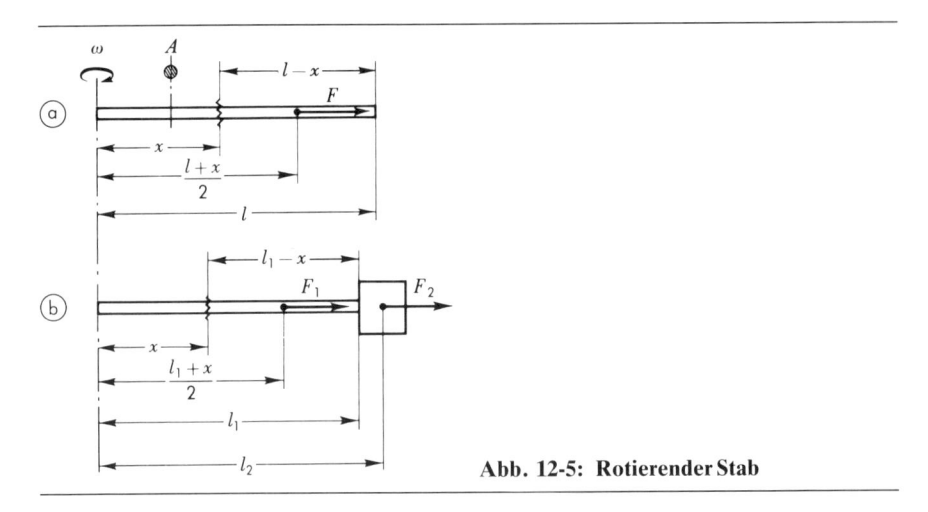

Abb. 12-5: Rotierender Stab

Für eine Masse m am Stabende ergeben sich folgende Gleichungen

$$\sigma = \frac{F_1 + F_2}{A} = \frac{(l_1^2 - x^2)\omega^2 \cdot \varrho}{2} + \frac{m \cdot l_2 \cdot \omega^2}{A}$$

$$\sigma_{max} = \frac{l_1^2 \omega^2 \varrho}{2} + \frac{m \cdot l_2 \omega^2}{A}$$

$$\sigma_{max} = \omega^2 \left(\frac{l_1^2 \cdot \rho}{2} + \frac{m \cdot l_2}{A} \right). \qquad \text{Gl. 12-4}$$

12.2.2 Der umlaufende Ring
Es soll hier nur die Rotation um die senkrecht auf der Ringebene stehende Schwerpunktachse nach Abb. 12-6 behandelt werden. Aus der Gleichgewichtsbedingung am freigemachten Abschnitt des Ringes erhält man (Abb. 12-7)

12.2 Umlaufende Bauteile

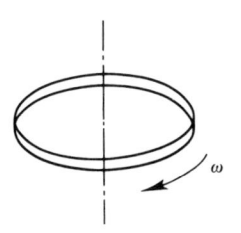

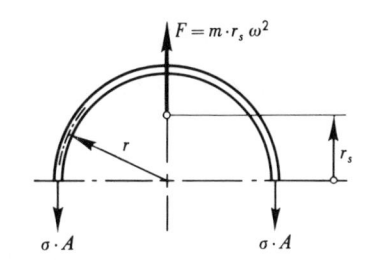

Abb. 12-6: Rotierender Ring

Abb. 12-7: Freigemachte Ringhälfte

$$\Sigma F_y = 0 \qquad 2\sigma \cdot A = m \cdot r_s \cdot \omega^2.$$

Die Werte

$$m = \varrho \cdot \pi \cdot r \cdot A \qquad r_s = \frac{2}{\pi} \cdot r \qquad \text{(Tabelle 4-2 Band 1)}$$

werden eingesetzt

$$2\sigma \cdot A = \varrho \cdot \pi \cdot r \cdot A \cdot \frac{2}{\pi} \cdot r \cdot \omega^2$$

$$\boldsymbol{\sigma = \rho \cdot r^2 \cdot \omega^2}. \qquad\qquad\qquad\qquad \textbf{Gl. 12-5}$$

Diese Gleichung gilt nur für einen *dünnen Ring*, dessen *Dehnung nicht behindert* wird. Sie gilt nicht für ein Schwungrad, dessen Speichen im Ring zusätzlich Biegespannungen verursachen.

Beispiel
Der aufgeschrumpfte Kupferring von Beispiel 3 Abschnitt 12.1.2 soll einen mittleren Durchmesser von 210 mm haben. Bei welcher Drehzahl würde er sich von der Welle bei einer Temperatur von 20°C lösen?

Lösung
In dem Ring ist nach dem Aufschrumpfen eine Spannung von 104 N/mm² vorhanden. Diese Spannung versucht, den Ring zusammenzuziehen. Wird bei zunehmender Fliehkraft eine Spannung gleicher Größe erreicht, dann hat sich der Ring auf das Wellenmaß gedehnt und hat damit keinen Kraftschluß mit der Welle.

Gleichung 12-5 wird nach ω umgestellt.

$$\omega = \frac{1}{r}\sqrt{\frac{\cdot\,\sigma}{\varrho}}$$

$$\omega = \frac{1}{105\,\text{mm}} \sqrt{\frac{104\,\text{N/mm}^2}{8{,}9 \cdot 10^3\,\text{kg/m}^3} \cdot \frac{10^{12}\,\text{mm}^4}{\text{m}^4}} = 1030\,\text{sec}^{-1}$$

$$n = \frac{\omega}{2\pi} = 163{,}9\,\text{s}^{-1}; \qquad \boldsymbol{n = 9830\,\text{min}^{-1}}.$$

12.2.3 Die umlaufende Scheibe gleicher Dicke

In einer rotierenden Scheibe nach Abb. 12-8 ist die Spannungsverteilung nicht konstant, wie es für einen dünnen Ring angenommen werden konnte. Es handelt sich hier um einen ebenen Spannungszustand. An einem Teilelement sind sowohl in radialer Richtung als auch in tangentialer Richtung Normalspannungen wirksam. Sie werden mit σ_t und σ_r bezeichnet. Die Gleichgewichtsbedingungen ergeben folgende *Spannungsverteilung im radialen* Schnitt einer gebohrten Scheibe

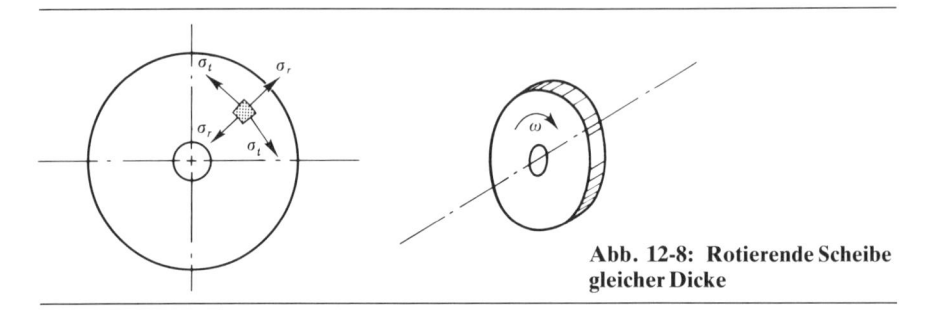

Abb. 12-8: Rotierende Scheibe gleicher Dicke

$$\sigma_t = \rho\,\omega^2\,r_a^2\,\frac{3+\mu}{8}\left[1 + \left(\frac{r_i}{r_a}\right)^2 + \left(\frac{r_i}{r}\right)^2 - \frac{1+3\mu}{3+\mu}\left(\frac{r}{r_a}\right)^2\right] \qquad \text{Gl. 12-6}$$

$$\sigma_r = \rho\,\omega^2\,r_a^2\,\frac{3+\mu}{8}\left[1 + \left(\frac{r_i}{r_a}\right)^2 - \left(\frac{r_i}{r}\right)^2 - \left(\frac{r}{r_a}\right)^2\right] \qquad \text{Gl. 12-7}$$

μ = Querkontraktionszahl, für Stahl $\mu \approx 0{,}3$.

Die diesen Gleichungen entsprechenden Kurven sind in Abb. 12-9 aufgetragen. Die Radialspannung σ_r muß bei unbelasteten Innen- und Außenrand an diesen beiden Stellen gleich Null sein. Die maximale Spannung ist die *maximale Tangentialspannung am Innenrand*, denn hier ist der tragende Querschnitt am kleinsten und die Fliehkräfte der außenliegenden Massen am größten. An dieser Stelle setzt auch bei einem Schleuderversuch die Zerstörung der Scheibe ein. Die Größe dieser Spannung erhält man aus Gleichung 12-6 für $r = r_i$

$$\sigma_{t\,\text{max}} = \varrho\,\omega^2\,r_a^2\,\frac{3+\mu}{8}\left[2 + \left(\frac{r_i}{r_a}\right)^2\left(1 - \frac{1+3\mu}{3+\mu}\right)\right].$$

12.2 Umlaufende Bauteile

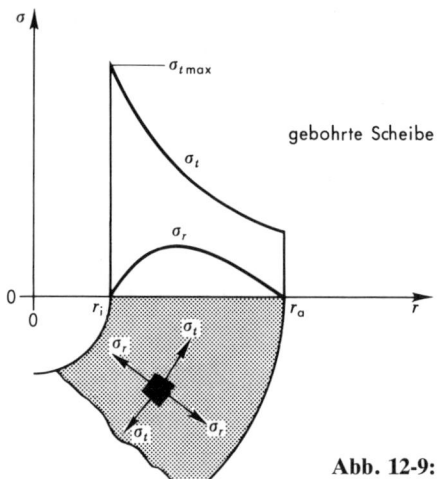

Abb. 12-9: Spannungsverteilung in rotierender Scheibe gleicher Dicke mit Innenbohrung

Nach Vereinfachung

$$\sigma_{t\,max} = \rho\,\omega^2\,r_a^2\,\frac{3+\mu}{4}\left[1+\left(\frac{r_i}{r_a}\right)^2\frac{1-\mu}{3+\mu}\right].\qquad\text{Gl. 12-8}$$

Für den Fall einer *kleinen Innenbohrung* kann $\frac{r_i}{r_a} \approx 0$ gesetzt werden. Man erhält damit

$$\sigma_{t\,max\,0} = \rho\,\omega^2\,r_a^2\,\frac{3+\mu}{4}.\qquad\text{Gl. 12-9}$$

Die Beziehungen für einen *dünnen Ring* erhält man aus den Gleichungen 12-6/7 für $r_i \approx r_a \approx r$

$$\sigma_{t\,Ring} = \varrho\,\omega^2\,r^2\,\frac{3+\mu}{8}\left[3-\frac{1+3\mu}{3+\mu}\right].$$

Nach Vereinfachungen ist

$$\sigma_{t\,Ring} = \varrho\,\omega^2\,r^2.$$

Das ist eine Bestätigung der Gleichung 12-5.
Die Radialspannung muß für den dünnen Ring Null ergeben

$$\sigma_{r\,Ring} = \varrho\,\omega^2\,r^2\,\frac{3+\mu}{8}[1+1-1-1] = 0.$$

Weiterhin sollen aus den Gleichungen 12-6/7 die Beziehungen für eine *ungebohrte Scheibe* abgeleitet werden (Abb. 12-10). In diesem Fall muß $r_i = 0$ gesetzt werden. Für eine Vollscheibe erhält man damit

$$\sigma_{t\,\text{voll}} = \rho\,\omega^2\,r_a^2\,\frac{3+\mu}{8}\left[1 - \frac{1+3\mu}{3+\mu}\left(\frac{r}{r_a}\right)^2\right].\qquad\text{Gl. 12-10}$$

$$\sigma_{r\,\text{voll}} = \rho\,\omega^2\,r_a^2\,\frac{3+\mu}{8}\left[1 - \left(\frac{r}{r_a}\right)^2\right].\qquad\text{Gl. 12-11}$$

Die *maximale Spannung* ist im Mittelpunkt der Scheibe ($r = 0$). Hier sind $\sigma_{t\,\text{voll}}$ und $\sigma_{r\,\text{voll}}$ gleich und haben die Größe

$$\sigma_{\text{max voll}} = \rho\,\omega^2\,r_a^2\,\frac{3+\mu}{8}.\qquad\text{Gl. 12-12}$$

Es ergibt sich die überraschende Tatsache, daß die *maximale Spannung einer Vollscheibe halb so groß ist wie die einer gebohrten Scheibe mit kleiner Innenbohrung* (Gl. 12-9). Aus diesem Grunde werden z.B. Turbinenräder für höchste Umfangsgeschwindigkeiten ungebohrt ausgeführt.

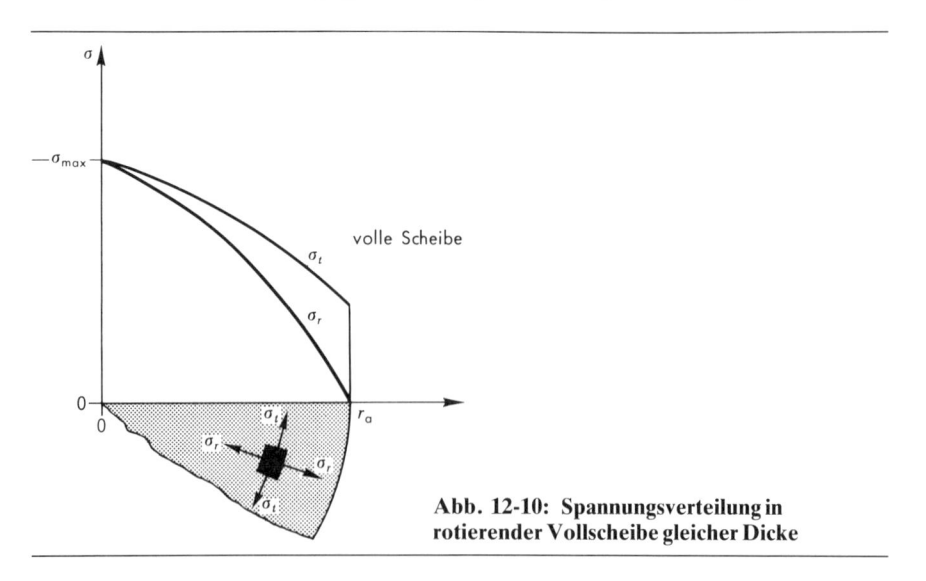

Abb. 12-10: Spannungsverteilung in rotierender Vollscheibe gleicher Dicke

Beispiel
Für rotierende Scheiben gleicher Dicke mit den unten gegebenen Daten sind die Spannungen an den gefährdeten Querschnitten zu berechnen. Weiterhin sind Vergleichsspannungen nach der Hauptspannungs-, Schubspannungs- und Gestaltänderungshypothese zu bestimmen.

12.2 Umlaufende Bauteile

Scheibe A (ohne Innenbohrung)

$r_a = 350$ mm $n = 100\,\text{s}^{-1}$ $\mu = 0{,}3$ (Stahl).

Scheibe B (mit Innenbohrung)

$r_a = 350$ mm $r_i = 100$ mm $n = 100\,\text{s}^{-1}$ $\mu = 0{,}3$.

Lösung
Scheibe A

Ohne Belastung am Außenrand ergibt sich eine Spannungsverteilung nach Abb. 12-10. Der höchsten Beanspruchung unterliegt das Zentrum der Scheibe. Nach Gl. 12-12 ist

$$\sigma_{t\,\text{voll}} = \sigma_{r\,\text{voll}} = \sigma_{\text{max voll}} = \varrho \cdot \omega^2 \cdot r_a^2 \cdot \frac{3+\mu}{8}$$

mit $\omega = 2\pi \cdot n = 628{,}3\,\text{s}^{-1}$

$$\sigma_{\text{max voll}} = 7{,}85 \cdot 10^3 \,\frac{\text{kg}}{\text{m}^3} \cdot 628{,}3^2 \,\frac{1}{\text{s}^2} \cdot 0{,}35^2 \,\text{m}^2 \cdot \frac{3{,}3}{8} \cdot \frac{1\,\text{m}^2}{10^6\,\text{mm}^2}$$

$\sigma_{\text{max voll}} = \mathbf{156{,}6\,\text{N/mm}^2}$.

Das Teil im Zentrum der Scheibe unterliegt einer Spannung nach Abb. 12-11A. Die Berechnung der Vergleichsspannungen erfolgt nach den in der Tabelle 17 zusammengestellten Gleichungen.

Hauptspannungshypothese

$\sigma_v = \sigma_{\text{max}} = 156{,}6\,\text{N/mm}^2$.

Schubspannungshypothese. Für den ebenen Fall erhält man mit $\sigma_x = \sigma_y$ und $\tau = 0$

$\sigma_v = \sigma_y - \sigma_x = 0$

Das ist ein unsinniges Ergebnis. Hier muß man in Betracht ziehen, daß senkrecht zur Scheibe die Spannung null ist. Mit dieser Bedingung liefert die entsprechende Beziehung für den räumlichen Spannungszustand das Ergebnis, das hier für die Hauptspannungshypothese berechnet wurde.

Gestaltänderungshypothese ($\sigma_y = \sigma_x$; $\tau = 0$; Hauptspannungssystem)

$\sigma_v = \sqrt{\sigma_y^2 + \sigma_x^2 - \sigma_y \cdot \sigma_x} = \sigma_y = \sigma_x = \sigma_{\text{max}}$.

Dieser Wert entspricht auch dem der Hauptspannungshypothese.

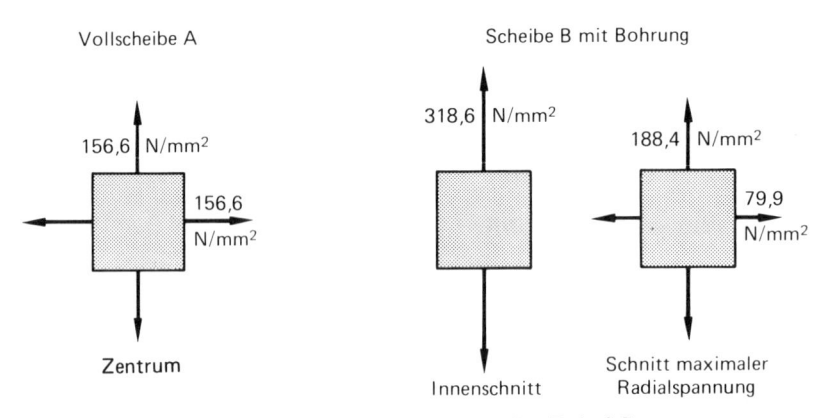

Abb. 12-11: Spannungen in einer rotierenden Scheibe (Beispiel)

Vollscheibe A: 156,6 N/mm² (vertikal), 156,6 N/mm² (horizontal), Zentrum

Scheibe B mit Bohrung:
- Innenschnitt: 318,6 N/mm²
- Schnitt maximaler Radialspannung: 188,4 N/mm² (vertikal), 79,9 N/mm² (horizontal)

Scheibe B

Die grundsätzliche Spannungsverteilung zeigt Abb. 12-9. Danach können als gefährdete Schnitte der Innenschnitt mit $\sigma_{t\,max}$ und der Schnitt mit $\sigma_{r\,max}$ gelten.

Innenschnitt

$$\sigma_r = 0 \qquad \sigma_t = \sigma_{t\,max}.$$

Nach Gl. 12-8 ist

$$\sigma_{t\,max} = \varrho \cdot \omega^2 r_a^2 \cdot \frac{3+\mu}{4}\left[1 + \left(\frac{r_i}{r_a}\right)^2 \cdot \frac{1-\mu}{3+\mu}\right].$$

$$= 2 \cdot 156{,}6\,\text{N/mm}^2 \cdot \left[1 + \left(\frac{100}{350}\right)^2 \cdot \frac{0{,}7}{3{,}3}\right]$$

$$\sigma_{t\,max} = \mathbf{318{,}6\,N/mm^2}.$$

Die wesentlich höhere Belastung einer gelochten Scheibe ist besonders beachtenswert. Da es sich hier um einen einachsigen Spannungszustand nach Abb. 12-11 handelt, entfällt die Anwendung der Vergleichsspannungshypothesen.

Schnitt $\sigma_{r\,max}$

Nach der Gleichung 12-7 ergibt sich die maximale Radialspannung im Abstand $r = 187$ mm

12.2 Umlaufende Bauteile

$$\sigma_r = \varrho \cdot \omega^2 r_a \cdot \frac{3+\mu}{8}\left[1 + \left(\frac{r_i}{r_a}\right)^2 - \left(\frac{r_i}{r}\right)^2 - \left(\frac{r}{r_a}\right)^2\right]$$

$$\sigma_{r\,187} = 156{,}6\,\text{N/mm}^2\left[1 + \left(\frac{100}{350}\right)^2 - \left(\frac{100}{187}\right)^2 - \left(\frac{187}{350}\right)^2\right]$$

$$\sigma_{r\,187} = 79{,}9\,\text{N/mm}^2.$$

Nach Gleichung 12-6 ist

$$\sigma_t = \varrho \cdot \omega^2 r_a \cdot \frac{3+\mu}{8}\left[1 + \left(\frac{r_i}{r_a}\right)^2 + \left(\frac{r_i}{r}\right)^2 - \frac{1+3\mu}{3+\mu}\left(\frac{r}{r_a}\right)^2\right]$$

$$\sigma_{t\,187} = 156{,}6\,\text{N/mm}^2\left[1 + \left(\frac{100}{350}\right)^2 + \left(\frac{100}{187}\right)^2 - \frac{1{,}9}{3{,}3}\left(\frac{187}{350}\right)^2\right]$$

$$\sigma_{187} = 188{,}4\,\text{N/mm}^2.$$

Das belastete Element zeigt die Abb. 12-11B. Auch hier handelt es sich um ein Hauptspannungssystem. Die Vergleichsspannungen betragen

Hauptspannungshypothese

$$\sigma_v = 188{,}4\,\text{N/mm}^2.$$

Schubspannungshypothese

$$\sigma_v = \sigma_{max} - \sigma_{min} = 108{,}5\,\text{N/mm}^2.$$

Dieses Ergebnis ist ohne Aussagekraft (s. Scheibe A).

Gestaltänderungshypothese

$$\sigma_v = \sqrt{\sigma_y^2 + \sigma_x^2 - \sigma_y \cdot \sigma_x}$$

$$\sigma_v = \left(\sqrt{188{,}4^2 + 79{,}9^2 - 188{,}4 \cdot 79{,}9}\right)\text{N/mm}^2 = 163{,}8\,\text{N/mm}^2.$$

Die maximale Gefährdung der gelochten Scheibe liegt im Innenschnitt.

12.2.4 Scheibe gleicher Festigkeit
Bei der Scheibe gleicher Dicke ist infolge der ungleichmäßigen Spannungsverteilung der Werkstoff schlecht ausgenutzt. Die äußeren Teile verursachen verhältnismäßig hohe Fliehkräfte, die die kleineren inneren Ringquerschnitte hoch belasten. Als Gedankenmodell kann man sich ei-

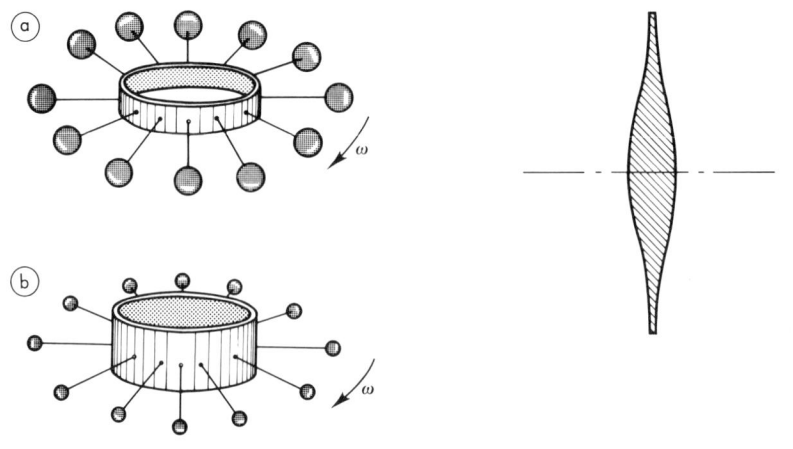

Abb. 12-12: Modell zur Scheibe gleicher Festigkeit

Abb. 12-13: Scheibe gleicher Festigkeit

nen innen herausgeschnittenen Ring vorstellen, der die Fliehkräfte der außen angebrachten Kugelmassen aufnehmen muß.

Die Scheibe gleicher Dicke entspricht dem Fall a. An einem verhältnismäßig dünnen Ring wirken große Fliehkräfte und führen zu hohen Spannungen. Eine spannungstechnisch bessere Lösung ist, den Ring zu verstärken und die Massen außen zu verkleinern (Fall b). Das Ergebnis ist eine Form, wie sie die Abb. 12-13 zeigt. Ist die Form aus der Bedingung σ = konst. berechnet, spricht man von *Scheibe gleicher Festigkeit*.

12.3 Zylinder und Kugel unter Innendruck

12.3.1 Der dünnwandige Behälter

Unter dünnwandigen Behältern versteht man Behälter, deren Wanddicke wesentlich kleiner ist als ihre sonstigen Abmessungen: $s \ll d$ in Abb. 12-14. Unter dieser Voraussetzung kann man etwa *konstante Spannungsverteilung* im Querschnitt annehmen. Die nachfolgenden Untersuchungen sind auf Beanspruchung durch Innendruck beschränkt, weil bei *Außendruck* das Rohr *einbeulen* kann. Das entspricht dem Knicken eines Stabes. Es handelt sich demnach um ein Stabilitätsproblem.

Die Spannung in Tangentialrichtung σ_t erhält man aus einer Gleichgewichtsbedingung an der freigemachten Halbschale Abb. 12-14

$$\Sigma F_y = 0 \qquad 2\sigma_t \cdot l \cdot s = p \cdot d \cdot l$$

$$\sigma_t = \frac{p \cdot d}{2 s} \qquad \qquad \text{Gl. 12-13}$$

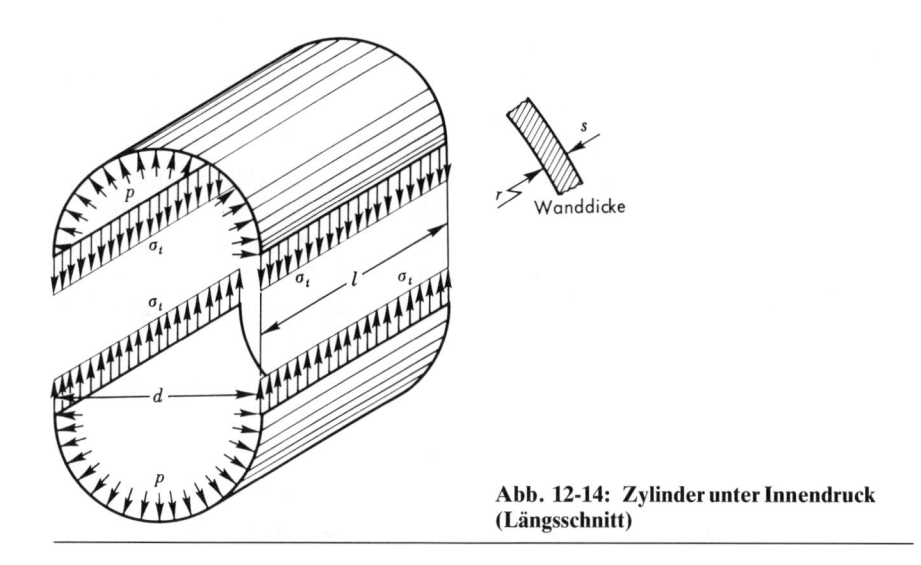

12.3 Zylinder und Kugel unter Innendruck

Abb. 12-14: Zylinder unter Innendruck (Längsschnitt)

Die Spannung ist um so größer, je größer Druck und Durchmesser sind und je kleiner die Wanddicke ist.

Es ist einleuchtend, daß auch in senkrechten Schnitten zur Achse Spannungen vorhanden sein müssen. Sie sind axial gerichtet und werden aus der Gleichgewichtsbedingung am Teil Abb. 12-15 gewonnen.

$$\sigma_a \cdot \pi \cdot d \cdot s = \pi \frac{d^2}{4} \cdot p$$

$$\sigma_a = \frac{p \cdot d}{4 \cdot s} \qquad \text{Gl. 12-14}$$

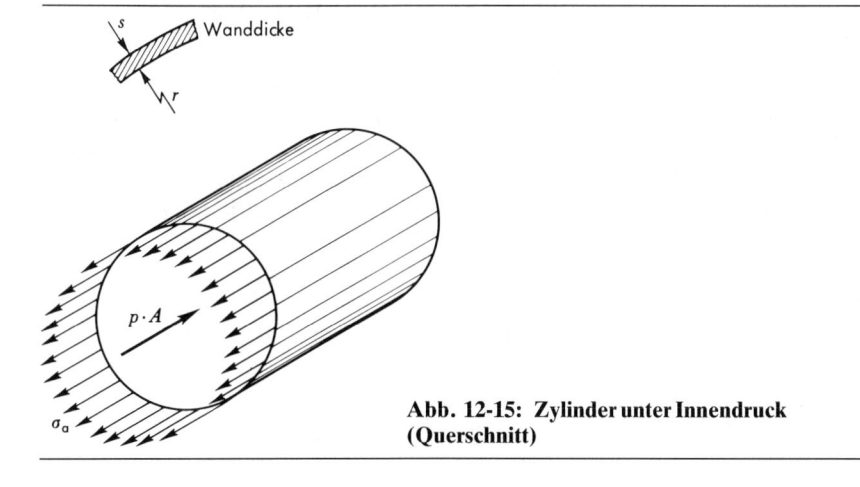

Abb. 12-15: Zylinder unter Innendruck (Querschnitt)

Die *Tangentialspannung ist doppelt so groß wie die Axialspannung* (s. Abb. 12-16). Aus diesem Grunde platzen z.B. Rohrleitungen bei Überlastung durch Überdruck der Länge nach auf. Die Achsen a und t sind Hauptachsen des ebenen Spannungszustandes ($\tau = 0$).

Die Gleichgewichtsbedingungen für einen Kugelbehälter erhält man grundsätzlich aus einem System nach Abb. 12-15. Für einen Kugelbehälter gilt deshalb für alle Schnitte die Gleichung 12-14. Da $\sigma_a < \sigma_t$ ist, stellt die Kugel für die Aufnahme von Innendruck die Optimalform dar. Ein freigemachtes Teilelement unterliegt in allen Richtungen den gleichen Normalspannungen (Abb. 12-17).

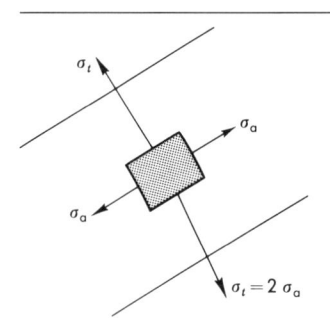

Abb. 12-16: Beanspruchung im Zylinder unter Innendruck

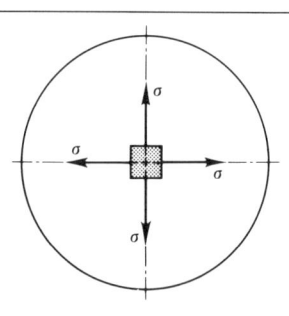

Abb. 12-17: Beanspruchung einer Kugel unter Innendruck

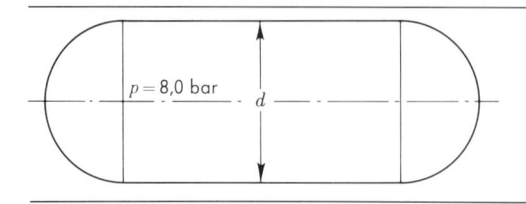

Abb. 12-18: Druckbehälter

Beispiel (Abb. 12-18)
Der abgebildete Behälter hat eine Wanddicke von $s = 7{,}0$ mm und einen Durchmesser von $d = 1{,}80$ m. Für einen Überdruck von 8,0 bar sind für den zylindrischen Teil die Vergleichsspannungen nach der Normalspannungs-, Schubspannungs- und Gestaltänderungshypothese zu berechnen.

Lösung
Die Spannungen betragen nach Gl. 12-13/14 (1 bar = 10^5 N/m²)

$$\sigma_t = \sigma_y = \frac{p \cdot d}{2s} = \frac{8 \cdot 10^5 \, \text{N/m}^2 \cdot 1{,}8 \, \text{m}}{2 \cdot 7 \cdot 10^{-3} \, \text{m}} \cdot \frac{1 \, \text{m}^2}{10^6 \, \text{mm}^2}$$

12.3 Zylinder und Kugel unter Innendruck

$$\sigma_y = 102,8 \text{ N/mm}^2$$

$$\sigma_a = \sigma_x = 51,4 \text{ N/mm}^2$$

In die Gleichungen für die Vergleichsspannungen wird $\tau = 0$ eingeführt (Tabelle 17)

Normalspannungshypothese

$$\sigma_v = \sigma_{max} = \sigma_y = 102,8 \text{ N/mm}^2$$

Schubspannungshypothese

$$\sigma_v = \sigma_y - \sigma_x = 51,4 \text{ N/mm}^2$$

Gestaltänderungshypothese

$$\sigma_v = \sqrt{\sigma_y^2 + \sigma_x^2 - \sigma_x \sigma_y} = \left(\sqrt{102,8^2 + 51,4^2 - 51,4 \cdot 102,8}\right) \text{ N/mm}^2$$

$$\sigma_v = 89,0 \text{ N/mm}^2$$

Die Schubspannungshypothese liefert für den ebenen Fall einen unrealistischen Wert. Für den dreidimensionalen Fall ($\sigma_z = -p$ auf die Wandfläche) ergäbe sie etwa 103 N/mm², also etwa den ersten Wert.

12.3.2 Der dickwandige Zylinder

In dem Schnitt eines dickwandigen Zylinders sind die Spannungen nicht mehr konstant. Auch hier muß man wie bei einer rotierenden Scheibe zusätzlich die Radialspannung berücksichtigen, die in der Innenwand gerade dem Innendruck entsprechen muß. Wie aus der Spannungsverteilung Abb. 12-19 ersichtlich, ist die gefährdete Stelle innen im Rohr. Die Außenschichten des Rohres leisten einen verhältnismäßig geringen Beitrag für die Festigkeit. Für einen Innendruck, der gleich τ_{zul} des betreffenden Werkstoffes ist, erhält man aus den Gleichungen nach der Hypothese der größten Schubspannung eine unendlich große Wanddicke. Danach kann man selbst bei kleinstem Innendurchmesser und größten Wanddicken keinen Behälter für einen höheren Überdruck als etwa 1300 bar bauen. Die Technik erfordert die Beherrschung höherer Drücke. Das ist möglich, wenn man z.B. auf den dünnwandigen Zylinder einen anderen Zylinder aufschrumpft. Ist der Zylinder drucklos (Abb. 12-20a), dann treten im inneren Rohr Druckspannungen auf. Erst bei einem bestimmten Innendruck wird das Rohr innen spannungsfrei. Über diesen Innendruck hinaus kann der Druck weiter noch um etwa den Betrag τ_{zul} gesteigert werden. Die grundsätzliche Spannungsverteilung zeigt die Abb. 12-20. Für höchste Drücke werden mehrere Zylinder übereinander geschrumpft.

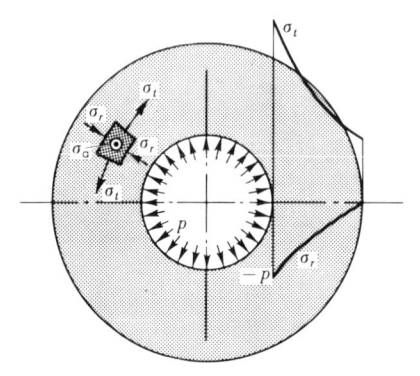

Abb. 12-19: Dickwandiges Rohr unter Innendruck

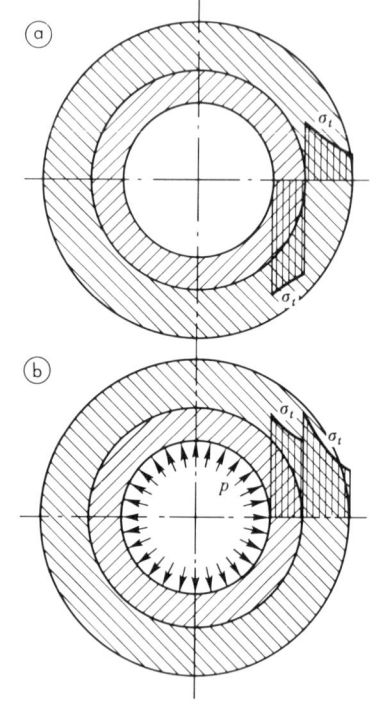

Abb. 12-20: Aufgeschrumpfter Außenmantel

Anhang

Differentiation und Integration mit Hilfe des FÖPPL-Symbols

Aus der Funktion für die Streckenlast erhält man nacheinander durch Integration

1. die Querkraftfunktion,
2. das Biegemomentdiagramm,
3. die Ableitung der elastischen Linie (Steigungswinkel) und
4. die elastische Linie.

Das ist die Aussage der Gleichung 4-15. Die Integrationen werden für die meisten praktischen Anwendungsfälle ganz wesentlich durch die normalerweise zahlreich vorhandenen Unstetigkeiten erschwert. FÖPPL hat einen Rechenformalismus vorgeschlagen, der das abschnittsweise Schreiben der Gleichungen vermeidet und die Übergangsbedingungen erfüllt, ohne daß neue Integrationskonstanten bestimmt werden müssen. Das führt zu einer wesentlichen Vereinfachung der Rechnung.

Eine Funktion nach Abb. A-1 wird nach dieser Methode folgendermaßen *in einer Gleichung* erfaßt. Dabei wird die Steigung der einzelnen Geradenteile mit m bezeichnet. Die spitze Klammer ist das FÖPPLsche-Symbol, der Exponent 0 stellt einen Sprung, der Exponent 1 einen Knick mit nachfolgendem linearen Verlauf dar.

$$y = \langle x-a \rangle^0 \cdot (y_a - 0) + \langle x-b \rangle^1 \cdot (m_2 - m_1) + \langle x-c \rangle^1 \cdot (m_3 - m_2)$$

$$y = \langle x-a \rangle^0 \cdot y_a + \langle x-b \rangle \cdot m_2 + \langle x-c \rangle (m_3 - m_2)$$

| Sprung an der Stelle a | Knickung an der Stelle b | Knickung an der Stelle c |

Der Gültigkeitsbereich für die verschiedenen Terme wird durch folgende Rechenregel erfüllt

$$\langle x-a \rangle^n = \begin{cases} 0 & \text{für } x \leq a \\ (x-a)^n & \text{für } x > a \end{cases}$$

Für $n = 0$ folgt daraus

$$\langle x-a \rangle^0 = \begin{cases} 0 & \text{für } x \leq a \\ 1 & \text{für } x > a. \end{cases}$$

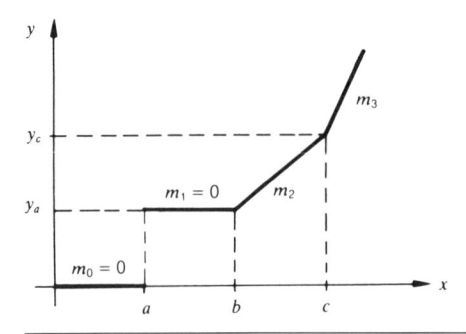

Abb. A-1: Unstetige Funktion

Zusammenfassend kann man festhalten:
1. Für negativen Klammerinhalt ist die ⟨FÖPPL⟩-Klammer null,
2. für positiven Klammerinhalt geht die ⟨FÖPPL⟩-Klammer in eine algebraische Klammer ( ) über.

Wird z.B. in obige Gleichung $x = c$ eingesetzt, ergibt sich

$$y_c = 1 \cdot y_a + (c - b) \cdot m_2 + 0,$$

was offensichtlich richtig ist.

Eine so aufgestellte Gleichung kann man „durchgehend" differenzieren und integrieren, wenn man die FÖPPL-*Klammer wie eine Größe (Buchstabe) geschlossen behandelt:*

$$\frac{d}{dx}\langle x - a \rangle^n = n \langle x - a \rangle^{n-1}$$

$$\int \langle x - a \rangle^n \cdot dx = \frac{1}{n+1} \langle x - a \rangle^{n+1} + C.$$

Demnach gilt für den vorgegebenen Graph

$$y' = 0 + 1 \cdot \langle x - b \rangle^0 \cdot m_2 + 1 \cdot \langle x - c \rangle^0 (m_3 - m_2)$$

$$\int y \cdot dx = \langle x - a \rangle y_a + \langle x - b \rangle^2 \frac{m_2}{2} + \langle x - c \rangle^2 \frac{m_3 - m_2}{2} + C.$$

Beispiel 1
Für die Funktion nach Abb. A-2 ist die Gleichung aufzustellen, zu integrieren und zu differenzieren. Die Gleichungen sind in Diagrammen darzustellen.

Anhang 379

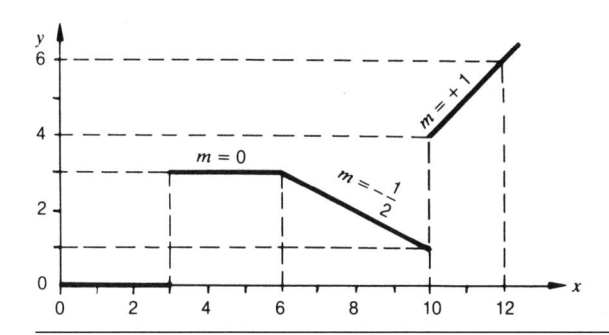

Abb. A-2: Unstetige Funktion für Beispiel

Lösung

$$y = \langle x-3\rangle^0 \cdot 3 + \langle x-6\rangle(-\frac{1}{2}-0) + \langle x-10\rangle^0(4-1) + \langle x-10\rangle[1-(-\frac{1}{2})$$

Sprung	Knick	Sprung	Knick
bei $x = 3$	bei $x = 6$	bei $x = 10$	bei $x = 10$

$$y = \langle x-3\rangle^0 \cdot 3 - \langle x-6\rangle \cdot \frac{1}{2} + \langle x-10\rangle^0 \cdot 3 + \langle x-10\rangle \cdot \frac{3}{2}$$

$$y' = 0 - \langle x-6\rangle^0 \cdot \frac{1}{2} + 0 + \langle x-10\rangle^0 \cdot \frac{3}{2}$$

$$\int y \cdot dx = \langle x-3\rangle \cdot 3 - \langle x-6\rangle^2 \cdot \frac{1}{4} + \langle x-10\rangle \cdot 3 + \langle x-10\rangle^2 \cdot \frac{3}{4} + C$$

Es soll $C = 0$ gelten.

Die Auswertung erfolgt tabellarisch, die Diagramme zeigt Abb. A-3.

x	0	3	6	8	10	11	12
$\langle x-3\rangle$	0	0	3	5	7	8	9
$\langle x-6\rangle$	0	0	0	2	4	5	6
$\langle x-10\rangle$	0	0	0	0	0	1	2
y'	0	0	$0 \mid -\frac{1}{2}$	$-\frac{1}{2}$	$-\frac{1}{2} \mid +1$	$+1$	$+1$
$\int y \cdot dx$	0	0	9	14	17	21,5	27

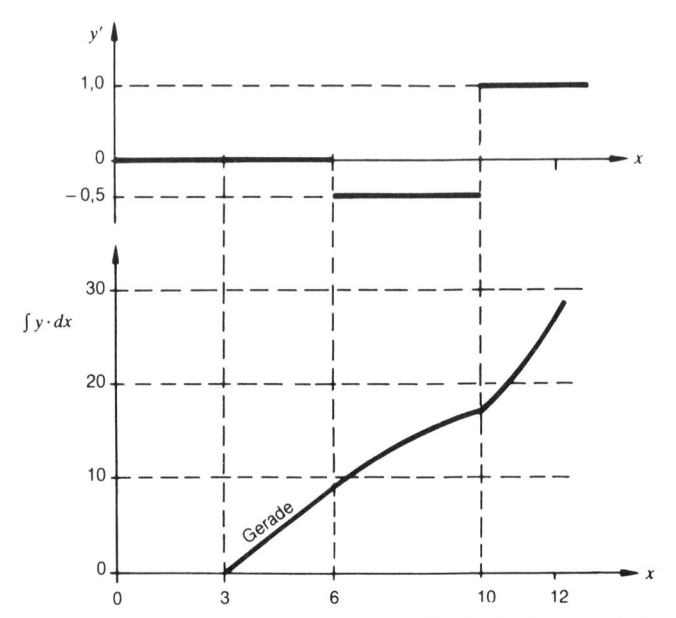

Abb. A-3: Ableitungs- und Integralkurve für die Funktion nach Abb. A-2

Zu beachten ist, daß der Term $\langle x - a \rangle^0$ einen „Sprung" an der Stelle a darstellt. Aus diesem Grunde werden dort zwei Werte errechnet, einer für $x = a$ und einer für einen beliebigen kleinen Zuwachs zu a. Das gilt hier z.B. für die y'-Funktion an der Stelle $x = 6$ und $x = 10$. Einmal ist die FÖPPL-Klammer gerade noch 0, einmal gleich 1.

Die Aufstellung der Gleichungen ist verblüffend einfach, genau wie die nachfolgende Differentiation und Integration. Der rechnerische Auswertungsaufwand ist kleiner als es die Gleichungen vermuten lassen, da die Terme bereichsweise null werden. Das FÖPPL-Symbol eignet sich auch sehr gut für eine Programmierung, wo es einer Verzweigungsstelle entspricht.

Tabellenanhang

Tabelle 1 Werkstoffeigenschaften

	Deformation	Verhalten nach Entlastung	Beispiele
elastisch	Eine Vergrößerung der Dehnung erfordert eine Erhöhung der Spannung	Körper nimmt ursprüngliche Form an	Stahl bis E-Grenze, viele Metalle im elastischen Bereich
plastisch	bei etwa gleichbleibender Spannung Zunahme der Dehnung	Körper bleibt deformiert	Stahl im Zustand des Fließens, Bitumen, Asphalt, Blei, Knetmasse

	Arbeitsvermögen	Bruchdehnung	Deformation	Beispiele
zäh	groß	groß	anfangs elastisch, bei höheren Spannungen plastisch (Fließen); Einschnürung bei Zugversuch	weicher Stahl
spröde	klein	klein	keine plastische Deformation (Fließen), keine Einschnürung bei Zugversuch	gehärteter Stahl, GG, Stein, Beton, Glas, Keramik, weicher Stahl in sehr kaltem Zustand bei Schlagbeanspruchung

Tabelle 2 Elastizitätszahlen verschiedener Werkstoffe

	E-Modul N/mm^2	G-Modul N/mm^2
Stahl	$2{,}1 \cdot 10^5$	$8 \cdot 10^4$
GG 12	$0{,}75 \cdot 10^5$	$3{,}0 \cdot 10^4$
GG 22	$1{,}2 \cdot 10^5$	$4{,}9 \cdot 10^4$
Kufper	$1{,}3 \cdot 10^5$	—
Aluminium	$0{,}72 \cdot 10^5$	$2{,}6 \cdot 10^4$
Beton (Druck)	$0{,}3 \cdot 10^5$	—
Bronze	$1{,}16 \cdot 10^5$	—
Holz *)	$(0{,}11 - 0{,}13) \cdot 10^5$	—
Holz **)	$(3 - 10) \cdot 10^2$	—

*) In Faserrichtung
**) Senkrecht zur Faserrichtung

Tabelle 3 Zulässige Spannungen nach BACH in N/mm²

I ruhende Belastung
II schwellende Belastung
III wechselnde Belastung

		St 37	St 50	St 70	GG 14	GG 26
Festigkeitswerte (Mindestwerte)	R_e	200…250	270…300	350…400	—	—
	R_m	370…450	500…600	700…850	140	260
	σ_{bW}	190	260	350	60	120
	τ_{tW}	110	140	200	50	90
Zug $\sigma_{z\,zul}$	I	100…150	140…210	210…310	35…45	65…85
	II	65…95	90…135	135…200	27…37	50…67
	III	45…70	65…95	90…140	20…30	35…50
Druck $\sigma_{d\,zul}$	I	100…150	140…210	210…310	85…115	160…215
	II	65…95	90…135	135…200	55…75	100…135
	III	45…70	65…95	90…140	20…30	35…50
Biegung $\sigma_{b\,zul}$	I	110…165	150…220	230…345	50…70	100…135
	II	70…105	100…150	150…220	35…50	65…90
	III	50…75	70…105	105…125	25…35	40…60
Verdrehung $\tau_{t\,zul}$	I	65…95	85…125	125…190	40…55	75…100
	II	40…60	55…85	80…125	30…40	55…75
	III	30…45	40…60	60…90	20…30	35…50

Tabelle 3a Bezeichnung der Festigkeiten bei unterschiedlicher Beanspruchung

	Zug	Druck	Biegung	Torsion
Bruchfestigkeit bei ruhender Belastung	Zugfestigkeit R_m	Druckfestigkeit σ_{dB}	Biegefestigkeit σ_{bB}	Verdrehfestigkeit τ_{tB}
Fließgrenze bei ruhender Belastung	Streckgrenze R_e $R_{p0,2}$	Quetschgrenze σ_{dF} $\sigma_{d0,01}$	Biegegrenze σ_{bF}	Verdrehgrenze τ_{tF}
Dauerschwingfestigkeit	σ_{zD}	σ_{dD}	σ_{bD}	τ_{tD}
Schwellfestigkeit	σ_{zSch}	σ_{dSch}	σ_{bSch}	τ_{tSch}
Wechselfestigkeit	σ_{zdW}		σ_{bW}	τ_{tW}

Tabelle 4 Übliche Bemessungsfaktoren im allgemeinen Maschinenbau

Belastungsfall	I		II und III
Werkstoff	zäh, mit Streckgrenze	spröde, ohne Streckgrenze	für alle Werkstoffe
Zweckmäßige Grenzspannung	Streckgrenze, Elastizitätsgrenze	Bruchfestigkeit 0,2 Dehngrenze	Dauerfestigkeit
Bemessungsfaktor v	1,5 - 3	2 - 4	2 - 4

Tabelle 5 Verhältnis von Streckgrenze und Zugfestigkeit

Werkstoff	C-Stahl	Leg. Stahl	Stahlguß	Leichtmetalle
R_e / R_m	0,55 - 0,65	0,7 - 0,8	$\approx 0,5$	0,45 - 0,65

Tabelle 6 Biegewechselfestigkeit für C-Stähle (Richtwerte)

R_m [N/mm²] ...	370	420	500	600	700
σ_{bW} [N/mm²] ...	170	190	240	280	320

Tabelle 7 Zulässige Abscherspannungen

	Stahl u. seine Legierungen	G. G.	Bronze, Messing	Leichtmetalle
$\tau_{a\,zul}$	$\sim 0,8\,\sigma_{z\,zul}$	$\sim \sigma_{z\,zul}$	$\sim 0,8\,\sigma_{z\,zul}$	$\sim 0,6\,\sigma_{z\,zul}$
	$\sigma_{z\,zul}$ siehe z.B. Tabelle 3			

Tabelle 8 Voraussetzungen für die Gültigkeit der Biegegleichung

		Die Grundgleichung der Biegung $\sigma = \dfrac{M_b}{W}$ gilt unter folgenden Voraussetzungen	$\sigma = \dfrac{M_b}{W}$ gilt nicht
1	lineare Spannungsverteilung	Balken gerade / Balken leicht gekrümmt	
2		keine Kerbwirkung	
3		keine Krafteinleitung in der Nähe	
4		Werkstoff deformiert sich nach dem HOOKE'schen Gesetz	
5		$\sigma_{max} < \sigma_P$	
6		$E_{Zug} = E_{Druck}$	
7	Beanspruchung nur auf Biegung	$l \gg h$	
8		kein Kippen und Beulen	
9	$\sum M = 0$ für alle Achsen	Belastung in Richtung Hauptachse	
10	Belastung durch äußere Kräfte	Werkstoff im unbelasteten Zustand spannungsfrei	
11	keine Massenkräfte	keine Stoßbelastung	

Tabellenanhang

Tabelle 9 Trägheits- und Widerstandsmomente geometrischer Grundfiguren

Flächenform	Flächenträgheitsmomente	Widerstandsmomente
Kreis	$I_y = I_z = \dfrac{\pi d^4}{64} \approx 0{,}05\, d^4$ $= \dfrac{A d^2}{16}$	$W_y = W_z = \dfrac{\pi d^3}{32} \approx 0{,}1\, d^3$ $= \dfrac{A d}{8}$
Rechteck / Parallelogramm	$I_y = \dfrac{b h^3}{12} = \dfrac{A h^2}{12}$ $I_u = \dfrac{b h^3}{3} = \dfrac{A h^2}{3}$ Rechteck: $I_z = \dfrac{b^3 h}{12} = \dfrac{A b^2}{12}$	Rechteck: $W_y = \dfrac{b h^2}{6} = \dfrac{A h}{6}$ $W_z = \dfrac{b^2 h}{6} = \dfrac{A b}{6}$
Quadrat	$I_y = I_z = I_u = I_v = \dfrac{a^4}{12}$ $= \dfrac{A a^2}{12}$	$W_y = W_z = \dfrac{a^3}{6}$ $= \dfrac{A a}{6}$
Dreieck	$I_y = \dfrac{b h^3}{36} = \dfrac{A h^2}{18}$ $I_u = \dfrac{b h^3}{12} = \dfrac{A h^2}{6}$	$W_y = \dfrac{b h^2}{24} = \dfrac{A h}{12}$

Tabelle 10 A Berechnungsgrundlagen für warmgewalzte Stähle

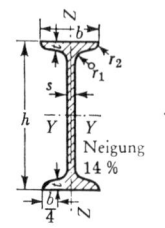

Warmgewalzte I-Träger

← schmale I-Träger | I-Breitflanschträger →
(I-Reihe) | Reihe HE-B (IPB-Reihe)

S_y = Statisches Moment des halben Querschnitts

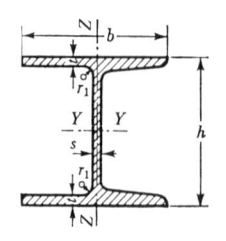

Kurz-zeichen	Abmessungen in mm						Quer-schnitt	Masse	Für die Biegeachse					
									Y-Y			Z-Z		
I	h	b	s	t	r_1	r_2	A cm²	m kg/m	I_y cm⁴	W_y cm³	i_y cm	I_z cm⁴	W_z cm³	i_z cm	S_y cm³

Schmale I-Träger (I-Reihe)

I	h	b	s	t	r_1	r_2	A	m	I_y	W_y	i_y	I_z	W_z	i_z	S_y
80	80	42	3,9	5,9	3,9	2,3	7,58	5,95	77,8	19,5	3,20	6,29	3,00	0,91	11,4
100	100	50	4,5	6,8	4,5	2,7	10,6	8,32	171	34,2	4,01	12,2	4,88	1,07	19,9
120	120	58	5,1	7,7	5,1	3,1	14,2	11,2	328	54,7	4,81	21,5	7,41	1,23	31,8
140	140	66	5,7	8,6	5,7	3,4	18,3	14,4	573	81,9	5,61	35,2	10,7	1,40	47,7
160	160	74	6,3	9,5	6,3	3,8	22,8	17,9	935	117	6,40	54,7	14,8	1,55	68,0
180	180	82	6,9	10,4	6,9	4,1	27,9	21,9	1450	161	7,20	81,3	19,8	1,71	93,4
200	200	90	7,5	11,3	7,5	4,5	33,5	26,3	2140	214	8,00	117	26,0	1,87	125
220	220	98	8,1	12,2	8,1	4,9	39,6	31,1	3060	278	8,80	162	33,1	2,02	162
240	240	106	8,7	13,1	8,7	0,2	46,1	36,2	4250	354	9,59	221	41,7	2,20	206
260	260	113	9,4	14,1	9,4	5,6	53,4	41,9	5740	442	10,4	288	51,0	2,32	257
280	280	119	10,1	15,2	10,1	6,1	61,1	48,0	7590	542	11,1	364	61,2	2,45	316
300	300	125	10,8	16,2	10,8	6,5	69,1	54,2	9800	653	11,9	451	72,2	2,56	381
320	320	131	11,5	17,3	11,5	6,9	77,8	61,0	12510	782	12,7	555	84,7	2,67	457
340	340	137	12,2	18,3	12,2	7,3	86,8	68,1	15700	923	13,5	674	98,4	2,80	540
360	360	143	13,0	19,5	13,0	7,8	97,1	76,2	19610	1090	14,2	818	114	2,90	638
380	380	149	13,7	20,5	13,7	8,2	107	84,0	24010	1260	15,0	975	131	3,02	741
400	400	155	14,4	21,6	14,4	8,6	118	92,6	29210	1460	15,7	1160	149	3,13	857
425	425	163	15,3	23,0	15,3	9,2	132	104	36970	1740	16,7	1440	176	3,30	1020
450	450	170	16,2	24,3	16,2	0,7	147	115	45860	2040	17,7	1730	203	3,43	1200
475	475	178	17,1	25,6	17,1	10,3	163	128	56480	2380	18,6	2090	235	3,60	1400
500	500	185	18,0	27,0	18,0	10,8	180	141	68740	2750	19,6	2480	268	3,72	1620
550	550	200	19,0	30,0	19,0	11,9	213	167	99180	3610	21,6	3490	349	4,02	2120
600	600	215	21,6	32,4	21,6	13,0	254	199	139000	4630	23,4	4670	434	4,30	2730

I-Breitflanschträger mit parallelen Flanschflächen (IPB-Reihe)

I	h	b	s	t	r_1		A	m	I_y	W_y	i_y	I_z	W_z	i_z	S_y
100	100	100	6	10	12		26,0	20,4	450	89,9	4,16	167	33,5	2,53	52,1
120	120	120	6,5	11	12		34,0	26,7	864	144	5,04	318	52,9	3,06	82,6
140	140	140	7	12	12		43,0	33,7	1510	216	5,93	550	78,5	3,58	123
160	160	160	8	13	15		54,3	42,6	2490	311	6,78	889	111,	4,05	177
180	180	180	8,5	14	15		65,3	51,2	3830	426	7,66	1360	151	4,57	241
200	200	200	9	15	18		78,1	61,3	5700	570	8,54	2000	200	5,07	321
220	220	220	9,5	16	18		91,0	71,5	8090	736	9,43	2840	258	5,59	414
240	240	240	10	17	21		106	83,2	11260	938	10,3	3920	327	6,08	527
260	260	260	10	17,5	24		118	93,0	14920	1150	11,2	5130	395	6,58	641
280	280	280	10,5	18	24		131	103	19270	1380	12,1	6590	471	7,09	767
300	300	300	11	19	27		149	117	25170	1680	13,0	8560	571	7,58	934
320	320	320	11,5	20,5	27		161	127	30820	1930	13,8	9240	616	7,57	1070
340	340	300	12	21,5	27		161	134	36660	2160	14,6	9690	646	7,53	1200
360	360	300	12,5	22,5	27		181	142	43190	2400	15,5	10140	676	7,49	1340
400	400	300	13,5	24	27		198	155	57680	2880	17,1	10820	721	7,40	1620
450	450	300	14	26	27		218	171	79890	3550	19,1	11720	781	7,33	1990
500	500	300	14,5	28	27		239	187	107200	4290	21,2	12620	842	7,27	2410

Tabelle 10 B Berechnungsgrundlagen für warmgewalzte Stähle

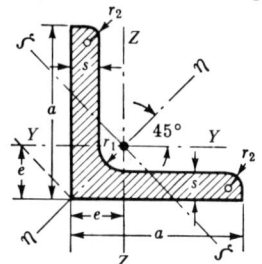

Warmgewalzter gleichschenkliger rundkantiger Winkelstahl

I = Trägheitsmoment
W = Widerstandsmoment
$i = \sqrt{I/A}$ Trägheitshalbmesser
$r_2 = r_1/2$ (auf halbe mm gerundet)

} bezogen auf die zugehörige Biegeachse

Abmessungen in mm			Querschnitt A cm²	Masse m kg/m	e cm	Y-Y = Z-Z			η − η		ζ − ζ		
a	s	r_1				I_y cm⁴	W_y cm³	i_y cm	I_η cm⁴	i_η cm	I_ζ cm⁴	W_ζ cm³	i_ζ cm
20	3	3,5	1,12	0,88	0,60	0,39	0,28	0,59	0,62	0,74	0,15	0,18	0,37
	4		1,45	1,14	0,64	0,48	0,35	0,58	0,77	0,73	0,19	0,21	0,36
25	3	3,5	1,42	1,12	0,73	0,79	0,45	0,75	1,27	0,95	0,31	0,30	0,47
	4		1,85	1,45	0,76	1,01	0,58	0,74	1,61	0,93	0,40	0,37	0,47
	5		2,26	1,77	0,80	1,18	0,69	0,72	1,87	0,91	0,50	0,44	0,47
30	3	5	1,74	1,36	0,84	1,41	0,65	0,90	2,24	1,14	0,57	0,48	0,57
	4		2,27	1,78	0,89	1,81	0,86	0,89	2,85	1,12	0,76	0,61	0,58
	5		2,78	2,18	0,92	2,16	1,04	0,88	3,41	1,11	0,91	0,70	0,57
35	4	5	2,67	2,10	1,00	2,96	1,18	1,05	4,68	1,33	1,24	0,88	0,68
	5		3,28	2,57	1,04	3,56	1,45	1,04	5,63	1,31	1,49	1,10	0,67
	6		3,87	3,04	1,08	4,14	1,71	1,04	6,50	1,30	1,77	1,16	0,68
40	4	6	3,08	2,42	1,12	4,48	1,56	1,21	7,09	1,52	1,86	1,18	0,78
	5		3,79	2,97	1,16	5,43	1,91	1,20	8,64	1,51	2,22	1,35	0,77
	6		4,48	3,52	1,20	6,33	2,26	1,19	9,98	1,49	2,67	1,57	0,77
45	5	7	4,30	3,38	1,28	7,83	2,43	1,35	12,4	1,70	3,25	1,70	0,87
	7		5,86	4,60	1,36	10,4	3,31	1,33	16,4	1,67	4,39	2,29	0,87
50	5	7	4,80	3,77	1,40	11,0	3,05	1,51	17,4	1,90	4,59	2,32	0,98
	6		5,69	4,47	1,45	12,8	3,61	1,50	20,4	1,89	5,24	2,57	0,96
	7		6,56	5,15	1,49	14,6	4,15	1,49	23,1	1,88	6,02	2,85	0,96
	9		8,24	6,47	1,56	17,9	5,20	1,47	28,1	1,85	7,67	3,47	0,97
55	6	8	6,31	4,95	1,56	17,3	4,40	1,66	27,4	2,08	7,24	3,28	1,07
	8		8,23	6,46	1,64	22,1	5,72	1,64	34,8	2,06	9,35	4,03	1,07
	10		10,01	7,90	1,72	26,3	6,97	1,62	41,4	2,02	11,3	4,65	1,06
60	6	8	6,91	5,42	1,69	22,8	5,29	1,82	36,1	2,29	9,43	3,95	1,17
	8		9,03	7,09	1,77	29,1	6,88	1,80	46,1	2,26	12,1	4,84	1,16
	10		11,1	8,69	1,85	34,9	8,41	1,78	55,1	2,23	14,6	5,57	1,15
65	7	9	8,70	6,83	1,85	33,4	7,18	1,96	53,0	2,47	13,8	5,27	1,26
	9		11,0	8,62	1,93	41,3	9,04	1,94	65,4	2,44	17,2	6,30	1,25
	11		13,2	10,3	2,00	48,8	10,8	1,91	76,8	2,42	20,7	7,31	1,25
70	7	9	9,40	7,38	1,97	42,4	8,43	2,12	67,1	2,67	17,6	6,31	1,37
	9		11,9	9,34	2,05	52,6	10,6	2,10	83,1	2,64	22,0	7,59	1,36
	11		14,3	11,2	2,13	61,8	12,7	2,08	97,6	2,61	26,0	8,64	1,35

Tabelle 10 C Berechnungsgrundlagen für warmgewalzte Stähle

Warmgewalzter rundkantiger [-Stahl

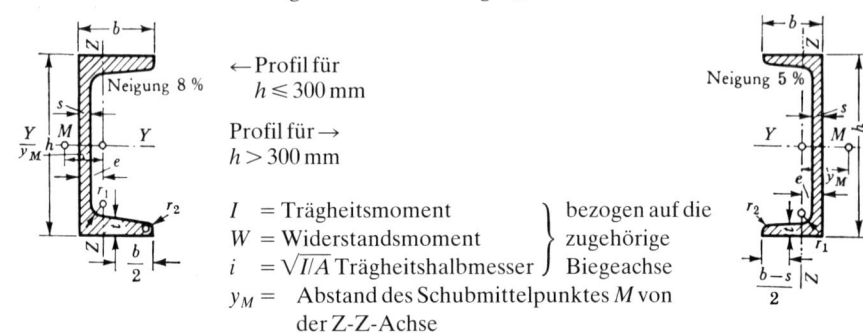

← Profil für $h \leq 300$ mm

Profil für → $h > 300$ mm

I = Trägheitsmoment
W = Widerstandsmoment
$i = \sqrt{I/A}$ Trägheitshalbmesser
} bezogen auf die zugehörige Biegeachse

y_M = Abstand des Schubmittelpunktes M von der Z-Z-Achse

Kurz-zeichen	Abmessungen in mm						Quer-schnitt	Masse			Für die Biegeachse					
											Y - Y			Z - Z		
[	h	b	s	t	r_1	r_2	A cm²	m kg/m	e cm	y_M cm	I_y cm⁴	W_y cm³	i_y cm	I_z cm⁴	W_z cm³	i_z cm
30×15	30	15	4	4,5	4,5	2	2,21	1,74	0,52	0,74	2,53	1,69	1,07	0,38	0,39	0,42
30	30	33	5	7	7	3,5	5,44	4,27	1,31	2,22	6,39	4,26	1,08	5,33	2,68	0,99
40×20	40	20	5	5	5	2,5	3,51	2,75	0,65	0,98	7,26	3,63	1,44	1,06	0,78	0,55
40	40	35	5	7	7	3,5	6,21	4,87	1,33	2,32	14,1	7,05	1,50	6,68	3,08	1,04
50×25	50	25	6	6,5	6,5	3	5,50	4,32	0,82	1,26	18,0	7,18	1,81	2,94	1,75	0,73
50	50	38	5	5	7	3,5	7,12	5,59	1,37	2,47	26,4	10,6	1,92	9,12	3,75	1,13
60×30	60	30	6	6	6	3	6,46	5,07	0,91	1,50	31,6	10,5	2,21	4,51	2,16	0,84
65	65	42	5,5	7,5	7,5	4	9,03	7,09	1,42	2,60	57,5	17,7	2,52	14,1	5,07	1,25
80	80	45	6	8	8	4	11,0	8,64	1,45	2,67	106	26,5	3,10	19,4	6,36	1,33
100	100	50	6	8,5	8,5	4,5	13,5	10,6	1,55	2,93	206	41,2	3,91	29,3	8,49	1,47
120	120	55	7	9	9	4,5	17,0	13,4	1,60	3,03	364	60,7	4,62	43,3	11,1	1,59
140	140	60	7	10	10	5	20,4	16,0	1,75	3,37	605	86,4	5,45	62,7	14,8	1,75
160	160	65	7,5	10,5	10,5	5,5	24,0	18,8	1,84	3,56	925	116	6,21	85,3	18,3	1,89
180	180	70	8	11	11	5,5	28,0	22,0	1,92	3,75	1350	150	6,95	114	22,4	2,02
200	200	75	8,5	11,5	11,5	6	32,2	25,3	2,01	3,94	1910	191	7,70	148	27,0	2,14
220	220	80	9	12,5	12,5	6,5	37,4	29,4	2,14	4,20	2690	245	8,48	197	33,6	2,30
240	240	85	9,5	13	13	6,5	42,3	33,2	2,23	4,39	3600	300	9,22	248	39,6	2,42
260	260	90	10	17,5	14	7	48,3	37,9	2,36	4,66	4820	371	9,99	317	47,7	2,56
280	280	95	10	15	15	7,5	53,3	41,8	2,53	5,02	6280	448	10,9	399	57,2	2,74
300	300	100	10	16	16	8	58,8	46,2	2,70	5,41	8030	535	11,7	495	67,8	2,90
320	320	100	14	17,5	17,5	8,75	75,8	59,5	2,60	4,82	10870	679	12,1	597	80,6	2,81
350	350	100	14	16	16	8	77,3	60,6	2,40	4,45	12840	734	12,9	570	75,0	2,72
380	380	102	13,34	16	16	11,2	79,7	62,6	2,35	5,43	15730	826	14,1	613	78,4	2,78
400	400	110	14	18	18	9	91,5	71,8	2,65	5,11	20350	1020	14,9	846	102	3,04

Tabelle 10 D Berechnungsgrundlagen für warmgewalzte Stähle

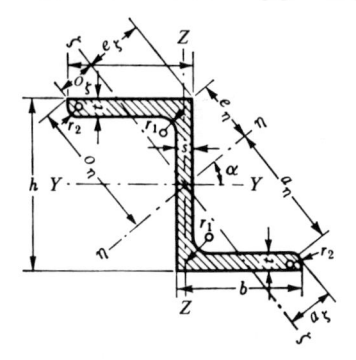

Warmgewalzter rundkantiger ⌐-Stahl

I = Trägheitsmoment
W = Widerstandsmoment
i = $\sqrt{I/A}$ Trägheitshalbmesser

bezogen auf die die zugehörige Biegeachse

Kurz-zeichen ⌐	Abmessungen in mm						Quer-schnitt A cm²	Masse m kg/m	Lage der Achse $\eta\text{-}\eta$ tg α	Abstände in cm von den Achsen $\eta\text{-}\eta$ und $\zeta\text{-}\zeta$					
	h	b	s	t	r_1	r_2				o_η	o_ζ	e_η	e_ζ	a_η	a_ζ
30	30	38	4	4,5	4,5	2,5	4,32	3,39	1,655	3,86	9,58	0,61	1,39	3,54	0,87
40	40	40	4,5	5	5	2,5	5,43	4,26	1,181	4,17	0,91	1,12	1,67	3,82	1,19
50	50	43	5	5,5	5,5	3	6,77	5,31	0,939	4,60	1,24	1,65	1,89	4,21	1,49
60	60	45	5	6	6	3	7,91	6,21	0,779	4,98	1,51	2,21	2,04	4,56	1,76
80	80	50	6	7	7	3,5	11,1	8,71	0,588	5,83	2,02	3,30	2,29	5,35	2,25
100	100	55	6,5	8	8	4	14,5	11,4	0,492	6,77	2,43	4,34	2,50	6,24	2,65
120	120	60	7	9	9	4,5	18,2	14,3	0,433	7,75	2,80	5,37	2,70	7,16	3,02
140	140	65	8	10	10	5	22,9	18,0	0,385	9,72	3,18	6,39	2,89	8,08	3,39
160	160	70	8,5	11	11	5,5	27,5	21,6	0,357	9,74	3,51	7,39	3,09	9,04	3,72
180	180	75	9,5	12	12	6	33,3	26,1	0,329	10,7	3,86	8,40	3,27	9,99	4,08
200	200	80	10	13	13	6,5	38,7	30,4	0,313	11,8	4,17	9,39	3,47	11,0	4,39

Kurz-zeichen ⌐	Für die Biegeachse												Zentri-fugal-moment
	Y-Y			Z-Z			$\eta\text{-}\eta$			$\zeta\text{-}\zeta$			
	I_y cm⁴	W_y cm³	i_y cm	I_z cm⁴	W_z cm³	i_z cm	I_η cm⁴	W_η cm³	i_η cm	I_ζ cm⁴	W_ζ cm³	i_ζ cm	I_{yz} cm⁴
30	5,96	3,97	1,17	13,7	3,80	1,78	18,1	4,69	2,04	1,54	1,11	0,60	7,35
40	13,5	6,75	1,58	17,6	4,66	1,80	28,0	6,72	2,27	3,05	1,83	0,75	12,2
50	26,3	10,5	1,97	23,8	5,88	1,88	44,9	9,76	2,57	5,23	2,76	0,88	19,6
60	44,7	14,9	2,38	30,1	7,09	1,95	67,2	13,5	2,81	7,60	3,73	0,98	28,8
80	109	27,3	3,13	47,4	10,1	2,07	142	24,4	3,58	14,7	6,44	1,15	55,6
100	222	44,4	3,91	72,5	14,0	2,24	270	39,8	4,31	24,6	9,26	1,30	97,2
120	402	67,0	4,70	106	18,8	2,42	470	60,6	5,08	37,7	12,5	1,44	158
140	676	96,6	5,43	148	24,3	2,54	768	88,0	5,79	56,4	16,6	1,67	239
160	1060	132	6,20	204	31,0	2,72	1180	121	6,57	79,5	21,4	1,70	349
180	1600	178	6,92	270	38,4	2,84	1760	164	7,26	110	27,0	1,82	490
200	2300	230	7,71	357	47,6	3,04	2510	213	8,06	147	33,4	1,95	674

I_{yz}-Werte sind für das eingezeichnete Koordinatensystem negativ. Werte und Vorzeichen dieser Tabelle entsprechen DIN 1027.

Tabelle 11 Gleichungen der Biegelinien für Träger konstanter Biegesteifigkeit

Nr	Belastungsfall	Gleichung der Biegelinie*)	Durchbiegungen w Winkeländerungen φ*)
1	Kragträger, Einzellast F am freien Ende	$w = \dfrac{F l^3}{3EI}\left[1 - \dfrac{3}{2}\cdot\dfrac{x}{l} + \dfrac{1}{2}\left(\dfrac{x}{l}\right)^3\right]$	$w_F = w_{max} = \dfrac{F l^3}{3EI}$ $\varphi_{max} = \dfrac{F l^2}{2EI}$
2	Einfeldträger, Einzellast F in Feldmitte	$w = \dfrac{F l^3}{16EI}\cdot\dfrac{x}{l}\left[1 - \dfrac{4}{3}\left(\dfrac{x}{l}\right)^2\right]$ für $x \leq \dfrac{l}{2}$	$w_F = w_{max} = \dfrac{F l^3}{48EI}$ $\varphi_A = \varphi_B = \dfrac{F l^2}{16EI}$
3	Einfeldträger, Einzellast F beliebig	$w = \dfrac{F l^3}{6EI}\cdot\dfrac{a}{l}\cdot\left(\dfrac{b}{l}\right)^2\cdot\dfrac{x}{l}\left(1 + \dfrac{l}{b} - \dfrac{x^2}{a\cdot b}\right)$ für $x \leq a$ $w_1 = \dfrac{F l^3}{6EI}\cdot\dfrac{b}{l}\cdot\left(\dfrac{a}{l}\right)^2\cdot\dfrac{x_1}{l}\left(1 + \dfrac{l}{a} - \dfrac{x_1^2}{a\cdot b}\right)$ für $x_1 \leq b$	$w_F = \dfrac{F l^3}{3EI}\cdot\left(\dfrac{a}{l}\right)^2\cdot\left(\dfrac{b}{l}\right)^2$ $\varphi_A = w_F\cdot\dfrac{1}{2a}\left(1 + \dfrac{l}{b}\right)$ $\varphi_B = w_F\cdot\dfrac{1}{2b}\left(1 + \dfrac{l}{a}\right)$
4	Kragträger mit Überhang, Einzellast F am Ende	$w = \dfrac{F l^3}{6EI}\cdot\dfrac{a}{l}\cdot\dfrac{x}{l}\left[1 - \left(\dfrac{x}{l}\right)^2\right]$ für $x \leq l$ $w_1 = \dfrac{F l^3}{6EI}\cdot\dfrac{x_1}{l}\left[\dfrac{2a}{l} + 3\dfrac{a}{l}\cdot\dfrac{x_1}{l} - \left(\dfrac{x_1}{l}\right)^2\right]$ für $x_1 \leq a$	$w_F = \dfrac{F l^3}{3EI}\cdot\left(\dfrac{a}{l}\right)^2\left(1 + \dfrac{a}{l}\right)$ $\varphi_A = \dfrac{F l^2}{6EI}\cdot\dfrac{a}{l} = \dfrac{1}{2}\varphi_B$ $\varphi_F = \dfrac{F l^2}{6EI}\cdot\dfrac{a}{l}\cdot\left(2 + 3\dfrac{a}{l}\right)$
5	Kragträger, Moment M am freien Ende	Kreisbogen mit dem Radius $\varrho = \dfrac{EI}{M}$ Näherungsweise $w = \dfrac{M l^2}{2EI}\left(1 - \dfrac{x}{l}\right)^2$	$w_F = \dfrac{M l^2}{2EI}$ $\varphi_{max} = \dfrac{M l}{EI}$
6	Kragträger, Streckenlast q	$w = \dfrac{q l^4}{8EI}\left[1 - \dfrac{4}{3}\cdot\dfrac{x}{l} + \dfrac{1}{3}\left(\dfrac{x}{l}\right)^4\right]$	$w_{max} = \dfrac{q l^4}{8EI}$ $\varphi_{max} = \dfrac{q l^3}{6EI}$
7	Einfeldträger, Streckenlast q	$w = \dfrac{5 q l^4}{384EI}\left[1 - 4\left(\dfrac{x}{l}\right)^2\right]\left[1 - \dfrac{4}{5}\left(\dfrac{x}{l}\right)^2\right]$	$w_{max} = \dfrac{5 q l^4}{384EI}$ $\varphi_A = \varphi_B = \dfrac{q l^3}{24EI}$
8	Einfeldträger, Moment M_A an Auflager A	$w = \dfrac{M_A l^2}{3EI}\left[\dfrac{x}{l} - \dfrac{3}{2}\left(\dfrac{x}{l}\right)^2 + \dfrac{1}{2}\left(\dfrac{x}{l}\right)^3\right]$	$w_{max} = \dfrac{M_A l^2}{15{,}59\,EI}$ bei $x = 0{,}423\,l$ $\varphi_A = \dfrac{M_A l}{3EI} = 2\varphi_B$

Tabellenanhang

Tabelle 12 Integrationstafel $\int_0^s M_i M_k \cdot dx$

M_i \ M_k[1]	α (Rechteck M_k)	β (Dreieck M_k)	γ (Dreieck M_k)	δ (Trapez M_{k1}, M_{k2})
1 (Rechteck M_i)	$s M_i M_k$	$\frac{1}{2} s M_i M_k$	$\frac{1}{2} s M_i M_k$	$\frac{1}{2} s M_i (M_{k1} + M_{k2})$
2 (Dreieck M_i)	$\frac{1}{2} s M_i M_k$	$\frac{1}{3} s M_i M_k$	$\frac{1}{6} s M_i M_k$	$\frac{1}{6} s M_i (M_{k1} + 2M_{k2})$
3 (Trapez M_{i1}, M_{i2})	$\frac{1}{2} s (M_{i1}+M_{i2}) M_k$	$\frac{1}{6} s (M_{i1}+2M_{i2}) M_k$	$\frac{1}{6} s (2M_{i1}+M_{i2}) M_k$	$\frac{1}{6} s \, (2M_{i1}M_{k1} + 2M_{i2}M_{k2} + M_{i1}M_{k2} + M_{i2}M_{k1})$
4 (quadr. Parabel[2], M_i)	$\frac{2}{3} s M_i M_k$	$\frac{1}{3} s M_i M_k$	$\frac{1}{3} s M_i M_k$	$\frac{1}{3} s M_i (M_{k1} + M_{k2})$
5 (quadr. Parabel[2], M_i)	$\frac{2}{3} s M_i M_k$	$\frac{5}{12} s M_i M_k$	$\frac{1}{4} s M_i M_k$	$\frac{1}{12} s M_i (3M_{k1} + 5M_{k2})$
6 (quadr. Parabel[2], M_i)	$\frac{1}{3} s M_i M_k$	$\frac{1}{4} s M_i M_k$	$\frac{1}{12} s M_i M_k$	$\frac{1}{12} s M_i (M_{k1} + 3M_{k2})$

[1] M_i und M_k sind vertauschbar
[2] quadratische Parabel

Tabelle 13 Verdrehung beliebiger Querschnitte

Nr.	Querschnitt	W_t	I_t	Bemerkungen
1	Kreis, Durchmesser d	$\dfrac{\pi}{16} d^3 \approx 0{,}2\, d^3$	$\dfrac{\pi}{32} d^4 \approx 0{,}1\, d^4$	Größte Spannung am Umfang $W_t = 2W$; $I_t = I_p$
2	Kreisring, d_a, d_i	$\dfrac{\pi}{16} \dfrac{d_a^4 - d_i^4}{d_a}$ Für kleine Wanddicken siehe Nr. 3	$\dfrac{\pi}{32}(d_a^4 - d_i^4)$	Wie unter 1
3	Beliebiger dünnwandiger Hohlquerschnitt	Für kleine Wanddicken $(A_a + A_i)\, s_{min}$ $\approx 2 A_m\, s_{min}$ (BREDTsche Formeln)	$2(A_a + A_i)\, s_{min} \cdot A_m/u_m$ $\approx 4 A_m^2 \cdot s_{min}/u_m$	A_a = Inhalt der von der äußeren Umrißlinie begrenzten Fläche; A_i = Inhalt der von der inneren Umrißlinie begrenzten Fläche; A_m = Inhalt der von der Mittellinie umgrenzten Fläche; u_m = Länge der Mittellinie (mittlere Umrißlinie)
4	Quadrat, Seite a	$0{,}208\, a^3$	$0{,}141\, a^4 = \dfrac{a^4}{7{,}11}$	Größte Spannungen in den Mitten der Seiten. In den Ecken ist $\tau = 0$
5	Rechteck $a \times b$	$a > b$ für $\dfrac{a}{b} \leqslant 5$ $0{,}208\, a^{1{,}215} \cdot b^{1{,}785}$	siehe Taschenbüchern	Größte Spannungen in der Mitte der *größten* Seiten. In den Ecken ist $\tau = 0$
6	Gleichseitiges Dreieck	$a^3/20 \approx h^3/13$	$a^4/46{,}19 \approx h^4/26$	Größte Spannungen in der Mitte der Seiten. In den Ecken ist $\tau = 0$
7	Regelmäßiges Sechseck	$1{,}511\, \rho^3$	$1{,}847\, \rho^4$	Größte Spannungen in der Mitte der Seiten.
8	Regelmäßiges Achteck	$1{,}481\, \rho^3$	$1{,}726\, \rho^4$	Größte Spannungen in der Mitte der Seiten.
9	Dünnwandige Profile	$\dfrac{\eta}{3\, b_{max}} \sum b_i^3 h_i$	$\dfrac{\eta}{3} \sum b_i^3 h_i$	Größte Spannungen in der Mitte der Längsseiten des Rechteckes mit der größten Dicke b_{max}.

Werte η

	L	⊏	⊥	I	I P	+
η	0,99	1,12	1,12	1,31	1,29	1,17

Tabelle 14 Knickspannungen in σ_K in N/mm²

Werkstoff	Plastische Knickung nach TETMAJER		Elastische Knickung nach EULER	
	Gültigkeitsbereich	Gleichung für σ_K	Gültigkeitsbereich	$\sigma_K = \dfrac{\pi^2 \cdot E}{\lambda^2}$
St 37	$0 < \lambda < 60$ $60 < \lambda < 104$	$\sigma_K = 240$ $\sigma_K = 310 - 1{,}14\,\lambda$	$\lambda > 104$	$\sigma_K = \dfrac{207}{\left(\dfrac{\lambda}{100}\right)^2}$
St 60	$0 < \lambda < 88$	$\sigma_K = 335 - 0{,}62\,\lambda$	$\lambda > 88$	
GG 18	$0 < \lambda < 80$	$\sigma_K = 776 - 12\,\lambda + 0{,}053\,\lambda^2$	$\lambda > 80$	$\sigma_K = \dfrac{98{,}7}{\left(\dfrac{\lambda}{100}\right)^2}$
Bauholz	$0 < \lambda < 100$	$\sigma_K = 29{,}3 - 0{,}194\,\lambda$	$\lambda > 100$	$\sigma_K = \dfrac{9{,}9}{\left(\dfrac{\lambda}{100}\right)^2}$

Tabelle 15 Knickung-Belastungsfälle

	1	Normalfall 2	3	4
Belastungsfall				
Freie Knicklänge s	$2\,l$	l	$0{,}7\,l$	$0{,}50\,l$
Schlankheitsgrad λ	$\dfrac{2\,l}{i}$	$\dfrac{l}{i}$	$\dfrac{0{,}7\,l}{i}$	$\dfrac{0{,}50\,l}{i}$

Tabelle 16 Knickzahlen ω (nach DIN 4114)

Werkstoff	St 37	G G	Holz
σ_{zul} [N/mm²]	140	90	8,5 – 10
λ = 20	1,04	1,05	1,15
30	1,08	1,11	1,25
40	1,14	1,22	1,36
50	1,21	1,39	1,50
60	1,30	1,67	1,67
70	1,41	2,21	1,87
80	1,55	3,50	2,14
90	1,71	4,43	2,50
100	1,90	5,45	3,00
110	2,11		3,73
120	2,43		4,55
130	2,85		5,48
140	3,31		5,61
150	3,80		7,65
160	4,32		8,91
170	4,88		10,29
180	5,47		11,80
190	6,10		13,43
200	6,75		15,20
210	7,45		17,11
220	8,17		19,17
230	8,93		21,37
240	9,73		23,73
250	10,55		26,25

Tabellenanhang

Tabelle 17 Vergleichsspannung $\sigma_v \leq \sigma_{zul}$

Hypothese	Belastung durch σ und τ	Belastung durch σ_x σ_y und τ **	α_0 *)	Anwendung
Größte Normalspannung	$\sigma_v = \dfrac{\sigma}{2} + \sqrt{\left(\dfrac{\sigma}{2}\right)^2 + (\alpha_0 \tau)^2}$	$\sigma_v = \dfrac{\sigma_y + \sigma_x}{2} + \sqrt{\left(\dfrac{\sigma_y - \sigma_x}{2}\right)^2 + (\alpha_0 \tau)^2}$	$\dfrac{\sigma_{Gr}}{\tau_{Gr}}$	Spröder Werkstoff, Bruch ohne vorherige plastische Verformung
Größte Schubspannung	$\sigma_v = \sqrt{\sigma^2 + 4(\alpha_0 \tau)^2}$	$\sigma_v = \sqrt{(\sigma_y - \sigma_x)^2 + 4(\alpha_0 \tau)^2}$	$\dfrac{\sigma_{Gr}}{2\tau_{Gr}}$	Bruch mit vorheriger plastischer Verformung
Größte Gestaltänderungsarbeit	$\sigma_v = \sqrt{\sigma^2 + 3(\alpha_0 \tau)^2}$	$\sigma_v = \sqrt{\sigma_y^2 + \sigma_x^2 - \sigma_x \cdot \sigma_y + 3(\alpha_0 \tau)^2}$	$\dfrac{\sigma_{Gr}}{\sqrt{3}\,\tau_{Gr}}$	Bruch mit vorheriger plastischer Verformung. Dauerbruch.

*) Bei gleichem Belastungsfall für σ und τ ist $\alpha_0 = 1$.
**) Für ein Hauptspannungssystem gelten diese Gleichungen mit $\sigma_y = \sigma_{max}$; $\sigma_x = \sigma_{min}$ und $\tau = 0$.

Tabelle 18 Formzahlen für verschiedene Beanspruchungen und Stabformen

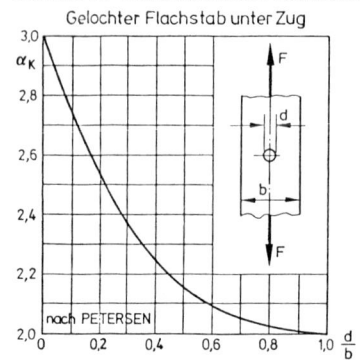

Gelochter Flachstab unter Zug (nach PETERSEN): α_K als Funktion von d/b.

Gekerbter Flachstab unter Zug:
$$\sigma_{max} = \alpha_K \cdot \sigma_n = \alpha_K \cdot \frac{F}{A_K}$$
α_K als Funktion von $b/2\varrho$, Kurvenscharparameter t/ϱ.

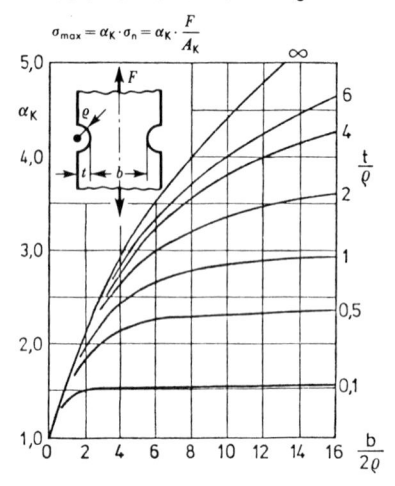

Abgesetzter Flachstab unter Zug:
$$\sigma_{max} = \alpha_K \cdot \sigma_n = \alpha_K \cdot \frac{F}{A_K}$$
α_K als Funktion von $b/2\varrho$, Kurvenscharparameter t/ϱ.

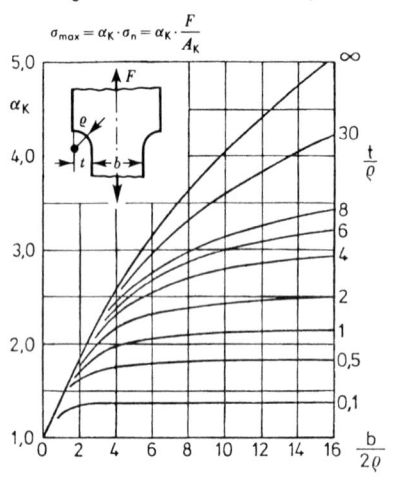

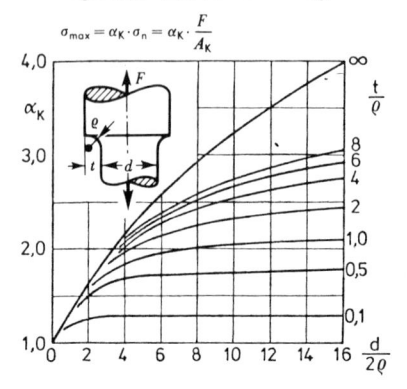

Gekerbter Rundstab unter Zug:
$$\sigma_{max} = \alpha_K \cdot \sigma_n = \alpha_K \cdot \frac{F}{A_K}$$
α_K als Funktion von $d/2\varrho$, Kurvenscharparameter t/ϱ.

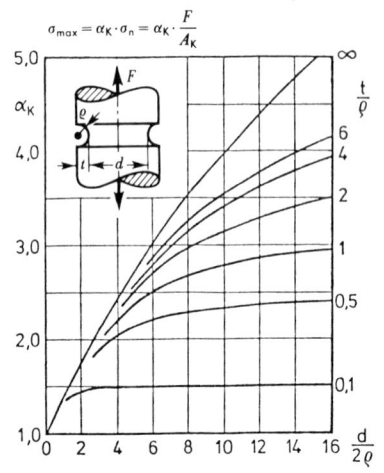

Abgesetzter Rundstab unter Zug:
$$\sigma_{max} = \alpha_K \cdot \sigma_n = \alpha_K \cdot \frac{F}{A_K}$$
α_K als Funktion von $d/2\varrho$, Kurvenscharparameter t/ϱ.

Tabellenanhang

Gekerbter Rundstab unter Biegung

$$\sigma_{max} = \alpha_K \cdot \sigma_{b_n} = \alpha_K \cdot \frac{M_b}{W}$$

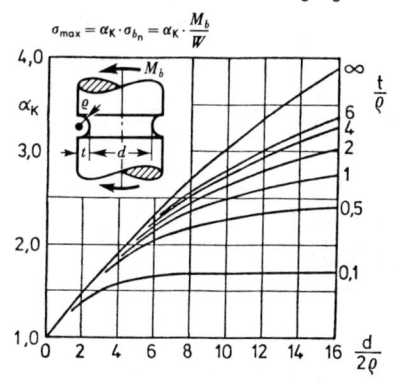

Abgesetzter Rundstab unter Biegung

$$\sigma_{max} = \alpha_K \cdot \sigma_{b_n} = \alpha_K \cdot \frac{M_b}{W}$$

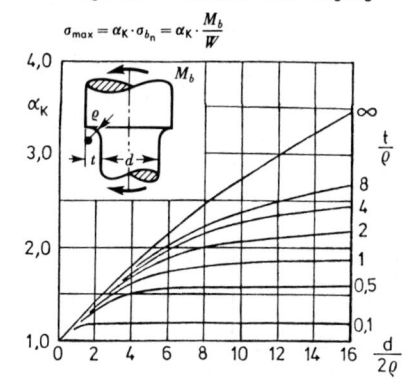

Gekerbter Rundstab unter Torsion

$$\tau_{max} = \alpha_K \cdot \tau_n = \alpha_K \cdot \frac{M_t}{W_t}$$

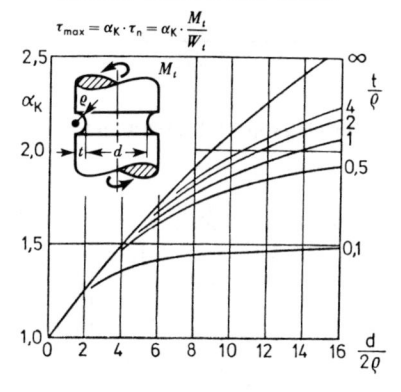

Abgesetzter Rundstab unter Torsion

$$\tau_{max} = \alpha_K \cdot \tau_n = \alpha_K \cdot \frac{M_t}{W_t}$$

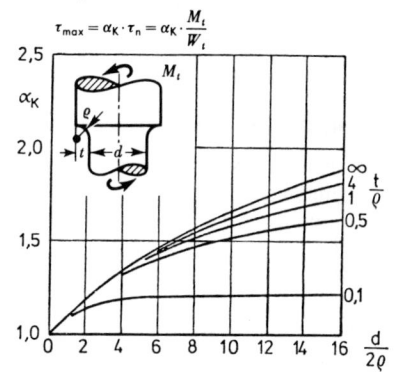

Tabelle 19 Bezogenes Spannungsgefälle

Kerbform	Beanspr.-Art	χ_0 mm^{-1}	χ mm^{-1}	Kerbform	Beanspr.-Art	χ_0 mm^{-1}	χ mm^{-1}
	Zug-Druck	0	$\frac{2}{\varrho}$		Zug-Druck	0	$\frac{2}{\varrho}$
					Biegung	$\frac{4}{D+d}$	$\frac{4}{D+d}+\frac{2}{\varrho}$
	Biegung	$\frac{2}{b}$	$\frac{2}{b}+\frac{2}{\varrho}$		Torsion	$\frac{4}{D+d}$	$\frac{4}{D+d}+\frac{1}{\varrho}$
	Zug-Druck	0	$\frac{2}{\varrho}$		Torsion	$\frac{2}{D}$	$\frac{2}{D}+\frac{1}{\varrho}$
	Biegung	$\frac{2}{d}$	$\frac{2}{d}+\frac{2}{\varrho}$	$D \gg 2\varrho$ Biegung		$\frac{2}{D}$	$\frac{2}{D}+\frac{4}{\varrho}$
	Torsion	$\frac{2}{d}$	$\frac{2}{d}+\frac{1}{\varrho}$		Torsion	$\frac{2}{D}$	$\frac{2}{D}+\frac{3}{\varrho}$

Tabelle 20 Lineare Wärmeausdehnungszahlen für den Bereich von 0°C bis 100°C in K^{-1}

Aluminium	$2{,}4 \cdot 10^{-5}$	Invar	$0{,}1 \cdot 10^{-5}$
Beton	$1{,}1 \cdot 10^{-5}$	(36% Ni, 64% Fe)	
Blei	$2{,}8 \cdot 10^{-5}$	Messing	$1{,}9 \cdot 10^{-5}$
Bronze	$1{,}8 \cdot 10^{-5}$	Nickel	$1{,}3 \cdot 10^{-5}$
Eisen	$1{,}1 \cdot 10^{-5}$	Platin	$0{,}9 \cdot 10^{-5}$
Glas	$0{,}8 \cdot 10^{-5}$	Silber	$2{,}0 \cdot 10^{-5}$
Kupfer	$1{,}6 \cdot 10^{-5}$	Zink	$3{,}0 \cdot 10^{-5}$

Tabelle 21 Funktion q (Streckenlast) für verschiedene Einzelheiten einer Belastung.

Einzelheit bei $x = a$	Funktion q
(Rechtecklast q_0 ab a)	$+ \langle x-a \rangle^0 \cdot q_0$
(Rechtecklast q_0 endend)	$- \langle x-a \rangle^0 \cdot q_0$
(Dreieckslast ansteigend, $m=0$ bis $m=q_0/l$)	$+ \langle x-a \rangle \left(\dfrac{q_0}{l} - 0 \right)$ $= + \langle x-a \rangle \cdot \dfrac{q_0}{l}$
(Dreieckslast abfallend, $m=-q_0/l$ bis $m=0$)	$+ \langle x-a \rangle \left[0 - \left(-\dfrac{q_0}{l} \right) \right]$ $= + \langle x-a \rangle \cdot \dfrac{q_0}{l}$
(Sprung + abfallende Dreieckslast)	$+ \langle x-a \rangle^0 \cdot q_0 + \langle x-a \rangle \left(-\dfrac{q_0}{l} - 0 \right)$ Sprung Knick $= + \langle x-a \rangle^0 \cdot q_0 - \langle x-a \rangle \cdot \dfrac{q_0}{l}$
(Ansteigende Dreieckslast mit Sprung am Ende)	$- \langle x-a \rangle^0 \cdot q_0 + \langle x-a \rangle \left(0 - \dfrac{q_0}{l} \right)$ Sprung Knick $= - \langle x-a \rangle^0 \cdot q_0 - \langle x-a \rangle \cdot \dfrac{q_0}{l}$
(Dreieckslast mit Spitze q_0, Basis $l_1 + l_2$)	$+ \langle x-a \rangle \left(-\dfrac{q_0}{l_2} - \dfrac{q_0}{l_1} \right)$ $= - \langle x-a \rangle \left(\dfrac{q_0}{l_2} + \dfrac{q_0}{l_1} \right)$

Literaturverzeichnis

1. Fehling, Festigkeitslehre, VDI, Düsseldorf
2. Pestel, Technische Mechanik 2, BI, Mannheim
3. Marguerre, K., Technische Mechanik 2, Springer, Berlin
4. Neuber, Elastostatik, Springer, Berlin
5. Föppl/Mönch, Spannungsoptik, Springer, Berlin
6. Wellinger-Dietmann, Festigkeitsberechnung, Kröner, Stuttgart
7. VDI-Richtlinien 2226
8. Köhler/Rögnitz, Maschinenteile, Teubner, Stuttgart
9. Dubbel, Taschenbuch Maschinenbau, 14. Auflage, Springer, Berlin
10. Zammert, Betriebsfestigkeit, Vieweg, Braunschweig

Sachwortverzeichnis

Abscheren 212
Anstrengungsverhältnis 296ff, 329
Ausdehnungszahl, lineare 357
–, Volumen 357

BACH 25, 296
Beanspruchung, zusammengesetzte 285ff.
Behälter, dünnwandig 372
–, dickwandig 375
Belastung, ruhend 25
–, schwellend 25
–, schwingend 25
–, wechselnd 25
Belastungsfälle 25ff.
Bemessungsfaktor 34, 251, 314
Betriebsfestigkeit 28, 330
Biegelinie 138ff.
Biegemoment 84ff
Biegesteifigkeit 141
Biegung 69ff
–, + Druck 285
–, Formänderung 138
–, Formänderungsarbeit 155ff.
–, Grundgleichung 79
–, schiefe 173ff.
–, + Schub 304
–, + Verdrehung 297
–, Widerstandsmoment 130ff
–, + Zug 288
BREDT 235
Bruchdehnung 22
Bruchhypothesen 289ff.
–, Dehnung 293
–, Formänderungsarbeit 293
–, Gestaltänderungsarbeit 294
–, MOHR 292
–, Normalspannung 290
–, Schubspannung 291

CASTIGLIANO 151

Dauerbruch 26
Dauerfestigkeit 28ff., 327
Dauerfestigkeitsschaubild 30, 327
Deformation
–, Biegung 155
–, Druck 46
–, Schub 24
–, Verdrehung 224

–, Zug 46
Druck 37ff., 280
–, + Biegung 288
–, -spannung 37
Durchbiegung 138ff.

Ebener Spannungszustand 267ff.
Einflußzahl 151
Einspannbedingungen, Knickung 253ff.
Elastische Knickung 248
Elastische Linie 138ff.
Elastizitätsgrenze 21
Elastizitätsmodul 20
EULER 248

Festigkeit, Dauer- 28ff., 327
–, Schwell- 30
–, Wechsel- 30
–, Zeit- 28
–, Betriebs- 28, 330
Flächenpressung 64
Flächenträgheitsmoment, axial 118ff.
–, polar 183, 219
Flächenzentrifugalmomente 181
Fließen 21
FÖPPL-Symbol 95, 148, 162, 346, 376
Formänderung
–, Biegung 138
–, Druck 46
–, Verdrehung 224
–, Zug 46
Formänderungsarbeit, Biegung 155
–, Verdrehung 239
–, Zug, Druck 58
Formzahl 315

Gestaltänderungsarbeit 61
–, Hypothese 294
Gestaltfestigkeit 321
Gleitmodul 25
Grundgleichung, Biegung 79
–, Verdrehung 219

Hauptachsen, Flächenträgheitsmomente 180ff.
–, Spannungen 269
Hauptspannung 269
–, Hypothese 290
HOOKE 19
sches Gesetz 19ff.

Kaltverfestigung 21
Kerbwirkung 31ff., 311ff.
Kerbwirkungszahl 316
Knickung 243ff.
–, Einspannbedingungen 253
–, elastische 248
–, plastische 252
–, ω-Verfahren 260
Knickspannung 245
Kraftgrößenverfahren 155, 351

Längenausdehnung 357
Linie, elastische 138ff.
Lochleibung 64

Maßstabsbeiwert 322
MAXWELL 152
MINER 330
MOHR, elastische Linie 162
–, Spannungshypothese 292
–, Spannungskreis 271
–, Trägheitskreis 184
Moment, Biege- 84ff.
–, Dreh- 217
Momentenzerlegung (Hauptachsen) 195

Nennspannungen 33, 314
Normalspannungen 17
–, Addition von 285ff.
–, Hypothese 290

Oberflächenbeiwert 322
Omega-Verfahren 260

PETERSEN 318
Plastische Deformation 21
–Knickung 252
POISSON 47
Polares Flächenträgheitsmoment 183, 219
Proportionalitätsgrenze 21

Querzahl 47

Ruhende Belastung 25

Schadenssumme 331
Scheibe, umlaufende 366
Schiefe Biegung 173
Schlankheitsgrad 245ff.
Schraubenfeder 225
Schub 201ff., 304
Schubfluß 236
Schubmittelpunkt 180, 211

Schubspannungen 17, 201, 218, 267
–, + Normalspannungen 289
–, zugeordnete 201, 267
Schubspannungshypothese 291
Schwellende Belastung 25
Schwellfestigkeit 30
Schwingende Belastung 25
SIEBEL 318
Spannung 19
–, Abscher- 212
–, Biege- 79
–, Druck- 37
–, Knick- 245
–, Nenn- 314
–, Normal- 17
–, Schub- 17
–, Verdreh- 219
–, Vergleichs- 290ff.
–, Wärme- 357
–, Zug 37
–, zulässige 34
Spannungskreis 271
Spannungszustand, eben 267
Statisch unbestimmte Systeme 337ff.
Stauchung 47
STEINERscher Satz 120, 186
Streckgrenze 21
Stützwirkung 311

Tabellenanhang 381
TETMAJER 252
THUM 318
Trägheitskreis 184
Trägheitsmomente, axiale Flächen- 118
–, polare Flächen- 183, 219
–, Zentrifugal- 181
Trägheitsradius 246

Überlagerung von Spannungen 285ff.
Umlaufende Bauteile 363

Verdrehsteifigkeit 225
Verdrehung, beliebiger Querschnitt 231
–, + Biegung 297
–, Hohlquerschnitt 235
–, Kreiszylinder 217
–, Vollquerschnitt 231
–, + Zug 307
Vergleichsspannungen 290ff.
Verkürzung 47
Verlängerung 20
Volumänderung 48
Volumänderungsarbeit 61
Volumenausdehnungszahl 357

Sachwortverzeichnis

Wärmedehnungszahl 357
Wärmespannung 358
Wechselfestigkeit 30
Widerstandsmoment, Biegung 130
–, Verdrehung 219, 237
WÖHLER 28
Wölbung 231

Zeitfestigkeit 28
Zentrifugalmoment, Flächen- 181
Zerreißdiagramm 22
Zug 37
–, + Biegung 285
–festigkeit 22
–spannung 37
–, + Verdrehung 307
Zusammengesetzte Beanspruchung 285ff.

Joachim Erven
Dietrich Schwägerl
**Mathematik
für Ingenieure**
1999. 404 Seiten
Ca. DM 59,-
ISBN 3-486-24570-8

Mathematik – muß das sein? Ja, und mit den Beispielen in diesem Buch macht sie sogar Spaß. Denn die erklären Mathematik anhand alltäglicher Probleme. An ihnen lassen sich mathematische Grundlagen darstellen und Methoden und Werkzeuge entwickeln. So beherrscht man nicht nur die Mathematik, die für das Studium nötig ist, sondern weiß auch, wofür man sie in der Praxis braucht und wie man sie anwendet.

Komplexe Zahlen, Differential- und Integralrechnungen, ebene und räumliche Kurven, TAYLOR- und FOURIER-Entwicklungen, Funktionen mehrerer Variablen sowie Differentialgleichungen werden auf diese Weise erklärt.

Zahlreiche Bilder und ausführlich durchgerechnete Beispiele veranschaulichen den Stoff.

Viele Übungsaufgaben mit Lösungen machen fit für die Prüfung.

Grundlagen der Informatik für das Maschinenbau-Studium und angehende Ingenieure. Durch die ausgefeilte didaktische Konzeption und den konsequenten Anwendungsbezug folgt nach einer Einführung in die Grundbegriffe die problemlose Hinführung zur eigenständigen Programmierung in C anhand berufsrelevanter Beispiele.

Axel Böttcher / Franz Kneißl
Informatik für Ingenieure
Grundlagen und Programmierung in C
1999. 319 Seiten
DM 59,-
ISBN 3-486-24800-6